Fashion Design Course: Accessories

ファッショングッズプロフェッショナル事典

帽子・バッグ・靴・革小物　企画・デザイン・制作からビジネスまで

ジェーン・シェイファー ＆ スー・サンダース　著

山崎 恵理子　訳

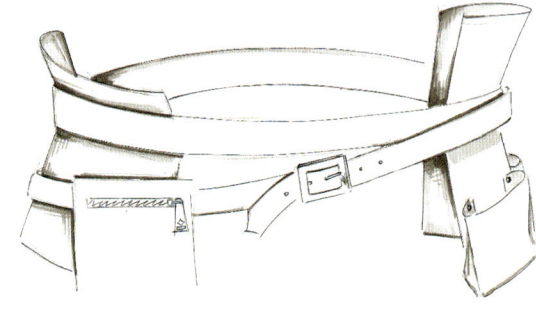
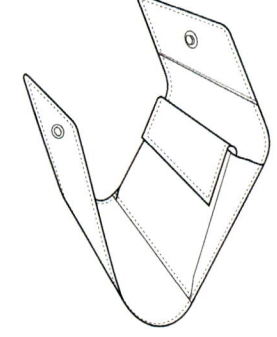

本書について	6
著者まえがき	8

セクション1：**創造的プロセス** 10

デザイナーに必要なもの	12
プロジェクトブリーフ	14
デザインに使う道具	16
キャド（CAD）	22
色彩理論とデザイン	26
リサーチとインスピレーション	28
マーケットを理解する	32
ショップレポート	36
トレンド予測と情報	38
消費者のリサーチ	40
消費者へのアンケート	42
消費者の分析	44
スケッチブックをまとめる	48
リサーチの評価	52
コンセプトボードの作成	54
最初のアイデア	56
デザイン開発	58
デザインのプレゼンテーション	60
革を使ったデザイン	62
コミュニケーションとプレゼンテーション	68
最新技術	72

セクション2：**ハンドバッグ** 74

制作ツール	76
デザイナーとブランド	78
スタイルセレクター	84
構造	86
デザイン上の留意点	88
デザイン開発	92
素材と補強材	96
装飾素材	100
構成手法	102
模型の作成	106
基本的なパターン裁断	109
縫い目の種類	116
スペックシート	118

セクション3：**フットウエア** 120

制作ツール	122
デザイナーとブランド	124
スタイルセレクター	132
構造	134
デザイン上の留意点	136
素材と装飾素材	140
靴型の構造	146
パーツの構造	148
デザインの基礎型を作る	150
制作	153
スペックシート	156

Any copy of this book issued by the publisher as a paperback is sold subject to the condition that it shall not by way of trade or otherwise be lent, resold, hired out or otherwise circulated without the publisher's prior consent in any form of binding or cover other than that in which it is published and without a similar condition including these words being imposed on a subsequent purchaser.

First published in the United Kingdom in 2012 by Thames & Hudson Ltd 181A High Holborn London WC1V 7QX

Copyright © 2012 Quarto Inc.
Cover design © Thames & Hudson

All rights reserved. No part of this publication may be reproduced or transmitted in any form or by any means, electronic or mechanical, including photocopy, recording or any other information storage and retrieval system, without prior permission in writing from the publisher.

セクション5：**革小物**	204
素材と装飾素材	206
デザインと構成	208

セクション6：**情報源と実務知識**	214
成功のための5つのステップ	216
ポートフォリオのプレゼンテーション	218
履歴書の作成	220
カバーレターの作成	222
面接	224
キャリアの可能性	226
コンクール、インターン、 　卒業生のための研修制度	232
知識を得る	234
就職エージェント	238
どこで学ぶか	240
参考文献	242
用語集(ハンドバッグ)	244
用語集(フットウエア)	246
用語集(帽子)	248
用語集(革小物)	250
索引	252

セクション4：**帽子**	160
制作ツール	162
デザイナーとブランド	164
スタイルセレクター	168
構造	170
デザイン上の留意点	172
頭部のプロポーション	176
帽体となる素材	178
織布の使用	180
ステッチ	182
クラウンのパターンを描く	186
クラウンの構成	188
ブリムの型紙を作る	190
型取り	194
装飾素材	200

※ 本書に掲載の情報は、イギリスのファッション業界を基準としています。

本書について

本書はファッション小物デザインの入門書であり、ハンドバック、靴、帽子という3つの主要セクションが同じように構成されている。各セクションでそれぞれのアイテムを取り上げる際に、同じテーマを扱うからだ。セクションの構成を下のパネルに示す。

セクション1：**創造的プロセス**（P.10-73）

プロジェクトブリーフに関するリサーチや消費者のリサーチから、最初のデザインのアイデア、デザイン展開、素材の選択、プレゼンテーションまで、創造的プロセスを紹介する。

セクション2：**ハンドバッグ**（P.74-119）

このセクションでは、ハンドバック制作のプロセスを図解し、ハンドバッグのデザイナーがスペックシートに何を書き込むかを紹介する。また、適切な革を選択し、ハンドバッグの「構成素材」とターゲットとする消費者を念頭に置いたデザインの方法を学ぶ。シンプルなショルダー・バッグにどれだけ多くのパーツが使われているか、バッグ構造の幅広さが分かる。

セクション3：**フットウエア**（P.120-159）

主要デザイナーについて学び、経験豊かな靴職人の肩越しから靴がどのように作られるかを観察しつつ、靴のデザインを学ぶ。靴のデザイナーには履き心地の良さとデザインの美しさのバランスが求めら

セクションの構成

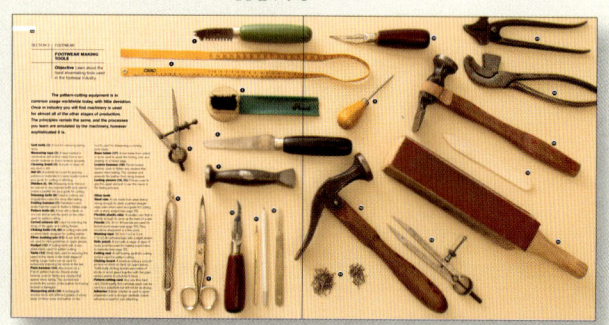

仕事の道具
手作業で使われる主な道具を紹介。

目的
主な学習ポイントと習得できるスキルの概要。

スタイル一覧
ビンテージものから現代的作品まで主なスタイルが描かれる。さまざまなスタイルを理解することはデザイナーが自身の創造性を高めるうえで重要。

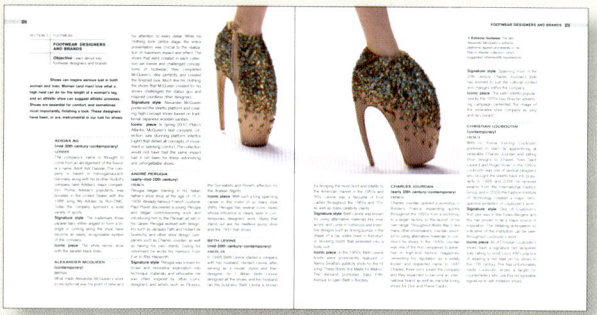

主要デザイナー
代表的なデザイナーについて、特徴的なルックやアイコン的作品を紹介。

解体図
バッグ、靴、帽子が解体された後の、個々のパーツを示した。

解体例
サンプルを解体したもの。どのように制作されていくかが分かる。

れるが、スティレット・ヒールからフラットなパンプスまで、あらゆる種類の靴のデザイン展開をイラストで示し、デザイン上の留意点を詳しく紹介する。

セクション4：帽子（P.160-203）
　フェルト帽子や麦わら帽子の型取りの技術に触れ、布製帽子の基礎的なパターンを学ぶ。素材やトリミングについて詳しく説明し、専門的な帽子用装飾素材と、縫製方法を紹介する。

セクション5：革小物（P.204-213）
　このセクションで扱う革小物には、手袋、ベルト、財布、小銭入れ、キーホルダー、クレジットカードケースなどの小物が含まれる。構成手法や素材の多くはハンドバッグのセクションと似ているため、他のセクションより短い。主として手袋とベルトを取り上げる。

セクション6：情報源と実務知識（P.214-251）
　どこで学ぶべきか、説得力のある履歴書や応募先の企業に印象づけるポートフォリオをどのように作成するかを説明する情報セクション。ファッション業界で就ける仕事の種類、見本市の一覧、参考文献のほか、詳細な用語集も参照してほしい。

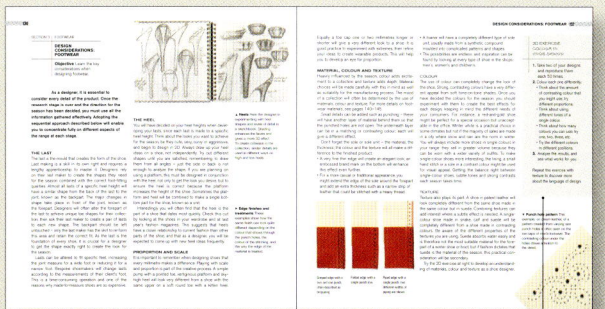

デザイン上の留意点
完璧なファッショングッズの創作に役立つデザイン要素をリストアップして検討。

サイドバー
ポートフォリオの作成に役立つヒント、チェックリスト、課題など。

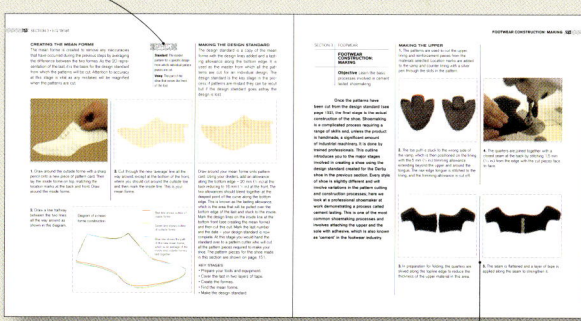

用語集
専門的な語句が出てくるページでその意味を説明。（巻末にもまとめた。）

技術的手引き
3つの各アイテムについて、パターン作成、裁断、組立など、ステップごとの写真や説明キャプションを用いて基本的な制作方法を紹介。

ステップごとの手順
専門家の作業を肩越しから見学。

素材
最初の章では主に革について述べるが、アイテムに応じて、多岐にわたる特殊な素材の適応性、相対的なコスト、美的魅力を検討。

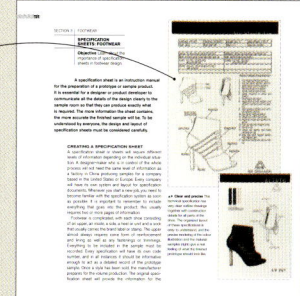

視覚的サンプル
最初のブレインストーミング時のスケッチから完成されたデザイン画、模写、完成図までインスピレーションに富んだ視覚的サンプルを掲載。

スペックシート
スペックシートとはデザインの製造に必要なすべての重要な指示を記載したもの。工場とのコミュニケーションに欠かせないツールであり、デザインの青写真でもある。各アイテムで失敗のないスペックシートをいかに作成するかが完全につかめる。

私がファッションに興味を抱くようになったのは、幼い頃でした。
父が子供服の仕事をしていて、年に2回、サンプルの入った大きな箱が家に届いたものでした。私はそれがとても楽しみで、箱に身を乗り出すようにして父が服をハンガーにかけるのを手伝いました。スタイルや色や仕立てを批評し、もちろん、どれが欲しいかも父に伝えました。大学ではファッションデザインを学ぼうとしましたが、衣服の構造には関心が持てませんでした。服を立体的にデザインするのにボディーフレームが必要だったからです。そこで3Dデザインを専攻に選びました。実験的な手法を試しながら、ファッショングッズに取りつかれていきました。特に熱中したのは帽子のデザインで、その後、女王陛下ご用達の婦人帽メーカーで見習いをしました。教職に就いたのは、偶然、ロンドンのロイヤル・カレッジ・オブ・アートから婦人服専攻の学生と共同で立ち上げた帽子制作プロジェクトを手伝うように頼まれたのがきっかけでした。それから多くの学校で教えましたが、結局はロンドン・カレッジ・オブ・ファッションでファッショングッズの学部コースを立ち上げ、次に大学院コースの設立に集中するため、他の学校での講義をすべて辞めました。コースはマーケットの要請に応えて革製品を中心に展開することになり、革やバッグに対する私の情熱が高まりました。教えることには刺激があり、励ましがあり、そして驚きがあります。学生たちの創造性と真剣さには常に驚嘆させられます。ファッショングッズデザインの分野は比較的ニッチですが、この10年間でマーケットに大きな影響を及ぼすようになりました。ファッション業界でも活力ある分野であり、多くのチャンスがあります。ぜひ頑張ってください。

ジェーン・シェイファー

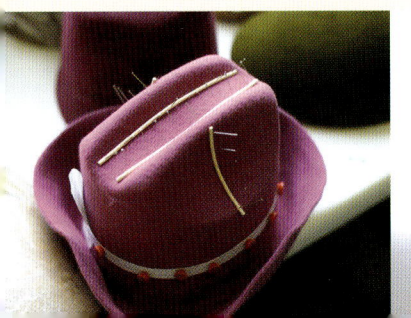

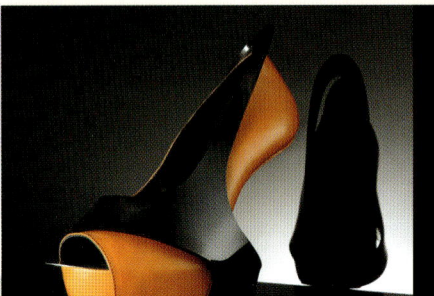

この靴が欲しい──。私にその瞬間が訪れたのは、わずか4歳のときでした。鮮やかな赤のメリージェーン（ストラップシューズの一種）を見かけ、喜びのあまりその一足をじっと見つめていました。母に「駄目よ」と言われたときには、恨めしかったものです。靴に対する憧れはその瞬間から始まり、デザイナーとして、最近では講師としてのキャリアへと発展していきました。仕事を通じて世界中をめぐり、多くの才能ある人々に刺激されました。そして最も意外な場所で、優れた靴作りの技を目にしてきました。また、教えることを通じて、聡明で優秀な若い靴デザイナーに接することができました。ルールを学んでそれに挑戦し、構造や素材や技術について質問し、革命的なアイデアを生み出すデザイナーたちです。自分がすべてを見尽くしたと思った瞬間に、学生がまったく新しい、驚くべきものを見せてくれるのは素晴らしいことです。長年この業界に身を置いてきましたが、私は現在でも学び続けています。だからこそ今もこの世界にいるのでしょう。この本を書くことで、刺激に富んだ靴デザインの世界へみなさんを導き、靴の世界に進みたいと思っていただければ幸いです。靴の世界は、みなさんを行きたい場所へと連れていってくれるでしょう。靴に情熱を抱く人なら誰にでも道が開けています。伝統的な靴でも、性能重視の靴でも、大胆なファッションでも、あなたの才能に見合った場所を見つけることができるでしょう。それは私の願いでもあります。

Sue Saunders

スー・サンダース

セクション1
創造的プロセス

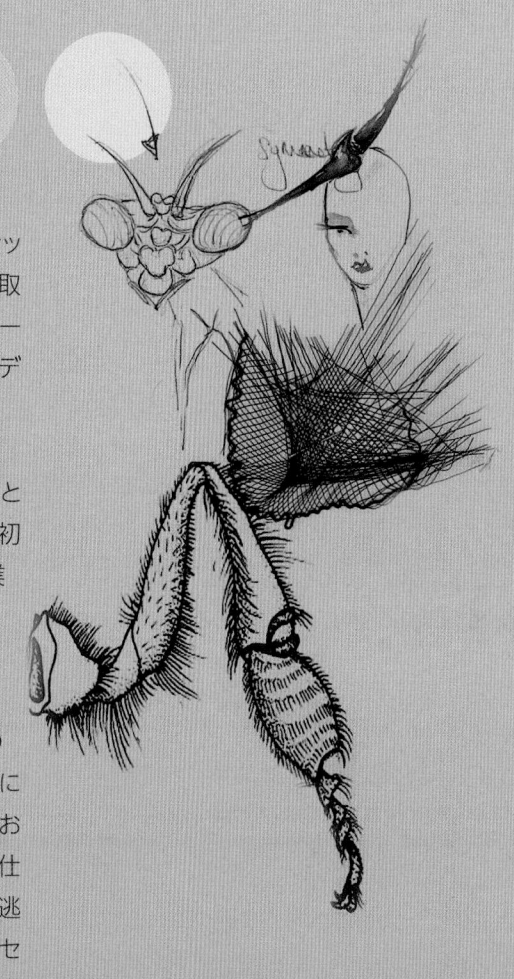

このセクションでは、製品の種類やマーケットレベルにかかわらず、ファッション業界で働くすべてのデザイナーに共通する創造的プロセスを取り上げる。デザイナーはプロセスの各段階を経て、情報とインスピレーションを結集させ、アイデアを生み出し、刺激的ではあるが現実的なデザインへと落とし込んでいく。

デザインの基本的なプロセスは、あらゆるデザイナーが最初に学ぶことであり、継続的な実践を通じて習得することが欠かせない。その後で初めて、独自のスタイルを実験し、発展させ、競争が熾烈なファッション業界で他のデザイナーと一線を画す段階に進むことができる。

ファッション業界でのデザイナーの仕事は、気弱な人には向いていない。自分が選んだキャリアと、そのために学ぶべきことに無条件の情熱を注がなくてはならない。1つの製品が実現するまでには非常に多くの要素が寄与し、デザイナーはすべての要素の重要性を理解しておく必要がある。それは要求が厳しく、ときには非常に消耗させられる仕事だが、最終的にコレクションが仕上がったときに得られる高揚感は逃すことのできない体験だ。デザイナーが掌握しなくてはならないプロセスとファッション業界のさまざまな側面を知ることで、デザイナーの仕事がどのようなものか、イメージが沸くだろう。

セクション1：創造的プロセス

デザイナーに必要なもの

目的 あなたには、デザイナーになるために必要な資質があるかどうかを評価する。

この章で紹介する方法論は
すでに多くのデザイナーが試しているものだが、
それだけでデザイナーとして成功できるわけではない。
才能や野心、どんな問題に直面しても克服できる
粘り強さ、そしてリスクを取る覚悟も必要だ。
多くのものを注ぎ込むほど、
多くのものを達成できるだろう。

▲ エジプトのイメージ
古代エジプトのリサーチをベースにした靴。記念碑的な彫像、絵に描かれた正確なライン、猫のイメージがこのデザインに影響している。オリジナルの素材をうまく具象化した例。

この章で概略を示すプロセスに従えば、結果を生み出すための論理的方法を理解できる。あなたが、デザインコースの学生であっても、デザイナーとして雇われていても、自分のレーベルを持っていても、結果を出すことは極めて重要だ。ブリーフ(業務計画書)に適切な方法で対応するためには、単に美しさを追求するだけでなく、消費者、小売価格、シーズンのムード、製造に関連する技術的配慮などあらゆる面が考慮されていなくてはならない。つまり、多面的な課題だと言える。幅広い問題に積極的に取り組み、反応する能力が成功の鍵を握っている。

ブリーフ(業務企画書)に対応する

さまざまなブリーフを通じて仕事をするにつれ、プロセスに着手し、自分に合った方法を取り入れ、期限内に迅速なソリューションを見出すための独自の方法が開発されていく。それと同時に、自信が生まれ、個人としてのスタイルが確立されていく。学生であれば、幅広いブリーフで自分自身を試すことで自分の長所と弱点、そしてファッションの世界のどの分野に向いているかが分かるはずだ。有名ブランドで働いていれば、独自のスタイルによって会社に付加価値をもたらすことが重要となる。自分のコレクションを創造しているなら、あなたのシグネチャールックが決定的な意味を持つ。それこそが、消費者がデザイナーレーベルに求めるものだからだ。

個々のブリーフのためのリサーチに加えて、さまざまなものの影響力や、デザインの仕事を進めるうえで必要な背景知識を理解することも必要だ。知識が豊富であれば、仕事の質も向上する。デザインブリーフに対するいくつかの答えがすでに自身のレパートリーにあるケースが多ければ、初期段階で時間を節約できるとともに、プロセス前半でのデザイン開発に集中できる。さらに、期限直前のリクエストにも積極的に対応し、必要なものを迅速に効率よく納めることができるだろう。

ファッションと文化

文化的、社会的、倫理的影響は私たちの社会の骨組みであり、ファッションはそれを反映したものだ。ドレスコードで特定できる文化もあれば、伝統工芸のスキルの豊かさが表れた文

▼ アフリカの影響
アフリカの織地、編み物、ビーズ、彫刻、彫像、色彩をもとにした2ページのスケッチ。特定の文化の異なる側面をリサーチすることで活用できる素材の豊かさが示されている。

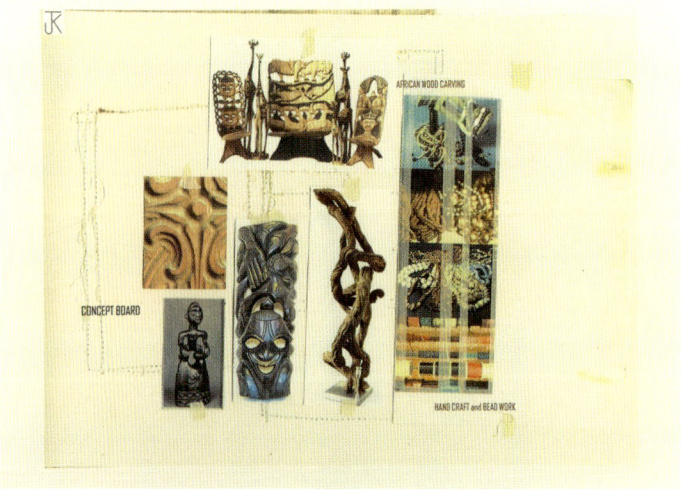

化もあり、新しい技術や現代になって初めて作れるようになったものを重視する文化もある。消費者のニーズが満たされ、新製品が需要を拡大するために、マーケティングの専門家によって社会的影響が幅広く調査されている。人間観察は、デザイナーにとって消費者のライフスタイルやファッションの方向性をつかむために非常に良い方法だ。

最近は、途上国の人々の労働環境を改善するなどの倫理的配慮が重要性を増している。生産過程での二酸化炭素排出量の抑制が多くの企業で重視され、持続可能な素材で製品を作ることも重要な課題だ。グローバル社会はこうした問題への取り組みにより大きな責任を負うようになり、その傾向は現在のファッション業界でも明かだ。

新たな潮流をつかむ

現代的なファッションブランドや自身のブランドを持った新進デザイナーは、ファッションと消費者の方向性に強力な影響をもたらす。常にファッションの世界で起きている出来事をフォローし、流行のムードを理解し、新しいものを発見していかなくてはならない。販売に関しても同様で、ファッションの中心地でどこが流行のエリアなのかを知り、最新のショップを探究する必要がある。どのようなプロダクトミックスが取り扱われ、昨年や一昨年から変化しているか、前のシーズンから今のシーズンへ向けて何が起きているのかを知ることは、次に何が来るのかを予測するセンスを磨くことにつながる。Eリテールでも同じことが言える。最新のファッションブログに注意を払うことも、より大きな世界が何を考えているかを理解する助けになるだろう。

技術はかつてないスピードで発達し、それに伴って、デザイナーにも新たな可能性が生まれている。自分の専門分野の生産活動を支えるために何が利用可能かを知ることは非常に重要だ。クリエイティブなプロセスを超えた部分でも、あらゆる分野で製品開発が行われている。品質管理、試作品のモニタリング、販売などはデザイナーも関わる分野だ。自分が描いた通りの最終製品を手にするためには、製造業者との明確なコミュニケーションが欠かせない。そのためには正確な用語を学ぶことが最善の方法だ。用語は国によって異なる可能性もあるため、国による違いにも留意する必要がある。

自分の周りの世界に前向きな好奇心を持つことで、時代の

課題：文化を探究する

織地、絵画、彫刻、音楽、ダンス、ファッション、習慣など、掘り下げてリサーチしたことのない文化を1つ選び、できるだけ多様な素材から得られるイメージでスケッチブックを作り、自身の経験と視覚的資源を豊かにしよう。選んだ文化に特有の素材と、それがその社会で作られているものにどのように影響しているかを理解し、製造方法を検討のうえ、あなたが慣れ親しんだ文化と比較してみよう。アイデアを生み出すためにこのリサーチを用いる際には、デザインの対象となるマーケットの状況を必ず考慮すること。オリジナルの複製品は現代の消費者に受け入れられないだろう。

気質を理解でき、人々が次に何を求めるかをつかむセンスが磨かれる。未来志向を持ち、これらの影響を独自の方法で取り入れ、自分の先見性に自信をもつことが必要だ。ファッションの歴史の概要を知り、自分の専門分野の歴史を深く学ぶこと。これまでに何度、ファッションメディアで1920年代や60年代への回帰に関する記事を目にしてきただろうか。過去のファッションのアイデアを作り変え、復活させることはよく行われる。ある時代のルックについて十分な知識を持っていれば、それを今すぐに新たな世代向けに発達させることに着手できるだろう。過去に立ち返るときには、過去に触れながらもそのまま再現するのではなく、現代向けのルックを創造することが重要になる。

▶ **インスピレーションを得る**

エストニアの伝統的刺繍で飾られた簡素なルームシューズ。刺繍に見られる高度な職人芸は製品の品質とマッチしていない。デザイナーはこの技巧から得たインスピレーションをファッションの文脈で活用し、ハイレベルの消費者向けに高品質な製品を作ることもできたはずだ。

デザインのプロセス

主なステップ
- ブリーフ
- リサーチ
- 最初のデザインアイデア
- 分析
- 2Dおよび3Dによるデザイン開発
- 分析
- デザインの選択
- 2Dによるプレゼンテーションとコミュニケーション
- 模型の作成
- プレゼンテーション

主要な要素
- 形
- 線
- プロポーションとサイズ
- 質感と具体性
- 色彩
- ディテール
- 機能
- 人間工学

用語集

Eリテーラー：
オンライン販売業者。

プロジェクトブリーフ

目的 ブリーフをどのように理解し、解釈し、精査するかを学ぶ。

プロジェクトブリーフは、あなたが依頼されたプロジェクトに関する一連のガイドラインを明確に伝えるために書かれたものだ。ブリーフには必要条件や仕事を完了させるまでの所要時間が記載される。リサーチ計画の重要性を理解し、プロジェクト管理スキルを磨くことが欠かせない。

▼ **プロジェクトブリーフ**
ブリーフにはデザインの対象となるマーケットレベルが記されている。また、インスピレーションをもたらす背景情報とともに、さまざまな必要条件や生産すべきものも示されている。デザイナーの創造性を阻害することなくプロジェクト計画の枠組みを作るために十分な情報が提供される。

学生であるか、すでにファッション業界で働いているかによらず、すべてのデザイナーはブリーフに従って仕事をする。ブリーフは自分で作成したものである場合もあれば、クリエイティブ・ディレクターやプロジェクト・マネジャー、または講師から渡される場合もあるだろう。ファッション業界でデザインの仕事をするということは、特定のマーケットに向けてオリジナル製品を作るための問題を解決するということだ。ファッション業界のブリーフでは常に、取り組むべきシーズンとマーケットレベルが指定され、素材や色彩、考慮すべき他の技術的制約が示されることもある。

あなたのアイデアがリサーチ、デザイン、制作の点でいかに優れていても、ブリーフに示された必要条件を満たしていなければ成功とは言えないことを忘れてはならない。ファッション業界では、どのマーケットレベルの仕事であれ、与えられた制約内で仕事をする必要がある。一定の小売価格で販売される靴のコレクションを制作するときでも、特定の外国工場の製造資源を使って生産される一連のバッグをデザインするときでも、自分に課された制約を理解し、その範囲でクリエイティブな仕事をしなければならない。

ブリーフの要求を満たす際には、成功するデザインを実現する材料としてのリサーチが欠かせない。さまざまな分野における掘り下げたリサーチなしには、学校であれ業界であれ、あなたの作品は本当の意味でのイノベーションを欠いたものになるだろう。

ブリーフを解釈する

ブリーフを注意深く読み、求められているものを明確に理解することが極めて重要となる。その情報は正確に解釈され、クリエイティブ面での適切なソリューションに達することが不可欠だ。プロジェクト開始前に理解できない点はすべて明確にしなくてはならない。

プロセスを始める際に自分の考えを広げるため、ブレインストーミングやコンセプトマップがよく活用される。最初に浮かぶさまざまな考えを探究していくうえで役に立つ手法だ。コンセプトマップを作るには、中心となるアイデアを書き、そのアイデアと結びついて放射状に伸びる新たなアイデアを考え出す。自分の考えに焦点を絞って結びつけることで、クリエイティブな思考を図に表し、アイデアを拡張していくことができる。

プロジェクトブリーフ

現在のファッションマーケットにおいては、大量生産やあらゆるマーケットレベルに共通する無制限の入手可能性に対して、特殊性と独自性が「贅沢」の新しい定義となっている。「贅沢」とは非常に限られた人だけが持っている製品を持つことであり、他の人が経験したことがないことを経験することであり、また、リラックスする時間と場所を持っていることでもある。

人とは違う、本物に対する消費者の関心が高まりは、ハンドメイドの製品の再登場や手工芸サークル、ビンテージ品や中古品を探し求める姿勢に見出せる。

さらに消費者は、購入する製品の出所や品質に対する関心を強めている。地元で生産された製品や、地元の材料を使った製品の売上が伸びていることは、製品がどのように作られ、店舗に届くまでにどのくらいの距離を輸送されたかが消費者の関心事であることを示している。

このプロジェクトは、消費者のニーズと欲求をデザインと最終製品に落とし込む貴重な機会を提供するものだ。デザイナーは、コンセプトから最終製品までのクリエイティブ面、技術面、実質的な開発面でのアイデアを検討する必要がある。その際には、消費者のライフスタイル、志向、ニーズを考慮すべきだ。最終製品がどのようにして特定の消費者をターゲットとできるかを判断するとともに、リサーチから製品の実現にいたる過程を明らかにする一連の創造活動の展開を示す必要がある。

デザイナーには、選択した国や文化の伝統的手工芸からインスピレーションを受けた、高級品マーケット向けの12種類のデザインからなる春夏シーズン用の製品展開の創造が求められている。マーケットレベルと消費者に関するリサーチがクリエイティブな発想の焦点を定めるうえで重要だ。

デザイナーが考案すべき構成要素。
- リサーチのスケッチブック
- コンセプトボードとコンシューマーボード
- 高級品市場に対する概要説明
- 最初のデザインアイデア
- 2Dと3Dによるデザイン開発
- 12種類の各デザインに対するデザインシート
- 製品展開計画
- 展開する各製品に対する1種類のデザイン模型

プロジェクトを計画する

ブリーフのすべての分野を追求し、定められた期限に間に合わせるためには、行動計画が必要となる。その際、「何」、「どのように」、「なぜ」を考慮しなくてはならない。これらの問いを明らかにして答えを出すことによって、どの順序で完成していくべきか優先順位を決められる。

何… をすることを求められているか。
が成果物であるか。
の情報が必要か。
のリサーチが求められているか。
がブリーフで制約されているか。
が期限とされているか。

どのように… このプロジェクトのリサーチを進めるか。
結論を伝えるか。
与えられた時間を管理するか。

なぜ… 消費者を特定するのか。
ニーズ／要求のレベルを考慮するのか。
素材／部品／付属品のサプライヤーを定めるのか。
素材／付属品の納品期限を定めるのか。
マーケットレベルを特定するのか。
競合相手を特定するのか。

課題

パート1
自身のプロジェクトのブリーフを書き、必要な指示がすべて書かれているかを確認しよう。どのブランド／レーベルのためにデザインしたいかを考慮し、そのブランドにとって適切で、あなたにとって豊かなインスピレーションの出所になると思うコンセプトやテーマを決めよう。
● ブランド
● シーズン
● コンセプト
● 製品のタイプや製品展開
● 成果物
● 期限

パート2
自分のブリーフを作成したら、コンセプトマップを作り、あなたのコンセプトを中心に書こう。クリエイティブな思考を推し進めるアイデアを結びつけ、できるだけリンクを拡張していこう。

パート3
リサーチ計画を作成し、どこでインスピレーションや情報を集めるのかを検討しよう。その際、「何」、「どのように」、「なぜ」を考慮すること。

主なステップ
● 何をデザインすることを求められているのか。特定されたものか、それとも結果を自分で決められるものか。
● 誰のためにデザインしているのか。マーケットレベルやマーケットの種類は示されているか。
● 実際に生産を依頼されているものは何か。成果物は何か。
● 仕事を完成させる期限はいつか。

リサーチの計画

クリエイティブな活力にはリサーチが欠かせない。ブレインストーミングやコンセプトマップから、リサーチの開始点を特定できる。これは有機的な探究であり、新たな発見によって、以前は考慮しなかったものへと導かれるはずだ。

「何」、「どのように」、「なぜ」に対する答えが見つかったら、与えられた期間の中で目標を達成できるように、細かな期限を設けた行動計画を立てる。そのためのプロジェクト管理ツールとして、ガントチャートが役立つ。ファッション業界で働いている場合は、リソース計画やコスト管理、さらにマーケティングからプロモーション、デザイン、サンプリング、倉庫への納品までプロジェクトの進捗管理にも活用できる。

用語集

ガントチャート：
視覚的なプロジェクト管理ツール。プロジェクトブリーフを期限内に仕上げるために必要な各活動のスケジュールが、正しい順序で直線的に描かれる。

コンセプトマップ：
ブレインストーミングのトレーニングで得られた言葉を書き込み、グループ化したり、線を引いたりすることで論理的に結びつけた視覚的な図。

ブリーフ：
プロジェクトのための一連の指示からなり、一定の文脈の中で求められる成果物の概要が示される。

ブレインストーミング：
最初に思いついた言葉を書きとめ、そこから思い浮かぶ別の考えや言葉を次々に導いていく、自由な思考のトレーニング。

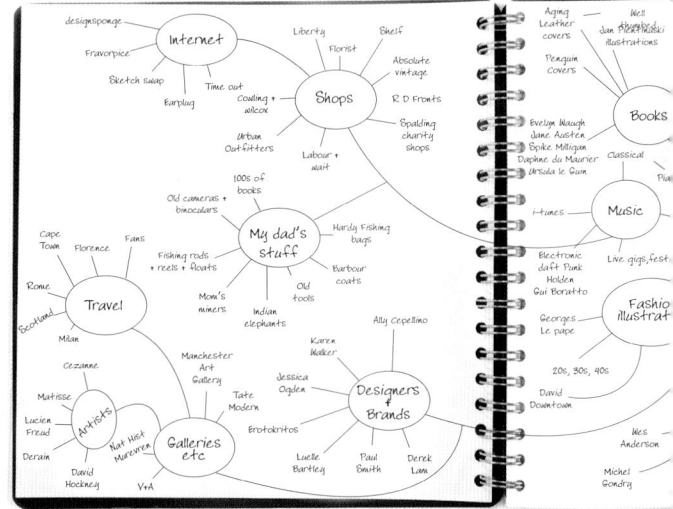

▲ コンセプトマップ
思考を表した図。1つの言葉をプロジェクトの開始点とし、その言葉から新しいアイデアを伸ばすようにして、思いつくすべての言葉を書き留める。新しい言葉はすべて、新しいアイデアの出所となり。コンセプトマップはノートの見開き全体に広がり、デザイナーの頭に浮かぶあらゆることを表現する。

デザインに使う道具

目的 絵を描く際の道具をそろえる。

どんなデザイナーにとっても、
商売道具であるデザイン用具は欠かせない。
視覚によるコミュニケーションは、
明確さと一定レベルの専門的技術をそなえ、
デザインのメッセージを見る人に
分かりやすく伝える手段でなければならない。
革や布地、素材の質感と
仕上がりの印象を正確に伝える必要がある。
デザイナーとしてのキャリアの
最初の関門を超える作品を生み出すために、
品質の良い素材と道具が重要となる。

◀ただの落書き！
乱雑な落書きや封筒の裏に書くようなスケッチは、すぐ手元にある画材で描ける。このスケッチにはボールペンと細いフェルトペンが使われている。

デザインに使う道具 17

▶ 線の濃さ
鉛筆にはさまざまな濃さがあり、濃さに応じて異なる線が描ける。

◀ サムネイルスケッチ
正確な線と濃淡の両方が必要になるサムネイルスケッチには、中間のグレードの鉛筆が向いている。

黒鉛の鉛筆

さまざまなグレードの鉛筆は、デザインの最初のアイデアをスケッチするときからデザイン開発シートの鉛筆の線を消すときまで、デザインのすべてのプロセスで重要な道具だ。Hは硬さを意味し、グレードが高いほど鉛の芯が硬く、より正確で淡い色の線が引ける。Bは濃さを意味し、数値が大きいほど芯が軟らかくなり、より多くの黒鉛が紙に乗るため、太く、なめらか線になる。グレードは6B-B、HB、H-6Hが一般的だ。HBは中間のグレードで、デザインの仕事によく使われる。画家は濃い線を描くために軟らかなBグレードを使うことが多いが、建築家ははっきりした正確な線が必要となるためHグレードの鉛筆を使う。

購入のポイント：2Hから6Bまでの鉛筆をそろえると良い。値段は安価だ。
紙：あらゆる種類の紙に使用できる。
長所：安価で購入しやすく、持ち運びが簡単。線を消せるため、インクを乗せる前のレイアウトを描くのに使える。
短所：芯を削る必要がある。
使いやすさ：容易。

消せるシャープペンと芯

従来から使われている鉛筆よりもシャープペンを好むデザイナーもいる。多種多様なシャープペンの芯が売られており、引ける線の硬さ、濃さともに幅広い選択肢がある。使われ方は鉛筆とほぼ同じで、自分にとって使いやすいものを見つけることが重要だ。概して個人の好みの問題なので、色々なものを試してみると良い。

購入のポイント：最初に芯の太さを検討し、次に軸部分の形や握りのタイプで選ぶ。
長所：シャープペンの芯は消せるものが多く、運んでいる間に芯が折れることがない。
短所：線の黒さが不足し、時間とともに色あせる。
使いやすさ：容易。

注意：木炭はデザイン画にほとんど使われない。使うと紙が汚れることがあり、きれいな白いページが灰色にくすんで見えるからだ。

インクペン

一度、描くことに対する自信がつけば、ペンは簡単に使えるようになる。デザイン開発のスケッチをするときに、直接ペンで描くようになるかもしれない。細い線のペンはステッチラインやトップステッチの細部にインクを乗せる際に使われる。さまざまなブランドのペンを試して、好みのものを見つけると良い。ただし、ペンは流れるようになめらかな線が引けるものであること、インクは耐水性で色あせないことが重要だ。

購入のポイント：さまざまな線の太さのペンがあるが、0.05mm、0.1mm、0.2mm、0.3mm、0.4mm、0.5mm、0.8mmのペンはそろえておく価値がある。
紙：あらゆる種類の紙に使用できる。
長所：ペンの線は細部を示すのに優れている。輪郭線がはっきり出て、黒いインクの線は乾けばにじむことがなく、色あせない。安価で、購入しやすく、持ち運びが簡単。
短所：すぐに乾いてしまう場合がある。
使いやすさ：比較的難しい

▶ **水彩と鉛筆**
水とともに使う場合と乾いた状態で使う場合の2つの用法があるため、水彩鉛筆は薄い色で面を塗るときにも細部を明確に描き込むときにも使える。この例では両方の手法が良い効果を生んでいる。

▲ **多くの美しい色**
水彩鉛筆にはさまざまな色がそろっている。鉛筆が軟らかいほど、紙に顔料を乗せやすくなる。

水彩鉛筆

　水彩鉛筆は筆と水を使って描くことも、乾いた状態で鉛筆として使うこともできる。単独使用、他の画材との併用のいずれも可能で、細部を描く場合や表面の質感を表現する場合に適している。アドビ・イラストレーターで作成したイラストに、水彩鉛筆で立体感を出したり、表面の細部を描き込む使い方もある。サインペンや水彩絵の具で彩色した面に水彩鉛筆で細部を描き込む手法は、とても効果的だ。水彩鉛筆はプレゼンテーション用に完成させたデザイン画やデザインシートに良く使われる。

購入のポイント：幅広い色の水彩鉛筆が入手できる。セットになっているものを購入し、必要に応じて色を追加していくと良い。

紙：あらゆる種類の紙に使用でき、紙の色や厚さを問わない。厚めの紙や厚い水彩画用紙が特に向いている。

長所：水彩鉛筆は乾いた状態でも水に溶かしても使えるため、色鉛筆と水彩鉛筆の両方をそろえる必要がない。鉛筆としての線は細部を表現するのに最適だ。輪郭線はシャープ。幅広い色の水彩鉛筆が作られている。

短所：水彩鉛筆を数本持っているだけではイラストの質に違いが出せないため、セットで購入する必要がある。消すことができず、厚く塗り過ぎると強い光沢が出る。

使いやすさ：容易。サインペンや水彩絵の具で彩色した面に水彩鉛筆で細部を描く重ね塗りの手法は、頻繁に使うようになるだろう。

デザインに使う道具 19

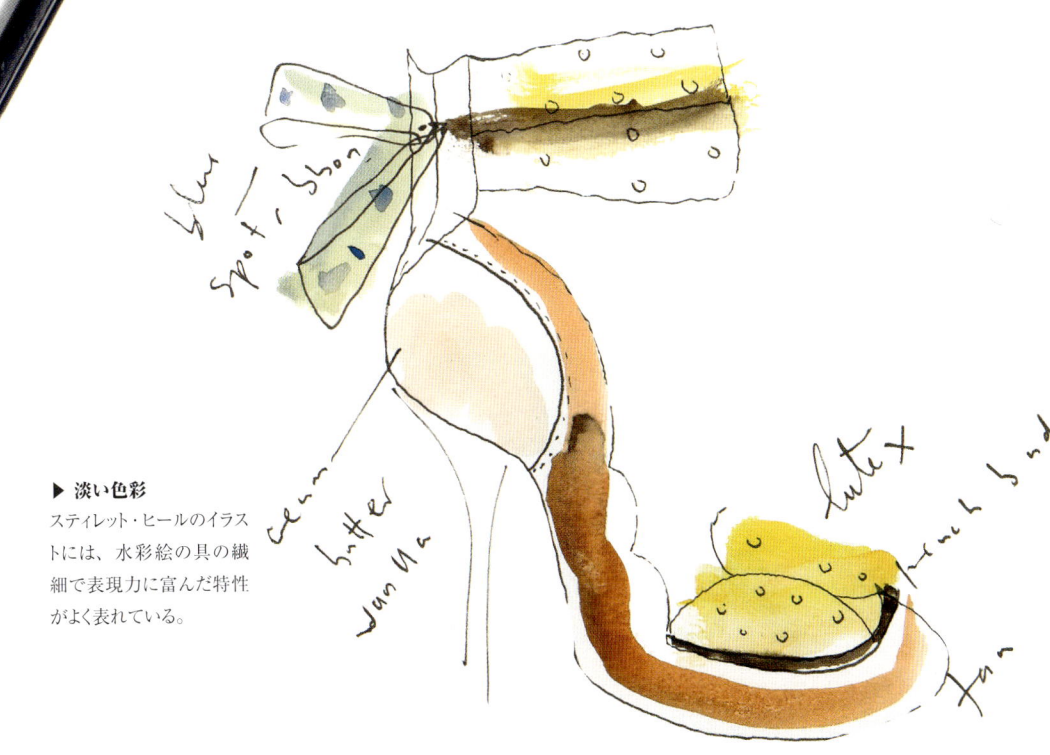

▶ 淡い色彩
スティレット・ヒールのイラストには、水彩絵の具の繊細で表現力に富んだ特性がよく表れている。

▼ 水彩絵の具（固形）
ハーフパンはフルパンより簡単に手に入る。

▶ 筆
穂先が大きいほど多くの絵の具を含む。異なる用途に向けて、さまざまな種類を用意しておくと良い。

水彩絵の具

水彩絵の具は、色を混ぜるのに適している。絵の具を混ぜる際は澄んだ水で絵の具を溶く。また、淡い色の滴を垂らす、飛び散らせるなどして、意外な効果を生むこともできる。

購入のポイント：チューブか固形（パン）のセットを選ぶと良い。使いやすさの面では固形絵の具が優れている。色彩や顔料の質の高さ、混ぜる絵の具の量を考えるとチューブが優れている。

紙：透ける色を重ねることで輝くような効果を生み出すためには、白い紙がよい。薄い紙は水で縮むため、厚い水彩画用紙が最適だ。

長所：他の画材で詳細を描き込む前に、明るく光沢のある表面の質感を出すのに適している。

短所：水彩絵の具は透明度が高いため、間違えた部分の上に塗って修正するのには適さない。

使いやすさ：比較的容易。

予想外の効果

水彩絵の具は滴が垂れて流れる可能性があるため、注意が必要だ。だが、この特性が水彩絵の具の魅力にもなる。ウェット・イン・ウェット（紙を水でぬらしてから描く技法）やドライ・ブラシ（水をほとんど使わずに描く技法）によって、多彩な質感や効果を得られる。水彩絵の具は耐久性が低く、乾燥させた後でも水に溶けるため、完成した作品の取扱には注意を要する。重ね塗りをするときは、色の濁りや絵の具の混ぜ過ぎに気をつける必要がある。水彩鉛筆と併せて使うのが最適だ。

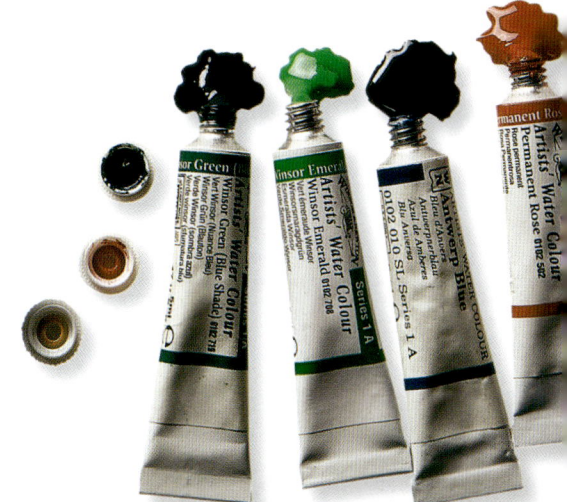

▶ 水彩絵の具（チューブ）
必ずプロ仕様の絵の具を選ぶこと。小学校で使われるような絵の具は廉価だが、選んではいけない。

セクション1：創造的プロセス

▲ 幅広い適応性
ガッシュは素晴らしい画材だ。水彩絵の具のような特性と色の鮮やかさを備えている。絵の具自体は不透明だが、水と混ぜると透明性が出る。

ガッシュ：パレットに追加するお勧めの色	
● アリザリンクリムソン	● ターコイズブルー
● スペクトラムレッド	● ウルトラマリンブルー
● グレナディン	● プルシアンブルー
● ベンガルローズ	● スペクトラムバイオレット
● オレンジレイクライト	● バーントシエナ
● ネープルズイエロー	● バーントアンバー
● スペクトラムイエロー	● ヴァンダイクブラウン
● イエローオークル	● ジンクホワイト
● パーマネントグリーンミドル	● ジェットブラックまたはランプブラック
● オリーブグリーン	
● コバルトブルー	

ガッシュ

ガッシュは不透明で鮮やかな色が特徴で、デザイナーの間でよく使われる。

購入のポイント：数種類の絵の具を購入し、混ぜてあらゆる色を作り出すには、必須の色を選ぶ必要がある。基本的なパレットとしては、パーマネントホワイト、アイボリーブラック、フレームレッド(暖色)、ベンガルローズ(寒色)、ターコイズブルー(暖色)、ウルトラマリンブルー(寒色)、カドミウムイエローペール(暖色)、レモンイエロー(寒色) をそろえると良い。これらの色を混ぜ合わることで、あらゆる色を作ることができる。さらにパレットを充実させるには、上の囲みに示した色をそろえることを勧める。

紙：ガッシュは小さいサイズの紙にも向いている。白い画用紙、水彩画用紙、着色された用紙をはじめ、さまざまな種類の紙に対応できる。

長所：ガッシュは不透明で色が鮮やかな絵の具だが、水で薄めると透明性が出る。8種類の色を混ぜ合わせてあらゆる色を作り出せる。乾いた絵の具の表面には魅力的な滑らかさがあり、色彩豊かな表現ができる。

短所：ガッシュは完全に乾くことがなく、完成した作品に水を1滴でも垂らすと色を塗った部分が損なわれる。

使いやすさ：中程度。

暗い色の上に明るい色を重ねる

ガッシュ絵の具は現代のプレゼンテーション技術ではあまり広く用いられていないが、価値ある画材だ。単独で用いられることは珍しく、他の画材と併せて使われることが多い。明るい色のガッシュは、より暗い色で塗られた部分や背景を簡単に塗りつぶせる。完全に乾くことがないため、絵の具の表面を傷つけることがないよう、完成した作品の取扱には注意を要する。

▼ キャップを忘れずに
色が鮮やかで驚くほどの種類があるが、すぐに乾燥することがサインペンの欠点の1つだ。

デザインに使う道具 21

◀ サインペンの魔法
サインペンは濃い色で広い面を素早くカバーすることができる。

サインペン

サインペンにはさまざまな形のものがある。ペン先が両端にあり、片方は太く、もう片方が細いものが多い。絵筆を模したような線が引けるペン先がついたものも手に入る。素材の表面を塗る、内部を描く、小さいイラストを描くなど数多くの使い方ができる。サインペンがあればすぐに、重ね塗りや鉛筆と併用して多彩な色を表現するなどの効果が得られ、表面の質感を出す効果もある。うまく活用するためには、さまざまな色合いや明度のペンが必要となる。ブレンダー（無色のサインペンのようなもの）を使って色を混ぜることも可能だ。サインペンはすぐに確かな結果が得られるため、使い方をマスターすればプレゼンテーション用のイラストで頻繁に使うようになるはずだ。

購入のポイント：数多くの色のサインペンがケースに入ったセットを最初に買う場合が多いだろう。最小数のセットを購入して単色を追加し、色の幅を広げていくこともできる。

紙：白い紙であればどんな厚さでも使えるが、凹凸のある紙は、一定の質感（たとえば光沢など）を出すことが難しくなる。サインペン用に作られた用紙を使えば、色を塗ったり、混ぜることが容易になる。

長所：サインペンはすぐに重ね塗りができる画材だ。水分を含んだ画材に分類されるが、すぐに乾くため、色を塗ってから数分後に重ねて塗ることができる。

短所：サインペンは簡単に乾くため、素早く使わなくてはならない。

使いやすさ：練習が必要。そうでないと、うまく彩色することが難しい。

他の画材

さまざまな形式やサイズのものを試し、自分に合ったものを見つけよう。リサーチにA4サイズの紙を使い、アイデアを自由に広げるためのスペースが必要となるデザイン開発にはA3の紙を使うのが良い方法だ。縦長にするか横長にするかは自由に決めて構わないが、デザインのアイデア開発には、普通は横長が好まれる。

スケッチブック：リサーチや最初のアイデア出しにはA4またはA3のスケッチブックが良い。水を含んだ画材でも乾いた画材にも使える良質の紙のものを選ぶこと。紙が外れやすいタイプのスケッチブックは避けよう。

レイアウト用紙：自分の描画スタイルを発展させ、自信を得るにつれて、レイアウト用紙を使いたくなるかもしれない。レイアウト用紙を使うことのメリットは、デザインのアウトラインを描き、薄い用紙を使ってトレースし、細部を変えたり、さまざまな配置を試したりしても、アウトラインがそのまま残せることだ。デザイン開発時のプレゼンテーションは、常に切り離された紙を使って行われる。

消しゴム：白いプラスチック製の消しゴムは、非常にきれいに消すことができるが、スケッチでは（一般に絵画で使われる）練り消しゴムが使われることもある。

鉛筆削り：説明は不要だろう。

ホワイトタック（練り消しゴム状の固定具）：さまざまなレイアウトを試すためや、コンセプトボード、コンシューマーボードを固定するのに用いる。

マスキングテープ：ボードの一部をマスキングするためや、レイアウトを試すのに用いる。

スプレーのり：イラストや写真をボードに貼るときに使う。

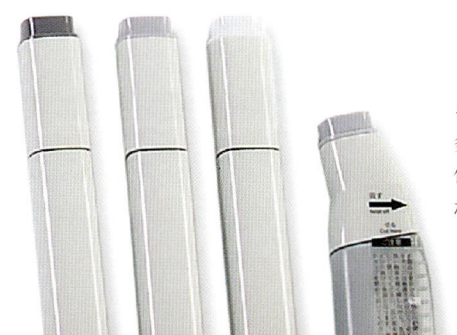

◀ 色を重ねる
多彩なサインペンとブレンダーを使えば、作品でサインペンの優れた効果を引き出せる。

22　セクション1：創造的プロセス

キャドによるデザイン (COMPUTER-AIDED DESIGN=CAD)

目的　ファッション小物業界でのコンピューターソフトによるデザイン(CAD)について学ぶ。

▶ **ソフトウエアの連携**

アドビのイラストレーターとフォトショップを連携させ、デザインのストーリーを示している。技術的側面やテキスト、ブランドロゴにはイラストレーターで明確な線が引かれ、素材の質感や着色された3次元のイラストはフォトショップで作られている。

この20年間の技術の進歩により、クリエイティブ産業に重大な変化が起きている。過去には夢のようだったことが可能な時代になった。コンピューターソフトを活用したデザイン、いわゆるキャド(CAD)プログラムが1990年代前半に誕生して、デザイナーの仕事の進め方に革命的変化をもたらし、多くの企業で業務のスピードや生産性を高めている。

情報源

ソフトウエアについてさらに情報を得る場合は、以下のウェブサイトが参考になる。
- Adobe.com
- support.romans-cad.com

技術的進歩

　かつては、製品で展開する色を決める際にパントーン社のカラーシステムを使ったサインペンなどの画材が使われ、数週間にわたって骨の折れる彩色作業が行われた。今では、マウスのクリック1つで異なる色のパターンの保存や色の変更ができるため、所要時間は数日や数時間になった。また、かつては、プレゼンテーションのために多数のイラストを切り抜き、マウント用ボードに貼りつけていたが、今では画像がデジタル処理され、プレゼンテーション用に整えられる。プレゼンテーション用の画像は印刷して貴重な資源やインクを無駄にする必要がなく、簡単に編集し、順番を入れ替え、保存することが可能だ。さらに、ボタンをクリックするだけで地球の裏側へ送信され、企業は貴重な労働時間や高価な運送費を節約できるようになった。現代のデザイナーはデジタル処理によって、かつてないほどのクリエイティブな自由を手にしている。

　このようにデザイナーや企業に明らかなメリットがもたらされたことで、ファッション産業は驚くべきスピードで前進し、進化を続けている。現代のデザイナーが用いるツールの中で最も重要なものの1つがCADのスキルだ。企業の大半は従業員を採用する際に、履歴書にCADのスキルが示されていることと、バランスの取れた上手なイラストを描ける能力を必須条件

としている。CAD製品の進化はデザインの仕事を次の次元へと高め、今では不可能なものはなく、視覚化するうえでの限界がなくなった。頭の中で想像できるものはすべて、CADで表現できる。かつてないほど作品のプレゼンテーションの水準が高くなり、どこを見渡しても、数十億人の仕事や生活や学習の中でITとCADが使われている。

ファッションで使うソフトウエア

　ファッショングッズの世界においても、CADプログラムが多数開発されてきた。アドビ・フォトショップ、アドビ・イラストレーター、アドビ・インデザイン、スケッチブック・プロ、レクトラ・ローマンCAD 2D Bagなどのソフトウエアは、シューマスターやレクトラ・ローマンCAD 3Dデザインなど製造業向けに開発された3Dプログラムとともに非常に貴重なものだ。

　靴製造のために作られた3Dプログラムでは、デザイナーが画面上でデジタル処理された3次元の靴型をもとに、サンプルの制作や製造のための2次元のパターンを作ることができる。

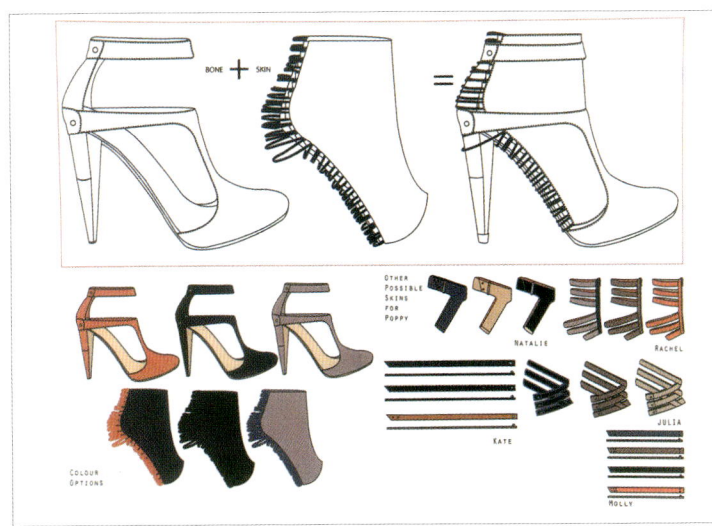

◀ プレゼンテーション用のCADの利用

このデザイナーはイラストレーターを使って2次元の図表形式で説明シートを作成した。上半分は基本的な靴の形と取替可能なピースがどのように機能するかを示している。下半分は靴と交換できるピースがすべての配色パターンで示されている。

▲ 技術的な図面

CADプログラムであるイラストレーターを使って描かれたバッグ。こうした技術的スタイルの図はスペックシートでも使われる。

▶ チャート（次頁）

業界におけるデザインとサンプル作成でCADが広範に使われることを表したチャート。企業でどのようにシステムが機能しているか、そしてデザイナーがプロセスに関わる他の人々とコミュニケーションを取るために、多岐にわたるソフトウエアをマスターすることがいかに重要かを示している。

それによってデザイナーは瞬時に、新しいデザインの外観を独自の視線でとらえられる。デザインを2次元と3次元の間で行き来させることでデザインの細部をすぐに変えられるため、以前なら実際のサンプル制作まで見落とされていたかもしれない問題を事前に解決できるようになった。さらに、パターン裁断の担当者がパターンを操作して短時間で調整できるようになり、時間とコストが節約されている。

同じように、アドビ・フォトショップ、アドビ・イラストレーターなどの画像作成プログラムもデザイナーの仕事に革命的な変化をもたらし、デザイナーが自らの責任で時間のかかる課題に取り組めるようになった。代替のカラースキームを作るためにデザイン画原本のコピーを取って彩色する作業は、デジタル処理されたイラストの色を画面上で変更する作業に代わり、ボタンをクリックするだけで数百万の色や生地が選べるようになった。以前は、特定の生地や革を描き込むことができず、見本帳を使ってコミュニケーションを取るしかなかったが、今はそれらの素材をデジタルでスキャニングし、ソフトウエアを使ってデザインに適用できる。そのようなソフトウエアが非常に発達し、今ではデッサンやラフスケッチから線画を起こし、それを操作してサンプル制作や工場で使うスペックに使えるような図面を仕上げられるまでになっている。図面と格闘する可能性のあるすべてのデザイナーにとって貴重な資産だ。作品はパワーポイントなどの他のソフトへと完全にエクスポートでき、同僚にでも雇用者にでもアイデアをデジタル化して提示し、コミュニケーションを取ることが可能だ。ほとんど提携先でもこれらのソフトを使えることが標準的な条件となっており、デザイナーの大半は学校を卒業するまでに一定程度の知識を身につける。

CADの実際

実際の靴のデザインプロセスとその際にCADをどう利用するかを詳しく説明するために、大規模な企業でコンセプトからサンプル制作までのデザインがどのように行われるか、次頁に事例を挙げた。CADを用いたプログラムがさまざまに用いられ、どのように応用される可能性があるかを理解できるだろう。次頁のチャートは非常に詳細なプロセスを示している。働いている人なら勤務先のタイプに合わせて単純化し、学生なら学校でのプロジェクトワークの文脈で応用することができるだろう。

このチャートは、単に製品開発のプロセスにおけるCADの利用を示すためのものなので、商品展開の計画やマーケティングなど必要不可欠な多くの段階が意図的に省略されていることに注意してほしい。

主なステップ

- CADのさまざまな利用法や、デザイナーが使えるさまざまな種類のソフトウエアの応用法を調査する。
- CADがデザイナーに与える意味と、業界に与える影響について学ぶ。
- 利用できるさまざまなソフトウエアと、それらの応用方法を理解する。
- 新たな技術の可能性を探る。

用語集

CAD：
コンピューターソフトによるデザイン。

IT（情報技術）：
コンピューターを使って情報を蓄積し、取り出し、操作するためのハードウエアとソフトウエアの両方を指す。

カラースキーム：
デザインで代替できる色の選択肢。

彩色：
デザインに色をつけること。

デザイン段階	部署	使用ソフト	用途
リサーチとコンセプト開発	デザイン担当 トレンド担当	パワーポイント、フォトショップ、スケッチブック・プロ	出張や店舗訪問によるすべてのリサーチ結果と消費者プロフィールを分析。
トレンドとコンセプトのプレゼンテーション	デザイン担当 トレンド担当	パワーポイント、フォトショップ	パワーポイントとフォトショップで作成されたストーリーボードがプレゼンテーションされる。ストーリーボードには、ムード、コンセプトボード、消費者プロフィールボード、イノベーション、素材・カラーボードなどが含まれる。
初回会議のためのスケッチ	デザイン担当	手描きスケッチ、スケッチブック・プロ	最初のアイデアを立案し、コンセプトを開発。
製品担当へのプレゼンテーション	デザイン担当 技術支援担当	手描きスケッチ、スケッチブック・プロ、（必要に応じて）パワーポイント、ローマンCAD、プロ・エンジニア	非公式な場で、パワーポイントによるオリジナルのプレゼンテーション資料や新たなコンセプトとアイデアを補強するためのオリジナルのストーリーボードともに、スケッチを提示する。新しいアイデアに関するフィードバックを受け、メンバーにディテールを示すためにすぐに3Dモデルが作られることもある。ハトメなどの細かい部分が話題となる場合もあれば、ソールやヒールのような大きい構成部品の場合もある。
スケッチの修正	デザイン担当	手描きスケッチ、スケッチブック・プロ	デザインを修正し、製品グループからのすべてのフィードバックに沿うように変更を加える。
製品担当へのプレゼンテーション	デザイン担当 技術支援担当	手描きスケッチ、スケッチブック・プロ、イラストレーターによるイラスト、フォトショップによる配色見本	さらに発展させ、詳細まで描き込まれたデザインを再び提示する。修正した3Dモデルと着色したスケッチを示す。
製造者またはサンプル制作室へのスペックシート出し	デザイン担当	イラストレーター、フォトショップ、ワード、エクセル、パワーポイントなどスペックの作成に適したソフト（企業により異なる） この段階で、技術担当や3D担当が、ソール、ヒール、靴型などのアイテムの最初のひな型を作るためスペックシートを作成する場合もある。	最初のサンプル作成を依頼するため、最初のデザインによるすべてのスペックシートを作成する。企業により、社内のサンプル制作室へ依頼する場合もあれば、外国工場のサンプル制作室へ依頼する場合もある。いずれにせよ、情報をできるだけ明確に伝えるために最適な手段を選ぶことが、きわめて重要だ。

デザイン段階	部署	使用ソフト	用途
製造者またはサンプル制作室から最初のサンプルを受領	デザイン担当 技術担当	デジタル写真、フォトショップ、イラストレーター	受け取ったサンプルを評価し、修正のために写真を撮る。この作業がイラストレーターやフォトショップで行われる場合もある。このサンプルは次に製品担当に提示される。
製品担当へのサンプルのプレゼンテーション	デザイン担当 技術担当	サンプルが再評価され、再修正されるこの段階で、展開する製品の制作に関わる大半のソフトウエアが使用される。	3Dモデル、最初のサンプルとともに、ここまでの成果がすべて提示される。
サンプルへの最初の修正と展開する製品の彩色	デザイン担当 技術担当	フォトショップ、イラストレーター、ローマンCAD、プロ・エンジニア、デジタル写真	スペックへのあらゆる修正が整えられて、サンプル制作室に戻される。選考プロセスで出されたすべての変更要請に基づき、2回目のサンプルが制作される。この時点で、デザイン担当は最初のプレゼンテーション会議で決められたカラーパレットに従い、製品の彩色作業を始める。そこではイラストレーターかフォトショップが使われる。デザイナーによってやり方は異なるが、手描きのデザインをフォトショップに取り込んで彩色するか、イラストレーターで描いたデザインをフォトショップに取り込んで彩色するか、いずれかが多い。イラストレーターで彩色するデザイナーもいる。
2回目のサンプルによる配色決定会議	デザイン担当 製品担当	イラストレーターによるイラスト、フォトショップによる配色見本、パワーポイント	選択されたカラースキームが会議で提示される。プレゼンテーションはパワーポイントのデジタルデータか、昔ながらのマウント用ボードで行われる。選択されたカラースキームが画鋲で壁かプレゼンテーション用ボードに貼られ、このプロセスの完了となることは珍しくない。
最終サンプルの要求(封印サンプル)	デザイン担当 技術担当	イラストレーター、フォトショップ、ワード、エクセル、パワーポイントなどスペックの作成に適したソフト(企業により異なる) この段階で、技術担当や3D担当が、ソール、ヒール、靴型などのアイテムの最終スペックを作成する。	最終サンプル(封印サンプル)の作成を依頼するため、最終デザインのスペックシートを作成する。サンプルは2つ以上の配色で作成するよう指示される。製造者が工場のシステムに取り込めるように、すべてのスペックをワード形式で作成することが多い。

色彩理論とデザイン

目的 色彩理論の原理について学習する。

色彩理論の原理を知ることは、
イラストやデザインの中で色を効果的に用い、
どのように色を取り交ぜるべきかを
理解するうえで役に立つ。

▲ **カラーボード (明るい色)**
デザイナーが色調のバランスを取るために、雑誌の切り抜きを選び出し、フォトショップで独自の画像に加工したもの。写真を四角に組み合わせた後、そこからカラーパレットを引き出して画像の横に配置した。

デザイナーは常に決まったシーズンや特定の期間に向けてデザインするため、それに合わせたカラーパレットを用いることになる。春であれば、明るい自然色やパステルカラーが広く使われ、夏には鮮やかな色やマリンカラーが好まれる。秋には温かみのあるアースカラーが取り入れられ、冬には黒っぽい地味な色が多く使われる。人間には色合いに対する感情があるため、ファッションが自然界のリズムに従うことは不思議ではない。春に咲く球根花のパステルの色調や、夏に強烈な色彩を放つエキゾチックな花、秋を彩る豊かな紅葉、冬になって葉が落ちた木々の暗いシルエットが、ファッションの世界にも伝播する。

色を選ぶ際にはこうしたことが最初の手引きとなるが、それぞれの色には1,000に近い色味があり、時期に応じて適切な色味を選ぶことは簡単ではない。

カラーパレットを選ぶ

色は消費者が買い物をするときに最初に目につくものだ。カラーパレットを選ぶ際には、文化的にマイナスの意味を帯びないよう、対象となるマーケットを考慮しなくてはならない。ライフスタイルも同様だ。金融業界で働く都市居住者は、田舎に住む人々とは異なる色の製品を購入し、身につけるだろう。

また、デザイナーはこのプロセスにおいて、トレンド情報(p. 34を参照)を用い、素材のサプライヤーで何が売られているかを調査する。これらの情報を集めたら、ニーズを分析してパレットを選ばなくてはならない。一定の範囲の中間色で基準となるパレットを作り、季節の色を追加していくと良いだろう。直感に従って、それぞれの色を組み合わせたらどう見えるかを想像する。あなたが使おうとしているのは対比色だろうか。それともトーンオントーン配色 (同じ色相でトーン [色調] を変えた配色)、多色アクセント、スモールアクセントだろうか。製品全体が1色で作られるとしても、展開する製品一式をバイヤー

▶ **色相環**
色相環は便利なツールだ。隣り合った3色か4色を選べばうまく組み合わせられる。たとえばイエロー、レモン、マリーゴールド、テラコッタの色調のパレットは必ず機能する。

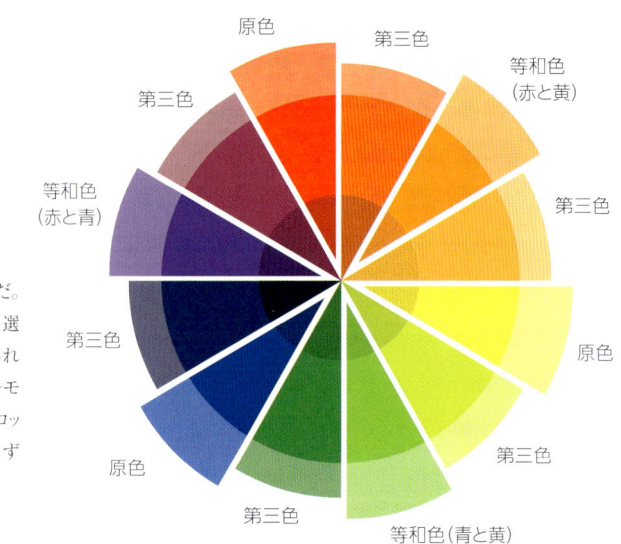

色彩理論とデザイン　27

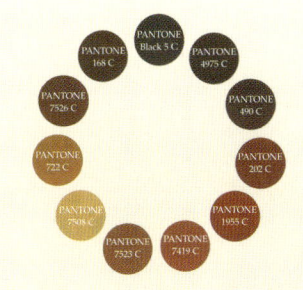

◀ **鉄の色味のパレット**
黒と茶は例外なく最もよく売れる色だ。このカラーボードでは、デザイナーが1枚の写真からインスピレーションを受けて、鉄の色味のパレットを作った。

▼ **さまざまな資料**
ここでは、デザイナーがカラーボードを作成するために、幅広い資料から視覚的なヒントを得ている。

に見せるときには、複数の色を並べることになる。色相環はどんな創造プロセスにおいても役に立ち、上手な色の組み合わせを選ぶのに便利なツールだ。

色を慎重に検討する

どんなデザインであれ、2色以上の色を使おうとする場合には、各色の割合を慎重に検討しなくてはならない。目立つアクセントカラーを多く使い過ぎるとインパクトが薄くなるが、適切な割合で配色することで作品が大きく引き立つだろう。

ブリーフで1色づかいの製品が求められていても、色の使用を制限するものではない。対比色の裏地を使うことでデザインに刺激が加わり、バッグの金具の色が興味を引き、靴のソールに目立つ色を使うことでシグネチャースタイルが生み出され、靴ひもの色を変えることで差がつく。可能性は無限大であり、デザイナーによる色の選択がデザインに個性的なスタイルをもたらす。

色の選択時においては、あらゆるファッショングッズにおいて常に黒と茶が最も売れる色であり、短い夏のシーズンには紺、白、ベージュ、黄褐色が重要な役割を果たすことを忘れてはならない。これらの基本色は常にパレットに含めておく必要があるが、バイヤーの関心を引くためにはサンプルの大半をシーズンの新色で作るべきだ。バイヤーが同じデザインで2色以上を注文したいと思えば、視覚的なインパクトを生むとともに売上も伸びる。色の力を決して過小評価してはならない。

用語集

原色：
純度の高い色。混ぜ合わせて等和色を作るもととなる。

色調：
少しずつ変わる1つの色の系統。

第三色：
原色と等和色を混ぜた色。

対比色：
色相環で他の色が間に入ることで離れている色。

等和色：
紫、ターコイズ、オレンジ、ライム。

補色：
色相環の反対側にある色。

課題：色の力を理解する

補色を並べることで不思議な刺激が生まれることがある。大きな赤い四角を描き、中央に小さな四角を残す。その小さな四角を緑色で塗って、じっと見つめてから白い紙に目を移してみよう。次に、同じ幅の青とオレンジが交互に並ぶストライプを描いてみよう。ストライプが動いて見える。

リサーチとインスピレーション

目的 クリエイティブな発想を豊かにするためにどのようにリサーチを行い、情報を集めるかを学ぶ。インスピレーションを得るリサーチとはどのようなもので、インスピレーションのきっかけはどこで見つけられるのだろうか。

▲▶ インスピレーションを反映したレイアウト
上の例は横にレイアウトされ、ギャラリーに展示された作品を思わせる。それより自由に並べられた右の例は鳥のモチーフを集めたもの。

デザインプロセスにリサーチは欠かせない。多様性に富み、掘り下げたリサーチ資源がなければ、イノベーションは存在しない。あなたのクリエイティブな発想のプロセスが炎を燃やすためには、燃料が必要だ。深みのあるリサーチを行うほど、アイデアが生まれる可能性が広がる。ここからの4頁ではリサーチを取り上げ、リサーチとは何であるかを探究し、そしてデザイナーがアイデアを生み出し、デザイン・ソリューションを見出すためのリサーチ手法を検討してみよう。

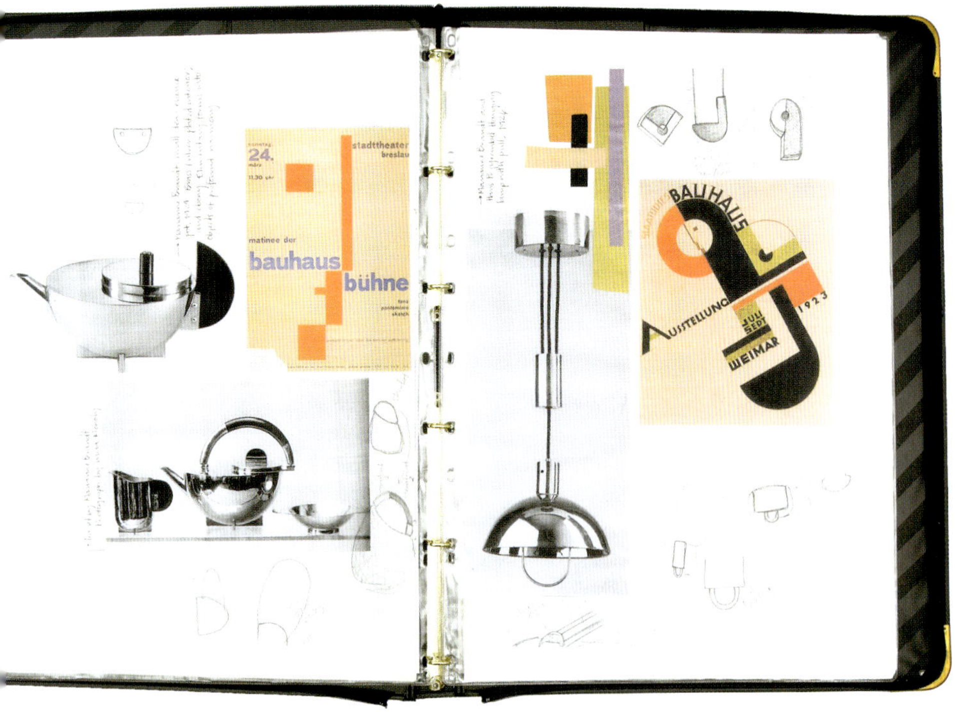

リサーチを行う

リサーチには、一次的リサーチと二次的リサーチというまったく異なる2種類がある。プロジェクトを成功に導くためにはいずれも必要だ。

一次的リサーチとは、すでに存在しているもの以外のデータを集めることだ。自ら作り出すリサーチ資源であり、能動的に行うものだ。一次的リサーチには次の2つの形態がある。

- インスピレーションのための一次的リサーチ。写真、スケッチ、実際的な探究や実験が含まれる。
- 情報とデータのための一次的リサーチ。アンケート、フォーカスグループ（市場調査のための消費者グループによる討議）、聞き取り調査などの形で行われる。

さらに一次的リサーチは、質的手法と量的手法に分けられる。質的リサーチは、比較的少ない数のケーススタディや観察、フォーカスグループからデータを得るテクニックだ。

量的リサーチでは、アンケートや調査による数量的データを集めて分析する。数値、パーセンテージ、推定、意見、行動などであなたの決定を支持するタイプのリサーチだ。

二次的リサーチとは、他の人が行ったリサーチやすでに存在しているリサーチを指す。公開されているデータを用いる、受動的な方法と言える。

◀ 芸術運動
バウハウスのリサーチから、デザイナーが形を最初に探究したときの様子が伺える。積み木のようなレイアウトには選んだイメージの色が表され、上から下へ説明が書かれ、写真に線が引かれている。

リサーチとインスピレーション **29**

テーブルにかけてある古いスカーフが、間に合わせのものでやりくりしている雰囲気をかもし出す。

◀ **材料となるものを並べる**
郷愁をかきたてる左ページは、間に合わせのテーブルに置かれた古いテレビや手書きのポストカードで、過ぎ去った日々のイメージだ。右ページの色あせたスケッチや吊るされた紙幣、血痕のようなものの傍の履き古されたズック靴は、資本主義によってもたらされた社会の退廃を表現している。

手書きのポストカードがノスタルジックな印象を与える。

紙幣のイメージが資本主義を表す。

履き古された靴と路上の血痕が都市の退廃を示す。

- インターネット
- 新聞
- 書籍
- 雑誌
- 業界誌
- トレンド情報
- 既存の市場調査

デザインプロジェクトを始める際には、これらの手法や情報源を豊富に組み合わせることを勧める。

インスピレーションを得る

インスピレーションはデザインプロセスで決定的に重要性だ。それを得るためのリサーチがなければ、たとえ故意ではなくても、すでに目にした製品のデザインやバージョンを繰り返すことになる。

インスピレーションは非常に多様で幅広く、個人的なものでもある。文字通り、いかなる場所でも、いかなる物からでも得られる可能性がある。素材の端切れの折り目や、デザイン細部のアイデアのきっかけとなるバロック様式家具の装飾から、活気あふれる豊かなカラーパレットを想起させる写真、映画のワンシーン、感情的な反応を引き起こす音楽のワンフレーズ、道路の舗装の亀裂、錬鉄製の門の曲線、毎朝通るドアの色、強い垂直の線が見える建物、水たまりの反射──例を挙げればきりがない。

インスピレーションから以下のアイデアが得られるだろう。

- コンセプト
- 形
- 色
- 質感
- 細かな装飾
- 機能
- 素材や付属品
- 構造
- プロポーションやスケール
- シルエット
- バランス
- 表面

▼ **彫刻の輪郭線**
一連の線画を通してデザイナーが彫刻を評価し、彫刻で表現された身体の輪郭線から靴の形を探究している。

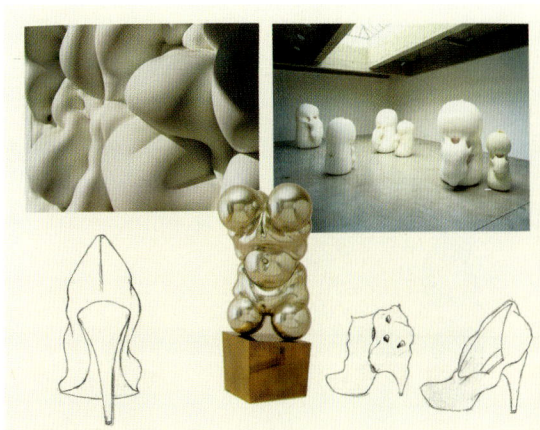

インスピレーションを得るリサーチ

インスピレーションを得るためのリサーチには、多岐にわたる方法や情報源を駆使するべきだ。毎日、目を大きく開き、身の回りの世界を価値ある視覚的刺激として見渡してみよう。それらのイメージを逃さないために、出かけるときには必ずカメラとポケットサイズのスケッチブックを持ち歩くとよい。他の人には意味がないものでも、あなたの関心を引くかもしれない。身の回りにあるものに個人として反応することが、デザイナー独自のスタイルを生み出す力となる。

特定のプロジェクトブリーフに従って仕事をするときには、目的意識をもって焦点を絞ったリサーチを行うべきだ。インスピレーションの出所があまりにも多いとアイデアが拡散し、1つのコレクションにまとまらなくなる。アイデアの元を注意深く選び出すことで深みのあるリサーチが可能になり、インパクトのあるデザインを組み立てられる。自分個人のスケッチブックをふり返って、取り組んでいるプロジェクトに関連するものが手持ちのアイデアの中にないかを確認することも忘れてはならない。

リサーチで得たものをコンセプトマップにまとめ、探求すべき潜在的方向性をつなげていくとよい（p.15と下図を参照）。

リサーチ計画を立てる

コンセプトマップと一緒に、リサーチ計画を立てることが望ましい。それにより、調査や探究を始め、訪問やフィールドリサーチを企画し、生まれつつあるコンセプトを発展させるための視覚的情報を集めやすくなる。

インスピレーションを得るリサーチ計画を立てるには、どのような情報源を用いるかを検討することが重要だ。

図書館にある雑誌や専門誌、書籍はリサーチのスタート地点として適している。

オンラインの情報や電子ジャーナル、インターネットからは膨大な情報やインスピレーションが得られるかもしれない。だが、それだけに頼ることのないように注意しよう。

博物館、美術館、専門市場などを訪問して、展示物や遺物、製品、ディテールをスケッチし、写真に収める方法もある。

劇場、映画館、クラブ、コンサートにも足を運ぶ。すべて、クリエイティブな思考を始めるきっかけとして有効だ。音楽は感情を刺激するものとして重要であり、強い反応を引き出すことが多い。そうした感覚を視覚的にどう表現できるか考えてみよう。映画や劇場からは歴史的な情報が得られ、別の時代の思潮を喚起させ、異なる文化への洞察をもたらす。また、視覚的インスピレーションを得ることができる。カーニバルや映画初日の舞台挨拶、即興的なストリートダンスやストリートパフォーマンスなどのイベントも、あなたの想像力を豊かにするだろう。

▼ 宗教的聖像の研究
写真や参考資料からの茨の冠や光輪のイメージから、帽子デザインのアイデアを得る。

▼ アイデアの探求
このコンセプトマップは、デザイナーが2012年秋冬コレクションのコンセプトと可能性を探究したときの最初のアイデアを表したもの。発想を広く見渡す、ごく初期の段階だ。

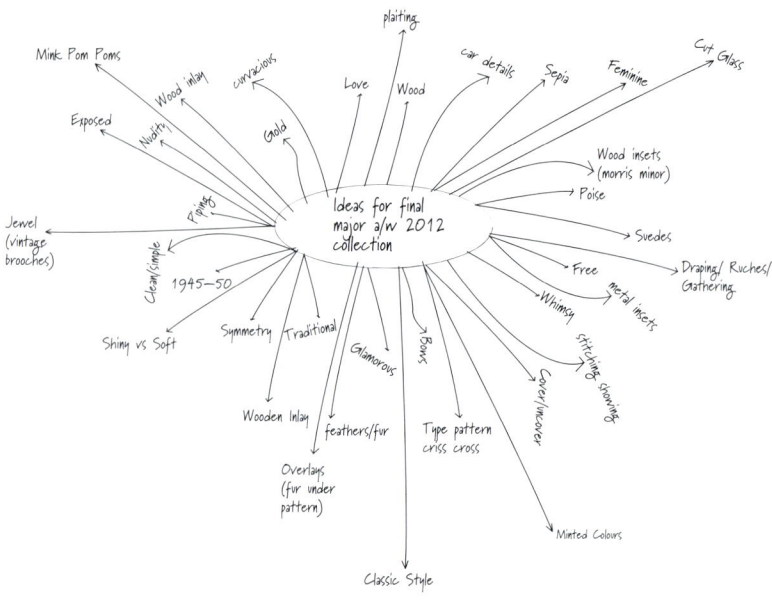

▶ ランウエイの
イメージ

シーズンごとのランウエイの観察から、古い形のバッグが新しいコレクションで多用されていることに気づく。次のシーズンで形がどう発展するかの分析が行われ、色の組合せに関する最初のアイデアが加えられている。

用語集

一次的リサーチ：
まだ存在していないデータを集めること。

最小受注量：
サプライヤーが特定の素材、布地、付属品を販売する最小量。

質的リサーチ：
比較的小規模の調査、ケーススタディ、フォーカスグループ、聞き取り調査からデータを得ること。

二次的リサーチ：
他の人が行ったリサーチやすでに存在しているリサーチ。

見本帳：
小さいサイズの素材サンプル集。

リードタイム：
素材の発注から納品までに必要となる正確な時間。

量的リサーチ：
アンケートや調査から得た数量的データを集めて分析すること。

他の形のインスピレーション

　書かれた言葉の影響力も無視してはならない。歌詞も重要な刺激をもたらす材料であり、詩歌や散文も同じだ。言葉の意味だけではなく、レイアウト、文字のフォント、紙の色や手触り、装丁デザインも視覚的な刺激となり得る。古い書籍は情報源として優れ、特定の時代の声を聞くことができる。描写のされ方からひらめきを得られることも多い。

　倫理、社会、文化、政治に関する議論もインスピレーションをかき立てる。現代世界の持続性に対する懸念の高まりを受けて、デザイナーとして検討することが期待される分野だ。

　イメージの選定は重要だ。リサーチでは似たような情報源だけでなく、多様なところからイメージを集めるべきだ。雑誌の切り抜きばかりを集めることのないように注意すること。リサーチで得たイメージを写真、ポストカード、画像、スケッチなどで補強するとよい。多様性に富んでいるほど、そしてリサーチが豊かであるほど、あなたのクリエイティブな思考を燃やす強力な燃料となるだろう。

　素材も強いインスピレーションをもたらすものであり、そのリサーチはデザインプロセスで非常に重要だ。シーズンの空気を感じ取り、次のシーズンの新しい発展や技術的進歩をつかむためには、専門市場、工具販売店、部品販売店や、サプライヤー、見本市などを訪れることが欠かせない。素材や布地のリサーチをするときには、入手できる色、性能や機能、革の場合は入手できるサイズ、最小受注量、リードタイム（納品までに要する時間）、小売価格を確認する必要がある。

　創造性は燃える炎のようなものだ。火に燃料を加えなければ、やがて炎は小さくなり、消えていく。リサーチ手法があなたに向かないのであれば、手法を変化させ、改善し、多様化させ、または深化させる必要がある。または、手法を評価し、より深いレベルでその評価に対応しなくてはならない。

　リサーチの結果をまとめる際には、情報やインスピレーションを保存しておくための別のファイルに整理し、その後でスケッチブックの編集や制作に着手すること。

主なステップ

- コンセプトマップとリサーチ計画
- 訪問、写真、スケッチ
- インスピレーションデータ、情報の収集
- 素材の調査と入手
- 必要であれば、素材見本の発注

マーケットを理解する

目的 ファッショングッズのマーケットを理解する。

マーケットレベルを理解し、最新のトレンドを確認することは、
デザイナーにとって絶対に欠かせない。
特定の店舗、独立したブティック、デパートを定期的に訪問し、
さまざまな製品を目にすることで、市場に対する理解が深まるだろう。
訪問や分析は、競争相手となり得る製品を把握し、
競争優位を確立して競合製品との差別化をはかるうえで役立つ。
さらに、あなたのアイデアや製品に
潜在的な市場性があるかどうかを見極めることもできる。

マーケットレベル

マーケットを完全に理解するためには、存在するレベルとその特徴を知る必要がある。一般に、次の4つに分けられる。
- ラグジュアリー
- デザイナー
- ハイストリート
- バリュー

マーケットレベルの特徴を知ためるには、企業によるブランドのマーケティング手法を理解する必要がある。以下のような視覚的コミュニケーションが挙げられる。
- 店舗のショーウィンドー
- 広告や雑誌記事
- 店頭材料(紙袋、箱、ラッピング、ルックブックなど)

企業は広告を活用して私たちに製品を購入したいと思わせ、製品を手に入れることに憧れを抱かせる。さらに、贅沢なライフスタイルや誘惑、力、富をイメージさせ、私たちは広告で描かれた人々のようになりたいと思い、同じような外見をして同

▶ **プラダ**
ショーウィンドーに描かれた「プラダ」の文字のアウトラインと、「ミラノ」という言葉に示されるイタリアの伝統的イメージ。非常に繊細な方法により、ラグジュアリー・ブランドであることを瞬時に消費者に伝える。ディスプレーにはブランドの縮図とも言える重要アイテムだけが置かれている。

マーケットを理解する 33

軟らかいカーフレザーで作られた複雑なアッパーは洗練された組み立てで、細かいステッチには高度のスキルが求められる。

微妙なカーブがついた繊細で美しいヒールで靴全体が完成している。

イタリア製のソール用レザーは、エッジに対象色を配した仕上がり。

スエード地と合成繊維の内張りを使ったシーズン色のシンプルなパンプス。アッパーは最小限のステッチを使った構造。

人造爬虫類皮のプリントがされたプラットフォームとヒール。ソールは合成樹脂製。

▲ **マーケットの比較**
この2つの靴は両極端のレベルのマーケットル向けに作られたものだ。ラグジュアリー・ブランドの靴（左）は一定の品質を実現するために綿密にデザインされ、靴型の形、ヒール、アッパーのラインが完璧に融合している。アッパーのレザーの柔らかさや肌触りの良さは、写真からも伝わってくる。バリュー・ブランドの靴（右）は単純な作りで、左の靴のような高い製造技術を必要としない。ラインには繊細さがなく、アッパーは硬く、履き心地が良いとは言えない。低品質の素材をうまく使って作られた靴で、色と素材にはシーズンの流行が取り入れられている。

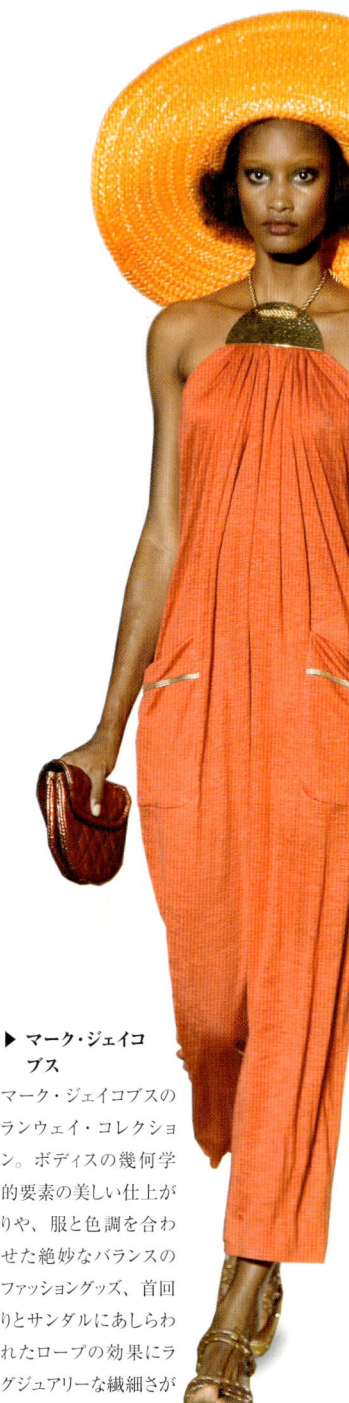

▶ **マーク・ジェイコブス**
マーク・ジェイコブスのランウェイ・コレクション。ボディスの幾何学的要素の美しい仕上がりや、服と色調を合わせた絶妙なバランスのファッショングッズ、首回りとサンダルにあしらわれたロープの効果にラグジュアリーな繊細さが見られる。

じグループに属したいと願う。ブランドは広告、店舗のウィンドー、店頭材料を通じて、提供する製品を明確に表現している。

ブランドとは何か？

　ブランドとは、特定の種類の製品につけられた名称や商標、または特定の種類の製品を提供するデザイナーやメーカーを指す。ときには製品とブランドが同義語となる場合もある。たとえば、「グッチ」はバッグを意味する。グッチは紳士服や婦人服をはじめ多様な製品を展開しているが、誰かがグッチの名を口にしたとき、私たちはまずバッグを思い浮かべる。同様に、誰かが「ジミー・チュウ」と言えば、私たちは瞬時にハイヒールを想像する。「フィリップトレーシー」の名を聞けば、立体感と主張のある繊細な帽子のイメージだ。ブランドを認識させるものとして以下の要素が挙げられる。
● 名称
● ロゴやシンボルマーク
● デザイン、書体

　これらの一部またはすべてを組み合わせて活用することで、ブランドは提供する製品やサービスを明らかにし、競合ブランドとの差別化をはかっている。

　ラグジュアリー・ブランドは、マーケットレベルの最上位に位置する。ラグジュアリー・ブランドとは、必ずしもオーダーメードを意味するわけではなく、製品は顧客1人1人に向けて作られるものではない。しかし、顧客にはオーダーメード製品を購入できるほどの可処分所得が求められる。デザインをはじめ、素材や布地の選択と裁断には細心の注意が払われ、製品は少量生産によってブランドの高級なステータスを確保するため、価格が高くなる。また、購買熱を高めるために一度に販売される製品の数を限定することが多く、顧客は順番待ちを余儀なくされ、さらにブランドの高級感が高まることになる。ラグジュアリー・ブランドはデザイナー・ブランドと違い、展開している製品をシーズンごとに完全に作り変えることはほとんどない。ブランドを代表するアイコン的な製品が複数のシーズンにまた

マーケットレベルから見たブランドとトレンド

各マーケットレベルの有名ブランドをリストにまとめた。4つのレベルで似たようなスタイルのバッグを比較し、デザイン、素材、製造がマーケットによってどのように違うかを見てみよう。

ラグジュアリー・ブランド
アレキサンダー・マックイーン、イヴ・サンローラン、ヴィヴィアン・ウエストウッド、エルメス、クリスチャン・ディオール、ザグリアーニ、ジーナ、シャネル、ジル・サンダー、セルジオ・ロッシ、プラダ、ボッテガ・ヴェネタ、マーク・ジェイコブス、マロノ・ブラニク、ランバン、ルイ・ヴィトン

デザイナー・ブランド
アニヤ・ハインドマーチ、アリー・カペリーノ、アレキサンダー・ワン、クリスチャン・ルブタン、クロエ、コスチューム・ナショナル、コム・デ・ギャルソン、ジミー・チュウ、ジュゼッペ・ザノッティ、ジョルジーナ・グッドマン、スチュアート・ワイツマン、ダナ・キャラン、ナタリア・ブリリ、ニコラス・カークウッド、ピエール・アルディ、ビル・アンバーグ、フリート・イリヤ、マイケル・コース、マルケッサ、マルベリー、ミュウミュウ、ラルフ・ローレン

ハイストリート・ブランド
アーバン・アウトフィッターズ、アバクロンビー＆フィッチ、アポセカリー、オフィス、カート・ガイガー、カレン・ミラン、ギャップ、ザラ、トップショップ、ナイン・ウエスト、パイド・ア・テラ、ハドリー、バナナ・リパブリック、フレンチ・コネクション、リース

バリュー・ブランド
H＆M、ウェアハウス、ストロベリー、ニュー・ルック、フォーエバー 21、プリマーク、ユニクロ、リバーアイランド

▲ ラグジュアリー
手作業で作られたエルメスの「バーキン・バッグ」には最高品質のレザーと付属品が使われている。このクロコダイルの「バーキン」には2万1000ポンドの価格がつき、順番待ちとなっているため、どこのエルメスショップでも見つからない。ハンドバッグの最高峰とも言える。

▲ デザイナー
アニヤ・ハインドマーチを代表する「カーカー・バッグ」。シーズンに合わせた色と素材で製造されている。質の高い素材を使い、ヨーロッパで少量生産されており、価格は595ポンド前後から750ポンドまで幅がある。写真のバッグはクロコダイル模様をつけた高品質のパテントレザーが使われた、シグニチャー・ルック。

▲ ハイストリート
フレンチ・コネクションのトゥインクル・バッグ。合成レザーにヘビ革の質感を模したエンボス加工がされている。全世界とネットショップで1,000の小売店があるため、アジアで大量生産されている。1970年代風のレトロ感は2011年秋冬シーズンのトレンドだった。1シーズンだけの展開で、価格は200ポンド前後。

▲ バリュー
フォーエバー 21のバッグは人造スエードと人造クロコダイルで作られ、安価な合金の付属品が使われている。全世界に店舗があり、競争力のある価格を実現するためにアジアで大量生産している。このバッグの小売価格は約20ポンド。2011年秋冬シーズンのトレンドにマッチし、1シーズンだけ展開された。

がって販売され、新色や新素材のバージョンが追加される。ラグジュアリーブランドの特徴として以下の点が挙げられる。
- 素材の品質
- ディテールへのこだわりと職人の技巧
- デザインのレベル
- 伝統ステータス
- 長く使えること
- 製品の製造場所と製造方法
- 販売手法

デザイナー・ブランドは、特定の消費者層をターゲットとし、大衆受けを狙わないことも珍しくない。デザイナー・ブランドは既製服コレクションに分類されることが多く、ファッションウィークと呼ばれる各シーズンの特定期間にブランドごとに発表される。ファッションウィークはファッション業界の一大イベントであり、世界のファッションの中心地であるロンドン、ニューヨーク、ミラノ、パリで年に2回開催される。

デザイナー・ブランドにはラグジュアリー・ブランドと同じ多くの特徴が見られるが、同等のステータス、威厳、伝統があるわけではない。イノベーションと創造性が重要な特徴だ。デザイナー・ブランドを手がける企業は、新しい素材や技術を活用した新製品のリサーチや開発に重点的に投資している。各シーズンで記事に取り上げる価値が最も高いファッションショーを実現しようと非常に激しい競争が展開され、デザイン・チームが高い製造技術に支えられて極端なアイデアを立案することもできる。デザイナーブランドには以下の特徴がある。
- 使われる素材の品質と多様性
- ディテールへのこだわりと職人の技巧
- デザインのイノベーション
- ステータス
- 製品の製造場所と製造方法
- 販売手法

ハイストリート・ブランドは、ターゲットとした消費者層に対する大衆受けを狙う。その多くは流行を敏感に取り入れるブランドで、消費者の関心を引きつけるためにトレンドに沿って定期的に在庫を入れ替える。ハイストリート・ブランドには以下の特徴がある。
- 流行に沿ったデザイン

課題：マーケットレベルを比較する

マーケットを概観するために、店舗訪問とブランド研究に焦点を当てたリサーチを実施しよう。店舗を訪問し、補足的にマーケットレベルに関するリサーチを行うことで、各マーケットレベルの規模と、マーケットをリードしているのが誰であるかを確認する。各マーケットレベルで特に重要なのはどのブランドだろうか。

各マーケットレベルからブランドを1つ選び、以下の点を探究してみよう。
- マーケットレベルによって素材がどのように異なるか。
- マーケットレベルによる製造の質の違い。
- カラーパレットを見て、各マーケットレベルで色がどのように使われているか。
- 付属品やデザインのディテールが価格帯にどのように関係しているか。
- 各マーケットレベルがどの年代にアピールしているか。その理由は何か。

- オフショア（外国）生産が多く、製造が比較的容易
- 素材の品質は中程度から低レベル
- コストパフォーマンス

バリュー・ブランドは、マスマーケット販売を通じ、ファッション市場で急成長しているセクターだ。幅広い層の消費者に対応し、標準サイズの服やファッショングッズを大量生産している。安価な素材をクリエイティブに用いることで、購入しやすいファッションを提供する。一般に、有名ファッションブランドが方向づけたトレンドを取り入れ、あるオリジナルのスタイルが流行するかどうかを見極めてから自社バージョンを生産することも多い。時間とコストを節約するために安価な布地と単純な製造法を用いることで、最終製品の価格を引き下げている。
- 安価な素材の使用と製造
- 大量生産して安く販売するという方針
- 途上国で生産されることが多い
- トレンドに従ったデザイン（デザイナー・ブランドやラグジュアリー・ブランドの自社バージョン）
- 常に在庫を入れ替える
- コストパフォーマンス

安価な使い捨てファッション製品の生産に対して、その影響を懸念する声が強まっている。安価生産、児童就労、非倫理的な慣行、埋め立て地に捨てられる製品や素材の増加などはすべて、最近注目されている問題だ。

用語集

一次的リサーチ：
まだ存在していないデータを集めること。

最小受注量：
サプライヤーが特定の素材、布地、付属品を販売する最小量。

ショップレポート

目的 デザイナーがショップレポートを行う理由とその方法を理解し、自分でどのように実施すべきかを学ぶ。

ショップレポートとは、
特定のテーマに沿って小売りの現場で
起きていることを概略したものだ。
情報を収集し、
店舗、ブティック、ネットショップを訪問して得た
データを分析したうえでレポートを構成する。
レポートでは最新のトレンド、消費者、
競争状況が提示され、
特別な所見があれば併せて記載される。

課題：正式なショップレポートを実施する

- ファッショングッズ市場の一分野に特化し、高品質の製品を扱う百貨店、独立系ブティック、有名なファッショングッズブランドの旗艦店を選ぶ。
- オンラインでの販売を行っているかを確認し、ネット販売しているのであれば、そのブランドやレーベルを調べる。
- 百貨店で着目するブランドやレーベルを選び出す。
- 独立系ブティックでは、関連する製品分野のブランドすべてを調べる。
- 視覚的効果や文章によるプレゼンテーション、ウエブサイトのレイアウトを通じて、ブランドがどのようにマーケティングを行っているかを確認する。

デザイナーである限り、小売りのマーケットで何が起きているかを常に把握しておく必要がある。店舗を定期的に訪れることは、以下の点で役に立つ。

- 最新のトレンドを分析すること
- 何がよく売れ、何が売れていないかをつかむこと
- 小売り環境の重要性を理解すること
- 特定のブランドの顧客がどのような人々であるかを明らかにすること
- 競合する可能性のある製品を調査すること

ショップレポートはなぜ役に立つのか

ショップレポートは、小売りの現場で起きていることについて最新の情報をつかみ、新たな動向についていき、トレンドを予測するうえで役に立つ。ただし、オンライン販売の影響力を配慮することが必要だ。特に、試着が必要でないファッショングッズの購入に関しては、オンライン販売のレポートを別に用意する必要があるかもしれない。

ショップレポートを作成することで、提供されているスタイルを比較し、最新のトレンドを確認できる。ターゲットとしたブランドやブティックの提供製品に関して視覚的側面と営業的側面からの概要をまとめる際に、そのシーズンで重要なスタイルを特定することができるだろう。すべてのブランドが独自にそうしたスタイルを備えているからだ。

シーズンの初めに訪問するときには、新しい製品展開を分析する。最もよく売れる商品を予測し、小売店が販売促進しているアイテム（ショーウィンドーや店舗内の目立つ場所に置かれているスタイルや製品）とあなたが売れると予測したアイテムが同じかどうかを比べてみよう。シーズン半ばの訪問では、何がよく売れて、何が売れていないのかが分かる。どのような製品がすでに販売縮小されているのかを観察しよう。シーズン終盤に訪問する際は、あなたの予測が正しかったかどうか、小売店が主要アイテムとして選んだ製品が実際に消費者に購入されたかどうかを評価してみよう。また、価格が下げられてセールが始まったときに、消費者セグメントに著しい変化が生じたかどうかも興味深い点だ。

適切な店舗を選択する

訪問する店舗とエリアは、十分に考慮したうえで選択するべきだ。似たような種類の消費者向けのブランドが同じ場所や隣接した場所に店舗を構えて

- 訪問によって答えを得たい判断基準や質問項目をリストにする。
- 地図でルートを調べ、ノートとカメラを持参して訪問を実施する。調査対象に選んだ各店舗やブランド、レーベルからそれぞれ同じ情報を集める必要があることを忘れずに。店舗内の製品やレイアウトの写真を撮る際には注意が必要だ。カメラつき携帯電話が便利かもしれない。
- ショーウィンドーのディスプレイには普通、販売促進中の重要なアイテムがウィンドーに展示されているため、写真に撮っておくと役に立つ。
- 訪問中に販売アシスタントと話をしよう。消費者、ベストセラー製品など、貴重な情報が得られるかもしれない。ルックブックなどの店頭材料の提供を依頼してみよう。

- 店舗の雰囲気やレイアウトをメモする。
- 身につけてみて、構造手法、素材、付属品、装飾、なじみ具合、快適さを吟味しよう。製品がどこで作られているか、価格、コレクションの製品数をメモする。
- そのシーズンに向けたブランドの全体的なデザインの美しさと、コレクションのムードを検討する。
- 消費者を観察する。店舗がよく見えるカフェが近くにあれば、そこでコーヒーでも飲みながら、店舗に入る顧客の様子をメモする。
- 結果を分析する。情報が不足していると感じたら、再度訪問するか、ブランドや店舗のウエブサイトを調べて補完する情報を得る。

いることも多い。また、セルフリッジズ、ハーヴィー・ニコルズ、ハウス・オブ・フレーザー、デベナムズ、ジョン・ルイス、リバティなどの百貨店では、競合するブランドが1カ所にまとまっていることを知っておくと便利だ。ターゲットとなる消費者が外に出ることなく製品を比較し、知識を得たうえで選択ができるように、そうした配置となっている。また、消費者は周囲のブランドを見て回るだけで、同じようなテイストと価格帯の製品を見つけられる。

訪問する店舗の中に独立系ブティックを加えると、新たに登場した若いデザイナーや新しいブランドの情報についていくことができる。彼らが将来、業界で重要な存在になるかもしれない。

ブランドの直営店舗への訪問も欠かせない。実際の小売り環境とブランドが消費者に提供しているサービスを理解できるとともに、ブランドの哲学が反映されている場所だからだ。

主なステップ

ショップレポートで観察し、把握すべき主な要素を挙げる。

1. 商品の概要
- 提供製品
- 取扱ブランド（百貨店、ブティック、独立系ブティックの場合）
- 各ブランドの主要スタイル
- 各ブランドに見られるシーズンのカラーパレット
- 各ブランドの製品に使われている素材と付属品
- ムード、テーマ、トレンド

2. 販売の概要
- 商品展開の構成（アイテムの数、展開しているスタイル、扱っている色）
- 製品がどこで製造されているか
- 中心的な小売価格、低価格ライン、高価格ライン
- 売れていない製品

3. ブランドイメージ
- ショーウィンドーのディスプレー
- 店内のスペース、雰囲気
- 店頭材料
- Eリテールの存在、オンラインショップ
- 提供しているサービス、スタッフ

4. 競合ブランド
- イメージとスタイル
- 価格ライン
- 製品展開
- 消費者

5. 消費者
- どのような人々か。実際に製品を購入する顧客は、広告に描かれた理想像と比べて違いがあるかどうか
- ライフスタイル
- ファッションの特徴
- 購買行動
- 期待するもの

これらすべての情報を1度の訪問で得られると思わないこと。そのためには、数日間かけてリサーチする必要があるかもしれない。

ショップレポートの提示

集めた情報をどのように分析するか、ショップレポートをどのように提示するかは、対象者と目的によって大きく左右される。もし正式なプレゼンテーションであれば、視覚的素材を配した正式なレポートの形式にすることを勧める。もしレポートをデザイナー、クリエイティブディレクター、他のクリエイティブスタッフに示すのであれば、ブランドの概要を含め、視覚的要素を重視したアプローチをするのが普通だ。ブランドの概要は一般に、適切な基準に従って各ブランドを比較する図表の形で表現される。

課題：簡潔な方法で結論を提示する

- リサーチと正式なショップレポートで得られた結論をもとに、あなたが発見したことを適切な方法でデザイン・チームに発表する。視覚的なプレゼンテーションを行い、重要な事実をまとめて伝えよう。
- 文章を裏づける視覚的要素を活用しよう。展開している製品の主要アイテム、消費者やショーウィンドーの視覚的イメージ、可能であれば各店舗やブティックの内装など。主要製品の画像はウエブサイトからコピーしてレポートに使うこともできる。画像を二次的出典から取った場合には、出所を明示することを忘れずに。
- あなたが発見したことを検討し、それらを表形式や一連の視覚的プレゼンテーションボードを使って伝えよう。
- 各ブランドでメインとなるイメージを最初のボードの左側に配置し、そこから右の部分に、イメージ・スタイル、展開している製品の数、ムード・テーマ、カラーパレット、素材・付属品・装飾、価格ラインなどの見出しを並べる。
- 競争関係にないブランドを扱う場合は消費者が大きく異なるため、別の消費者ボードを用意する。

用語集

Eリテール：インターネットの影響力を利用して、グローバルな顧客とコミュニケーションを取り、オンラインで製品を販売すること。

ショップレポート：ある時点において、小売りの現場で起きていることを概略したもの。

店頭材料：紙袋、ポストカード、イベントへの招待状など、製品を購入する際に顧客に渡す紙製品。

ルックブック：シーズンの製品展開を示すために作られたパンフレット。

トレンド予測と情報

目的 ファッションのサイクルと
トレンド予測の重要性を理解する。

ファッショングッズのデザイナーは常に、
社会的、文化的、経済的、政治的環境の実情を正確につかみ、
次のシーズンで消費者が何を望むかを予測しようと努力している。
当然ながら、私たちはデザイナーとして、
多方面でのリサーチに基づいた独自の結論を引き出さなくてはならない。
観察と推測を取り込むことで、デザイン・ソリューションが導かれる。

シーズンのトレンド

ファッションのデザイン、それに伴いファッション小物のデザインも、製品が使われるシーズンで分類される。気温が高く、陽射しが強い天候で求められるファッションは、寒くて湿気の多い天候で求められるものとは大きく異なる。靴のスタイルは季節によって大幅に変わり、冬の間は断熱効果と防水効果が求められるが、夏には対照的に開口部の多いサンダルやパンプスが履かれる。

素材も季節によって異なる。夏には軽量で通気性の良い布地や素材が好まれるが、冬には暖かく防水性のある素材が好まれる。色も季節的な意味を持ち、春の訪れや暗い冬の到来を表現する重要な役割を果たす。そのため、リサーチやデザインを行う際には、コレクションが展開される季節が秋冬シーズンなのか、春夏シーズンなのかを常に念頭に置いておかなくてはならない。

課題：トレンドを特定する

店舗を訪問し、そのシーズンで顕著に見られる3つのトレンドを特定してみよう。それらのトレンドからインスピレーションを受けているのはどのブランドやレーベルかに注目する。あなたがそれらのトレンドを代表していると感じるイメージを集め、トレンドごとにコンセプトボードにまとめる。色やディテール、さらにインスピレーションを与える主な要素を確認してみよう。

トレンド予測と情報

トレンド予測は非常に収益性の高いビジネスとなり、トレンドに関するまとまった情報をファッション業界に有料で提供する企業が数多くある。それらの企業がカバーする分野は多様性に富み、広範囲にわたっている。

- スポーツシューズのつま先の形、靴型の形状、ソール部分、素材、色
- シーズンのカラーパレット
- 布地、素材、付属品
- 小売りマーケティング
- 消費者トレンド
- 社会的、文化的トレンド

リサーチが実施され、トレンド予測が立てられるのは、シーズンの2年前だ。こうしたトレンド予測をする企業は世界各地にオフィスがあり、さまざまな種類の情報を収集、整理して、消費者の行動パターンの変化を注視することから、小売り環境の監視までをトータルで行っている。そのリサーチ結果が分析され、次のシーズンで重要となるシルエット、スタイル、素材、付属品、色についての予測が立てられる。

トレンド情報会社と情報サービス

WGSN（ワース・グローバル・スタイル・ネットワーク） は1998年に設立された。グローバルなウェブベースのトレンド情報サイトで、実にさまざまな情報を提供している。WGSNはクライアントがサイトを用いてどのように検索を行い、情報を交換するかをふまえて、各クライアントが独自の体験ができるように作られている。サイトには12年分の記録があり、画像は500万点を超え、情報は数千ページにおよぶ。

トレンド・ユニオン は実質的に、最も尊敬を集めるトレンド予測専門家のリドヴィッジ（リー）・エデルコートそのものだ。リーと彼女のチームは世界中を旅し、調査し、買い物をして、「情報と感情を集め、社会の織地を研究し、海岸で漂流物を拾う人々のように、素材、言葉、数字、花を拾い集め」ている。そうして得た膨大なインスピレーションと情報が分析され、リー・エデルコートと彼女のクリエイティブ・チームによって毎年発行されるトレンドブック、およびリー・エデルコートによる20分間のオーディオビジュアル・プレゼンテーションを通じて発表される。プ

トレンド予測と情報 **39**

▲▶ パントーンによるファッション・カラー・レポート
パントーンが明示する各シーズンの主要なカラーテーマ。このカタログでは、ファッション界をリードするデザイナーが招かれ、カラーテーマを1つ選び、それを使ったデザインを発表する(左から、ピーター・ソム、トミー・ヒルフィガー、エラ・モス)。

レゼンテーションはパリ、ロンドン、ストックホルム、ニューヨーク、東京、ソウル、アムステルダムで行われる、トレンドブックは、春夏シーズンのトレンドを予測したものが毎年9月に、秋冬シーズンの予想が2月に発行される。主要刊行物は『ゼネラル・トレンドブック』で、2年先のトレンドを予測している。

『ビューポイント』は年に2回発行される専門誌で、ここまで挙げたトレンド情報とはまったく異なる形態だ。デビッド・シャーが1997年に立ち上げ、主に消費者とマーケットのトレンドを予測する。中長期的なトレンドに関する報告が中心で、社会経済的動向、文化的トレンド、ライフスタイルの掘り下げた分析をもとに、将来のマーケット、ターゲットとする消費者グループ、購買傾向、推進力に焦点を当てている。

パントーン・ビュー・カラー・プランナーは産業を超えた色彩予測の情報サービスで、ファッション、インテリア、化粧品、プロダクトデザインなどの産業向けに、色のセットとインスピレーションを提供している。シーズンの18ヵ月前に発行され、デザインのヒントとともにコンセプト、ムード、素材、パターン、構造など包括的なイメージが盛り込まれている。各シーズンにつき少なくとも50色で構成された8つのカラーテーマが発表され、応用事例や組合せ事例が示されている。とても使い勝手の良い出版物で、デザイン分野で幅広く活用されている。

情報を利用する

製革業者と生地メーカーはトレンド情報を綿密に取り込み、次のシーズンに適した色合い、明るさ、仕上げで素材や生地を生産する。素材は一連の見本市を通じてファッション業界に提示され、次のシーズンに向けた製品展開が示される。見本市は年に2回、春夏シーズン用のものが9月から10月に、秋冬用が2月から3月に開催される。イタリアのボローニャで開かれる「リネアペレ(ボローニャ国際革見本市)」は、最大かつ最も重要な見本市で、サプライヤーや製革業者がファッショングッズ業界に向けて革、素材、構成部品を展示する。「プルミエル・ビジョン・プリュリエル」は関連する6つの見本市を合わせたもので、繊維の「エクスポフィル」、生地の「プルミエル・ビジョン」、テキスタイルのデザインと創作の「インディゴ」、革と毛皮の「ル・キュイール・ア・パリ」、付属品や装飾素材の「モード・アモン」、製造工場の「ズーム・バイ・ファテックス」からなる。見本市に関して、詳しくはp. 234-236を参照。

用語集

靴型の形状:
靴を制作するときに下に置く原型の形状。

製革業者:
皮を安定させ、着色し、革に仕上げる。

トレンド予測:
次のシーズンに向けた消費者の要望の予測。

パントーン:
世界的に知られる色の照合システム。

消費者のリサーチ

目的 どのように顧客をリサーチし、発見するかを学ぶ。

あなたの顧客となる可能性のある消費者について多様な情報を得るためには、すなわち、消費者のライフスタイル、購買傾向、美的感覚のレベル、ファッション性、可処分所得、配偶者の有無、家族のライフサイクル、教育などを全般的に理解するためには、顧客のリサーチが欠かせない。あなたのデザインが顧客にとって適切であり、望ましく、目的や価格にかなったものにするために、さまざまな情報の収集、評価、分析を確実に行う必要がある。そうすれば、どのような製品が顧客のニーズと要望に沿うのか、より正確に特定することができる。

▲ **自分の顧客について学ぶ**
店舗でもカフェでも、あなたが理想とする顧客が集まりそうな場所ならどこへでも出かけ、人間観察を始めよう。

消費者の行動

消費者がどのような行動を取るかをリサーチすることで、購入の決定、好み、スタイル、購買力、購買傾向を把握できる。人口学、サイコグラフィックス、行動変数などに基づいた個々の消費者層の特性を調べると、人々が何を求め、何を必要としているかについて示唆を得られる。さらに、消費者が家族、友人などの集団や社会からどのような影響を受けるかも評価できる。私たち1人1人が下す選択は、多くの点で私たち自身を定義している。

- どのように買い物をするか。どこで買い物をするか。
- 何を身につけるか。どのように身につけるか。
- どのような交流の場を持っているか。どのくらいの頻度で人に会うか。誰に会うか。
- 健康に気を配っているか。定期的に運動をしているか。ジムに加入しているか。
- マッサージ、マニキュア、エステに手をかけているか。
- 休日にどこに行くか。誰と、どのくらいの頻度で出かけているか。

こうした決定は個人の嗜好によるものだが、あなたの顧客データから洞察や結論を導くことができる。

誰が顧客であるか

プロジェクトブリーフには通常、ターゲットとする顧客が明示されているか、少なくともどこからリサーチを始めるべきかのヒントが示されている。特定のブランドやレーベルのためにデザインするのであれば、顧客を調査する最も簡単な方法は、店舗の1つに足を運び、常連客を観察することだ。

ターゲットとする顧客層を観察することで多くを学べる。まずは、顧客についてあなたが何を知りたいかを考えてみよう。たとえば、ファッションはどんなスタイルか、どんなブランドを身につけているか、年齢層はどのくらいか、どの店のショッピングバッグをもっているか。自由に顧客を観察するためには、近くにカフェを探し、そこから見える人々についてメモを取り、スケッチをするのが良い。

もし勇気が出せるなら、買い物客に話しかけ、素敵に見えるから写真を撮っても構わないかと尋ねてみよう。こうした状況では、お世辞が有効に機能することが多い。同時に、普段使う交通手段、着ている服のブランド、自分のファッションスタイルをどう思うかなどを質問することも可能だ。

詳細な顧客分析
地理的分析

ターゲットとする消費者が住んでいる場所に着目する。国や都市、地域を検討しよう。市街地か、郊外か、田舎か。どんな気候か。人口密度はどのくらいか。住んでいる場所は、その人自身とその人のニーズや要望について多くを語る。熱帯地方に住んでいれば、シープスキンのブーツを履くことはないはずだ。

人口学的分析

人口を統計的に分析したもので、一般に年齢、性別、教育レベル、職業などの要素が含まれる。これらはすべて、人が製品にどうかかわるか、何をどのように購入するかに影響する。たとえば、24歳の女性と55歳の女性を比べれば、ファッションの嗜好、スタイル、要望、ニーズ、購買力が異なる。ただし、年齢を検討材料とするかを判断するのはあなただ。平均寿命が長くなり、高齢者のライフスタイルは従来よりも活発化し、行動的になっている。年齢という要素においては、伝統的概念が崩れつつある。

職業と収入

生計を立てるために何をしているかは、人をある程度、定義する要素となり得る。しかし、人はたとえば医師や弁護士に対して固定観念による見方をしがちであるため、その点への留意が必要だ。また、社会的地位の意味が曖昧になりつつあり、職業で人を定義することが難しくなっている。とはいえ、職業によって収入を得る能力、ひいては年収が想定でき、ターゲットとする顧客の個人可処分所得（DPI）を判断するうえで役に立つ。

消費者の支出能力を把握するためには、固定費用との関連でDPIを考慮する必要がある。独身であるか、家計の主な稼ぎ手か、どのような固定費用が必要か、子どもはいるか。これらすべての要素が支出の限度額に影響を与える。年収75,000ポンドから100万ポンドの独身者は、同じようなライフステージで年収が25,000ポンドから35,000ポンドの人と比べて、DPIが大幅に異なるはずだ。つまりは経済力が問題となる。だが、ほとんどの人がクレジットカードを持ち、時には奮発することもある。また、私たちは上昇志向で物を買うこともあり、ぜひとも手に入れたいものであれば、特別な靴やバッグのために貯金をするだろう。

サイコグラフィックス

性格、価値観、態度、関心、ライフスタイルに関する属性は、IAO（関心、態度、意見）変数と呼ばれる。IAOはスタイル、好み、ニーズに非常に大きな影響をおよぼす。たとえば、私たちがスポーツに参加していれば、それに関連する装備や衣服を買う必要が出てくる。文化的価値観や基準も私たちの好みや購買に影響を与える。

あなたのリサーチ結果は、実際の情報に基づくべきだが、熟慮された推測がある程度含まれていても構わない。アンケートの実施は消費者情報を集めるうえで十分に試された方法だが、一次的リサーチの結果をさまざまな出所から集めた二次的リサーチで補強することには意味がある。一例を挙げれば、www.streetpeeper.com、www.thesartorialist.com、stylebubble.typepad.comなど、スタイルという視点で消費者に着目したウェブサイトを調べてみる価値がある。少しの時間を割いてネットサーフィンをしてみれば、そうしたサイトがどれほど数多く存在しているかが分かるだろう。

企業から提供される消費者情報やマーケットリサーチ情報は、産業界で頻繁に活用されている。よく知られている企業の1つがミンテルで、消費者の嗜好や購買傾向に関するレポートを発行している。広範な情報が盛り込まれ、年に何回休暇に出掛けるかといった項目から、バッグを購入するときに考慮するのは何かといった項目までカバーしている。また、ミンテルは有用な人口学的情報や統計的情報も提供しており、継続的に情報をアップデートしている。

ACRON分類システム

マーケット情報、ソリューション、情報システムを提供するイギリス企業のCACIが開発した消費者プロフィール分析で、ACORNとは「住宅地の分類」を意味する。この分類によると、小規模な住宅地は5つのカテゴリー、17のグループ、56のタイプのセグメントに分ける。産業界で一般に採用されている基準だが、ACORNの区分は特定の住宅地に住む全員が同じように行動することを前提としているため、時代遅れだという指摘もある。

あなたの顧客をはっきりと特定して、他と区別するには、視覚的プロフィール分析とテキストによるプロフィール分析を実施し、ターゲットとする消費者を具体的に述べる必要がある。それによって、顧客と彼らのニーズに対する理解が明確になる。

用語集

DPI（個人可処分所得）：
必要な経費をすべて支払った後に残る、必需品でないものに使える所得。

サイコグラフィックス：
性格、価値観、態度、関心に関する属性の研究。

消費者行動：
個々の消費者の特徴に関する研究。

人口学：
人口に関連する統計的データの研究。

セグメンテーション：
似たものをグループ化する手法。

セグメント：
他のグループと区別される類似の性質を共有する人のグループ。

マーケット・セグメンテーション：
似たような思考、消費、行動パターンを持つ消費者層を下位セットに区分するプロセス。

課題：消費者として

あなたは自分自身を誰よりも知っている。以下の質問に簡潔に答えよう。
- あなたはキャリアのどの段階にあるか。あなたの仕事は何か。
- どこで、誰と一緒に住んでいるか。
- どこで買い物をするか。どんなブランドが好きか。
- あなたの個人可処分所得（DPI）はどのくらいか。
- 自分のファッションスタイルを聞かれたら、どう表現するか。
- あなたのファッションアイコンは誰か。
- どこで、どんな人と交流があるか。
- どのような音楽を聴くか、また好きな映画は何か。
- 健康への意識が高いか。ジムに加入しているか。

これらの質問に答えることから、あなたは自分のライフスタイル、ファッションスタイル、向上心、購買力、購買傾向、好みのブランドなどの評価を始められる。それは、どのような結論に達するだろうか。この課題に取り組むことで、あなたがもしターゲットとなる顧客層に含まれていれば、こうした情報がデザイナーにとっていかに役立つかが分かるだろう。デザイナーがあなたのプロフィールを読めば、スタイル、価格敏感性、製品の適切さという面であなたに特化したデザインを絞り込み始めることができるはずだ。正しい製品＋正しい価格＋正しい場所＝成功、ということだ。

消費者へのアンケート

目的 消費者へのアンケートをどのようにまとめるかを学ぶ。

潜在的な消費者のリサーチを行う際に、アンケートは便利なツールとなり得る。消費者グループに関する具体的な情報を得ることができ、ニーズへの対応策を見出すのに役立つ。一般にアンケートは、すでに存在している製品や、まだ存在しない製品やサービスの提案に対する意見を集めるために使われる。その後、結果を分析して、顧客の購買傾向、態度、意識、願望、需要が判断される。

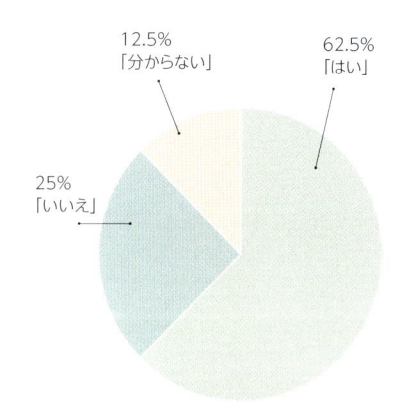

▲ **結果をまとめる**
ターゲットとなる顧客40人から得たアンケートの回答。ある質問に対して、25人が「はい」、10人が「いいえ」、5人が「分からない」と答えた。これをパーセンテージに置き換えると、40人の回答者のうち、62.5%が「はい」、25%が「いいえ」、12.5%が「分からない」で合計100%となる。

アンケートは産業界で一般に使われる手法だ。企業はアンケートを通じて製品やサービスに直接関わる質問への回答、すなわち価格、品質、実用性、望ましさへの消費者の反応をつかむことができる。また、アンケートによって、オリジナルの情報を集めることができる。あなたのアンケートが独自のものであれば、新しい情報や洞察を得られるということだ。

アンケートを組み立てる前には、リサーチの目的は何か、そして、どのような情報を集めたいのかを注意深く検討することが必要だ。焦点となる可能性のある項目として以下のものが挙げられる。
● ライフスタイル
● 支出傾向
● 何かを購入する際にきっかけとなるもの
● 好きなデザイナーやブランド
● 好きなファッションスタイル

アンケートを組み立てる

アンケートは細心の注意を払って組み立てる必要がある。質問によっては、詳細な情報を得られることもあれば、単に質問に対する回答しか得られないこともあるからだ。たとえば、「購入したことのあるお気に入りのブランド」を尋ねる質問への回答を見れば、その人の支出傾向がほぼ正確につかむことができるかもしれない。分析に値する深みのある情報を得るには、アンケートの中で自由回答式の質問と二者択一式の質問のバランスも考慮する必要がある。

自由回答式の質問は通常、意見を尋ねるもので、短い記述や複数の選択肢からの回答を求める。
● 新コレクションをどう思いますか。
この質問に対する選択肢としては、「素晴らしい。2つ以上のアイテムを購入したい」、「創造性に富んでいる」、「色彩や素材の使い方が良い」、「良いアイテムもあった」、「がっかりした」などが考えられる。
● どうしたらさらに良くなると思いますか。
この質問には複数選択肢を用意せず、回答者に自由に意見を書かせることもできる。

二択式の質問は、「はい」または「いいえ」で回答するものだ。
● ここでよく買い物をしますか。
さらなる情報を得るためには、次のような質問を続けることもできる。
● 過去にここで買い物をしたことが何回ありますか。
● このブランドの商品を頻繁に購入しますか。
● このブランドの商品を年間に何点購入しますか。

アンケートを組み立てる際の原則

● 質問は10項目以内に抑える。
● 質問は短く簡潔にし、番号をふる。
● 誘導的な質問は避ける。
● 似たような質問をまとめ、分かりやすい流れにする。
● 自由回答式の質問の数を限定する。信頼性の高い結果を出し、意見の集約をはかるために、主として複数選択肢の質問を用いる。
● 回答にはチェックボックス方式を用いるが、回答には多くの選択肢を用意して、すべての可能性をカバーする。
● 選択肢には常に「その他」を含め、具体的な答えを書くスペースを設ける。
●「あなたの考えに最も近い選択肢を1つ選んでチェックしてください」など、回答方法を明確に示す。
● 読みやすい書体を用い、太字や下線を効果的に使う。
● 用紙は縦長または横長に統一し、2種類を併用しない。
● アンケートの流れを分かりやすくする。

消費者へのアンケート 43

◀ アンケートの事例
このアンケートの目的が質問の形でフォーマットの下部に明示されている。また、使われた設問とともに、回答結果が視覚的に示されている。

Market Research: "What do women look for when purchasing an accessory?"

In order to define what women look for in an accessory, a survey was taken on networking website Facebook. The survey was targeted at 25 females that varied in family life status and age, but who all work in a professional working context of a global fashion company, Hugo Boss. The reasoning behind this decision was that the women all have something in common. Personal experience of working alongside them at the company gave me knowledge that they spend a reasonably high amount of money on high-end accessories and are well-informed in terms of what to look for when purchasing a luxury handbag.

Statement.
Impeccable quality
Weekenders, shoppers and satchels 'came out tops' in the popularity contest.
Diversity between consumers in terms of print coverage.
Working Bags. Travelling Bags. Everyday bags.
Functionality.
83% of women don't mind if the brand is not well-established to buy an accessory from it.

- 必要があれば、画像を用いる。
- 1ページに多くを詰め込まない。

アンケートを実施する

　最初のアンケートを実施する際は、街頭で直接質問するのが最善の方法だろう。アンケートを行うエリアは、注意深く考慮して選ぶべきだ。さまざまなサンプルを得るために、2カ所以上でアンケートを行ってもよい。質問を始める前に回答者にアンケートの目的を簡潔に説明し、最後には必ずお礼を言うこと。おしゃれな服装をして、笑顔を忘れずに。ユーモアのセンスは常に便利なツールとなる。最低50人から回答を得ることを目標にしよう。

　企業によるアンケート調査は、電話、郵便、直接面接、インターネットなどさまざまな方法で行われている。たとえば、www.surveymonkey.com など専用のウエブサイトもある。

主なステップ

- あなたが知りたいことは何か。
- それに特化した回答が得られるような質問を作成する。
- 回答の選択肢は十分な幅を持たせて設定する。
- アンケートのデザインやレイアウトを検討する。
- どこでアンケートを実施するかを検討する。ターゲットとする消費者を見つけやすいのはどこだろうか。
- 1日の中で何時ごろアンケートを実施するかを決める。
- 質問への回答を集計してデータを分析する。結果は棒グラフや円グラフの形で表せるようにしよう。

用語集

サンプル：
回答者の数。

自由回答式の質問：
通常は意見を尋ね、短い記述や複数の選択肢からの回答を求める質問。

二択式の質問：
「はい」または「いいえ」で回答を求める質問。

消費者の分析

目的 消費者のリサーチをどのように分析して、消費者のプロフィールと消費者ボードを作成し、フォーカスグループを立ち上げるかを学ぶ。

消費者に関するリサーチを終えたら、その結果を編集して、消費者プロフィールを文章でまとめ、消費者ボードで視覚的に提示する。

消費者のプロフィールを書く

消費者のプロフィールとは、消費者を文章で説明したものであり、一次的リサーチによる観察、アンケートから得た発見、二次的なリサーチとデータに基づいた分析結果である。消費者個人とライフスタイルに関する基礎的な情報も含まれる。消費者と彼らのライフスタイルにおけるニーズや嗜好をリサーチすることで、確実にそれらを満たし、適切で望ましく、正しい価格帯に設定されたデザインを作成できる。

どのような項目を示すかは、リサーチの焦点に沿って自由に決めて構わない。ただし、個人的な情報と個人的な嗜好を組み合わせると、説明が伝わりやすくなる。最大の効果を得るためには、細部を明確に説明するとよい。以下のような情報を含めよう。

個人的な情報

- 年齢層
- 職業
- どこに住んでいるか（地域、郵便番号）
- 借家か持ち家か
- 既婚か未婚か（パートナーの有無）
- 家族状況（子どもの有無、子どもの人数）
- 教育（専門学校か大学か）

◀ **消費者ボード**
消費者ボードには、あなたの主な顧客を描写する視覚的ヒントが示されている。すなわち、あなたがデザインする相手のライフスタイルや情熱を表したものだ。この理想化された顧客は、流行を追う若年層で、地球を救うエコ活動に興味を持ち、芸術家気取りでビンテージものに魅力を感じている。

消費者の分析　45

▲ ページを満たす
この消費者ボードでは、サイズや重要性の面で各画像に同程度の重点が置かれている。都市居住者で、美しいマンションや週末の小旅行のためのオープンカーから、豊かなライフスタイルが表れている。彼女は音楽やテクノロジーに関心があり、ファッション・アイコンはマギー・ジレンホールだ。

嗜 好
- 自分のファッションスタイルをどう表現するか。
- お気に入りのブランドやレーベル
- どこで、どのように買い物をするか。
- どこで、どのように人と交流しているか。
- どこで、どのように休養を取っているか。
- 休暇にはどこに行くか。
- 普段目にするメディア
- どのような映画、本、バンドが好きか。
- どんな香水を使っているか。
- アイコンは誰か。

主なステップ
- プロフィールに含めたい個人的情報や嗜好の項目を定める。
- プロフィールを立案し、執筆する。

消費者ボードを作成する

消費者ボードとは、あなたの消費者リサーチの結果を視覚的にまとめたものだ。このボードは、見た人があなたにとって中核となる消費者の概略を一目で理解し、消費者のライフスタイル、ニーズ、要望、彼らの生活に影響を与えるもの、ロールモデル、優先事項をつかめるような視覚的刺激を生み出すものだ。あなたがターゲットとする消費者やそのライフスタイルについて正しい印象と感覚が伝わるかどうかは、あなたがどんな視覚的イメージを選び、どのように提示するかにかかっている。

プロジェクトのリサーチ段階を通じて、あなたは自分にとって中核となる消費者を特徴づけ、それを発展させるような情報や視覚的イメージを集める。以下のようなさまざまな情報を利用することが必要だ。
- 主たる消費者を観察した結果（写真、スケッチ、メモ）
- アンケートを行った場合は、アンケートから得られる分析
- 顧客のプロフィール
- 得ることができれば、消費者のトレンド情報
- 集めた情報から厳選した視覚的イメージ

これらの情報から、消費者がどのような人々で、どのような格好をし、どのような態度であるかについて、明確なイメージが浮かばなければならない。消費者の嗜好や詳細な個人的情報は消費者プロフィールで概略する。あなたはそのプロフィールを補強するような視覚的イメージを持っているだろうか。

ボードのプレゼンテーション　消費者ボードにはさまざまなタイプがあり、どの程度の詳細情報を示したいかによって大きく変わる。1人の消費者について伝えるために選ぶ視覚的イメージの量は、個人によって大きく左右される。必要な数より多くのイメージを集め、さまざまな組み合わせやレイアウトを試してから、最善の組合せを決めよう。ここではレイアウトと、画像の大きさが重要になり、画像の配置とグループ分けを研究して、最大の視覚的効果が得られるようにする。あなたが伝えようとする対象者の個性や感覚を常に忘れないこと。ボードの色も非常に重要であり、そこでも検討と慎重な選択が必要となる。1つのレイアウトを試し、写真に撮り、洗練させていこう。そうするうちに、最高のソリューションを見出すまでにこの作業を何度も繰り返すことに気づくだろう。決定をする際には、どのボードがあなたの消費者プロフィールを最も明確に伝えるか、他人の意見を取り入れることも役に立つ。必要だと思えば、テキストを用いても構わない。

もしスキャナーを持っていれば、画像をスキャンしてフォトショップで処理できる。そうすることで、必要に応じて色を変え、ボードにふさわしくなるように改良することも可能だ。

消費者プロフィール

ルック：
曲線を強調した服にプリント地を合わせた。
「曲線的、生意気な印象、はっきりした主張」

職業：
ジュニア・スタイリスト

好きなデザイナー：
ルイ・ヴィトン、ミュウミュウ、ヴィクトリアズ・シークレット

スタイル・アイコン：
ベス・ディットー、ブリジッド・バルドー

夢：
夢のある男性と恋に落ちること、フランス語を勉強し、カップケーキ・カフェとライフスタイルを提供するブティックをパリの中心に開くこと。

好きなカップケーキの味：
キャロット、レッド・ベルベット

よく買い物をする店：
服のほとんどはビンテージかチャリティの店。だが時には、中間市場かハイエンドの靴や装飾品で贅沢をする。

▲ デジタルレイアウト
これらの画像はフォトショップを使って補強されている。イメージのオーバーレイを巧みに使い、ニューヨークとロンドンの間の旅を表現している。この男性がスタイリッシュでクリエイティブであることは一眼レフカメラ、本、音楽のイメージで伝わる。自分の服装に十分な注意を払い、テクノロジーも重視するタイプだ。

伝統的な方法を用いているのであれば、画像の配置が決まったら、画像を貼りつける場所に印をつけ、定規や直角定規を使って画像がボードの縁と垂直になるように注意すること。画像を貼りつけるにはスプレーのりが最適で、ボード全体をカラーコピーするとプロらしい仕上がりになる。消費者ボードはあなたの最終的なポートフォリオに収まり、プロジェクトにおいてあなたが焦点を当てる消費者像を表現するものとなる。

掘り下げた視覚的な消費者分析　もしあなたが消費者について掘り下げた探究をしたいのなら、消費者の特定の嗜好や態度を伝えるためにボードを分けても良い。消費者がどこでどのように暮らし、周囲に何があるかによって、彼女のライフスタイルの選択と嗜好をさらに深く定義することができる。

消費者のファッションスタイルや個性に焦点を当てたボードは、あなたの分析に深みを持たせることが多い。個々のプロジェクトで何が求められているかを判断する必要がある。

主なステップ

- (あなたのプロフィール作成のために) 必要とされる以上の画像を選び出す。
- 必要であれば、さらに画像をリサーチする。
- デジタル処理か伝統的なアプローチかを決定する。
- 画像をスキャンして保存し、必要に応じて修正や着色を行う。
- 伝統的な手法を用いるのであれば、さまざまな色のボードを試し、デジタル処理しているのであれば、背景色を探究する。
- あなたのプロフィールを視覚的に伝えられるよう、画像を組み合わる。
- 最終決定に近づけるため、記録し、保存したさまざまな選択肢を検討する。
- 候補となった複数のボードを評価して、最終決定をする。
- 最終的な消費者ボードを作成する。

フォーカスグループを組織する

中核となる消費者グループが定まったら、彼らの態度、嗜好、購買傾向についてさらに高いレベルの調査を行う必要性を感じるかもしれない。消費者について深く知るほど、彼らのニーズを満たし、彼らの需要や願望を刺激するような製品のデザインに成功する可能性が高くなる。さらなる消費者分析はフォーカスグループの形態で行われることが多い。フォーカスグループは、あなたのデザインが消費者グループの中核にターゲットを絞り、適切で望ましい製品として売れるようにするための掘り下げた情報を集める理想的な方法だ。

フォーカスグループとは何か　フォーカスグループはあなたがターゲットとする消費者グループの中で中心となる少人数から構成され、5人から10人であることが普通だ。実際には、彼らに対して複数回の聞き取り調査を行う。

どのように機能するのか　一連の質問を用意し、質問への答えに続いて討論をしてもらう。あなたは討論をうながし、消費者の反応をメモに取るか、録音する。こうした討論の場は非常に利用価値が高い。特に、消費者がさまざまな製品をどのように使っているか、普段使っているバッグに何を入れているか、視覚的なイメージ、デザイン、色の組合せにどう反応するかなど、特定の詳細な情報を得るときには訳に立つ。そこで得られた情報は、フォーカスグループが実施された時期に応じて、あなたのリサーチ結果、または製品開発に反映される。

フォーカスグループの準備をする

- 目的を明確にする。何を知りたいのか。

消費者の分析 **47**

> Loves to have little plants in her flat.
>
> Simple and comfortable living space with wooden and white elements. Likes to put things in order and knows how to use the sources around her to make her flat decorative and functional.
>
> Eats healthily and will sometimes bake at home.
>
> Loves natural/wooden furniture and has a bike which she often rides.
>
> Loves to put clothes in colour order, which becomes the colour palette of her wardrobe.
>
> Has one dog. Loves to spend time with him and take him to the park on sunny weekends.
>
> Day time life style

◀ **画像とテキスト**
ここではデザイナーが、インテリアの画像を用いて、この消費者がどのように生活し、食事をし、通勤し、服を着るかについての洞察を示している。さらに詳しい情報は、囲みの中のテキストで補足されている。

- 質問を準備する。5問か6問で十分だ。メンバーが事前に準備できるよう、質問状を事前に送付すること。
- 討論の時間が最長1時間半に収まるように計画を立てる。
- 集まる場所を計画する。
- フォーカスグループのメンバーを選定し、招待する。

参加者を見つける

- もしアンケートの後でフォーカスグループを計画しているなら、アンケート実施の際に参加者を集められるかもしれない。
- ターゲットとする消費者像に適切だと思う人々に聞く。
- 友人や家族の友人でプロフィールに適合しそうな人に電話をかけるか、ソーシャルメディアを通じて参加者を募集する。

フォーカスグループの間

- 目的に集中し、討論の流れが止まらないようにする。
- あなたの質問に答えていることを確認する。

フォーカスグループの後

- あなたが得た情報をフォーカスグループのメンバーに回覧する（製品開発が進んでから追加討論を行う際に都合が良い）。
- メモを取りながら討論を進めることはできないので、かならず討論を録音しておく。記憶力に頼らないこと。
- 得た情報を分析する。討論を通じて知り得たことが、あなたの意思決定を形成する。アンケート結果と同様の手法で分析し、グループの反応や意見を参照する。何パーセントが同意し、または同意しなかったか。意見が合意にいたったか、それとも意見が異なっていたか。どのように異なっていたか。

主なステップ

- フォーカスグループの質問を設定する
- 場所を選び、メンバーを特定し、招待する。
- 討論を実施し、結果を分析する。

用語集

アジェンダ：
討論がどのように進行し、どんな質問を尋ねるかの概要。

消費者プロフィール：
あなたの消費者を説明した文章。

消費者ボード：
ターゲットとなる消費者の個人的なスタイルやライフスタイルが一目で分かる視覚的プレゼンテーション。

スケッチブックをまとめる

目的 どのようにスケッチブックをまとめ、実施したリサーチに効果的に対応するかを学ぶ。

スケッチブックはデザイナーにとって欠かせない武器だ。そこには編集されたリサーチの結果や、リサーチが行われた道程が含まれる。スケッチブックは、あなたのデザインのアイデアを概念化し、練り上げ、カラーパレットを開発し、利用可能なテクニックを検討し、可能性のある素材の組合せを探究するためのスペースとなる。

▼ **切り抜きと線画**
地図から鳥のモチーフを切り抜いて向かいのページに貼り、似た色のパターンの紙から切り抜いた鳥を地図の上に貼った。雑誌からの切り抜きもあり、残りのスペースに線画が描かれている。

判型を決める

スケッチブックの判型は自由に決めて構わないが、プロのデザインはA4かA3のスケッチブックを使う。用紙の品質は非常に大切で、水を含まない画材にも水を含んだ画材にも対応できなくてはならない。1枚ずつ分かれている用紙を使って、後から綴じるデザイナーもいる。必要があればスケッチブックの順序を入れ替え、より自由に仕事ができるからだ。両方の方法を試して、どちらが向いているかを検討してみよう。

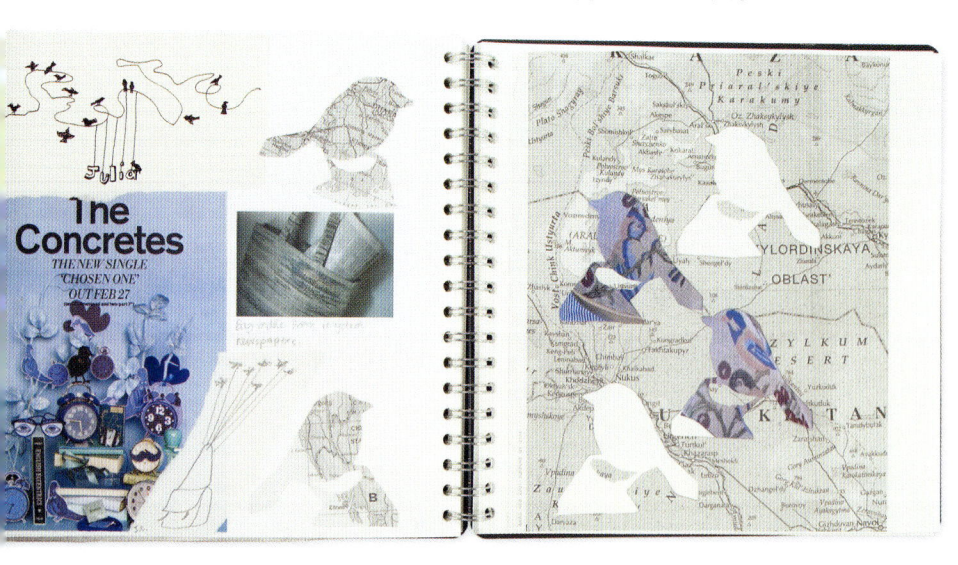

▲ **付属品とクラシックバッグ**
リサーチで得たバッグの写真と雑誌の切り抜き、資料から取った付属品の写真がスケッチブックに貼られている。これらをヒントにしたスケッチで、バッグの構造とサイズ、付属品の使用可能性を探究している。

リサーチを行い、幅広いインスピレーションと情報が集まったら、リサーチで得た発見をとりまとめて分析する段階だ。1ページで使う画像の数は完全にあなた次第だ。だが、ページのレイアウトを慎重に検討することが、スケッチブックの成功に関わり、最終的にはその有用性を左右する。ツールとして使えないスケッチブックは単なる画像のコレクションに過ぎない。

スケッチブックにあるすべてのアイテムの背後には、なぜそれを選んだのか、合理的な理由が必要だ。あなたがそのイメージを選んだ以上、何かあなたに訴えかけるものがあったはずだ。質感か、形か、スタイルを決めるラインか。レイアウトを考慮しながらスケッチブックのページを設計してみよう。余白のスペースは描かれたスペース部分と同じくらい重要だ。

この段階で、スケッチブックにはリサーチの分析が含まれている。あなたはコンセプトを開発し、情報を整理した。次の段階は自分のリサーチを評価することだ。

スケッチブックを綴じる

スケッチブックのページを綴じるには、ページが簡単にめくれる「らせん綴じ」が最適な方法だ。らせんは金属製やプラス

スケッチブックのプレゼンテーションのためのヒント

- プロらしく仕上げるため、白い用紙を使う。
- 常に用紙の判型を統一する。縦長か横長かを選び、決して混在させないこと。
- スケッチブックのページに直接描くこと。切り抜いて貼りつけることは時間とエネルギーの無駄であり、プロらしく見えない。
- ページを過剰に装飾しないこと。複雑で散らかったような背景は、表現されているインスピレーションから注意をそらす。
- 切り離されたページを用いる場合は、どのような方法で綴じるかを検討して、考慮に入れること。綴じる際に余白部分が必要になる。綴じ代を計算してページをレイアウトすること。
- スケッチブックに含まれるすべてのものを各ページに固定する必要がある。画像や見本布や実験結果をスケッチブックに固定する場合には、注意が必要だ。画像や紙ベースのリサーチ結果にはスプレーのりを用いる。他ののりのように用紙が曲がらない。サンプルや見本布を取り込む場合は、最善の方法を探究しなくてはならない。この点については、p.50のアドバイスを参照。
- 情報をコピーした多量のページを決してスケッチブックに貼りつけないこと。加える前にデータを要約する。引用、歌詞、散文、韻文がインスピレーションをもたらしたリサーチの一部であれば、書体や文字の大きさを考慮のうえ、再度タイピングするか、書きこむこと。
- 内容を明確にし、あなたの分析を示すため、スケッチブックには必ず説明をつける。

▼ **スケッチブック**
木製の彫像と構造体のイメージを用いて、ヘッドピースの創作に木がどのように使えるかを探究している。そのアイデアがスケッチとメモで膨らんでいる。

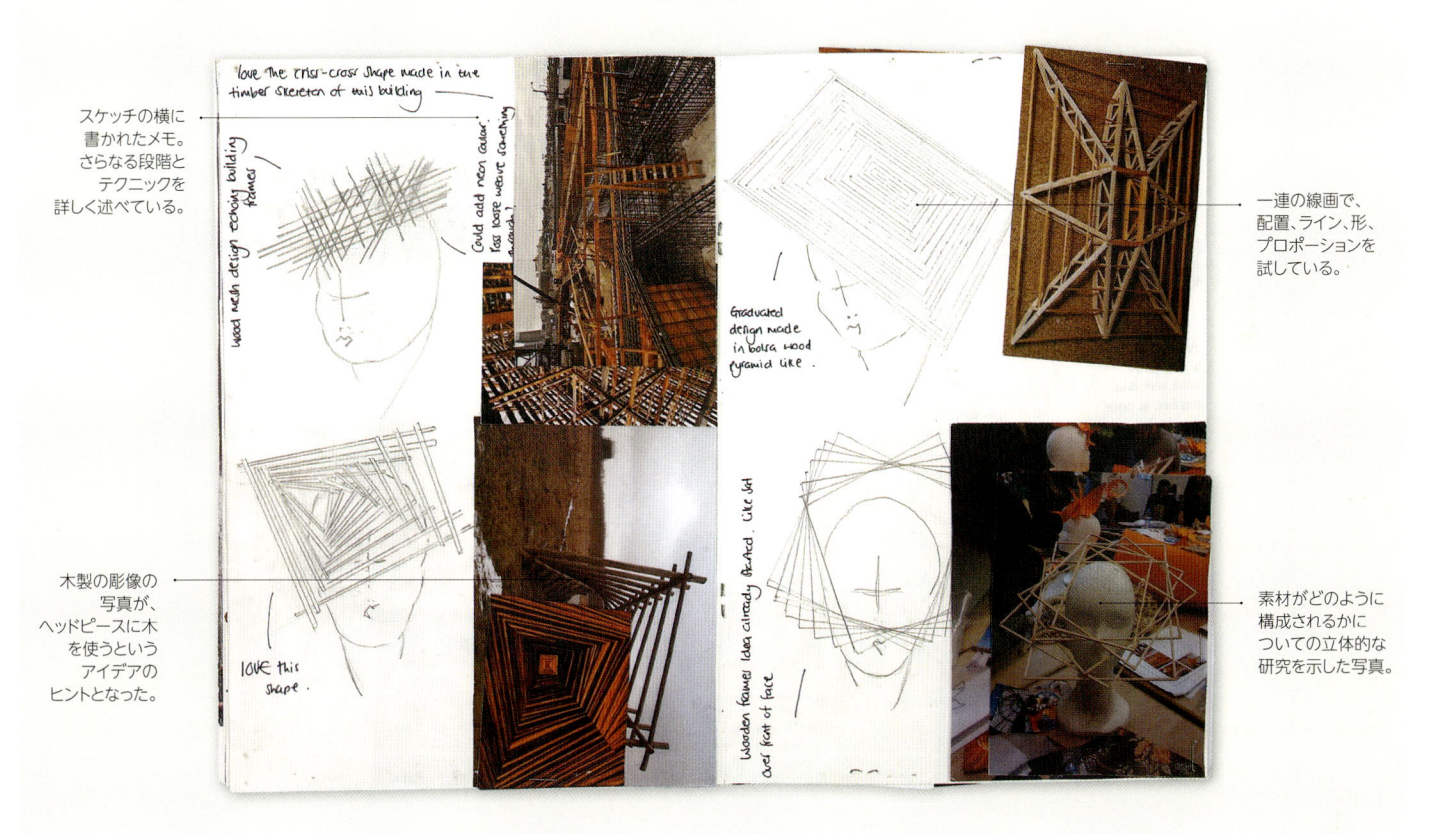

スケッチの横に書かれたメモ。さらなる段階とテクニックを詳しく述べている。

一連の線画で、配置、ライン、形、プロポーションを試している。

木製の彫像の写真が、ヘッドピースに木を使うというアイデアのヒントとなった。

素材がどのように構成されるかについての立体的な研究を示した写真。

▶ **2次元と3次元のリサーチ**
デザイナーはリサーチで得た画像、切り抜き、図を組み合わせて、接合点、スロット、平箱包装の技術を探究している。

チック製があり、サイズも多岐にわたる。ほとんどの学校や大学には必要な装備がある。または、ページの左端をまとめて糊づけする方法や糸で綴じる方法もある。作品を保護するために、前と後ろに表紙が必要となることを忘れてはならない。表紙はカード、厚手の用紙、透明なプラスチックシートで作れる。常に表紙にタイトルを書き、表か裏の表紙にあなたの名前と連絡先を記しておくと良い。

サンプルや見本布を挿入する

見本布はスケッチブックのページにホチキスで留めるか、両面テープで上端を貼りつけるか、糸で縫いつける方法がある。もしサンプルが非常に厚い場合は、カードに貼りつけてその素材やテクニックが分かるようにメモを添え、別の箱に納めた方

が良い。そうすれば、今回だけでなく将来にも使える。このように3次元のスケッチブックとして、テクニックや仕上がりを蓄積していくことができる。これらのサンプルは詳細を正確に表し、目の前に置いてデザインのアイデアを描けるので、非常に貴重なものだ。それがスケッチの正確性を高め、明確なコミュニケーションにつながる。

主なステップ

- リサーチの結果をまとめ、イメージを整理する。
- 閉じたスケッチブックを使うか、切り離された用紙を使うかを決める。
- スケッチブックをまとめる。

▶ **2次元のサンプリングと滴**
デザイナーがサンプリングと滴を組み合わせたページ。革を樹脂でコーティングして効果を探究し、画像は樹脂コーティングや溶解したように見える対象物を示している。

課題：**インスピレーションを見出す**

インスピレーションを得られるタイトルから下から1つを選ぶか、自分でタイトルを作る。

ソフトとハード
反射
文化遺産
カモフラージュ
建築
アールヌーボー
フィルム・ノワール

スケッチブックの中央に自分で選んだタイトルを書く。そのタイトルの周囲にコンセプトマップを作成する。コンセプトマップの中で、スケッチブックに描くもののイメージをかきたてる部分を見つける。訪れるべき場所のリストを作成し、マインドマップに基づいて調査、スケッチ、写真に収めるべきものを見つけよう。

訪れることにしたすべての場所に行けるよう注意深くルートを計画する。この課題ために、丸一日を割くべきだ。スケッチブック、鉛筆、カメラなどのツールを忘れないこと。ルート上の各場所で、スケッチブックやカメラにできるだけ多くのイメージを収めよう。移動している間にあなたの関心を引くものがあれば、何でも記録しておく。毎回、メモを取ること。それぞれのイメージがどこから来たのかを正確につかむことは重要だ。博物館や美術館を訪れるのであれば、写真を撮ることは許されず、記録したいものをすべてスケッチする時間もない。そういう場合はポストカードを何枚か買って、集めたイメージに加えることができる。一通りの場所を巡ったら、すべてのイメージをスケッチブックに貼る。それぞれのイメージを得た場所、それを集めた理由を説明するメモを書き加え、それ以外にも集めたメモがあればつけ足そう。

スケッチブックをまとめている間に、音楽の一部、詩、本の一節、雑誌の記事など、何か頭に浮かぶものがあれば、それについてもメモを残しておく。より完全にあなたの思考を描き出すものとなるだろう。この課題がうまくできたかどうかを知るために、友人にスケッチブック全体を見せ（ただし、コンセプトマップは見せない）、最初にあなたが選んだタイトルを言い当てることができるかどうか、試してみよう。

リサーチの評価

目的 自分のリサーチをどのように審査し、評価すべきかを学ぶ。

このセクションでは、どのようにしてリサーチを効果的に評価すべきかを見ていく。
このプロセスは、デザインのアイデアを想像するうえで基礎となるものだ。
評価には、質問、調査、解釈、探究、実験が含まれていなくてはならない。

> 評価は創造である。
> それを聞け、
> 創造する者よ。
> 評価そのものが、
> 私たちが尊重する
> すべてのものの中で
> 最も貴重な財産だ。
> 評価を通じてのみ、
> 価値が存在する。
> 評価がなければ、
> 存在するものの核心は
> 空洞だろう
>
> フリードリヒ・ニーチェ

あなたがスケッチブックを熟考のうえ、注意深くまとめたのであれば、収集され、整理されたものにはすべて、目的と理由があるはずだ。それらの素材を評価すること、すなわちそれらを分析し、結論を組み立てることによって得られるインスピレーションから、最終的に以下のことに気づくだろう。

- あなたの美意識、コンセプトやムード、カラーパレット
- 製品の形、ライン、プロポーション、ボリューム、サイズ
- 構成、素材、ドレープ、仕上げ、質感、表面のディテール
- 構造、技術的な細部装飾
- 構成部品、ディテール、装飾素材、付属品
- ターゲットとなる消費者層、ニーズ、要望、ライフスタイル
- マーケットにおける潜在的な様相相手

評価のプロセス

評価は一連の質問を投げかけるところから始まる。あなたはなぜこのリサーチを選択したのか。それを何に使おうとしているのか。それがヒントを与えようとしているものは何か・たとえば、あるイメージがある種のカラーパレットのヒントになったとしよう。その場合、評価するためには、あなたは自分自身にさまざまな質問を問いかけなくてはならない。

- 主力となる色はどれか。
- アクセントカラーはどれか。
- カラーパレットを開発する際、色をどのような割合で使うか。
- それらの色はトレンドに即しているか、またシーズンに関連しているか。
- それらの色はターゲットとする消費者層に適しているか。
- 素材、入手可能性、調達方法との関連でそれらの色はどう考えられるか。

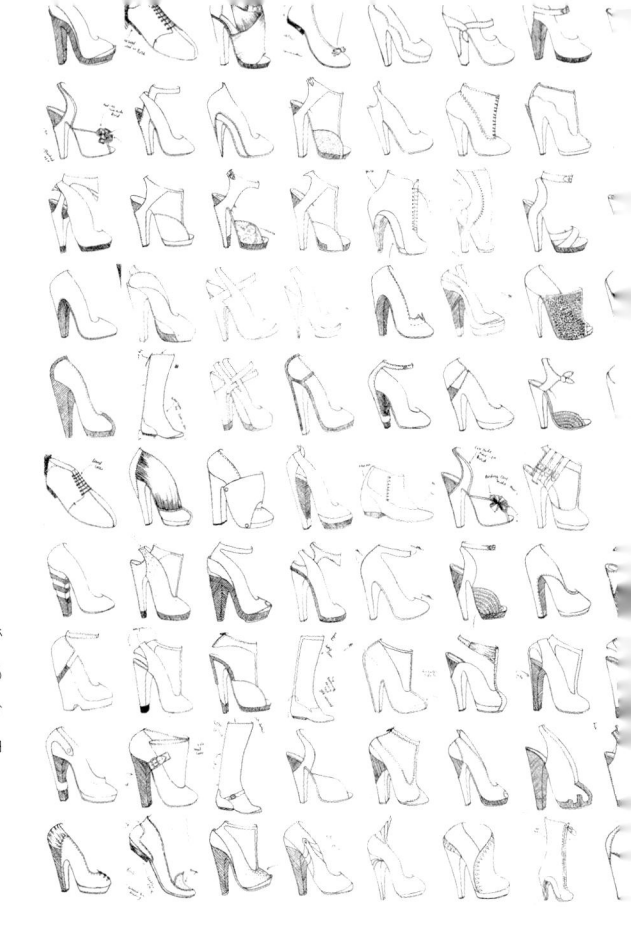

これらの種類の質問に答えるためには、実際的な探究が必要となる場合が多い。この場合は、スケッチブックで一部の色による実験を行う結果となるかもしれない。

評価方法に含まれるもの

- 批判的分析を精査することによるクリエイティブな思考
- アイデアをつなげるための思考の結びつき
- アイデアを具体化し、探究するために、必要なものをリサーチから引き出すこと
- 明確なコミュニケーションをうながすために説明つけること
- 幅広い選択肢を探究するために調査し、質問すること
- 機能性と目的との整合性を考慮すること
- 可能性のある新しいソリューションを見出し、アイデアを組み立てるために実験すること

リサーチの評価 **53**

◀▶ **サムネイル**
このデザイナーはサムネイルスケッチによって、最初のデザインのアイデアをすばやく探究している。頭の中にあるものを紙の上に落とし込むためのスピーディな方法だ。スケッチブックに貼った画像のとなりにサムネイルスケッチを描くデザイナーもいれば、切り離された用紙に描くデザイナーもいる。試してみたうえで、何が自分に合っているかを確認しよう。

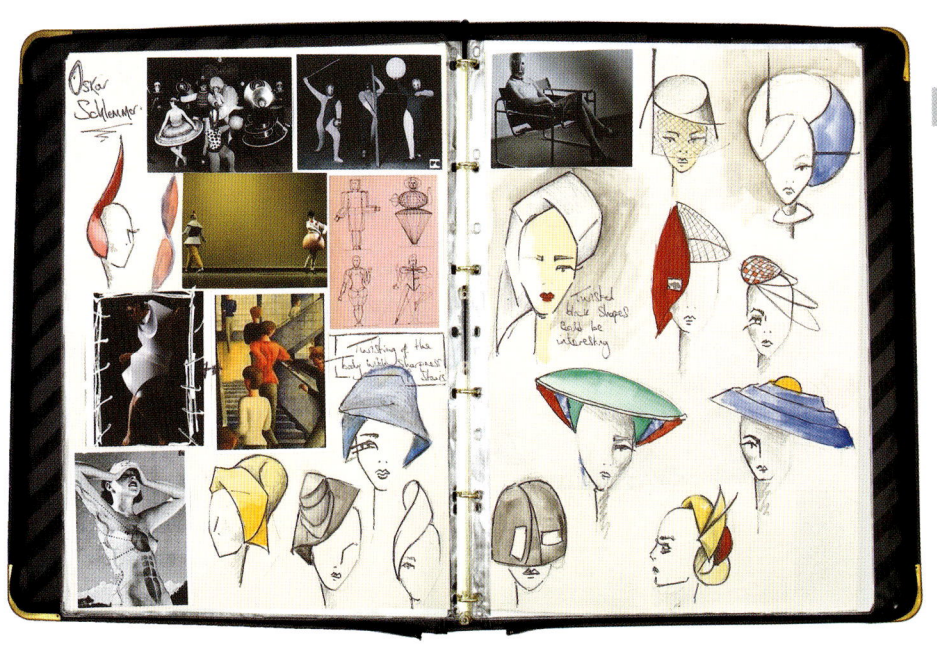

> **用語集**
>
> **コンセプトボード（ムードボード）：**
> 製品、複数の製品による展開、コレクションに適用する美的感覚を定義するための視覚的ボード。
> **サムネイル：**
> アイデアを視覚化するための素早いスケッチ。
> **サンプル：**
> テスト用のアイテム。
> **評価：**
> 何かを調査して、その関連性、質、価値を判断すること。

- 最初のデザインのアイデアに形を与える3次元の探究
- 見本を作成し、制作のための技術と潜在的手法を試すこと
- アイデアの解釈と概念化

評価の結果
評価の目的は、さらなる考慮と開発が必要な分野を特定することにある。

最初のデザインのアイデア
サムネイルスケッチによって、最初の考えとデザインの方向性を示す。それによって、多岐にわたるアイデア、製品カテゴリー、形、サイズ、線、バランス、構造のタイプ、デザインのディテールを探ることができる。次の段階は、コンセプトボードを作成して、あなたが発見したことを伝え、あなたの意思決定に焦点を絞り(p.54を参照)、消費者プロフィールを完成させ、デザインのアイデアを細部まで作り込み始めることだ。

主なステップ
- リサーチで使った素材を評価する。
- 最初のデザインのアイデアを組み立て始める。

課題：リサーチのイメージを分析する

リサーチの中から、最も興味深いイメージを2つ選び、異なる角度から分析してみよう。

色：好きな画材を使って、それらのイメージが伝える色を正確に再現してみよう。
質感：イメージから伝わる質感を出すためにどのような素材が使えるかリストにまとめよう。
線：イメージの中で支配的な線はどれか。あなたのデザインの中でどのように生かせるだろうか。鉛筆で素早くスケッチしながらさまざまな方法を試してみよう。
形：イメージの中からどのような形を見出せるか。あなたのデザインにどのような影響をおよぼすだろうか。アイデアを試すために、サムネイルスケッチをいくつか描いてみよう。
プロポーション：イメージの中に特異なプロポーションがあるか。その情報をあなたのデザインワークでどのように活用できるか。これもサムネイルスケッチで試してみよう。
ディテール：面白いディテールや装飾を生み出すものを見出すことができるか。それは金属によるものだろうか、布地や革だろうか。アイデアをメモに書くか、スケッチしてみよう。

ここまでで、数ページにわたるスケッチやメモができたはずだ。無作為に選んだアイデアを組み合わせて、4ページにわたるサムネイルスケッチをしてみよう。できる限り異なるルックを創作すること。もしこれが簡単にできたとすれば、あなたがリサーチの際にイメージをうまく選択し、分析したということだ。もし難しければ、別のイメージを選んで試してみるか、各段階に立ち返って、何か逃したものがなかったかを検討する必要がある。

コンセプトボードの作成

目的 コンセプトボードの視覚的メッセージを通してどのようにムードを伝えるかを学ぶ。

コンセプトボード（ムードボード）は、
製品や製品展開、
コレクションに適用する美意識を定義する。

▼ **限定されたイメージ**
ここでは3つの強力なイメージを用いて、個別部品のもろさと全体としての強さを表している。機織り技術がコンセプトの中心であることを示したボードだ。

コンセプトボードはリサーチの評価段階で作成され、あなたがリサーチで発見したことを概略するものだ。ボードの主要な機能は、デザイナーが美的感覚やスタイルの方向性に焦点を絞れるよううながすことだ。また、色の展開過程やデザインの分野を伝え、示唆するものでもあり、リサーチの影響について視覚的情報をもたらすものでもある。

いかなるデザイン開発であっても、本格的に取り組む前にコンセプトボードを制作する。ボードの成功はイメージの選択、組合せとレイアウトにかかっており、ボードが伝えようとしているムードやコンセプトに同調していることが大切だ。ムードやコンセプトを伝えるために必要な情報量はデザイナーが決定するが、非常に幅がある。イメージはリサーチした中から選択され、一次的情報源から来ている場合も、二次的情報源の場合もある。スタジオの壁のピンボードを利用し、リサーチの情報収集プロセスを通じてコレクションのムードやコンセプトが発展し、変化するたびに、それを写真に撮るデザイナーもいる。

ボードをまとめる

あなたがコンセプトボードをまとめる際に考慮すべきポイントを以下に挙げる。

- 自分が伝えたいメッセージやムードが何であるかに焦点を絞り、評価すること。
- 併せて提示するのに十分なイメージがあるか。リサーチで得たイメージを再検討し、必要があれば、イメージを加える。
- イメージには色の修正や色調、彩度、トリミングの変更が必要でないか。これらはすべて、スキャナーとフォトショップで可能であり、意欲的なデザイナーであれば、ほとんどがそれらの実用的知識を持っている。
- 用紙の厚さ、質感、仕上がり、色、品質を検討する。これらはすべて、メッセージのコミュニケーションに影響するものなので、注意深く選定すること。
- ボードで開発、実験、分析段階の経過を示す必要がある。レイアウトを試し、写真に撮り、コンピューターを使う場合には保存し、それを評価して洗練させていく。最善のソリューションに行き着くまでに、これを何度も繰り返すことになる。
- イメージの並べ方を検討する。複数のイメージをオーバー

◀ **コンセプトを伝える**
似たようなイメージを組み合わせることで、あなたのコンセプトが明確になる。ここに示したのは、平箱梱包の構想手法をうまく伝えた事例。色の選択やシンプルなレイアウトからミニマリズムが伝わる。

> **用語集**
>
> **描かれたスペース：**
> 視覚効果が描かれた空間。
>
> **余白のスペース：**
> 視覚効果の間の名にも描かれていない空間。

ラップさせる、さまざまな方法でグループにするなどの方法を試してから、最善の結果が得られる方法を評価しよう。
- 空白のスペースが、描かれたスペースと同様に重要であることを忘れてはならない。空白のスペースには、伝えることをさらに明確にし、注目点を絞り、強度を拡散するなどの効果があることを考慮する。
- レイアウト、イメージの選択、配置について最終的な決定をする前に、他の人の意見を聞いてみると良い。ボードが何を表していると感じるか。何を伝えているか。あなたが伝えようとしたメッセージをどのくらい強力に表しているか。

ボードを仕上げる

伝統的手法：イメージの配置が決まったら、各イメージを貼りつける位置に印をつけ、定規が直角定規を使って、ボードに垂直にイメージを貼りつける。その際にはスプレーのりが最適で、ボード全体をカラーコピーするとプロらしい仕上がりになる。

デジタルによる手法：スキャナーがあれば、イメージをスキャニングして、フォトショップを使って変更や修正を行う。これによって、あなたが望む通りにイメージの色やサイズを変更し、合成やオーバーレイが可能になる。

主なステップ

- 収集したイメージを分析する
- 必要があれば、さらなるリサーチを行う
- 伝えようとするメッセージやムードを決定する。
- 伝統的手法か、デジタルによる手法かを決める。
- 用紙を検討し、選ぶ。
- レイアウトとイメージを試し、進化させ、洗練させる。
- 試したものを評価して、最善のものを選択する、
- ボードを印刷するか、仕上げる。

▲ **均一な色のブロック**
メキシコの角張った建築のように、四角形の色のブロックがこのコンセプトの中心だ。このコンセプトボードのレイアウトは、イメージの中の色のついたブロックを強調し、際立たせている。

リサーチ結果を表す複数のボード

リサーチは一連のボードを通じて評価され、要約され、提示され、それぞれがあなたのポートフォリオとなる。それらのボードは、プロジェクトで注目したことや発見したことを物語るもので、リサーチの結果をプロらしい概略に見せる。

消費者ボード：ターゲットとする消費者のプロフィールを視覚的に示し、彼らのライフスタイル、ニーズ、要望、生活への影響、ロールモデル、優先順位を伝える。また、どこで買い物をし、どのブランドの製品を購入するかをまとめ、彼らのファッション性も定義するべきだ（p. 45を参照）。

カラーボード：主要カラーとアクセントカラー、その割合と色の組み合わせを伝えるボード。コンセプトボードに示された美意識に沿ったものであるべきだ。

素材ボード：素材の方向性を示すボードで、あなたが使おうとしている素材、布地、装飾素材、付属品、部品の見本が含まれている。カラーボードと素材ボードを一緒にしてメッセージを強化する場合もある。

ディテールボード：あなたがデザイン全体で使用する主要なデザインディテールを描く。そこで使われるイメージは、あなたが実施したサンプリングや実験の際の写真や、他のデザイナーが製品で使った類似のディテールを示す雑誌の切り抜き、技術的な書籍から取ったテクニックの画像、装飾素材や付属品のスキャンデータや、あなた自身が作り出した装飾かもしれない。

最初のアイデア

目的 製品のデザインをどのように始めるかを学ぶ。

▶ **彫刻からのインスピレーション**
バーバラ・ヘップワースの彫刻と1970年代のファイバー・アートからインスピレーションを得た。鉛筆とインクを使って描いた最初のアイデアで、デザイナーは線と形の間の緊張感を探究している。

デザインのプロセスで次の段階は、あなたの最初のアイデアを紙に落とし込むことだ。これは刺激に富んだ仕事であるとともに、大変困難な仕事かもしれない。ここであなたのリサーチの価値とあなたの創造性が試される。
目的は、あなたが考えているすべてのことを書き出して、広範にわたるアイデアを示し、そこから与えられたブリーフに沿った製品展開を開発することにある。

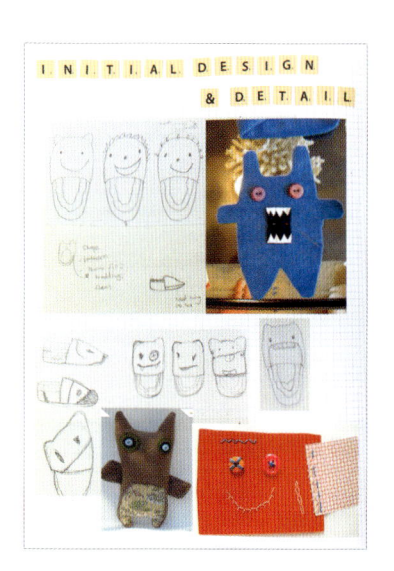

▲ **ディテールを探究する**
鉛筆による一連の線画と、ディテールの実験的サンプリングを通じて、デザイナーがアイデアを探究している。実験はさまざまな可能性を試し、情報に基づいた最終決定をするうえで役に立つ。

リサーチと評価を活用する

あなたはリサーチを実行している間に、頭に浮かんだアイデアをいくつか書き留めていたことだろう。今では、充実したインスピレーションと情報があるはずであり、真剣にデザインを始める段階だ。この最初の取り組みは、ごく初期のアイデアだけをもとにデザインに着手する誘惑を退け、デザインのヒントとするために見出したすべてのものを使うという点で重要だ。あまり考え過ぎることなくデザインのアイデアを作り出せるほど、あなたのリサーチによる情報は豊かだろうか。

デザインのアイデアをサムネイルに描く

スケッチブックを使っても、切り離された用紙を使っても構わない。スケッチブックを選べば、作品をすべて1カ所にまとめられる。切り離された用紙を使えば、複数のアイデアを広げて1度に見られる。異なるプロジェクトで両方の方法を試し、あなたに向いているのはどちらかを検討してみよう。
この段階では、スケッチの質をあまり気にする必要はない。軟らかい鉛筆を使って、集中的に、直感的に書くと良い。アイデアを素早く絵にすることが重要だ。サムネイルと呼ばれる小さいスケッチが、素早く描くうえでは便利だろう。流れるように描き続けること。ここで描くスケッチは人前で見せるためのものではなく、単にあなたの考えを解釈して、アイデアをまとめるためのものだ。もし色や素材などの選択肢が頭に浮かんできたら、スケッチの横にメモで残すか、実際に着色するか、素材の見本を取りつけても良い。他に思いついたことは何でもデザインの横にメモして、後から分かるようにしておこう。
数ページのサムネイルを描き続け、アイデアが次々と流れ出なくなったら、描くのを止めよう。もう1度リサーチを見直し、集めた素材をすべて使ったかどうかを確認する。こうして全体を概観する中で出てきたアイデアを整理する。
次の段階は、成功に近いと思われるデザインに集中して、修正することだ。サムネイルを見渡して、さらに開発していくのに適しているものを選び出す。選んだデザインで似たものをまとめながら、1枚か2枚の用紙にスキャンまたはコピーする。そこで、あなたの最初のアイデアを熟慮されたデザインへと発展させるための準備が整うことになる。

主なステップ

- 最初のサムネイルスケッチを描く。
- リサーチを再検討する。
- 必要に応じて説明を用意し、説明をサムネイルに加える。
- 自分のアイデアを分析して修正を加える。
- 良くできたアイデアを選び出し、1、2枚の用紙にコピーする。

最初のアイデア 57

◀ 短時間で描くアイデア

このデザイナーはページの上で思考を繰り返し、人の目を意識せずに自分自身と語り合っている。彼は自分の製品エリアにリサーチ結果を取り入れ、アイデアを引き出そうとしている。ここで重要なのはアイデアであって、どのような対話がなされかではない。デザイナーはそれを理解している。

用語集

サムネイル：
デザインのアイデアを伝えるために鉛筆で素早く描くスケッチ。

素材見本：
色、質感、手ざわりを示すための素材を小さく切ったもの。

課題：線が表す感情

- 静かで快適な場所に座り、何も描かれていない大きな紙を目の前に置き、手にシャーペンを持つ。
- あなたがひどく悲しかった時のことを考えよう。その時の感情を再現することに集中する。その感情に完全に包まれたら、何を描いているかを考えずに紙に線を描こう。意識は感情に集中する。

次に、以下の感情で同じプロセスを繰り返してみよう。
- 自信
- 怒り
- 幸福感
- 嫉妬
- 平穏

あなたはすでに、感情的エネルギーと感覚を伝える線をデザインの中に得た。友人に同じ課題に取り組むように頼んで、結果を比較してみよう。

課題：アイデアの世代

商売の世界で一貫して仕事ができるような戦略を考案することは重要だ。アイデアのないデザイナーは雇用者にとってほぼ価値がない。

もしアイデアが湧いてこなかったら、リサーチに戻って記憶を一新すると良い。発見したすべてのものを使っているだろうか。各イメージのどこに刺激を感じたのか、それをあなたのデザインでどう生かすことができるのか、自分に問いかけてみよう。

もしそれでも難しければ、形、プロポーション、ディテール、機能という表題であなたのリサーチを再検討してみよう。あなたのリサーチが伝えていないものはどれか。足りない要素を分析して、すぐにその分野のリサーチに戻ろう。

消費者を考慮すること。消費者はワードローブに何を欲しがり、何を必要としているのか。検討すべき製品のタイプをリストにまとめ、そのリストに関連したサムネイルを作り始めよう。

デザイン開発

目的 最初のアイデアをどのようにして実現可能な
デザイン・ソリューションへと発展させるかを学ぶ。

デザインが成功するためには、真剣な精査が必要となる。
あなたはアイデアを絞って修正し、徐々に細かなディテールへと検討を進め、
あらゆる観点から成功するデザインを見つけなくてはならない。
2次元と3次元でデザインを開発することで、
あなたが必要とする答えが得られるだろう。
何よりも大切なのは、あなたのデザインが視覚的に望ましく、
特定した消費者にとって魅力的なものになることだ。
また、素材を選んだら耐久性試験が必要となり、
製造プロセスに組み込める技術を採用しなくてはならない。

▼3次元での開発
開発段階でアイデアを検討するためにサンプリングが行われる。ここでは、デザインのディテールと靴をひもで締める方法を探究している。

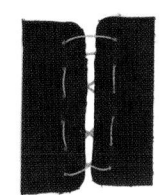

最初のアイデアを開発する

あなたが選んだ最初のアイデアを基にデザインに着手する。複数のアイデアから1つを選び、異なる方法で検討する。今回は大きなサイズで、さらに注意深く描かなくてはならない。形、線、プロポーション、サイズを変え、ディテールの配置を動かして、使う可能性のある付属品は何でも検討してみよう。アイデアごとに別の用紙を使用し、可能性が尽きるまで探究を続ける。この段階では、2つ以上のアイデアを組み合わせ、あなたが探究した別のアイデアをつなげてみよう。ここまで来ると、

課題：色がどのようにデザインに影響するかを理解する

少なくとも2つのパーツで構成されたアイテムであなたが作成したデザインを3つ選ぶ。それぞれのイラストを30回描き、6色以内で色を選ぶ。1色だけを使う、1色とハイライトを使う、2色または3色の対比色を組み合わせる、1色で色調を変えるなど、異なる方法で各イラストに着色する。その結果を分析してみよう。

フォーマルウエアに適しているのはどれか。
最も極端なのはどれか。
晴れの舞台に適しているのはどれか。
最も人目を引くデザインはどれか。
新鮮で目新しく見えるデザインはどれか。
うまく合わないデザインはどれか。それはなぜか。
よく売れると思うものはどれか。それはなぜか。
もしあなたが自分のレーベルで生産するとすれば、広告に選ぶデザインはどれか。それはなぜか。

用紙に描かれたあなたのデザインは、検討を重ねて仕上げられたもののように見え始める。作品を再検討して、消費者とブリーフが求めているものをすべてカバーしていることを確認しよう。最も成功すると思うデザインを選び、すべての角度から、あらゆる部分を考慮しながら描いてみる。次に、色と素材を正確に検討し始める。それらのデザインを何度も描き、異なる色や素材の組合せを試していく。各デザインで1、2種類、満足するバージョンが仕上がるまで続ける。

ここまでくると、それらのデザインを前進させ、3次元で実験を開始する準備が整う。これはデザイナーが行うリサーチの次の段階であり、現実的な不安材料を取り除き、2次元のイメージから実際に製品が作れることを確認することが目的だ。計画された素材が適切であり、色の配合や質感が問題ないか確認しなければならない。ディテール、付属品、装飾も3次元で検討し、スケッチに描いたような効果をもたらすことを確認する。

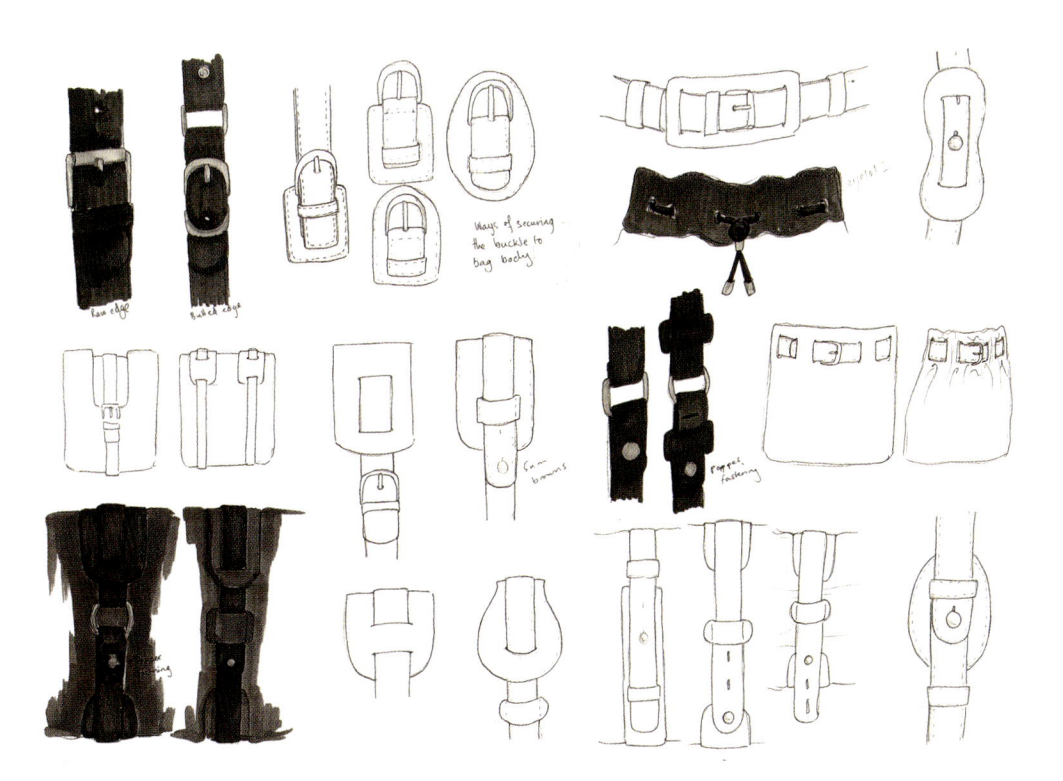

デザイン開発 **59**

◀ **ストラップ、バックル、留め具の検討**
スケッチによる構成部品や付属品の探求が、開発段階で行われている。決定する前にさまざまな可能性が描かれ、耐久性試験するために3次元のサンプリングが行われる。

一連のサンプルを作成する

小さなサンプルはデザインに関連するすべての側面を精査するものでなくてはならない。

縫い目：選択した素材に使えるか。

ステッチ：素材の色に合わせた色の糸を使うか、特徴を出すために対比色の糸を使うか。標準的な糸を使うか、目立たせるために太い糸を使うか。

縁の処理：素材に使えるか。バインディングやパイピングを用いようとしているのであれば、どのくらいのサイズか。色は生地に合わせるか、対比色を用いるか。

ディテール：さまざまなサイズを試し、最適なものを見つける。

付属品：どのように取りつけるか。決定する前に、別の取りつけ方法も検討すること。

装飾素材：最終決定する前に2つか3つの選択肢を試すこと。

3次元による実験は、最終的に決定した紙上のデザインを説明し、潜在的な多くの問題が解決済みであることを確認するのに役立つ。これで最初の実物大模型を作る準備が整った。このプロセスの詳細は、個々のアイテムのセクションで扱う。

主なステップ

- 最初のアイデアの中からいくつかのデザインを選び出し、あらゆる角度から詳細に検討する。
- 線、プロポーション、サイズ、ディテール、装飾素材、付属品を2次元で確認する。
- 色と素材を実験し、複数のアイデアを取り交ぜてみる。
- ブリーフを再度読み直す。
- 正しい製品展開になっていることを確認する。
- 消費者のニーズに応えていることを確認する。
- 3次元での実験により、2次元のデザインを完成させる前に確認し、問題解決を行う。

用語集

サンプル：
試験用のパーツ。

模型：
デザインを3次元で提示するもの。

▼ **2次元での探究**
ここで2次元と3次元の開発が結びつき、最初のアイデアが徹底的に探究される。可能性のある素材の選択肢と技術的な細部の装飾を説明し、線画を補強している。

デザインの
プレゼンテーション

目的 デザインをどのように提示し、コミュニケーションを取るかを学ぶ。

自分のデザインを他の人が明確に理解できるような魅力的な方法で表現することは、デザイナーに欠かせないスキルだ。講師、雇用者、製造業者、バイヤーなどあらゆる人とコミュニケーションを取る必要がある。視覚的な正確性が重要であり、誤解を受けるような余地があってはならない。この能力がなければ、クリエイティブ・ディレクターが製品展開の一部としてあなたのデザインを採用することはなく、製造業者はあなたのアイデアを表すサンプルを制作することができず、結果としてバイヤーにアピールすることができない。学生であれば、情報が不十分であるためにコミュニケーションが乏しくなり、達成するもののレベルが低くなるだろう。

▶ **集約された視点**
このデザイナーは構成要素の線画（底から見た図、上から見た図）を描くことで、他の視点からの見え方を集約している。さらに、革のスタッズがついたパネルのディテールに重点をおき、必要な情報をもれなく伝えている。

デザインのプレゼンテーションシートを作成する

プレゼンテーションシートは、デザインのアイデアを詳しく検討したもので、完全に理解され、明確に伝わり、すべてのディテールを示すために必要となるすべての角度から描かれる。

サイズ：A4かA3のスケッチブックを用いる。空白の多いシートや、情報を詰め込み過ぎのシートは好ましくない。どの時点であっても用紙のサイズを変えるべきだと思ったら、コンピューターにスキャンして、必要なサイズに変更できる。もしくは、作品をカラーコピー機で拡大することも可能だ。使用する画材に適した質の良い用紙を用いること。

レイアウト：縦長か横長かを決め、その形式に統一すること。スケッチの位置を変化させることでシートの関心を引きたければ、レイアウトの左右を入れ替えるだけで十分だ。素材見本の配置に配慮すること。すべてのシートの同じ位置に素材見本をつけると、1カ所だけ厚みが増し、作品をポートフォリオに入れるときに紙が曲がってしまう。取り組んでいるブリーフにより、ロゴや何らかの形でブランドを示すものを記す必要があるかもしれない。ただし、それがシートの内容より目立たないようにすること。デザインを伝えることが何より重要だ。

スケッチ：スケッチの数が多すぎないように注意すること。すべてを説明するのに十分な数があればよい。何が重要であるかを決められるのは、デザイナーであるあなただけだ。普通は製品を斜め上から見たスケッチが最も多くの情報を伝える。スケッチの1つはフルカラーであるべきだが、他はシンプルで、必要な技術的ディテールを示す明確なアウトラインが描かれていれば良い。主要なスケッチはムードが伝わるような実例的なスタイルで描き、他は製品を正確に表すものであるべきだ。関心を引くために、技術的ディテールを伝えるスケッチのサイズを変える方法もある。デザインシートは完全に手で描くことも、完全にCAD（p.22を参照）で描くこともでき、2つの手法を組み合わせることも可能。自分にとって最適な方法を取ると良い。

色：デザインシートでは確実に正しい色を使うこと。CADを使うとバランスの悪い色が出る場合があるが、正確な色を表現することが重要となるため、色を確認しておこう。もし国際的に認知されているパントーンのカラーマッチング・システムを用いるなら、同じ色が再現されるように、使用する色の番号を記入する。

素材見本：可能であれば、実際の素材見本を加えよう。色や質感だけでなく、実際に触れることで手触りが伝えられるように添付すべきだ。もし素材、質感、色を組み合わせて使うなら、小さな見本をシートに沿えて、組み合わせた場合にどのように見えるかを正確に示すべきだ。これは縁の処理やディテールや装飾素材にも当てはまる。

技術的説明：これを示すことで、プレゼンテーションを見る側があなたのデザインの構造を詳しく理解でき、あなたがあらゆる側面を考慮していることが伝わる。視覚に明瞭でない事項をすべて説明するようにしよう。

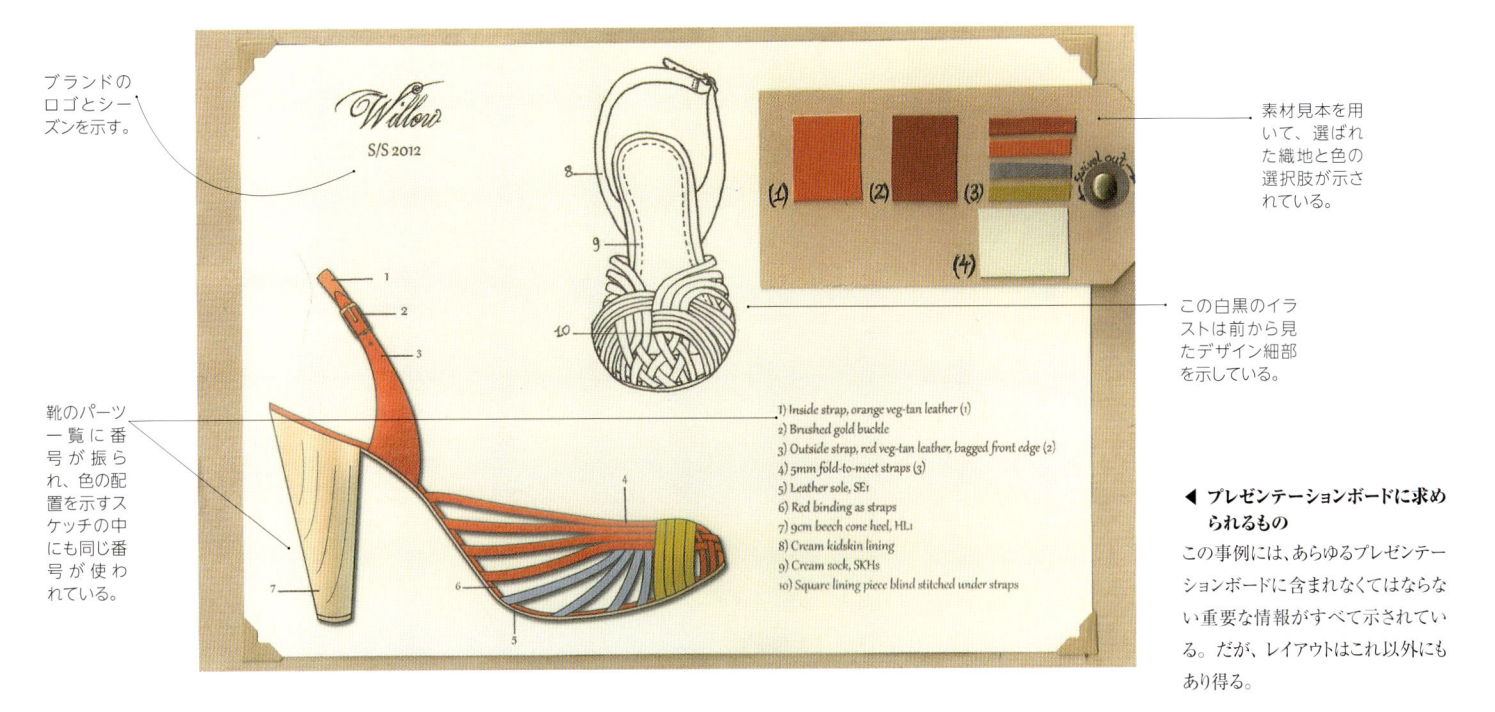

デザインのプレゼンテーション **61**

ブランドのロゴとシーズンを示す。

素材見本を用いて、選ばれた織地と色の選択肢が示されている。

靴のパーツ一覧に番号が振られ、色の配置を示すスケッチの中にも同じ番号が使われている。

この白黒のイラストは前から見たデザイン細部を示している。

1) Inside strap, orange veg-tan leather (1)
2) Brushed gold buckle
3) Outside strap, red veg-tan leather, bagged front edge (2)
4) 5mm fold-to-meet straps (3)
5) Leather sole, SE1
6) Red binding as straps
7) 9cm beech cone heel, HL1
8) Cream kidskin lining
9) Cream sock, SKH5
10) Square lining piece blind stitched under straps

◀ **プレゼンテーションボードに求められるもの**
この事例には、あらゆるプレゼンテーションボードに含まれなくてはならない重要な情報がすべて示されている。だが、レイアウトはこれ以外にもあり得る。

デザインシートが完成したら、それはあなたのデザインを完全な細部まで示し、興味をかき立てるものになっているはずだ。もしあなたが学生であれば、自身のスキルが発揮されていることだろう。デザインシートとスペックシートがあれば、製造業者はそれ以外のコミュニケーションなしに、その製品をあなたが思い描いた通り正確に作れるはずだ。スペックシートに記載する情報については、p.118-119、p.156-159頁も参照。

主なステップ

- 用紙のサイズと形式を決める。同じプロジェクトで用いる他のボードと同一でなくてはならない。
- プレゼンテーションボード、スケッチ、素材見本、テキストのレイアウトを探究し、設計する。
- 手書きか、CADか、併用するか、用いるメディアを決める。
- デザインを明確に伝えるために、何枚のスケッチが必要か。
- シーズン、ブランド、プロジェクトについてどのようなテキストが求められているか。
- デザインを完全に伝えるために、技術的説明を加える。
- 文字の書体名、用紙のサイズ名など、使われる素材の用語を確認する。

課題：アイデアを伝える

アイデアを伝えることは、デザイナーの基本的なスキルであり、適切なレイアウトを作り上げることはプロセスの中で重要な部分を占める。この課題には、標準的なA4かA3の用紙を用いる。初めに、すべての細部を示すのに必要な複数の角度からあなたのデザインをスケッチする。次に各スケッチを2、3種類の異なる大きさで描く。スケッチの大きさを変えることで、興味を引くデザインシートを作るのに役立つからだ。その後、レイアウトパッドを用いて、オリジナルのスケッチの上に置き、スケッチを写し取る。輪郭をスケッチして、デザインがはっきり見えるように注意深くまとめる。イラストの大きさとレイアウトを変えながら、これを何度か繰り返す。

レイアウトパッド上のすべてのスケッチを検討する。デザインを完全に伝えるために、すべてのスケッチが必要だろうか。そうでないのなら、この段階で不必要なスケッチを取り除き、デザインシートを修正する。反対に、とても複雑な作りのバッグや、入り組んだソール部分を使った靴のデザインを伝えるのなら、アイデアを明確に描くために2ページを必要とするかもしれない。作ったシートをすべて隣り合わせに並べ、デザインを最もはっきり示しているものを2つ選ぶ。あらゆる細部に留意ながらその2つを再び描く。最も大きな主要スケッチに着色し、他のスケッチは黒で明瞭な輪郭を描く。最終的に、最も適切なシートを1つ選ぶ。

セクション1：創造的プロセス

革を使ったデザイン

目的 革を使ったデザインの機会とその複雑さを学ぶ。

▶ **カエルの皮**
なめしたカエルの皮は爬虫類の革と間違われることもある。軽量で驚くほど丈夫だ。

革は非常に美しいが、特別な扱いが必要な素材だ。
革を使ったデザインを始める前に、革についての基本常識を身につけておく必要がある。
そうすれば、用途に適した費用効率が高い革を選ぶ際に、
情報に基づく決定ができるようになるだろう。

▼ **オオカミウオの皮**
これらは大きな黒い斑点があるため、オオカミウオだとすぐに分かる。

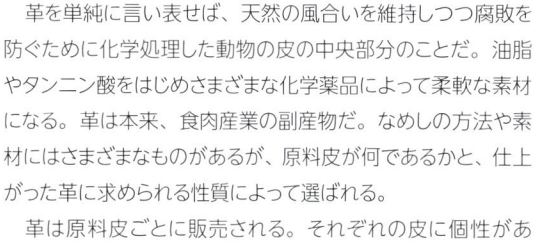

革を単純に言い表せば、天然の風合いを維持しつつ腐敗を防ぐために化学処理した動物の皮の中央部分のことだ。油脂やタンニン酸をはじめさまざまな化学薬品によって柔軟な素材になる。革は本来、食肉産業の副産物だ。なめしの方法や素材にはさまざまなものがあるが、原料皮が何であるかと、仕上がった革に求められる性質によって選ばれる。

革は原料皮ごとに販売される。それぞれの皮に個性があり、どの動物から取ったかによって大きさが変わる。革の大きさは平方メートルか平方フィートで測定され、価格は面積で決まる。例えば、1m^{2}あたり40ポンドの革が3m^{2}であれば、120ポンドとなる。

皮の種類

- **ハイド**：大型動物の皮
- **サイド**：ハイドを背骨に沿って半分に裁断した皮
- **スキン**：小型動物の皮
- **キップスキン**：中型の牛の皮

原料皮はどこでどのように飼育されたか、季節、年齢、性別、品種によって構造が異なる。2頭の動物の皮がまったく同一ということはないため、原料皮はそれぞれが唯一無二のものだ。毛がほとんどない動物の皮は、硬く、きめが粗い。若い動物の皮は、薄く、サイズが小さい。また、昆虫やダニによる損傷、炎症、ひっかき傷などで皮が傷つく可能性が少ないため、銀面（革表面）が美しく、なめらかだ。有刺鉄線、昆虫による刺し傷、擦り傷、焼印、病気などの理由で動物の皮についた跡は、なめした後にも残る。そのため、革の品質やなめしの工程の種類に影響し、最終的には革の価格を左右する。

ここから6頁を割いて詳しく紹介するが、革は数多くの動物から取ることができる。異なる動物の原料皮にはさまざまな特徴や性質があり、さまざまな製品で革が使われる。

家畜哺乳類

牛や羊など、主として食肉用に飼育されている哺乳類だ。その皮は本来的には廃棄物だが、革の原料として販売される。

一般に使われる家畜哺乳類

カーフ 若い雌牛や去勢牛から作られる革。クローム塩や植物タンニン剤でなめすのが一般的。

大きさ：0.5-1.7m^{2}まで幅広い。

構造：緻密な繊維質の構造で、皮の部位によってあまり違いがない。

銀面：折ってもひび割れない。汗腺や毛穴が小さく、はっきりした模様もない。

生地：部位による違いはほとんどないが、バット（尻部）はやや厚い。

手触り：わずかに弾性がある。

色：染色しやすい。染料の吸収も優れている。

表面の仕上げ：スムース、ボーデッド、スエード、パテント。

牛 「ブル」と「カウ」は成長した雄牛と雌牛を意味し、「オックス」と「ステア」は去勢牛を指す。牛の皮には毛があり、比較的緻密な構造をしている。繊維はベリー（腹部）に比べて、背中側が密集している。最も品質の良い皮は、アバディーン・アンガスなどの食用に特別飼育された品種だ。皮は丈夫で、厚みが均一であり、形も四角に近い。それと比較すると、乳牛は一般に皮の構造がゆるく、形も四角くない。腹部ではさらに構造がゆるく、薄い。サイド（ハイドを半分に裁断したもの）の形で売られることが多い。クロームなめし、セミクロームなめし、

植物タンニンなめしが一般的。
大きさ：1-3.3m²
構造：強いが繊維質が多く、皮の部位によって構造が異なる。
銀面：カーフ（前項目参照）に似ているが、きめは粗い。
生地：さまざま。ベリーやフランク（わき腹）は構造がゆるく、薄いが、バットははるかに硬く、厚みがある。
手触り：カーフより粗く重みがある。弾性を除けばカーフに似ている。
色：幅広い繊維質の構造によって染料の吸収率が異なり、色の変化が生まれる。
表面の仕上げ：スムース、ボーデッド、プリントグレイン、粗いスエード。サイドが特に厚い場合は、肉面の皮を外してスエードに別加工することもある。

羊（シープ） の皮は羊毛の成長を支えるものであるため、皮自体は体を保護するものではない。シープスキンは通気性が非常に優れ、構造に含まれる繊維質が特に少ない。ヘアシープ（ウールではなく直毛を持つ羊）は一般にエチオピアなど暖かい地方が原産で、その皮は普通のウールシープの皮より品質が高い。銀面は密集した構造で丈夫であり、高級手袋に理想的な素材と言える。いずれも植物タンニンなめしが一般的で、シープスキンにはさまざまな模様がプリントされる。
大きさ：0.2-0.8m²
構造：ゆるく繊維質の多い構造
銀面：表面は緩いが、汗腺や毛穴の模様がついている。山羊の皮（次項目参照）に似ているが、山羊よりは繊維組織がはるかに粗い。
生地：薄いものから中程度の厚さまで。
手触り：やや弾性があり、柔らかい。
色：染料の吸収率が同じで、均一な色が出る。
表面の仕上げ：スエード、スムース。

山羊（ゴート）と子山羊（キッド） 山羊の皮は成長した山羊からも子どもの山羊からも取れるが、最高品質の皮は暑く、乾燥した天候の国で生産されるものだ。クロームなめしが普通だが、植物タンニンなめしも可能。
大きさ：0.4-0.8m²
構造：カーフほど緻密な繊維質ではないが、丈夫である。バットとベリーで構造がかなり異なる。

銀面：汗腺と毛穴が規則正しく並び、細かい。
素材：薄いものから中程度の厚さまであるが、部位によってわずかに差があり、バットはやや厚い。
手触り：乾いたような感触。
色：繊維質の構造が異なるため、染料の吸収率も一様ではない。シャンク（すね）とベリーで色にバリエーションが出る。
表面の仕上げ：グレージング、スエード、クラッシュド、モロッコ。

あまり一般的でない家畜哺乳類

豚 の皮は、毛穴の跡が残るので簡単に見分けられる。豚は毛が非常に少なく、皮のすぐ下の厚い脂肪層で保護されている。皮は比較的丈夫で、銀面には緻密で織物のような構造になっている。表面には毛穴による穴が全体に広がっている。豚革は柔らかくしなやかで、耐久性がある。

馬 の皮は質が均一であることがほとんどない。臀部は他の部位と比べてかなり厚みがあり、穴が少なく硬い部分（「クラップ」と呼ばれる）がある。伝統的にコルドバ革が作られていた部位だ。皮の前方部分は「ホースフロント」と呼ばれ、厚い手袋用の革や靴のアッパーに用いられる。

バッファロー の皮は丈夫で硬く、弾力性のある手ざわりと粒状の模様があり、面白い質感がある。皮が厚く、肩の上に多くの皺が寄り、オックスより粗くゆるい質感であることが多い。普通は2回から3回に分けて分割される。

エキゾチックな革

これ以外にも、家畜でない哺乳類、鳥類、魚類、両生類、爬虫類が皮革の生産に使われている。ただし、これまでに挙げたものよりは生産量が少ない。脆弱な種への影響が懸念されているため、珍しい外来種の皮を用いることは議論の対象となっている。ワシントン条約（CITES）の証明があれば、皮が飼育された動物のものであることや、厳しい割当て制度に従って捕獲されたものであることが確認できる。

爬虫類

爬虫類の革は毛や脂肪腺がない。鱗（うろこ）が恒温動物の毛と同じような機能を果たし、化学的な関連性もある。鱗も毛と同じように、なめす前に取り除かれる。繊維の

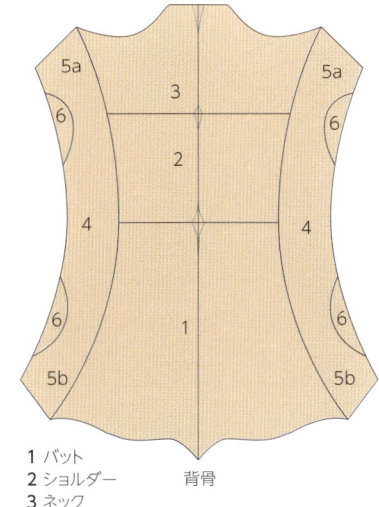

1 バット
2 ショルダー　背骨
3 ネック
4 ベリー
5a フォアシャンク
5b ハインドシャンク
6 オファル

▲ **革の部位**
上の図は品質の異なる革の部位を示す。バットの品質が最も高い。

▼ **オーストリッチ（ダチョウ革）**
この珍しい形の革は、中央部の突起状の毛穴が特徴。

倫理的な考慮

ワシントン条約（CITES）は1973年に採択され、クロコダイル、アリゲーター、ヘビ、トカゲの捕獲や皮の処理、さらに絶滅危惧種のリストに載っているすべての動物の毛皮を取ることを厳しく規制している。

また、クロコダイル、アリゲーター、ヘビ、トカゲ、アザラシ、その他の珍しい動物の皮の輸出に対する規制もある。

パターンは恒温動物の皮とは異なり、水平で密集している。そのため丈夫で薄い。

アリゲーターとクロコダイルの皮は厚く、鱗に覆われているが、腹側と背側では皮の特徴が非常に異なる。腹側は柔らかく均等な厚みだが、背側は硬い鱗で覆われている。繊維質の組織は皮の部位によって異なる。柔軟で耐久性もあるが、皮に触れてみると温かい。革としては最高の価格がつき、海水に住むクロコダイルが最も高価だ。クロコダイルの皮は一般に、アリゲーターの皮よりはるかに高い価格がつけられる。皮のサイズは年齢と種類によって異なるが、長さが1-5mのものが多い。他の動物の皮と違って、平方インチ単位で販売されるのが普通だ。

ヘビの皮は種類のよってさまざまなサイズがある。たとえば、ムチヘビの皮が50cm程度なのに比べて、ボアコンストリクターやパイソン（ニシキヘビ）では長さが4mになる場合もある。鱗は人目を引く特徴的な模様を作り出し、大型のヘビであるほど鱗も大きくなる。ヘビ革は軽量だが強度があり、乾いたような手ざわりのものもある。

トカゲは種類によってサイズがさまざまだ。幅は20-50cm程度（なめしのプロセスの途中で尾が失われることが多いので、長さは含めない）。皮には特徴的な小さなひし型の鱗模様がある。ヘビのように、トカゲの皮も重量が軽いが丈夫で、乾いた感触のものもある。

両生類

カエルやガマの皮はトカゲの皮に非常に似ていて、同じような性質や特徴を持っている。見た目がエキゾチックで、皮のサイズや表面の質感は種類によって異なる。

カエルの皮は一般に、ヒキガエルの皮よりもなめらかな仕上がりになる。重量は軽いが丈夫だ。皮のサイズは、幅が7.5-13cm、長さが10-15cmとさまざまだ。

ガマの皮はカエルの皮と多くの特徴を共有しているが、多様な種がいるためサイズが大幅に変わる。オオヒキガエルは体長25cmに成長することもあり、最近はオーストラリアなどの国々で害獣と受け止められているため、なめしが盛んに行われるようになった。オオヒキガエルの革は丈夫で硬く、耐久性も優れている。中央部は鱗で覆われたような質感があり、良く知らない人はクロコダイルと間違えることも多い。皮の長さは10-25cmまで幅がある。

他の哺乳類

ここでは、必ずしも食肉用に飼育されている哺乳類ではなく、野生の動物を取り上げる。カンガルー、ヘラジカ、ペッカリー、アザラシなどがこの分類に属する。鹿も含まれることがあるが、食肉用に飼育されることもあることから、家畜哺乳類とみなされることもある。

カンガルーの皮は雌牛の皮より丈夫で、軽量だ。非常に均一な繊維質の構造を持ち、比較的厚みがある。薄く分割することができ、それでも強度を保てる。オーストラリア政府の厳しい規制のもとで、放し飼いのカンガルーから生産される。

鹿の皮は柔らかく、しなやかな手ざわりがある。銀面は密接な構造で、非常に丈夫だ。また、洗濯ができ、摩耗に強い。バットでは皮が厚く、ベリーでは皮がゆるく薄い。一般に伸縮

▲ **クロコダイルのバッグ**
クロコダイルの革で作られたビンテージ・バッグ。背側の革の表面は鱗で覆われて隆起しており、クロコダイルの中でも最も高く評価され高価な部分だ。

◀ **クロコダイルの革**
クロコダイルの腹側の皮は、背側のような鱗の隆起がなく、柔らかくてしなやかだ。これは非常に若いクロコダイルから取ったもの。

▶ **トカゲの皮**
これはリングトカゲの皮、普通はインドネシアで生産される。最も幅広の部分で、15-40cmと幅がある。この皮は後ろ足が1本失われている。

性が強いので、鹿の皮を選ぶときには注意が必要だ。サイズは 0.7-1.1 m²。

ヘラジカの皮は、鹿の皮に似た性質を備えた非常に重い革になる。ただし、皮は非常に厚く、分割する必要がある。サイズは 0.8-1.5 m²。

ペッカリーからは特徴のある高級な革が生産できる。非常に柔らかく、しなやかで、通気性に富み、光沢がない。豚の皮に似ている。豚の皮は三角に密集した毛穴の模様があるが、ペッカリーはさらに硬い毛をしているため毛穴がやや大きい。ペルー政府が定めた保護規制のもとで狩猟されている。流通している数が限られていることと、厳しい輸出規制があるため、非常に高価で贅沢な素材だ。

アザラシの皮からは、丈夫で柔らかく、柔軟性のある革が作れる。若いアザラシの皮にはかすかな小石のような模様が入り、光沢がある仕上がりになる場合と、そうでない場合がある。このタイプの皮は通常、植物タンニンでなめされ、カーフ革ほどの耐久性はない。アザラシの皮は毛皮がついた状態で出回ることもある。外側の毛を取り除くと、短く柔らかい毛が現れる。

アンテロープの革は見つけにくく、実質的にイギリスやヨーロッパには存在しない。だが、クーズー（大型アンテロープ）やスプリングボック（南アフリカ産ガゼル）はインターネットで購入することが可能だ。アンテロープの革はベルベットのような手ざわりがあり、普通は肉面（革裏面）がスエード加工される。

鳥類

革に使われる鳥は非常に限られている。ダチョウ、エミュー、ニワトリはいずれも食肉用に飼育されているもので、副産物の皮がなめされて革となる。

ニワトリは、脚が革としてなめされる唯一の部分となる。わずかに鱗に覆われたように見えて爬虫類のようだが、手触りはなめらかだ。鶏からは薄く、乾いた革が生産され、主として小型の革製品に使われるほか、パッチワークにも用いられる。

ダチョウはエキゾチックな革と言われる。羽毛を抜いた穴が革の表面に突起のパターンを作り、簡単に見分けられる。この穴は皮の中心に集中して全体の3分の1の面にしか存在せず、穴がある部分は「クラウン」と呼ばれる。革は柔軟性があってしなやかで、耐久性に優れ、柔らかい手ざわりだ。銀面は緻密な構造で非常に丈夫である。皮の平均的な大きさは 1.5 m²。ダチョウの脚の皮もなめされ、エキゾチックな爬虫類のような外観が人気だ。脚部の前側には血小板があり、爪が残っている場合も多く、デザインの特徴として用いられる場合もある。脚部のサイズは長さが約 50 cm、幅が 12.5 cm だ。

エミューの革はダチョウの革と非常によく似ているが、全体が羽毛を抜いた穴の突起で覆われているため、見分けがつきやすい。皮の平均サイズは 0.6 m² だ。

魚類

魚の皮は非常に耐久性に優れ、軽量だ。食品産業からの廃棄物であり、その意味では環境に優しい素材だと言える。また、毛を取り除く必要がないため、なめし工程の前に石灰も酸も使わない。皮には種によって色や特徴があり、鱗を除去することによって特徴ある模様が生まれる。鱗が大きい場合には、革にも反映される。一般に革として使われる魚として、ウナギ、オオカミウオ、パーチ、マダラ、サケが挙げられる。

ウナギの皮は軽く、しなやかで、驚くほど丈夫だ。同じ厚さの牛革と比べると 2-3 倍の強度がある。外見が特徴的で、頭から尾にかけて中心に皺が寄っているのですぐに見分けがつく。ウナギの皮は非常に細長く、1枚の皮が長さ 37 cm、幅 6 cm 程度だが、縫合されて 1.5 m×0.6 m のパネル状になって売られることが多い。ウナギの皮は横に並べて、端から端まで縫い合わされる。

オオカミウオの皮には黒っぽい斑点があり、独特な外観をしている。オオカミウオの革はどのような色合いや色調にも染めることができ、斑点が透けて見える。鱗がないため、皮はしなやかだ。平均的な大きさは 0.1 m²。

ナイルパーチの皮は、鱗による粗い表面が特徴。パーチの革は他の魚類の革（サケなど）と比べてはるかに厚く、染色が

▲ **軸痕（クイルマーク）**
ダチョウの皮をよく見ると、クラウン（中心部）に突起したクイルマークが見られる。

▼ **パーチ**
ナイルパーチの皮。堅い鱗で覆われた粗い表面で簡単に見分けられる。

革生産でなめしの前に行われる工程

剥皮（はくひ）：動物から皮を剥ぐ処理。

保存仕立て：輸送や貯蔵のために皮を保存する処理。

洗い：塩漬けにした皮を水に浸けて戻し、乾燥させて自然な状態に戻す処理。

石灰漬け：毛、脂肪、肉塊などをゆるめ、なめし工程に入るために皮を膨潤させる処理。

脱毛：毛を取り除く処理

裏打ち：脂肪、肉塊を切り取る処理。

脱灰：石灰漬けでアルカリ性になった皮を中和する処理。

酵解：平滑できれいな革にする処理。

酸漬け：皮を酸性溶液に浸す処理で、なめし工程で化学反応を起こすために必要となる。また、なめす前に皮を保護する。

▶ **パイソンの皮**
長さ1.6m、幅15cmほどのパイソンの皮。非常に大きい皮が取れる場合もある。

簡単で、さまざまな色調に染められる。仕上げ方法には、粗い仕上がりの「オープン・スケーリング」ときめの細かい仕上がりの「クローズ・スケーリング」の2通りがある。長さは15cmから50cmまであるが、平均的なサイズは約0.1m^{2}だ。

マダラの皮からは、粗さときめ細かさが混じった質感が得られる。鱗はサケよりわずかに薄いが、質感は変化が大きく、大部分はしなやかだが、粗い部分もある。同じように色にも微妙な差異があり、繊細なグラデーションが見られる。どんな色彩や色調にも染められる。パーチと同じく、マダラもオープン・スケーリングとクローズ・スケーリングが可能で、クローズ・スケーリングの場合はパーチよりもしなやかな仕上がりとなる。革の長さは12-15cm。幅が最も広い首部分は12-15cmで尾に向かって細くなる独特な逆三角形の形をしている。

サケの皮は柔軟で、同じ厚さの別の皮と比較すると非常に丈夫だ。また、さまざまな色に染められる。鱗は繊細な模様を繰り返し、オープン・スケーリングとクローズ・スケーリングが可能。皮の中央部に見られる細い帯が最も目立つ特徴で、皮の長さは平均60cm、幅は最も広い部分で12cmだ。

エイの皮は独特で、銀面全体が数千もの細かな真珠のような鱗に覆われている。また、最も強度がある革の1つでもあり、驚くほど丈夫で簡単には曲がらない。ナイフで切ることが難しく、割けることもない。皮の最も幅が広い部分によく「スター」と呼ばれる目のような白い模様が入り、貝殻のような質感がある。エイは鱗がとても硬いため縫うことが非常に難しく、ミシンの針を壊す可能性もある。

皮のなめし

なめしの工程は保存された皮を安定化させ、腐敗しやすいものから美しいものへと変える。なめすことによって、原料皮が腐敗しない性質を持ち、なめらかで柔軟性と耐久性のある素材へと変化する。なめしは大きな木製か金属製のドラムの中で行われる。なめしの工法は工場によって異なり、あらゆる製革業者が長い年月をかけて開発し、磨きあげた工法を持っている。多くの場合、その工法は部外秘とされている。

クロームなめしでは、硫酸クロームまたは塩化クロームを用いる。クローム塩との化学反応により皮の繊維が非常に安定して、バクテリアや高温への耐性が備わる。しかし、さらなる工程がないと、クロームなめしによる革は製品に使用する際に望まれる特性や品質の多くを得ることができない。製品にできる革にするために、クロームなめしとともに、染色、加脂工程、ときには植物タンニンなめしを行う必要がある。クロームなめしの主な長所は、低コストで迅速に処理でき、しなやかで柔軟な幅広い色の革を得られることだ。

植物タンニンなめしは樹皮、木材、葉、寝、実などの水抽出物を使用する。この工法によって、淡い均一な黄褐色の革が得られ、染色によって簡単にどのような色にも染まる。また、革は適度な柔軟性をもち、銀面がさらに美しく見える。植物タンニンなめしでは、革が堅牢な仕上がりとなり、繊維組織がよく保たれる。裁断すると縁がきれいに保たれ、エンボス加工による模様がはっきりと出る。特別な防水加工をしない限り、耐水性がほとんどない。植物タンニンなめしによる革の特徴の1つは、使い込むほど色が深まることだ。

セミクロームなめしとは、植物タンニンなめしの後でクロームなめしを行う工法だ。このタイプの工法によって、革が両方の工法の長所を得られる。セミクロームなめしによる革の主な特徴は、植物タンニンなめしの革と同じだが、柔軟性と耐水性、色あせしにくく、着色しやすいなどのクロームなめしの長所も備わる。

アルデヒドなめしでは、もとはホルムアルデヒドだったが、今ではグルタルアルデヒドが用いられ、水と混ぜてホルマリンという化学溶液を作る。この工法で生産される革は、その色から「ウェット・ホワイト」と呼ばれる。この方法で最も一般的になめされるのは鹿革で、その理由として洗濯できることが挙げられる。革はわずかに痛んだような、またはひびが入ったような

外見になることが多いが、非常にソフトな風合いがある。

選別と分割

なめし工程の後、革は選別され、必要があれば機械で分割される。革が回転するドラムに取りつけられた刃の間を進み、その刃が革を必要な厚さに分割する。分割された層は「スプリット」と呼ばれ、最も価値があるのは一番上の銀面の層だ（動物の外皮にあたる）。銀面には粗い面となめらかな面があるため、これを見分けるのは簡単だ。次に、一番上の銀面は傷がないかどうか確認される。もし傷や欠陥がまったくないか、ごくわずかであれば「銀つき革」として処置され、表面の調整は必要とされない。傷や欠陥があれば、表面はバフィングによって一部を修正されるか、完全なエンボス加工で銀面を修正する。下のスプリットはスエード用の革として処理されるか、さらに処理を施してコーティング革となる。コーティングされたスプリットは耐久性が低く、銀面の革と比べてかなり硬い。そうした革はさらに処理が必要となり、高光沢仕上げを施したパテントレザーとして処理されることもある。

染色と仕上げ

革はなめされ、用途である製品に適した厚さに分割された後、仕上げ処理を行う必要がある。仕上げによって、革の性質とともに手ざわり、表面のディテール、色が左右される。仕上げ工程には、染色、エンボス加工、加脂、スプレー塗装、エナメル塗装、艶出し、ワックス仕上げ、バフィング、アンティーク仕上げ、柔軟化処理、防水加工、防炎加工、シミ防止加工などが含まれる。革にはすべての層が染色できるものと、肉塊と銀面にしか染料が染み込まないものがある。また、染料は表面のコーティングに用いられる場合もある。普通は皮の状態で顔料がスプレーまたはコーティングされ、染料が定着するように仕上げ加工が施される。

革の染色の後は、摩擦や汚れへの一定の保護と色の補強のために仕上げ剤が施される。コーティングの回数によっては革が固くなり、柔軟化処理が必要となる場合もある。その後、革は乾燥されて、湿気が取り除かれる。

最後の工程はアイロン仕上げと呼ばれ、1平方センチあたり42,000kgの圧力でプレスされる。この処理で表面が滑らかになり、最終的な検査と等級づけの工程へと進む。

等 級

革は等級によって価格が変わる。等級は傷や欠陥の量で決められ、ほとんどの製革業者が以下の等級システムを用いているが、独自のシステムを持つ業者もある。

A/1等級：欠陥、傷なし
B/2等級：5-10%の欠陥
C/3等級：10-20%の欠陥
D/4等級：20-30%の欠陥
E/5等級：30-40%の欠陥
F/6等級：不良品

革の購入

革は一般に皮革販売業者か製革業者で直接販売されている。製革業者の数は減少しているが、現在でも存在しており、普通は水源の近くに立地している。なめし工程では水が重要な要素だからだ。イタリアではトスカナ地方のアルノ川流域に多くの製革業者が並んでいる。1981年から開かれている「リネアペレ（ボローニャ国際革見本市）」は世界で最も重要な皮革や構成部品の見本市だ。イタリアのボローニャで年に2回開催され、あらゆるセクターの業者が出展し、世界各地から550以上の製革業者が集まる。革に関する情報収集やリサーチを行うには絶好の機会だ。見本市について詳しくはp. 234-236を参照。

用語集

バット：
革の中で最も厚く丈夫な部分。

クラッシュド：
ロール掛けやアイロン仕上げによって銀面の模様を強調させた革。

グレイズ：
通常はクロームなめしによる、表面の光沢が強い山羊革。

等級：
皮革の品質管理システム。

ハイド：
大型動物の皮全体。

キップ：
インドやパキスタン産の小型の牛の革。

モロッコ革：
植物タンニンなめしをした山羊革で、銀面に特徴的な石目がある。

サイド：
ハイドと背骨で半分の大きさに裁断したもの。

スキン：
一般に小型動物の外皮を指す用語。

なめし：
剥いだ革を腐敗しない安定した素材に変えること。

▲ **革の計量**
グレージング仕上げをした子山羊革の下端に面積が印字され、正確な価格が計算される。

コミュニケーションと
プレゼンテーション

目的 成功する製品展開を生み出すうえで、コミュニケーションとプレゼンテーションの重要性を理解する。

リサーチを通じて、あなたは市場でターゲットとする消費者と製品の位置づけを確認した。次に、価格構造といくつの製品を各価格帯で展開するかを決定しなくてはならない。それらの情報は、製品展開計画またはラインナップとして伝えることになる。

製品展開の組み立て

展開する製品数には決まりがなく、5、6種類から数百種類にいたる場合もあるが、原理は変わらない。ターゲットとする消費者のライフスタイルを考慮して、製品展開を決定していくということだ。それぞれの消費者が異なる目的で異なる製品を必要とする。ある時には極端なファッションに意識を向けたがるかもしれないが、別の時にはどちらかというと保守的で快適なファッションが適切だと思うかもしれない。平日に私たちが着るものは、私たちが働いている組織の文化に縛られているケースが多い。休日やプライベートな時間には、仕事中とはかなり違って、リラックスしたスタイルの服装でいるかもしれない。日々の需要に加えて、結婚式やフォーマルなディナーなど、特別な服が必要となる場面もある。こうしたライフスタイルのすべての側面に対応していくことで、消費者が複数の商品を買いたいと思うような製品展開が組み立てられる。

価格帯

次の段階は、小売価格と各価格帯に投入する製品の種類を決めることだ。さらに、価格帯に応じて何種類のデザインとカラースキームを展開するかも考慮しなければならない。エントリーレベルとミドルレベルでは製品の種類を増やすのが一般的だ。そこには、展開する製品の中でも手ごろ感のあるもので二次的な消費者を引きつけるとともに、ターゲットとなる消費者には2つ以上の製品をアピールする目的がある。一番上の価格帯には、デザイナーのシグニチャースタイルを妥協することなく表現する特別な製品を投入する。そうした製品は特に流行に敏感に作られ、一般的には特別な機会のために購入される。また、そのシーズンの製品展開のマーケティングの目的でも使われる。

デザイナーが主体か、マーケティングが主体か

こうした枠組みを用いながら、あなたはバランスのとれた製

▶ **製品展開計画**
デザイナーはデザイン開発の後で、最初の製品展開案を再検討し、バランスを修正した。デザインワークとの関係で製品展開を分析した結果、ハイレベルにアンクルブーツを加え、コアレベルにも新たな製品を追加し、その代わりにエントリーレベルの製品数を1つ減らした。

価格ライン

エントリーレベル：低価格で生産できる比較的単純な製品で、幅広い消費者をブランドに引き寄せる機会を作り出す。

コアレベル：製品展開の中核部分であり、すべての製品がそのブランドと認識できるシグニチャーデザインを採用し、シーズンが変わるたびに忠実なファンを引きつける。

ハイレベル：比較的極端なファッションがこのレベルの中心となり、生産コストがかかる製品も含まれる。ブランド広告の際には、一般にこの価格帯の製品が選ばれる。

RANGE PLANNING

Concept Development Proposal:

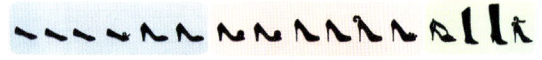

£250　　　　　　　　　　　　　　　　　　　　　　£800
11 Styles
4 Styles with colourways

Proposal Revised:

£250　　　　　　　　　　　　　　　　　　　　　　£820
12 Styles
4 Styles with colourways

I have added an extra style which is a boot because I felt that the range was missing an ankle boot. I have also added a few more colourways to allow the customers to have more choice. This is a good way of giving the customer choice without having to buy new kits or get more patterns graded adding to extra costs.

- Entry Level
- Core Level
- High Level

Each shoe/boot silhouette represents a shoe in the collection. If it is the same symbol its the same style in a different colourway.

Most of the boots need to be in the high level because of the amount of leather used to create them and the additional kit I would need to buy.

製品展開の検討

すべてのデザインが選ばれたら、コレクション全体が一覧できるようにラインナップを描く。この段階で、素材や色が再検討され、完全なラインナップとして機能することを確認する。製品展開の全体像が固まり、一連のストーリーを伝えるものとなるまで、変更が加えられる。そして2度目、またはそれ以上の色や素材の選択肢が決定される。それらはよく「スキュー（歪み）」と呼ばれる。

この段階でもう1度、製品展開が検討され、すべての製品がそれぞれの価格帯で買うだけの値打ちがあるように見えるかを確認する。価格レベルに照らして、あるアイテムがあまりにシンプルか複雑な場合には、修正がなされる。その目的は、消費者が迷うほど多くの製品を作ることを避けつつ、ターゲットとなる消費者が満足するだけの製品の選択肢を提供することにある。

またこの段階では、製造プロセスに与える影響を考慮することも重要になる。この分野では、企画、購買、製品開発の部門が関わる。

あまりに数多くの素材や色が選ばれれば、製品用の素材の購入プロセスが複雑になり、数量が減るため、値下げ交渉が成立する可能性が低くなる。

品展開を組み立てる2つの方法のいずれかを取ることになる。もしコレクションがデザイナー主体であれば、デザインはデザイナーの主導で有機的に発展していくだろう。マーケティングが主体であれば、既定の計画に従ってデザインが組み立てられることになる。

1. デザイナーがアイデアを開発し、それらを異なる製品タイプに適用して、製品展開を組み立てる方法。製品展開は、バランスの取れたものであり、そのシーズンの消費者グループのニーズに対応し、それぞれの価格帯に適合したものでなくてはならない。
2. マーケティング部門が前のシーズンの売上実績と将来の購買傾向、ファッショントレンドの情報をもとに、製品展開計画を立てる方法。製品タイプごとのスタイルやカラースキームの数は、チャートで設定され、デザイン・チームはそれを目標にデザインを進める。あるデザインが非常に良く売れれば、次のシーズンでも継続生産される可能性がある。色や素材は新しくなるが、製品自体は同じだ。その製品のすべての開発コストが前のシーズンで回収されるため、「ドル箱商品」となる。そのデザインで再び生産すれば、材料、製造、輸送にしかコストがかからないため、収益性が高まる。

▼ 完成されたバッグ
右の製品展開ボードに描かれた多目的のデイバッグ〈Selina〉。独特のデザインで美しく仕上がっている。

▼ 製品展開ボード
このデザイナーはうまく整理された製品展開ボードを作成した。各製品について必要なあらゆる情報が伝わるとともに、製品展開の全体像が一目で分かるようになっている。シーズン、スタイルの名称、寸法、価格、素材、色、各バッグの用途がすべて記載されている。

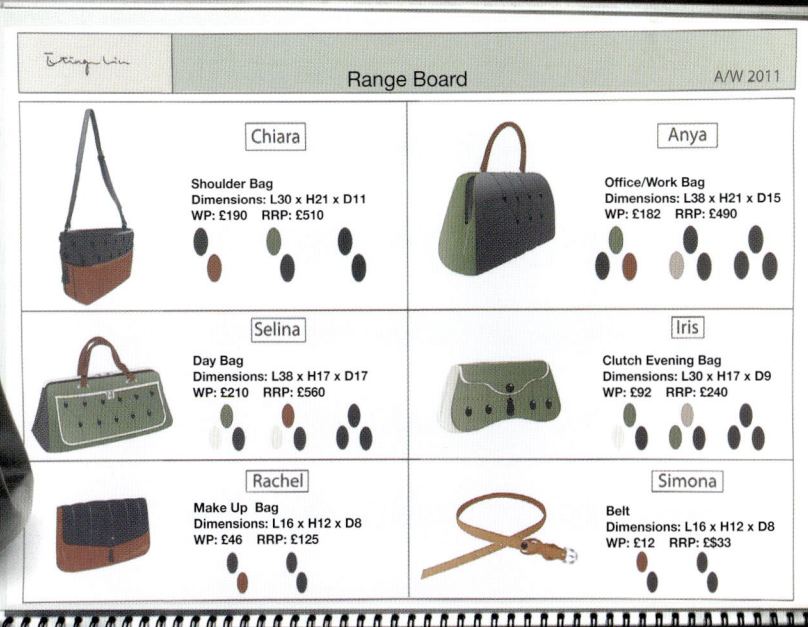

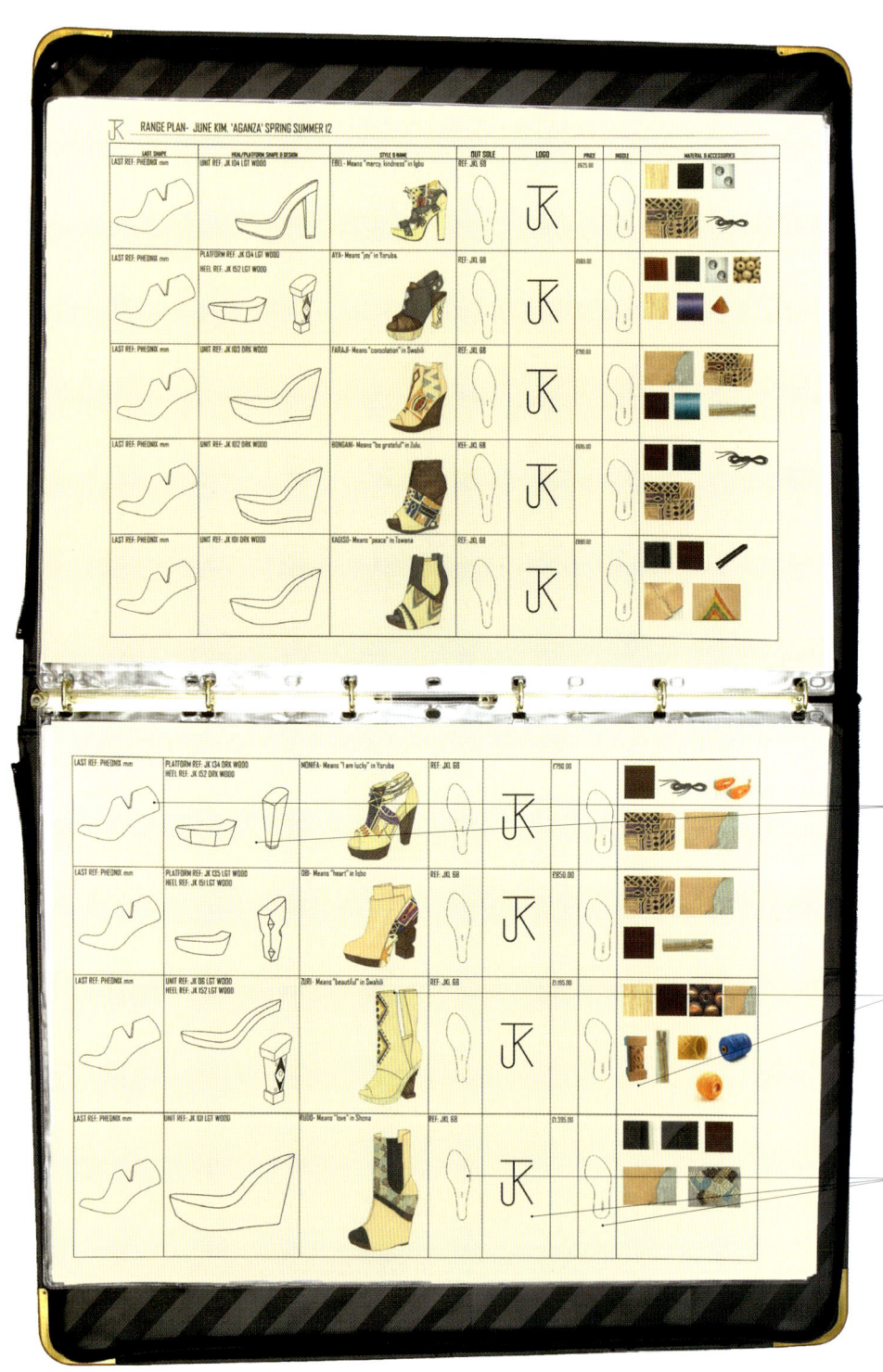

また、製品の構造があまりに多様になることでもデメリットが生じる。さまざまなメーカーに製造を分散させる必要が出てくる可能性があり、数量の面での交渉機会が損なわれ、利鞘(りざや)が減ることになる。各デザインの色と素材の選択肢が合意されたら、製品展開計画を描く階段に移る。

製品展開計画

シーズンの製品展開計画はすべてのデザインが論理的に整理され、それぞれの名称と参照番号がすべてのカラースキーム、素材見本、価格とともに示されるべきだ。提示される製品によっては、それ以外の詳細情報も必要になるだろう。靴のラインナップであれば、靴型とヒール、バッグのラインナップであれば寸法が必要になる。

製品展開計画は、そのシーズンに提供される製品が一覧できる略図として機能する。マーケティング部門、バイヤー、小売業者、デザイナーの手引きとなり、シーズンが終われば、各アイテムの色ごとの販売数量を示すのに使われ、次の製品展開を支える情報の基盤となる。

最初の2列には、靴型とソールを構成する部品が名称と形で記載されている。

◀ **複雑な製品展開計画**
複雑な靴の製品展開ですべての必要な詳細情報を伝えるために、熟考のうえで作られた計画。似たような情報を同じ列にまとめた表形式が効果的だ。バイヤーに示すには情報が多すぎるため、このようなタイプの製品展開計画は企業内部でのみ使われる。顧客用には、単純化したバージョンかルックブックが作られる。

素材の配置がすべての装飾や付属品ともにイラストで描かれている

ブランドのロゴの指示も含まれ、ソールと中敷きにロゴを入れる位置が示されている。

スペックシートとサンプル制作

次の段階はサンプル制作だ。展開されるアイテムすべてが最初の色と素材の組合せでサンプルが作られ、承認を受ける。スペックシートはデザインごとに制作され、サンプル制作者に明確で包括的な指示を与える。デザインプレゼンテーションシート、正確な技術的スケッチとともに、デザインのあらゆる要素を明確かつ正確に伝える手段だ。グローバル市場に不可欠なツールとして、地球の反対側にあるかもしれないサンプル制作室とのコミュニケーションに用いられる。言語の障壁や誤解の可能性を乗り越えるため、可能な限り多くの視覚情報を取り入れ、パントーンの色照合システムなど国際的に通用するツールを使うことが重要だ。どの企業にも独自のスタイルがあるが、必要とされる情報は同じだ。スペックシートに詳細な情報が記載されているほど、間違いが発生する可能性が少なくなる。スペックシートの例は本書の他のセクションに掲載している（p.118-119、p.156-159を参照）。

またスペックシートは、デザインを行った企業とサンプルを制作した企業の両社にとって、将来、制作したサンプルを参照するときのための記録となる。すべてのスペックに独自の番号が振られれば、特定のサンプルに言及する際に、関連するすべての企業の間で明確なコミュニケーションが取れる。デザインのサンプルが2色以上のカラースキームで作られる場合には、混乱を避けるために各色に独自の参照番号を用いるべきだろう。

最初のサンプルが届いたら、デザイン・チームとマーケティング・チームはサンプルを徹底的に調べ、実際に身につけてプロポーション、フィット感、ルックが適切かどうかを確かめる。修正すべき点をすべて書き出し、2回目のサンプル制作を依頼する。このプロセスは最終的な完成まで続く。サンプルが承認されたら、「封印」される。つまり、持ち出し禁止であることが何らかの形で記される。最もよく用いられる封印の方法は、サンプルに小さな穴を開けて細い丈夫なコードを通し、コードの両端にプラスチックか金属のタグを取りつけ、加熱して接合する方法だ。コードを切らなければタグを取り外せない。こうして封印されたサンプルは承認されたモデルの役割を果たし、製造業者がコレクションを生産する際には、これを正確に再現しなくてはならない。

製品展開がバイヤーに示され、受注を受けたら、製品のあらゆる側面が生産に適していることを確認するためのさらなる試験が行われ、最終的なスペックが製造業者に指示される。

用語集

製品展開計画：
シーズン、名称、参照番号、価格とともに、すべての製品の色と素材の組合せを詳細にまとめたもの。

ラインナップ：
製品展開のすべてのアイテム、すべての色を示したもの。デザイナーが照合のために用いるが、マーケティング担当者が全体のバランスを確認するために参照することもある。

▼ ラインナップ
バイヤーに提示される形の製品ラインナップの一例。製品展開の全体像が示され、各アイテムのスタイル、価格、色、素材が記載されている。各アイテムがコレクションの他のアイテムと比較してどれくらいの大きさかが分かるように寸法が記入され、正確なイメージがつかめるようになっている。

課題：異なる視点

ファッション業界を別の視点から理解することは、デザイナーとして有益だ。マーケティング部門が何に関心を持っているか、そして次のシーズンに向けてマーケティング部門が製品展開計画を立案するときに何が影響をもたらすかを考えてみよう。

- 小売価格はどのくらいの範囲か。
- それぞれの価格レベルのアイテム数をいくつにすべきか。
- 前シーズンから継続販売すべきアイテムがあるか。
- それぞれの価格レベルでどのような種類の製品を用意すべきか。
- 各アイテムにいくつの色、素材の選択肢を用意すべきか。
- これらの問いに答え、その答えを表形式で製品展開計画にまとめてみよう。デザイン・チームの手引きとなる詳細情報を十分に提供すべきだが、彼らの創造性を損なうほどであってはならない。

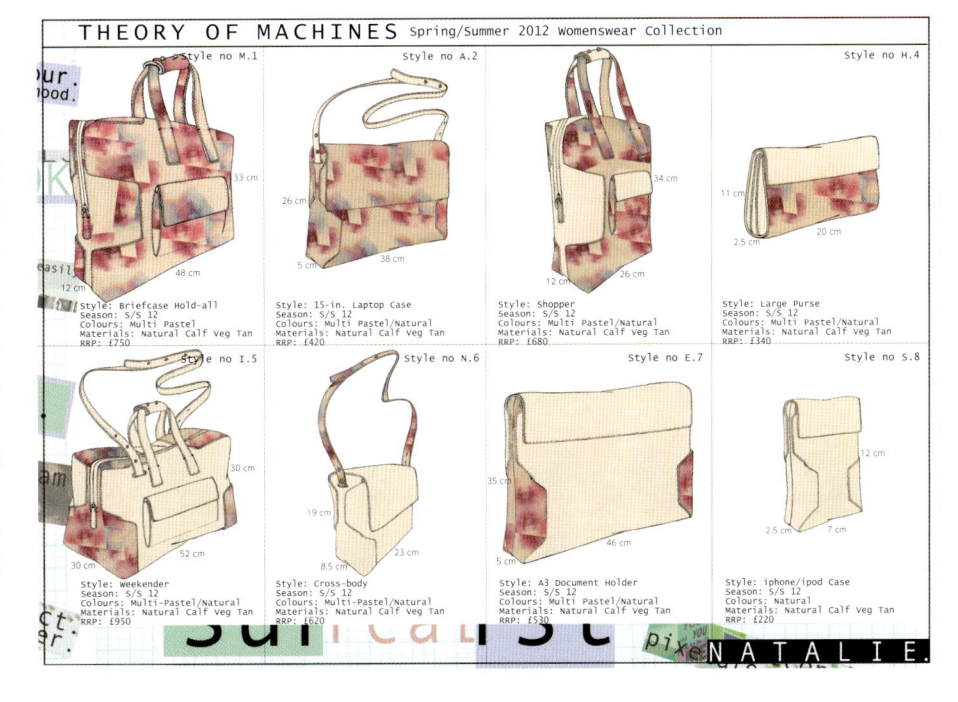

最新技術

目的 ファッション小物産業で用いられる最新の技術について学ぶ。

技術の進歩が世界を変え、デザイナーの創造の機会をまったく新たな方向へと導いた。あらゆる形態のCAD (p. 22を参照) は、世界中とのコミュニケーションをボタン1つで可能にした。デザインスタジオがロンドンに、本社がニューヨークに、生産メーカーが香港に立地しても不思議ではない。関係する人々が直接会うことなしに、あらゆることが実現できるようになった。

最も一般的に使われる4つの技術システムを以下に概略する。新しい動きに精通していることは、デザインの分野で不可欠だ。どんな可能性があるかを知っていることで、さまざまな方法で物事を模索し、はるかに正確かつ迅速にソリューションを見出すことができる。必ずしもすべての最新技術に触れる機会がなかったとしても、その存在を知っておくことが重要だ。

ラピッドプロトタイピング

CADシステムによる仮想デザインを用い、薄くスライスした層を重ねて実際の物体に変えるプロセスによって、次第にデザイン通りの形が作られる。CADプログラムで作られたいかなる形でも3次元で実現できる。このプロセスは「ラピッドプロトタイピング (迅速に試作すること)」と呼ばれているが、大きく複雑な構造物を作るには時間がかかる。機械によって使う素材が異なり、熱可塑性樹脂、紙、チタン合金などが使われる。

ファッション小物業界でのラピッドプロトタイピングの長所は、デザインの最終決定をする前に、部品や付属品を微細に3次元で実現できることだ。複雑なスポーツシューズのソールから財布やバッグにつける極小のスタッズまで対応可能だ。そのため、最大で数千ドルもの投資が必要となる型作りや工具細工に入る前に、デザインの全体像を確認できる

レーザー裁断

レーザー裁断とはその名の通り、素材をレーザーで裁断することだ。コンピューターソフトを用いて切り抜くための型やパターンを作成すると、機械が素材を非常に正確に裁断する。完全な直角の裁断が可能であり、他の手段では不可能と思われる複雑なパターンを生み出すこともできる。紙、合板、パースペックス (透明アクリル樹脂)、皮革、金属など、幅広い素材で使える。この技術によってデザイナーに開かれた可能性は無限大だ。唯一の欠点は、素材によってプロセスの途中で裁断面が焼けて、縁が黒くなることがあり、ひどい場合には黒い残留物が出て不快な臭いがすることだ。近年では、用途に合わせて、高度なコンピューター操作によるレーザー裁断機が開発されている。革の表面をスキャニングしてあらゆる欠陥を見つけ、傷のある部分を避けてすべてのパーツを裁断できるように

▲ **カメオ**
ブランド名が細かく浮彫にされたカメオ風の装飾は、ラピッドプロトタイピングを使って作られた。ソールのくびれた部分に使われる。デザイナーが最終サンプルを確認してから鋳型が作られ、金属で鋳造された。

▶ **ラピッドプロトタイピング**
このファッショナブルな靴の立体像を作成するのにラピッドプロトタイピングが使われた。光沢の強い塗料で仕上げられ、後から内側のソフトレザー部分が付加された。伝統的な靴作りとは逆の手順だ。

◀ **レーザーエッチング**
レーザーエッチングで深い線を刻んで切れ目を入れたことで、革が折り曲がるようになる。この技術の効果によって、襟のフィット感が高まり、着心地が良くなった。

最新技術 73

◀ レーザー裁断技術
一連のピースを重ね合わせて構成された靴は、安定した構造で実際に履くことが可能。完璧なカットのためにレーザー裁断が用いられた。透明性があり、光が反射するパースペックスの質感がその構造を強調している。

▶ デジタルプリント
デジタルプリントされた革を使ったバッグ。この場合は、パターンを裁断する前に革にプリントが施された。プリント地とバッグのデザインは同じデザイナーによるもの。

レイアウトを調整できる裁断機もある。オペレーターがレイアウトを確認すると、裁断機がパーツを裁断していく。こうした機械は高額だが、それによって節約できるコストは大きい。ナイフを使った作業が一切不要となるため時間とコストが節約でき、必要となる人的資源も大幅に削減できる。

デジタルプリント

デザイナーがプリント用のイメージをデジタルで作成すると、特別なインクジェット技術を用いたプリント機が生地の上にデザインを再現する。同一面積で比較すると、デジタルプリントは従来のプリント法よりコストがかかるが、新しいプリントデザインを試すには迅速で効率の良い手段だ。デザイナーが最終的なデザインを決める前に、さまざまなバージョンやカラースキームを試すことができ、従来と比べてデザインが柔軟にできるようになった。少ない量をプリントする場合には他の方法よりもコストが安くなるため、一般に少量生産する場合やサンプルを制作する場合に用いられる。この技術は非常に正確なプリントを実現でき、幅広い織地や皮革に使用できる。

ボディスキャニング

スキャニング技術によって、身体や足の形の立体的イメージを作成できる。これをデザイナーが利用して、靴が完全にフィットするように調整したり、バッグの形が人間工学的に問題ないかを確認したりする。この技術を用いて顧客の体形をスキャニングし、たとえば最適なカットのジーンズを選ぶのに使う店舗もある。高級靴専門店でも、この方法を使って顧客に最適なサイズや靴型の形を選んでいる。身体や足を動かしながらスキャニングして得られるイメージが非常に面白い場合もあり、その結果として得られる視覚効果からデザイナーがインスピレーションを得ることもある。

▲ ライノ3D
3次元ソフトを使ったデザイン開発を表すスクリーンショット。デザイナーがルックを承認すると、ファイルがラピッドプロトタイピングに送信され、正確なレプリカが作られる。

用語集

CAD：コンピューターソフトによるデザイン。
デジタルプリント：デジタルで作られたイメージが直接プリント機に送られて、プリントを施す方法。
人間工学：人間が使用するのに最適となるようデザインを洗練する科学。
ラピッドプロトタイピング：ソフトウエアで作られた仮想デザインが3次元でプリントされ、層を重ねて実際の物体を作り出す方法。
レーザー裁断：デジタルで作られたイメージがレーザー裁断機に送られて、デザイン通りに正確に裁断する方法。
レーザーエッチング：デジタルで作られたイメージがレーザー裁断機に送られて、素材の上にデザインを刻む方法。

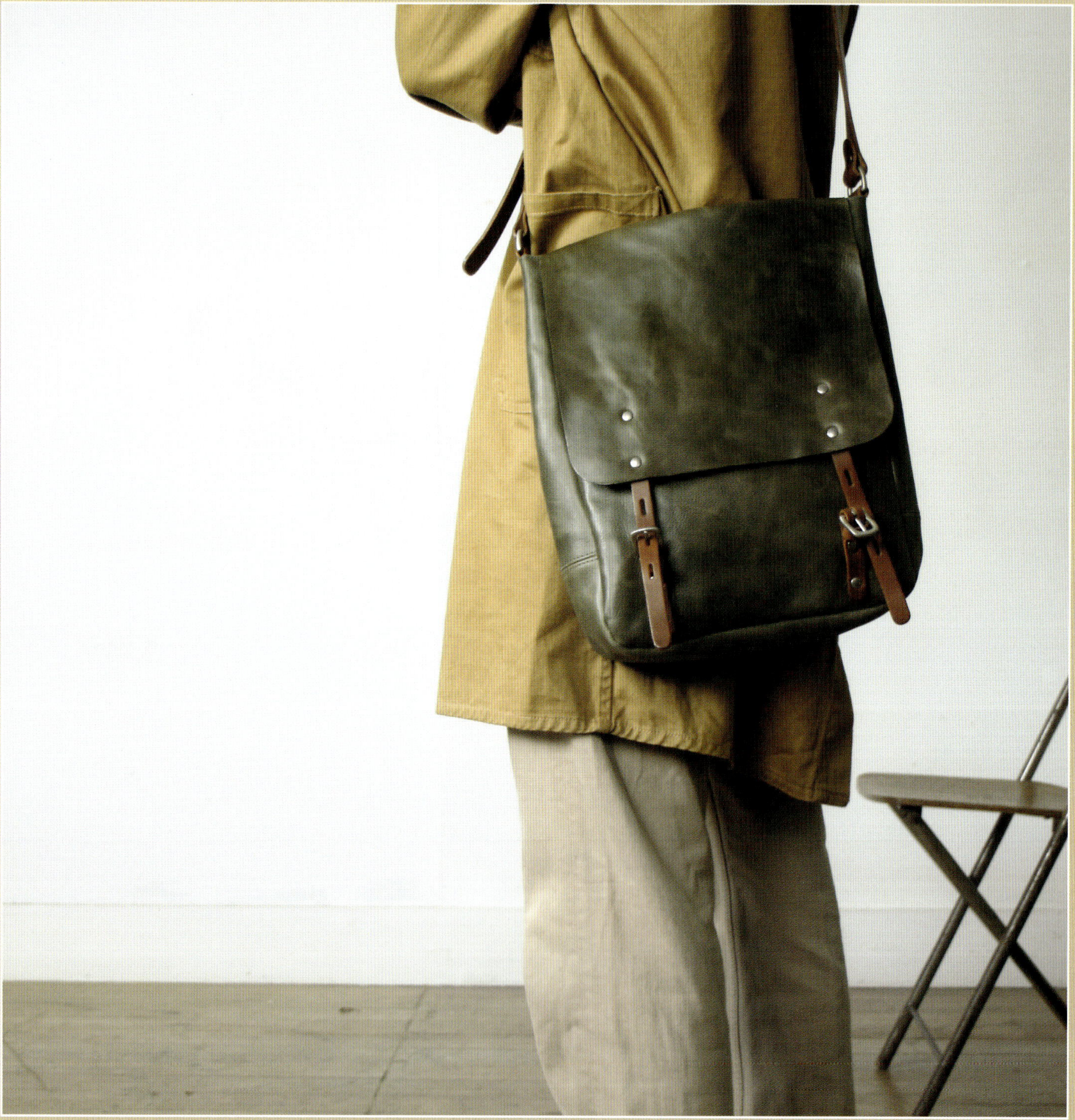

セクション2
ハンドバッグ

このセクションでは、あなたがスケッチブックに描いたハンドバッグのデザインのアイデアをどのようにして実現性のあるデザインへ展開していくかを学ぶ。効率よく実現可能なデザインを生み出すためには、基本的な技術的知識が不可欠だ。そこでこのセクションでは、バッグ制作の専門的なプロセスを見ていくことにする。まず、ハンドバッグを分解して個々の構成部品を取り出して、バッグ用の素材、補強材、付属品を概説し、バッグ制作で極めて重要となる、構造を補強するための手法を詳しく説明する。

また、革製品を作るための専門的な工法、さまざまなバッグのスタイル、そして幅広い縫製法を用いてバッグがどのように組み立てられるのかを学ぶ。各段階ごとに課題を提示し、分かりやすい図を用いて、ハンドバッグの多くのスタイルで共通する型紙作りのための基本的なパターン裁断の原則を紹介する。

バッグの美しさ、実用性、人間工学、用途は、いずれもバッグを作るときに考慮しなくてはならない重要な要素だ。デザイン開発のプロセスをたどることで、あなたが発想したばかりのデザインのアイデアを熟考されたデザイン・ソリューションへと進化させよう。さらに模型の制作プロセスを通じて、素材のテストや3次元での実験と評価の重要性について理解することができ、あなたがデザインしたものを制作に移す際に、スペックシートを使って重要な指示をどのように製造者に伝えるべきかが分かるはずだ。

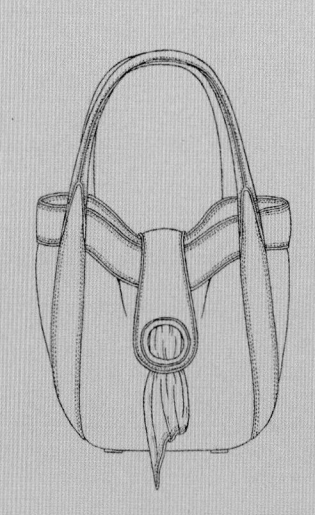

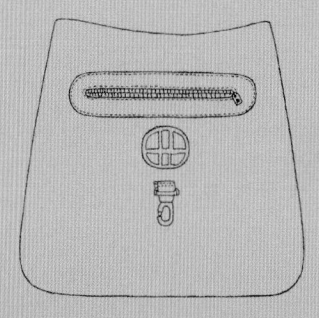

制作ツール

目的 バッグを制作する際に用いる
ツールについて学ぶ。

ここに紹介されているツールは、皮革産業に従事する人や、
特にバッグのデザイナー、メーカー、バッグ制作を学ぶ学生が使うものだ。
これらのツールを実際に使うことで、
バッグや革小物の制作プロセスへの理解が深まる。
だが、ファッショングッズ業界の現場では
機械が使われていることが多い。

ストラップカッター(1)：革を正確な幅で細長く裁断するのに用いる。幅の広さは調整可能。

エッジベベラー(2、16)：植物タンニンなめしの厚い革の縁を切るのに用いる。直線的な縁を削り、ベベラーの刃の形に応じて斜めの縁や丸みをおびた縁に仕上げる。

千枚通し(3)：先端の尖った工具。素材に穴を開け、模様を作る際や裁断や縫製の目印をつける際に使う。

直線刃がついたクリッキングナイフ(4)：紙や型紙など革以外の素材を切るのに用いる。曲線刃がついたものは革を裁断するのに用いる。

ホールパンチ・セット(5)：装飾のためやハトメをつけるために素材に穴を開けるのに用いる。

小型のはさみ、糸切はさみ(6)：糸の端を処理するのに用いる。たばこ用のライターでも代用可能。

折り目用アイロン(7、15)：厚い植物タンニンなめしの革が容易に美しく曲げられるように、折り目をつけるための道具。

クルーホール用パンチ(8)：革に楕円形の穴を開けるための道具。バックルの留め金をクルーホールに通し、革を折り曲げて縫いつける。

ボーンフォルダー(9)：もとは骨で作られていたが、今はプラスチック製のものが一般的。革を折り曲げる際や、折り曲げる部分に筋をつける際に用いる。

割りコンパス(10)：任意の幅に広げて長さを測る道具。縁からの長さを測って平行線を描き、裁断の目安にするのに用いられる。縫い代や折り代を加えるなど、パターン裁断で幅広く使われる。

鋼鉄製定規(11)：鋼鉄で作られた定規は非常に丈夫で、鋭いスカルペルで裁断するときでも完全な直線を維持できる。30cmのものと1mのものがある。

裁断用おもり(12)：裁断するときに型紙と素材を押さえるために用いる。

接着剤用刷毛(13)：接着剤をつけるのに用いる。

鉛筆(14)：技術的なプロセスには2Hまたは3Hが最適。はっきりと点を打てるようによく削っておく。

回転式ホールパンチャー(17)：革に穴を開けるためのさまざまな大きさのカッターがついたパンチャー。

木槌(18)：ホールパンチ・セットとともに使う。

フォールディング・ハンマー(19)：端が丸くなっている手持ち式の小型ハンマー。革の曲げた部分を平らにするのに用いる。丸い方の端を使うと革の表面が傷つかない。平らな方の端は革を曲げるのに用いる。

両面テープ(20)：ミシン縫製の前に革のパーツを貼りつけておくのに使うテープ。

他のツール

銀色のサインペン：革に型紙の印をつけるのに使う銀色のインクのペン(p.122を参照)。

パターンナイフ：パターン裁断専用のナイフで、片側に刃がつき、反対側には尖った先端がついている(p.122を参照)。

スカルペル：パターン裁断に使われる非常に鋭い刃のついたナイフ(p.122を参照)。

曲線刃がついたクリッキングナイフ：革の裁断に使われるナイフ。刃が曲線のため、革を裁断するときにかかる抵抗を軽減する(p.122を参照)。

マスキングテープ：わずかに伸縮性がある接着テープ。幅2.5cmのものと3cmのものがある。

接着剤用へら：接着をつけるのに使うへら。

裁断用マット：パターン裁断に使うマット。合成素材で繰り返し使える。

革裁断用ボード：表面がなめらかなボードで、型紙や革、素材パーツなどを手作業で裁断するときに用いる。伝統的には寄木のように、木の板を垂直に接着剤で貼りつけて使った。今ではナイロン製かプラスチック製のボードが一般的。

型紙用紙：非常に薄く、丈夫な用紙。高品質な硬いカートリッジ紙でも代用できるが、型紙用紙ほど丈夫ではない。

接着剤：バッグの制作にはゴム液が使われる。ネオプレンは非常に強力で、主として成形品に使われる。

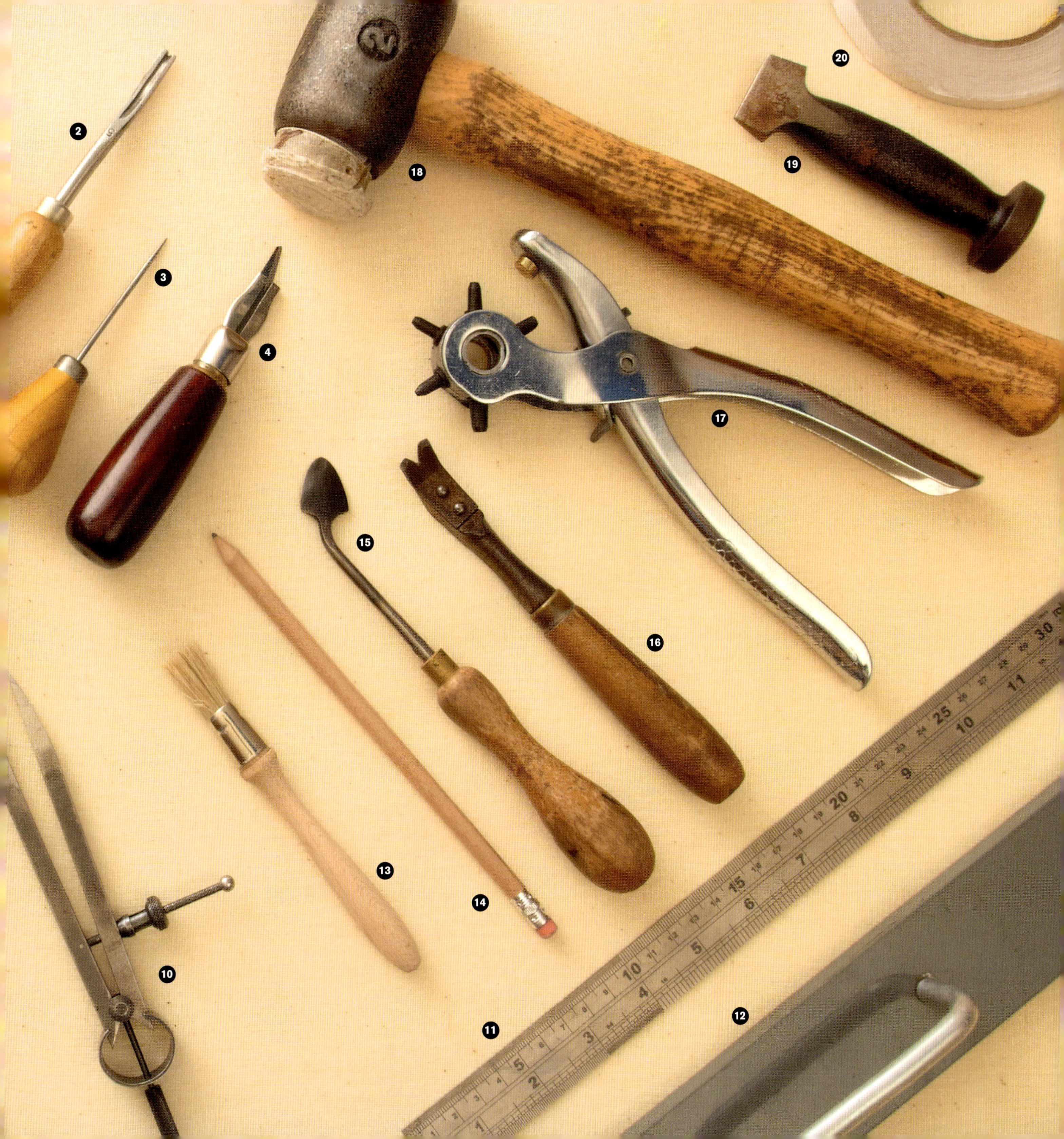

2
3
4
10
11
12
13
14
15
16
17
18
19
20

デザイナーとブランド

目的 主要なハンドバッグのデザイナーとブランドについて学ぶ。

知っておくべきハンドバッグのデザイナーをリストにまとめた。
ファッション誌にいつも登場している名前もある。
そうしたブランドには、非常に精巧に作られた高級バッグの長い歴史を持ち、
高く評価されている家系の名前が多い。
また、革新的なスタイルセッターとして評判の高い、将来要望なデザイナーも含まれている。

▲ **ハンズフリー**
アニヤ・ハインドマーチによる現代のバッグ。しなやかなキャラメル色で、スエード地に細い革の帯がステッチされている。手で持つことも斜め掛けも可能。

アニヤ・ハインドマーチ
ANYA HINDMARCH （現代）イギリス

18歳のとき、イタリアを旅していたアニヤ・ハインドマーチは、そこで使われている革製の女性用バッグの持ちやすさと実用性に驚いた。ハインドマーチはロンドンに戻り、ファッション誌『ハーパス・アンド・クイーン』のためにそのバッグを再現した。ハインドマーチは現在、ロンドンにある彼女の店舗でオーダーメードによるバッグを専門に制作している。たとえば、「Be a Bag」は個人の嗜好でお気に入りの写真をあらゆるバッグにプリントできるプロジェクトだ。

シグニチャースタイル：1つのはっきりした特徴以外にほとんど装飾がないのが、ハインドマーチのスタイルだ。堅苦しさがなく、スタイリッシュな雰囲気が高く評価されている。

アイコン的バッグ：伝統的な金属製フレームと留め金がついたクラッチ・バッグの〈Maud〉は、さまざまな色のサテン地で作られている。バッグの内側には自分の好きな写真をデザインできる。

バレンシアガ BALENCIAGA
（20世紀初期–現代）フランス

クリストバル・バレンシアガは革新的で高い尊敬を集めたドレスメーカーだった。バレンシアガはドレスに合わせて帽子もデザインしたが、ライセンス契約を結ぶことや別の製品ラインを拡大することには、時間も資源も投資しなかった。だが、現代のファッション文化では、あらゆる種類の製品を創作できることがデザイナーに求められている。1997年にニコラ・ゲスキエールが弱冠25歳でクリエイティブ・ディレクターに就任すると、バレンシアガは再び活気を取り戻し、革新的なスタイルとトレンドを世に送り出すブランドへと再起した。

シグニチャースタイル：バレンシアガのバッグ・コレクションの中核をなしているのは、複数のバリエーションがある〈Lariat〉シリーズだ。

アイコン的バッグ：ショルダー・バッグ〈Lariat〉は2001年に発表された。タッセルつきジッパーや、バックル、金属のスタッズが数多くつけられ、シックでありながらライダース・ジャケット風のハードな美的感覚を表現している。ゲスキエールは発表前にこのバッグをケイト・モスやシエナ・ミラー、シャルロット・ゲンズブールなどのスタイリッシュな友人たちに提供し、その成功を確かなものにした。

ビル・アンバーグ BILL AMBERG
（現代）イギリス

ビル・アンバーグは1994年に革製品ブランドを始め、都会人に向けた実用的でユニセックスな高級バッグの制作に特化した。アンバーグは社会や環境にやさしい製造工程に配慮し、革には植物ベースの染料を使用して、拠点であるロンドンですべての生産活動を行っている。ビル・アンバーグは自分スタイルにインスピレーションを与えたものとして、東京、ロンドン、スティーブ・マックイーン、ピーター・ブレイク、クラーク・ゲイブルを挙げている。

シグニチャースタイル：深みのある自然な色のビル・アンバーグのバッグは、簡素で新鮮味がある。男性用として完璧であると同時に、女性用としても美しくシックなデザインだ。

アイコン的バッグ：アンバーグは使い込まれたバッグの歴史的なニュアンスを高級品市場向けに再解釈することが多い。真ん中で2つに開く「グラッドストーン・バッグ」や、もとはキャンバス地に革の装飾をつけて作られた「トリュフ・バッグ」を再解釈したデザインなどがその例だ。

ボッテガ・ヴェネタ
BOTTEGA VENETA
（20世紀中期–現代）イタリア

ボッテガ・ヴェネタは「ベネチアの工房」という意味で、1966年にミケーレ・タッデイとレンツォ・ゼンジアーロの手で、職人による革製品ブランドとして設立された。設立当初は、控えめな優雅さと目立たないロゴで成功を収めた。2人の共同設立者は1970年代前半に

ブランドを去った。新たな経営陣はブランドの成功を継続させることに苦労し、2001年にグッチ・グループの傘下に入った。

シグニチャースタイル：トーマス・マイヤーのコレクションと同じく、ボッテガ・ヴェネタのバッグは控えめだが、構造と素材に繊細な特徴が加えられて、興味深く刺激的な仕上がりになっている。

アイコン的バッグ：最近のコレクションでは、高度なメッシュ技術によって良質な革の帯を編み込んだバッグが登場。ファッション通の間では、必携のバッグの1つとなっている。

シャネル CHANEL
（20世紀初期－現代）フランス

伝説のガブリエル（ココ）・シャネルが1909年に帽子専門店として店を開くが、すぐにドレスメーカーとなって、現在まで広く知られているブランド。シャネルは第二次世界大戦後の1950年代にファッション界に復帰し、実用的で着用に適するファッションが、再び高い評判を集めることを感じ取った。彼女の予感は当たり、再びアメリカ市場に進出して、国際的な成功が保証される存在となった。1983年、カール・ラガーフェルドがシャネルのクリエイティブ・ディレクターとなり、シャネルの伝統を再解釈して、継続していくことに貢献した。

シグニチャースタイル：シャネルは清楚でシンプルな装飾を好み、実用的でありながらスタイリッシュなバッグに焦点を当てた。カール・ラガーフェルドは、ココが好んだクチナシ、「C」の文字を組み合わせたロゴ、キルティングの革など、シャネル・ブランドのシグニチャーを大幅に取り入れた。

アイコン的バッグ：1955年2月、シャネルがシグニチャーとなるハンドバッグを発表した。シンプルに「2-55」と名づけられたバッグは、キルティングの革を使い、アイコン的なゴールドチェーンのストラップがついている。

コーチ COACH
（20世紀中期－現代）アメリカ

ゲイル・マニュファクチャリング・カンパニーとして始まったコーチは、1946年にマイルス・カーン夫妻に買収され、1957年から「コーチ」というブランド名になった。ニューヨーク市に小規模な工房があるだけの非常に小さな企業だったが、マイルス・カーンが1962年に、すでにデザイナーとして成功していたボニー・カシンをバッグデザインのために雇い入れた。1974年までコーチのバッグを手がけたカシンは大いに貢献し、コーチの成功を確実にした。

シグニチャースタイル：ボニー・カシンは鮮やかな色を使い、鍵やペンなどの人がよく持ち歩くアイテム専用のポケットをつけ始めた。現在ではありふれているが、当時は誰も考えつかなかったアイデアだった。

アイコン的バッグ：カシンはオープンカーのルーフについていた留め具にヒントを得て、銀のトグル（棒状のボタン）をバッグに導入した。コーチは今でもそれを使っている。長いタッセルがついたサッチェル、バケット、ショルダー・バッグはすべてコーチのバッグとして良く知られている。

▲ 一目で分かるシャネルのバッグ

キルティング加工された素材、ゴールドチェーンのストラップ、「C」の文字が重なった留め金があれば、シャネルのクラシックバッグを見間違えることはない。バッグが偽物ではなく本物であることを証明するため、すべてのバッグにシリアル番号と保証カードが付与されている。

デルボー DELVAUX
(19世紀初期−現代) ベルギー

シャルル・デルボーが1829年に自分の名を冠した会社を立ち上げ、世界で最も古い高級革製品店となった。1933年、エドモンド・シュヴァンニックが会社を買収し、現在もその一族が経営している。デルボーは職人技を重視した構造プロセスを誇り、組立ラインを決して使わない。

シグニチャースタイル：ほとんど装飾のない清楚なクラシックスタイル。

アイコン的バッグ：ベルギー王女パオラの結婚祝いとして作られたバッグ＜Grand Bonheur＞は、アリゲーターの革が使われ、側面と底面に銀の装飾をあしらったエンベロープ・バッグだった。

ディオール DIOR
(20世紀中期−現代) フランス

1947年、クリスチャン・ディオールは「ニュー・ルック」と呼ばれた「コロール・ライン」を発表して、誰もが知る存在となった。ディオールがファッション小物を手がけるようになったのは、ジャンフランコ・フェレがクリエイティブ・ディレクターを務めていた1989年だった。1996年にジョン・ガリアーノがその後を継ぎ、2011年にディオールを去るまで、ブランドのあらゆる製品に多大な影響をもたらした。

シグニチャースタイル：ディオールの歴史を通じて、バッグは常にデザイナーのビジョンに合わせて作られている。

アイコン的バッグ：ガリアーノがディオールで2000年にサドルバッグを、2006年には「ガウチョ」を発表した。いずれも面白い形とディテールで、1947年から続くディオールの円形模様を採用している。どちらも影響力の強い高級バッグのトレンドセッターとして定期的に取り上げられる。

フェンディ FENDI
(20世紀初期−現代) イタリア

1925年にエドアルドとアデーレのフェンディ夫妻がローマで毛皮製品と革製品の店を開業した。夫妻には5人の娘がいて、その事業を別の分野へと拡大していった。1972年にカール・ラガーフェルドがフリーランスの立場で毛皮、衣類、ファッション小物のデザインを手がけ始める。1970年代、フェンディがソフトレザーを使ってゆったりとしたバッグを作るという非伝統的なアプローチを採用した。2004年にLVMH（モエ・ヘネシー・ルイ・ヴィトン）の傘下に入る。

シグニチャースタイル：フェンディのバッグは必ず2つの「F」の文字を組み合わせたロゴが入るが、非常に多岐にわたる色、素材、スタイルを展開している。

アイコン的バッグ：1997年、シルビア・ベントゥリーニ・フェンディが「バゲット・バッグ」を発表し、またたく間に人気を博してハンドバッグの新しい形を切り開いた。フェンディではこれまでに600種類以上の「バゲット・バッグ」を制作している。

グッチ GUCCI
(20世紀初期−現代) イタリア

グッチオ・グッチが1921年に出身地であるフィレンツェで小さな革製品の店を開業した。彼の目的はイングランドの上流の美意識とイタリアの革細工の技術や職人芸を融合させることだった。彼の店では実用的でファッションからインスピレーションを受けた乗馬関連の製品を扱った。第二次世界大戦中に革が不足したため、グッチは持ち手の代替素材として麻や亜麻、黄麻、竹などの素材を試すようになった。これは現在でもグッチの特徴となっている。1950年代、グッチは伝統的な鞍の腹帯にヒントを得て、トレードマークとなる緑と赤のストライプを採用した。

シグニチャースタイル：高級なグッチ・ブランドには、2つの「G」の文字を組み合わせたロゴ、独特の楕円形をしたバックル、緑と赤のストライプのキャンバス地、プリントのキャンバス地など、一目で分かる特徴がある。

アイコン的バッグ：竹製の持ち手のついた「ボックスカー・バッグ」や中央が垂れ下がったショルダー・バッグの「コンスタンス」はクラシックなグッチのバッグで、馬具の馬銜に似た装飾素材がついていることが多い。

エルメス HERMÈS
(19世紀−現代) フランス

1837年にティエリー・エルメスがパリで高級な頭部馬具や引き具を扱う事業を設立し、すぐに鞍や他の馬術製品へと拡大した。1922年に最初のバッグが作られ、1924年にエルメス家はヨーロッパのリゾート地に店舗を開いてバッグの販売を始め、高級ブランドのイメージを確立した。1929年、有名なスカーフをはじめ衣料品のコレクションを手がけるようになった。

シグニチャースタイル エルメスのバッグは必ずシグニチャーであるオレンジ色の箱に入れられ、そこにはブランドの起源を示唆する公爵の馬車と馬が描かれている。1人の職人が丹精を込めて仕上げるため、すべてのバッグが唯一無二の存在だ。その努力の結果、清楚でドラマチックな優雅さと卓越した職人技となって表れている。

アイコン的バッグ 1935年に「サック・ア・デペッシュ」を発表したが、1956年にグレース・ケリーが手にしている写真が撮られてからは「ケリー・バッグ」と呼ばれるようになった。1981年、女優で歌手のジェーン・バーキンがエルメス社長のジャン＝ルイ・デュマ＝エルメスと飛行機で一緒になり、彼女が「ケリー・バッグ」に不満を持っていることを知って、「バーキン」と呼ばれる新しいバッグを作った。「ケリー」と「バーキン」は大きな成功を収めた、非常に高価なバッグだ。

▶ **大きなバッグ**
ディオールが2011/2012年秋冬コレクションでランウェイに送り出した深いオリーブグリーンのバッグ。

ジュディス・リーバー
JUDITH LEIBER
(20世紀初期−現代) ハンガリー、アメリカ

　第二次世界大戦中、ジュディス・ペトはナチスの迫害に遭い、危ないところで家族とともにスイスに逃れた。アメリカ兵士のジェルソン・リーバーと出会い、結婚した後、1948年にアメリカに移民した。彼女に出身地のハンガリーで習得したハンドバッグ製造の技術があり、いくつかのバッグメーカーに勤めた後、1963年に自身の会社を立ち上げた。リーバーのバッグは社交界の名士や有名人、ファーストレディーの間で評判となった。1994年にCFDA（アメリカファッション協議会）から功労者賞を受賞。彼女の作品は、メトロポリタン美術館やロンドンのビクトリア・アンド・アルバート博物館、ワシントンDCのスミソニアン博物館の常設展に収められている。

シグニチャースタイル：ジュディス・リーバーは自身のブランドでさまざまなバッグを発表してきたが、彼女の名前はクリスタルをちりばめたクラッチ・バッグと同義語だ。

アイコン的バッグ：ジュディス・リーバーのきらびやかな小型クラッチ・バッグには、自然界からヒントを得たものが多い。豪華なドレスを着た女性たちが、彼女のシグニチャーである色鮮やかなクリスタルで飾り立てた果物、動物、卵、貝殻などの形のクラッチ・バッグを手にしている。

ケイト・スペード KATE SPADE
(現代) アメリカ

　『マドモアゼル』誌の編集者だったケイト・ブロスナンは、ある種のバッグが市場で完全に欠落していると感じ、1993年にシンプルなバッグを作り、大成功を収めた。1994年

▲ **クラシックなルイ・ヴィトン**
存在感のある金属製の底鋲、ストラップのバックル、同じ素材の留め金がついた、クラシックなLVロゴのハンドバッグ。

にアンディ・スペードと結婚し、夫のアイデアとデザインによる男性向けも手がけるようになった。1996年、ケイト・スペードはニューヨークのソーホーに最初の店舗を開き、CFDAからアクセサリー部門の新人賞を受賞。1988年にはCFDAのアクセサリー・デザイナー・オブ・ザ・イヤーに輝いた。2007年ブランドをリズ・クレイボーンに売却。

シグニチャースタイル：ケイト・スペードのバッグは外側に模様や装飾がほとんどない。生き生きとした明るい色彩が多く、ケイト・スペードの名前が小文字でプリントされている。

アイコン的バッグ：現在、ケイト・スペードのバッグには特徴的な色があるが、最初に注目を集めたバッグは織地のショルダーストラップがついたシンプルな黒いキャンバス地のトートバッグだった。この初期のトートバッグは1990年代に広く流行した控えめな贅沢品への志向にマッチした。

ロンシャン LONGCHAMP
(20世紀中期−現代) フランス

1948年に創立されたロンシャンは、ロワール渓谷の各地から職人を集めて革製小物を生産した。1970年代に軽量の旅行用バッグが非常に人気を集め、アメリカの高級品市場でも競争できるほどになった。2010年にケイト・モスがロンシャンのコレクションをデザインした。

シグニチャースタイル：高級品市場での競争に参入しようと試みているが、ブランドの中心にあるのは使い勝手の良い革製品だ。

アイコン的バッグ：1993年に折り畳める旅行用バッグの〈Le Pliage〉で大成功を収めた。さまざまな色のナイロン製の本体に革製の持ち手とフラップがついている。

ルイ・ヴィトン LOUIS VUITTON
(19世紀−現代) フランス

「グリ・トリアノン・キャンバス」という工場で作られた、軽量で平たく気密性の高い灰色のキャンバス地のトランクが評判となり、ルイ・ヴィトンは1854年にパリで第1号店をオープンした。そのキャンバス地の使用法は技術的に斬新な飛躍であり、キャンバス地がブランドの主要素材の1つとなった。19世紀と20世紀にはバッグとトレードマークのロゴが発達し、現代のルイ・ヴィトンの特徴にもなっている。1998年にはマーク・ジェイコブスがアーティスティック・ディレクターとなり、優れた能力を発揮して、トレンドセッターとしてのブランドの知名度を高めた。

シグニチャースタイル：ルイ・ヴィトンは1888年に格子縞模様を作り出し、1896年には現在も良く知られたモノグラムを発表した。以前から変わらないダッフル・バッグ、ショッピングバッグ、トランクなどのバッグの形は、ロゴと同じように一目でルイ・ヴィトンと分かる。

アイコン的バッグ：マーク・ジェイコブスはシーズンごとに異なるデザイナーとのコラボレーションを通じて、歴史のあるヴィトンのバッグの新たな解釈を創造している。2000年にはスティーブン・スプラウスが「グラフィティ」バージョンを作り、2009年には日本人アーティストの村上隆がアニメからインスピレーションを受けたバージョンを作った。「スピーディ」、「ネヴァーフル」、「キーポル」と呼ばれるヴィトンのバッグは、美的なイノベーションに関心が集まっているが、製品の究極の機能性を証明している。

ルル・ギネス LULU GUINNESS
(現代) イギリス

1989年、ギネスはビデオ制作の仕事をやめ、ロンドンの自宅の地下で事業を始めた。現在、ギネスはハンドバッグで国際的な帝国を築き、ロンドンのヴィクトリア・アンド・アルバート博物館やニューヨークのメトロポリタン美

術館をはじめとする博物館や美術館のファッション・コレクションに収蔵されているほか、さまざまな展示に出典されている。2006年にOBE（大英帝国四等勲士）の勲章を授かり、2009年にはインディペンデント・ハンドバッグ・デザイナー・アワードのアイコノクラストによるハンドバッグ・デザインの功労者賞を受賞した。

シグニチャースタイル：1950年代のハイグラマーで知られ、完全にフェミニンでコケティッシュなスタイルに一風変わった愛すべきイギリスのユーモアのセンスを組み合わせている。

アイコン的バッグ：「リップクラッチ」は女優やスタイルメーカーに愛用され、一目でギネスのバッグだと分かる。多岐にわたる色、質感、素材で展開され、ユニオンジャックやアメリカの国旗のようなデザインもある。

マット・マーフィー MATT MURPHY
（現代）アメリカ

マット・マーフィーは1996年にカリフォルニア州にあるアート・センター・カレッジ・オブ・デザインを卒業し、環境デザインの学位を得た。建築から重要なインスピレーションを受けながら、マーフィーは卒業する前からハンドバッグのコレクションの制作を初めていた。2002年にマーフィーは自分の会社でプライベート・レーベルの部門を立ち上げた。

シグニチャースタイル：マーフィーは、洗練された高級イタリア製レザー、スターリングシルバーの装飾素材とともに多くの色を使う。

アイコン的バッグ：「メトロ・トート」はそのサイズや持ち手の形から、多目的で実用的なバッグだ。いろいろな持ち方ができ、女性が日常的に使うさまざまな持ち物を入れられる。

マルベリー MULBERRY
（現代）イギリス

ロジャー・ソウルと母親のジーンが、1971年にロンドンにあるブティック「ビバ」で高級バッグブランドのマルベリーを立ち上げた。マルベリーはイギリスの高級ブランドの先駆けで、国際的なブランドへと拡大した。常にイギリスであらゆる取扱製品を生産することを重視し、2006年に革細工とハンドバッグ制作の技術を維持するための研修プログラムを始め、成功する。2008年にエマ・ヒルがクリエイティブ・ディレクターに就任し、2010年と2011年の最優秀アクセサリー・デザイナー・オブ・ザ・イヤーに輝いた。

シグニチャースタイル：マルベリーのバッグは荒削りの実用性と洗練されたセンスが混在している。多目的に使えるよう複数のショルダーストラップがつき、外側にバックルつきのポケットがあるバッグが多い。

アイコン的バッグ：イギリスのファッション・アイコンであり、モデルのアレクサ・チャンの名前から取った「アレクサ」は非常に有名なバッグだ。エマ・ヒルはマルベリーの2つの伝統的なバッグである「ベイズウォーター」と「エルキングトン」を融合させて、2010年に「アレクサ・バッグ」を作った。

プラダ／ミュウミュウ
PRADA/MIU MIU
（20世紀初期−現代）イタリア

1979年、ミウッチャ・プラダが祖父のトランクのカバーとして使われていた黒いナイロン素材「ポコノ」で実験を始めた。1985年にようやくそのアイデアは小さなバックパックの形で成功した。プラダは落ち着いた逆三角形のラベルを採用した。

シグニチャースタイル：プラダは当初、贅沢なものに反対するファッションスタイルで成功したが、明らかな豪華さを求める方向へとスタイルが変化した。現在、多くの評論家に絶賛され、広く受け入れられた衣料品のコレクションに合わせてファッション小物を展開している。その結果、多彩な色を使った革新的なスタイルが生まれ、一目でプラダと分かる。

アイコン的バッグ：プラダの名を広めた黒いナイロン製のバックパックは、さまざまなバリエーションとスタイルがあり、プラダのクラシックバッグとなっている。

ロベルタ・ディ・カメリーノ
ROBERTA DI CAMERINO
（20世紀初期−現代）イタリア

第二次世界大戦中のユダヤ人の迫害によって、夫とイタリアから逃亡することを余儀なくされ、ジュリアナ・ディ・カメリーノはスイスに逃れた。戦争前に祖父の顔料工場で訓練を受けたときの経験が、彼女のバッグデザインの色や素材の使い方に直接影響を与えている。1945年、彼女は自分の会社を立ち上げ、ジンジャー・ロジャースとフレッド・アステアの映画から「ロベルタ」の名前を取った。革新的なキャリアを通じて、彼女はバッグのデザインを大きく進歩させ、結果的に多くの競争相手からデザインを模造されることになる。ディ・カメリーノのバッグは、いずれもニューヨークにあるホイットニー美術館とファッション工科大学(FIT)美術館に展示されている。

シグニチャースタイル：ロベルタ・ディ・カメリーノのバッグは、伝統的には衣料品のために使われたれた素材に豊かなカラーパレットを使っている。また、多くのバッグでは、トロンプルイユの手法を巧みに使っていることも特徴に挙げられる。

アイコン的バッグ：鮮やかな色彩のベルベット製のクラスプ・クラッチやエンベロープ・クラッチは、その豪華さと優雅さのために多くの女性に愛された。

スタイルセレクター

目的 ハンドバッグの代表的スタイルについて学ぶ。

どんなバッグでもデザインの基本は機能性にあるが、多くのバッグの形やシルエットは美しく、スタイリッシュでもある。ここでは、主なハンドバッグのスタイルを挙げ、その特徴を検討する。バッグにおいては、主に使われる素材、色、ディテール、シルエット、仕上げに使う装飾素材、多彩なスタイルのバリエーションが、実質的なアイデアの基礎となる。

グラッドストーン・バッグ
19世紀から20世紀に医師が使ったバッグの現代バージョン。持ち手が短く、開口部には硬い留め金かバックルがつく。本体部分は柔らかいが丈夫な素材で作られ、フラップで強化されていることも多い。

バックパック
2本のショルダーストラップで背中に背負うバッグ。ハイキングなどに使われる実用性を重視したものや、p.83で紹介したプラダのバッグのように装飾的なものもある。バックパックは世界中どこでも学生に愛用されている。

上蓋はファスナーか引きひもで留める。

トート
肩にかけることも、手首から肘にかけることもできる、使いやすいバッグ。多くのものを収容でき、出し入れのしやすさを重視して、開口部の装飾素材は最低限に抑えているものが多い。

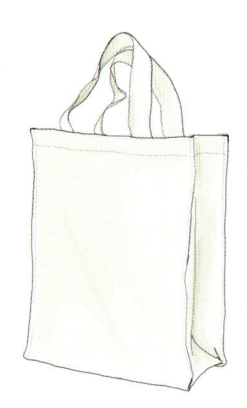

耐久性が目に見えるように、ストラップが縫いつけてある。

ケリー・バッグ
ハリウッドの伝説的女優でモナコ王女のグレース・ケリーの名を取って、1956年にエルメスが「ケリー・バッグ」と名づけた。現在はエルメス製でなくとも、この特徴ある形のバッグで、上部に1本の持ち手と、前側に留め金のついたものを指す。

バケット
バケツのような形から名づけられたバッグ。手で持つか、肩にかけるタイプのバッグで、底が丸く、開口部には引きひも、バックル、スナップがつく。

ショッピングバッグ
長方形で2本の持ち手のついた大型バッグ。開口部に蓋がなく、多くのものを収容できるため、買い物に最適。

安全性と使いやすさのため、開口部にはファスナーがついている。

ウエストポーチ
1980年代のウエストポーチはファッションとして評価が高くなかったが、アスリートや旅行者の間で愛用されている。腰回りにつける小さなバッグを指す。

ショルダー・バッグ
肩から腕の下に垂らすあらゆるバッグを指す。ショルダー・バッグは小型のものが多い。

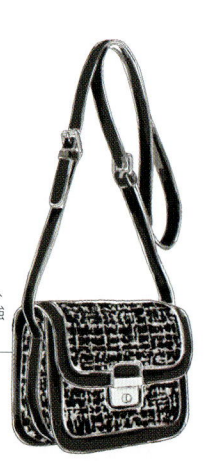

耐久性を考慮して、クロスステッチで強化されている。

ラップトップ・バッグ
ブリーフケースに似たバッグで、代替として使われることも多い。ラップトップ・パソコンを運ぶのに使われ、持ち手、ショルダーストラップ、充電器などの周辺機器を入れるためのポケットがついている。

メッセンジャー・バッグ
肩から斜め掛けするバッグで体の動きを邪魔しないため、大都市で自転車に乗るメッセンジャーに使われる。ファッションの世界でも、メッセンジャー・バッグはほぼ同じ理由で使われる。

クラッチ・バッグ
長方形をした小型のバッグで持ち手がなく、手で持つか、脇にかかえるようにデザインされている。イブニングバッグと見なされることが多い。

フレーム・クラッチ
留め金のついた金属製の開口部があるバッグ。本体はさまざまな素材で作られ、手で持つようにデザインされている。普通はイブニング用。

ボストン・バッグ／ウイークエンダー
2本の持ち手がつき、肘にかけて使うか、手で持つタイプの長方形のバッグ。底が上部よりもやや広いものもある。普通は、持ち手の間についたファスナーで開ける。ウイークエンダーはボストン・バッグよりも大きいバージョン。

トースター
底が平らで、上部が曲線を描くバッグ。ボウリング・バッグに非常に近く、肘にかけるか、肩にかけて使う。持ち手の間に、端から端まで取りつけられたファスナーで開けるタイプが多い。

サッチェル
ブリーフケースに似て、サッチェルは持ち手が短く、底が平らで硬いが、上側が開くバッグで。フラップやバックルがついているものもある。カジュアルで、1泊用の旅行バッグの代わりに使われることもある。

ダッフル・バッグ
起源は軍隊用のバッグで、両端が丸くチューブ状になっている。バックパックのような2本のショルダーストラップがついている。

前側のポケットは一般に、貴重品を入れるのに使われる。

ホーボー・バッグ
中央部が凹んで垂れ下がったバッグで、1本のショルダーストラップがつき、肩にかけるか、斜め掛けをするタイプが多い。「ホーボー（放浪者）」という言葉には否定的な響きがあるが、この名前が定着している。

フレーム・バッグ
イブニングウエアとして使われる小型で硬い、装飾的なバッグ。手で持ち、鍵やリップスティックなどが入る程度のスペースしかない。

バーレル・バッグ
ダッフル・バッグと似た形をしているが、より小型であるかハンドバッグとして使われる。

ストラップがバッグを取り巻き、ルックのバランスを取っている。

ボウリング・バッグ
硬い素材で作られた底が広いバッグで、2本の硬い持ち手がつき、上側の開口部は大きく弧を描く。
スポーツのボウリングから名前が取られたが、現在はファッショナブルなバッグとして使われている。

構 造

目的 ハンドバッグの個々の構成部品を理解し、どのように組み立てられるかを学ぶ。

どんなにシンプルな作りのバッグであっても、数十の構成部品から作られる。ハンドバッグは見た目から受ける印象よりもはるかに複雑だ。構成部品はスタイルによってそれぞれ異なる。部品の数やタイプは、バッグのスタイル、デザインの複雑さ、デザインのディテール、素材、付属品、装飾部品（そして、それらの用い方）、構造、補強材で決まる。

補強材

バッグには、アイロン接着、織地、不織布、紙、カード紙など、さまざまなタイプの補強材があり、数多くの仕上げ方法や厚さのものがある（p.97-99を参照）。

補強材は使用する革の堅さに応じて、バッグの中で構造を強化する必要がある部分に用いる。一般に補強材は、バッグの底、カラー（バッグの上端）周辺、マチ部分（硬さを加えるため）に使われる。また、バッグ本体に重い装飾素材をスタッズで固定する場合、その装飾素材の裏にも用いられる。ツイスト錠のプレート（マルベリーやエルメスのバッグによく見られる）などの装飾素材が取りつけられる場合に、その重さでバッグの本体が崩れないようするためだ。

パイピング

パイピングには普通、プラスチック、より合わせた紙などで作られた芯が使われる（p.98-99を参照）。芯は素材で覆われてから、縫い代やマチの中に縫い込まれる。普通は、内縫い構造のバッグ、大型の手提げバッグ、トートバッグやウイークエンダーの一部に使われる。内縫い構造のバッグにパイピングを使用する主な目的はバッグの形を維持することだが、あらゆる種類のバッグでデザインのディテールとしても用いられる。

課題：さらに調べてみよう

どのようなパーツがバッグを構成しているかを詳しく調べるために、バッグを基本的な構成部品へと解体してみよう。

1. 解体する前にバッグがどのような形だったかを記録するため、内部も含めてバッグをあらゆるアングルから写真に撮るか、スケッチする。
2. 持ち手やポケットの位置など、あらゆる部分の長さを測る。
3. 鋭いナイフかリッパーを使って縫い目をほどき、バッグを解体する。ハトメ、スタッズ、金属部品は、解体することが難しいため、すべてそのままにしておく。接着された層を1枚ずつはがし、ポケットなど外側に取りつけられたものをすべて外す。
4. 各段階を写真に収め、パーツに番号を振って、どこに取りつけられていたかをメモする。

1 前胴と背胴（2点） 内縫い構造の手法を使って、両サイドを縫い合わせる。
2 底 前後のスリップポケットが取りつけられてからボディに縫い合わせる。
3 フラップとその裏張り（2点） バッグの前側を覆う蓋になる。
4 フラップを留めるストラップ（裏張り） 強度と美しさの面から、ストラップには2重にした革が用いられる。
5 フラップを留めるストラップ（外側） フラップの中央に縫いつけられ、バッグを閉めるときにバックルを通すハトメがつく。
6 バックル用タブ（3点） バックルをバッグ本体に留めるためのタブ。タブの中央にはバックルのピンを通すためのクルーホールが開けられる。
7 バックル（3点） ストラップに通して使う金属の付属品で2本のストラップをつなぐ。サッチェルを閉める目的でも使われる。
8 バックル用ストラップキーパー（3点） バックルを通してフラップを留めるストラップの端を固定するためのストラップ
9 ショルダーストラップ（4点） バッグを持ち運ぶときに肩にかける革のひも。（強度と美しさのため）2層の2つの部分からなるため、4点のパーツがある。
10 Dカン（2点） 金属製のリング。デザイン的にショルダーストラップにつけるものと、後ろのスリップポケットにつけてポケットを開ける際のタブにするものの2つがある。
11 Dカン用タブ（2点） Dカンに通して用いるタブ。肩紐と後ろのスリップポケットにDカンを取りつけるため。
12 サイドポケット本体（2点） サイドポケットの前面になる。
13 サイドポケットのマチ（2点） 片側をサイドポケットの本体に縫いつけてポケットに厚みを出し、反対側をバッグの両サイドに取りつける。
14 サイドポケットのフラップ（2点） サイドポケットを閉めるときの蓋になる。
15 ハトメ バックルのピンを通すための穴を保護し、強化するための金属製の部品。
16 ファスナー 内側のポケット用。
17 前胴と背胴の上端（2点） 前胴と背胴の上端にあたる部分で、裏張りのカラーの上端と、前後のスリップポケットの裏張りの下側に取りつけられる。
18 前胴と背胴の裏張りのカラー（2点） バッグの裏張りの内側のカラー
19 バッグの裏張り（2点） 底部分の縫い代を取ってT字型をしたキャンバス地の裏張り。
20 スリップポケットの裏張り（2点） 前後のポケット用の裏張り。
21 内側のファスナーつきポケット用の裏張り 後ろの裏張りに取りつけられる、ファスナーつきの差し込み型のポケット。

構造 **87**

構成部品

前と後と両サイドにポケットがついたサッチェル・バッグを使って、ハンドバッグの構成部品を見てみよう。バッグによって構造は異なるが、サッチェルは手始めに観察するのに適切なバッグだ。

デザイン上の留意点

目的 ハンドバッグをデザインする際の主要な検討事項について学ぶ。

バッグをデザインやバッグの製品展開を検討するときに
何を考慮すべきかと理解しておくことは、非常に重要だ。
最終的には、製品が消費者に望まれ、目的に適い、
ブリーフで提示された制約の範囲内でデザインされたものでなくてはならない。

▲ 持ち手の位置
このデザイナーは持ち手の位置と、バッグがどのように持ち運ばれるかを研究している。製品がバランスのとれた、持ち運びのしやすいものになるよう、バッグの内容物の重さを考慮する。

検討基準

あなたのデザインは、リサーチからヒントを得て、情報やインスピレーションの分析を経たものでなくてはならず、サムネイルのスケッチの形で表現された最初のアイデアがあるはずだ (p. 56-57を参照)。カラーパレットが探究のうえに完成され (p. 26-27を参照)、素材、補強材、装飾部品のリサーチが行われて選択されているはずだ (p. 96-101を参照)。デザインにあたり、あなたの最初のアイデアを試すうえで役に立つ基準がある。バッグのデザインの本質とは、美しさと実用性を結びつけることにあるということだ。以下に挙げるデザイン上の検討基準を両方の観点から考慮し、2つの間で最適な妥協点を見出す必要がある。

機能と実用性

そのバッグは何に使うものだろうか。この質問がある程度、製品の寸法やスタイルの種類を決定づける。あなたは消費者がそのバッグで何を持ち運ぶのかを検討しなくてはならない。寸法を決めるには、消費者がバッグに入れて持ち運ぶと思う物を実際に積み上げて、それらの写真を撮り、必要となる空間(高さ、幅、奥行き)を測るのが良い方法だ。デザインを進める間、その大まかなサイズを念頭に置いておくとよい。

バッグの寸法は、バッグをどのように持ち運ぶか、どのような持ち手やストラップを用いるべきかという点に影響する。人間工学(身につけやすさ)も要因の1つとなる。持ち手は扱いやすいか。ストラップは長さを調節できるようにするべきか。また、そのバッグがどのような場面で使われるかも検討する必要がある。素材、カラーパレットともに実用的なディテールを決定するうえで影響するからだ。

素材と生地

デザインのプロセスを進める前に、素材のリサーチを行い、調達先を含めて決定しておく必要がある (p. 96-99を参照)。デザイナーは使おうとしている素材の特徴を知っておかなくてはならない。たとえば、革は柔らかく曲げやすいか、非常に柔軟でドレープができるか、わずかな弾性があるか、凸凹して厚みがあるか、硬くて光沢が強いか、曲線を維持できるか。素材にどのような実用性が求められるか。耐水性、耐久性、通気性が必要か、豪華さや奇抜さが望まれるか。バッグの構造は素材に左右されやすく、不適切な素材を選ぶとうまくいかない。硬いパテントレザーは折

▶ **フレーム**
この製品展開を開発する課題では、基礎となるアイデアが選ばれ、デザイナーがフレームに着目して、バッグ上部の大きさ、形、プロポーション、色、仕上げを検討している。

り返すことができないため、内縫いが必要な構造は不可能だ。非常に柔軟なナッパ革はドレープが出るため、ナッパ革を補強してバッグを作ろうとしてはならない。素材の質感をよく見つめ、素材が立てる音にまで耳を澄ませることだ。素材、外側に取りつけるもの、裏張りの組合せを研究し、熟考しよう。素材の選択は極めて重要であり、最終的な製品の成否を左右する。もともとの性質に備わっていないものを素材に無理やり求めてはいけない。素材がもつ自然な特徴と品質を生かすべきだ。

形

バッグの形を研究し、洗練させることは絶対に必要なプロセスだ。ボリュームを出すためには、マチ、はめ込み、ギャザー、プリーツが活用できる。バッグはかっちりとした構造でも、型にはまっていなくても、その組み合わせでもよい。丸い形でも角張っていてもよい。こうしたあらゆる可能性を探究するべきだ。

形の検討を始める際には、さまざまなバッグ本体の形をスケッチしてみよう。正方形、長方形、楕円形、三角形、角が丸みを帯びた形、非対称な形など、さまざまな形を試す。その後、気に入ったものを選び出し、さらに実際のバッグのデザインへと発展させる。

構造

バッグの構造と縫い方の種類を詳しく理解していれば、バッグの可能性を探るときに必要なデザイン用語が分かる。基本的なバッグの形をもとに構造や縫い方を変化させること

課題： 構造方法がデザインの美しさにもたらす違いを調べてみよう

あなたのリサーチを利用して(p. 28-47を参照)、バッグ本体の形の開発に取り組んでみよう。伝統的なバッグのデザインによる既存のアイデアを使わないこと。サムネイルスケッチをしながら、リサーチを評価する。少なくとも20種類の形が描けたら、5つ以上の形を選んで、さらに研究、開発を進めよう。A3サイズの用紙を使って、それぞれの形を斜め前から見た図を描く。1つの形につき用紙1枚を使う。1つの形に対して3つ以上の構造法を適用し、マチに変化を持たせ、ボリュームを出すための方法を変えながらデザインをさらに模索していく。必要なら、別の紙を使って続けよう。

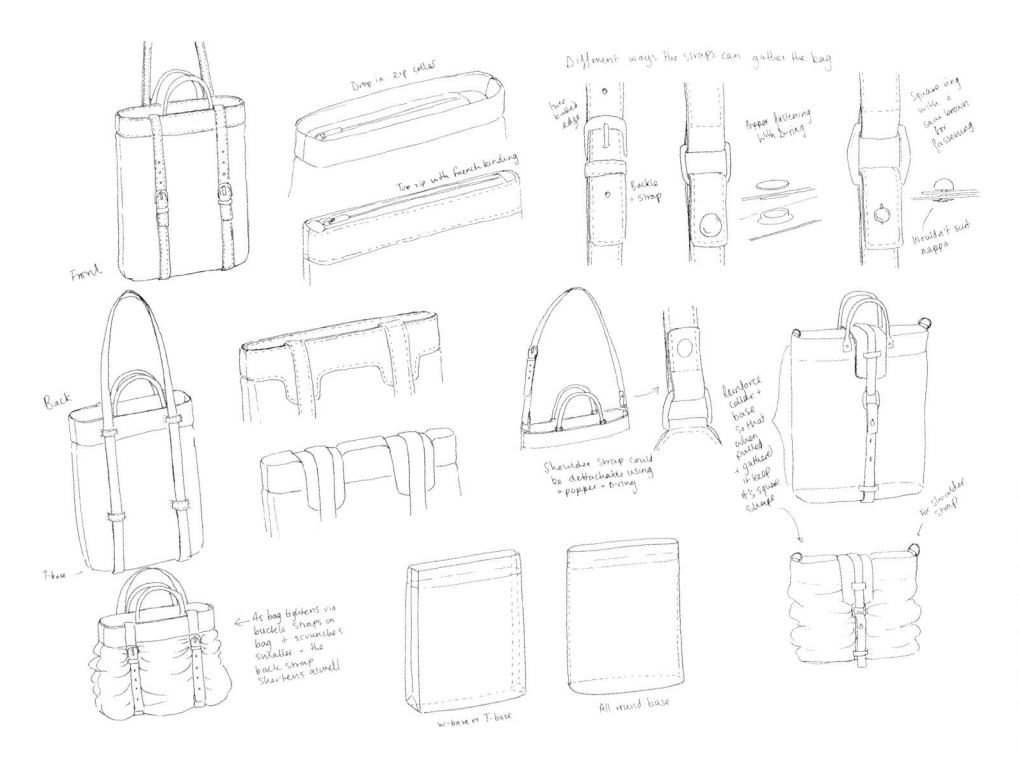

▶ **ストラップのスケッチ**
デザイナーはストラップと持ち手の位置と使い方を考慮しながら検討し、さまざまな付属品の調節機能を評価している。

で、非常に異なった雰囲気のデザインが得られる。そうした知識はバッグをデザインする際の基盤であり、2次元のデザインを3次元の現実に変化させるときに不可欠なものだ。1つのバッグの形を選び、構造の種類や、可能であればマチ部分の種類を変えて、本体の形がどうなるかを研究してみよう。そうして生まれるバッグの形に、微妙に異なる美しさの違いを観察できることだろう。

構成部品とディテール

本体の基本的な形が決まり、構造が検討されたら、ハンドバッグのデザイナーはスケッチによって構成部品の選択肢を探り、デザインを拡張していく。その際には、美しさを追求するという目的と実用性という目的を念頭におく必要があり、いずれかの目的のために他方を妥協することが必要になる場合もある。

閉じ方：バッグをどのように開閉するかは、美的観点と構造的観点からデザインに非常に大きな影響を与える。ファスナー、引きひも、フラップ、フレームなど、従来からの閉じ方を探究してみる価値がある。

持ち手：そのバッグはどのように持ち運ぶ、または身につけるのか。どのような持ち手やストラップをつけるのか。機能的なものか、装飾的なものか。長さの調整や取り外しができるようにするか。持ち手やストラップはバッグのどの部分に、どのように取りつけるか。それがバッグのバランスにどのような影響を与えるか。これらの点をすべて探究し、視覚的観点と機能的観点から解決する必要がある。

ポケット：ポケットによる装飾は、バッグの常識を打ち破る視覚的インパクトと実用的目的の両面で使える。ポケットの構造には多くの種類があり、実用的観点からはさまざまな目的で使用できるとともに、多様な美しさをもたらす。ポケットをつけることで、バッグの形、ボリューム、ラインを完全に変えることができる。ポケットの位置は、視覚的観点からだけでなく、バランスを取る必要があるという点で慎重に考慮する必要がある。もしバッグの片側だけに大きなポケットを取りつけたら、そのポケットに物をいっぱいに詰めて持ち上げたときにバッグが傾くかもしれない。ここでは閉じ方も問題となる。ポケットをどのように開け閉めするか。デザインの際には、バッグの内側も考慮する必要があることを忘れてはならない。内側に1つもポケットがないバッグはほとんど売れない。消費者にとっては、安全性も購入を決断する際の要素の1つだからだ。

ディテール：ディテールは全体的なデザインに関わり、バッグなどの製品の成功の重要な要素となる。ファッショングッズのデザインで何よりも重要なのがディテールへの配慮だ。あなたが選んだディテールを探究し、実験することが不可欠となる。寸法、装飾素材や付属品を取りつける位置、糸の色や太さを検討しよう。包み縫い、はさみ縫い、割り伏せ縫いのいずれを用いるか。素材表面には、スムースな銀面の革にヘビ革でアクセントにするなどの特徴をつけるか。ディテールの位置と分量を探究しよう。表面にポイントやモチーフを用いるなら、その位置を変え、さまざまな寸法で試してみよう。取扱製品全体のデザインをしているなら、コレクションを見渡したときの扱い方を考え、インパクトの強さ、用いるプリントやディテールの分量を調整してみよう。

ラインのバランスとプロポーション

ライン、シルエット、バランス、プロポーションはいずれもバッグをデザインするときに考慮しなくてはならない重要な要素だ。身体に対するバッグのプロポーションは決定的な意味を持つ。どこに、どのようにバッグを持つかは探究と解決が欠かせない問題だ。

身体の形に合わせてバッグを描き、分析し、バッグの前面を厚紙に描いて切り抜き、厚紙やテープやリボンの持ち手を取りつけて、モデルに持たせてみよう。そして、必要であればさらなる評価を行って、デザインを発展させよう。デザインの装飾的要素のプロポーションとバランスも、探究や実験が必要な分野だ。ディテールの位置やプロポーションを変えて、さまざまな可能性を探究し、評価してみよう。

バランスとは、デザインのディテールの調和または不調和を意味するが、同時にバッグを身につけたときの下がり具合でもある。バッグは重量にかかる引力に影響され、物を入れたときに形が変わることが多い。いずれも3次元でのデザイン開発の段階で解決しなくてはならない不可欠な要素だ。

付属品と装飾素材

付属品と装飾素材のタイプ、仕上げ、サイズの調査と調達先の確保が必要となる。もし自分で付属品のデザインもしようとしているのなら、そのデザインにかかる時間をスケジュールに含め、必要な予算を確保すべきだ。付属品の取りつけ方法の探求と解決も必要となる。ここでも、重量、バランス、ラインの調和に配慮しなくてはならない。

色

あなたのカラーパレットはリサーチを通じて確立されるはずだが、その中の色をどのように適用し、位置づけ、どれをアクセントカラーにするかを決めるには、実験と調査が要となる。バッグのデザインにおいて色が果たす役割は重要であり、常に多岐にわたる選択肢を試すことが重要だ。色はデザインのムードにも影響する。たとえば、明るい色のレザーバッグは、陰鬱な冬の朝に気分を盛り上げてくれる。色の対比や色調は、その組み合わせや割合によって洗練度や遊び心のレベルを左右する。たとえば、黒と白のコンビネーションは1960年代の雰囲気を強く伝えるが、同時に洗練されたクラシックなムードも伝える。あなたのスケッチをアドビ・フォトショップでスキャンし、さまざまな色を適用してみよう。違いを観察し、進めているプロジェクトに最適な選択がどれかを検討しよう。

シーズン

すでにブリーフで決められているはずだが、デザイン開発を通じて検討する必要がある要素だ。シーズンはあなたのカラーパレット、素材、モチーフを使おうとしているのであれば、そのモチーフの妥当性に影響を与える。

主なステップ

- 再度、ブリーフを読む。
- 最初のアイデアの中で開発を進めるべきものを選ぶ。
- ライン、形、プロポーション、寸法、バランス、ディテールを探究する。
- 色と素材の実験をする。
- あらゆる角度からスケッチする。
- 構造の選択肢、縫い方、縁の処理方法を検討する。
- 持ち手、ストラップ、留め具、ファスナー、付属品などの使用と位置を検討する。
- ポケットと裏張りを検討する。
- ハンドバッグの機能性と実用性を検討する。それらはターゲットとする消費者を満足させるだろうか。

課題：プリントと色の効果を調べてみよう。

あなたのリサーチ（p.52-53を参照）を評価して、モチーフかシンプルなプリント柄を開発し、2種類の異なるカラーパレットを使って探究してみよう。そのプリントデザインを使って3つのバッグからなる製品展開を開発する。その製品展開の中でプリントの大きさや位置を変えて実験し、プリントを多く使う場合とわずかに使う場合を検討してみよう。プリントに2種類のカラースキームを使い、カラーパレットを変えることによる違いを観察しよう。

用語集

カラースキーム：
デザインで用いるいくつかの異なる色の組合せ。
構造：バッグなどの製品を組み立てるときに用いるさまざまな方法。

付属品：
一般に、金属製の付属品を指す。

はめ込み：
バッグの前胴と背胴が1つのピースとして裁断される場合に、別に取りつけられる両サイドのマチ。

マチ：
バッグの構成部品で、バッグの前胴と背胴をつなぎ、奥行きやボリュームを出すために用いる。

デザイン開発

目的 ブリーフを満たすハンドバッグの
デザインを開発する。

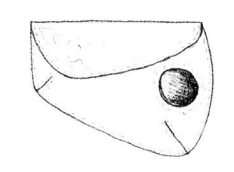

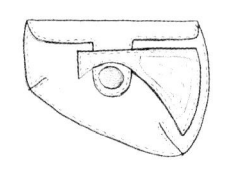

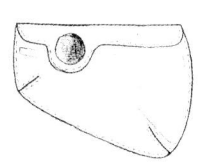

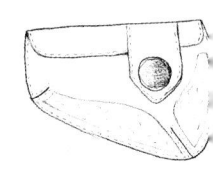

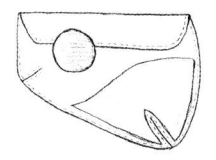

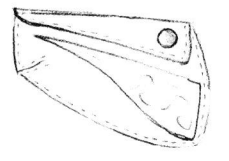

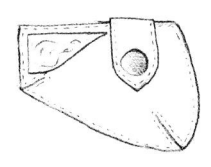

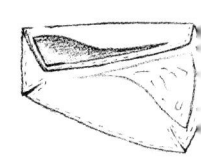

▲ 留め具の位置
このデザイナーはスケッチを通じて、デザインのディテールと留め具の位置を検討している。

デザイン開発のプロセスは、あなたが最初に思いついたアイデアから最も成功するデザインを創造するためのものであり、非常に重要だ。
最初のデザインのアイデアを2次元で探求し、洗練させ、素材を調査し、実験し、そこでできたものを3次元の探求を通じてさらに磨き上げるプロセスだ。
デザイン開発のプロセス全体を通じて、適度の創造性と商業的配慮のバランスを取り、それを維持することが不可欠となる。そこでは、ブリーフの要求に応えることが最も重要な要素だ。クライアントが求めるものを提供することが不可欠であり、フリーランスで行うデザインとの区別を明確にするということでもある。
もしあなたのデザインがプレゼンテーションの段階でクライアントの期待にかなわなければ、非常に厳しい日程でアイデアを練り直すことになるかもしれない。

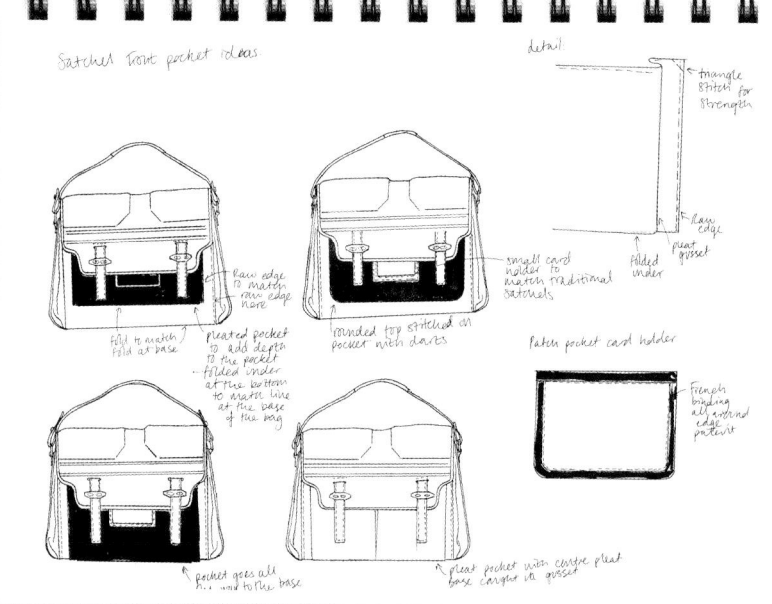

最初のデザインのアイデアを2次元で開発する

デザイン開発とは、最初のデザインのアイデアを慎重な検討を通じて評価することだ。

あなたのスケッチブック（p.48-49を参照）から、非常に刺激的なアイデアを選び出す。それらのアイデアをA4サイズかA3サイズの白い紙に1つずつコピーし、明確なラインのスケッチで最初のアイデアを拡大して描く。デザインを評価しやすくするためだ（p.58-59参照）。

正面、側面、背面、上方、下方から見た線画は立体的な製品には不可欠なもので、それらは一貫していなくてはならない。もしバッグの底が細かくデザインされているのであれば、下から見た線画が重要になる。さらに、バッグ内部の裏張り、ポケットの仕様や位置、閉じ方などもデザインする必要がある。

デザイン開発は、一方からの会話と考えてもよいだろう。自分のデザインについて質問し、線画でそれに答える。

- 突合せ縫いから内縫いの構造に変えたら、バッグはどう見えるだろうか。
- 持ち運び方を変えたら、どう見えるだろうか。
- 持ち手の取りつけ方を変えたら、バッグはどう見えるだろうか。

◀ ディテールの追加
このデザイナーはポケットのディテールを探究しながら、ネームプレートのディテールをどう取り込むかを試している。

デザイン開発 **93**

モチーフ部分の
ディテールを探る
ためのスケッチ。

南アフリカの鞍に
使われた革の彫刻
からデザインのイン
スピレーションを
得た。

レーザー裁断し
たデザインのモ
チーフ

色の異なる革で、モチーフの浮き彫り加工を試している。

色の異なる革で、モチーフの型押し加工を試している。

課題：デザイン開発シート

完成したスケッチブック（p. 48-51）から、大きく異なるデザインを4つ選び、このセクションの指示に従って、8つのデザイン開発シートを作成しよう。

　最初のデザインから次の2つのデザインを開発する。
- デイリーユースのバッグ：消費者を特定すること。
- 特別な機会に使うバッグ：使う機会と消費者を特定すること。

● プロポーションを少し変えたら、どう見えるだろうか。

　ここで注意しなくてはならないのは、1カ所を変えることで、デザインの他の部分や構成部品にも影響がおよぶ可能性があるということだ。そうなると、さらに修正が必要となる。小さな部分を拡大したスケッチを描き、その部分のデザインのディテールを探究してみよう。その部分に取りつけられる付属品を忘れないこと。トップステッチや糸の色も検討しよう。

　デザインを始める前に自問したことや、あなたの主な検討事

▲ **多くの選択肢を探究する**
このポートフォリオから、デザイナーがどのようにしてデザインのディテールを模索したかが分かる。実際のデザインを決定する前に、2色の革とさまざまな手法を用いて、デザインのモチーフを試している。

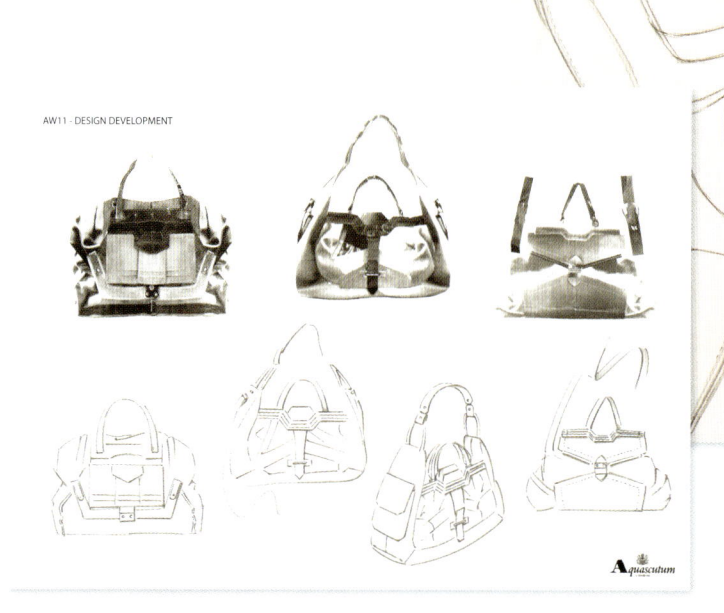

94　セクション2：ハンドバッグ

AW11 - DESIGN DEVELOPMENT

▶ **コレクション全体を検討する**
この例では、デザイナーが展開するバッグ全体を通じたデザインのディテールを模索している。

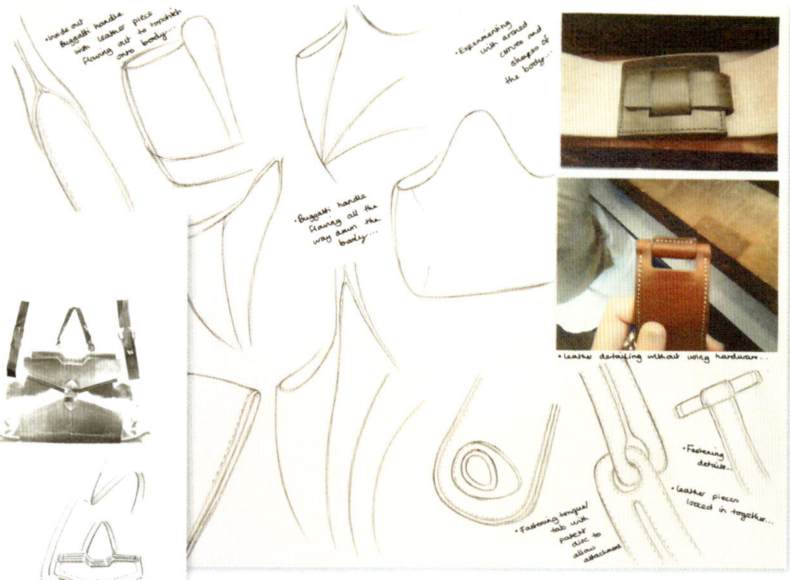

▼ **微細なディテールを検討する**
さまざまな革素材を使ってディテールを試している。同時に、付属品やスタッズの取りつけ方法も模索している。

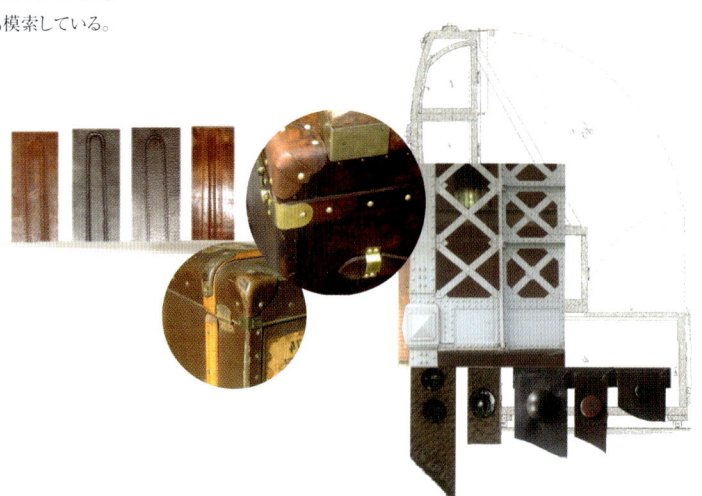

▲ **3次元で考える**
3次元のサンプリングが行われ、デザインをさらに開発し、問題点を解決する。

項 (p.88-91参照) は、デザインを開発するにあたり、一番に配慮する必要がある事柄だ。スケッチを通じて、次のようなデザイン要素を評価する必要がある。
- 寸法
- プロポーション
- 機能面と装飾面から考慮したディテールの配置
- 持ち手やストラップ
- バランス
- 構造
- 縁の仕上げ

- 縫い方とパネル
- 装飾素材や付属品の取りつけ方と配置
- 表面のディテール
- 実用性の問題
- 閉じ方と開口部の寸法
- 色と素材

デザイン開発には流れが大切だが、1枚の紙に多くの情報を詰め込み過ぎないこと。デザインが明確に伝わるように空白を残しておこう。

デザインを3次元で開発する

2次元のデザイン開発で、満足のいく一連のデザインがそろったら、3次元でのサンプリングと試験へと進む。構造や縫い方との関連で、またディテールや縁の仕上げの関連で、素材選択の試験のために、複数のデザインを準備しておかなくてはならない。

自問してみよう。
- あなたが選んだ素材は適切だろうか。目的にかなっているだろうか。
- あなたのデザインは再現できるものだろうか。

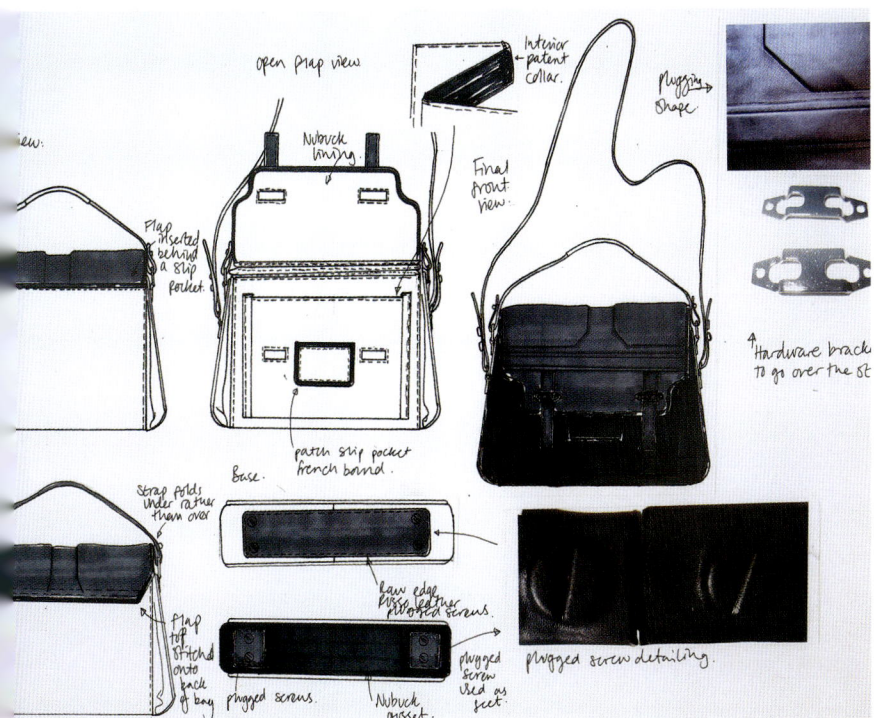

デザイン開発 **95**

課題：デザイン開発シートを完成させる

- 興味を引くデザイン開発シートにするために、デザインのスケッチの位置を変える。
- A4サイズかA3サイズの用紙に、背面、側面、斜め前から見たスケッチ、バッグ内部、さらに必要であれば底面のスケッチを描く。
- 用紙は縦長か横長に統一する（2種類を混在させないこと）。
- 線画を用いる（手描き、CAD、または両者を併用する）。
- バッグ全体が描かれ、正確な色で彩色したスケッチを1つ用意する。
- ディテールを示すための拡大図を加える。
- 素材見本をつける。ただし、すべてのページの同じ場所につけないこと。その部分にだけ厚みが出ると、ポートフォリオを痛めることになる。
- デザインに注釈をつけ、寸法や容積など視覚的に明確でない点をすべて説明する。

▼ **色の選択**
使用する色を決定する前に、デザイナーがさまざまな色の組合せを探究している。色の組合せが変わることで、バッグのルックいかに大きく変わるかに注目しよう。

▲ **選択肢を比較する**
ここではデザイナーがバッグをあらゆる角度から提示している。バッグと背面と底のデザインには2種類の選択肢がある。

- 質感と色の選択肢はうまく組み合わさるだろうか。

　サンプリングを通じて選択肢を模索し、どれが最もよく機能し、期待していた効果が得られるかを評価する。このサンプリングの段階でデザイン上の欠点を解消するため、デザイン全体の修正や調整がよく行われる。前の段階にさかのぼって、その結果をふまえて最終的なデザインシートを作成することが必要となる場合が多い。

主なステップ

- 開発したデザインの中で最も良いスタイルを複数選択する。
- その中でさらにデザインのディテールを試す。
- 実際の素材を使ってディテールを改善し、実験する。
- デザインの線画に彩色して、最善の選択肢を評価する。
- コレクション内で製品カテゴリーのバランスが取れているだろうか。
- 3次元での試験を行い、デザインを完成させる前に問題を解決する。

用語集

技術的な解釈：
技術的な情報に関する注意書き。
素材見本：
素材や布地の小さなサンプル。
デザイン開発：
慎重な検討を通じて、最初のデザインのアイデア評価すること。

素材と補強材

目的 ハンドバッグの製造に使われる素材と補強材について学ぶ。

バッグに使う素材は小売店で簡単に入手できるものではない。そのため、入手元を確保し、皮なめし工場や製革業者を調査することが不可欠だ。ここから4ページにわたり、バッグデザインに関わる素材を概観する。

バッグに使われる素材

パリで開かれる「ル・キュイール」や「モーダモン」、イタリアで開かれる「リネアペレ」などの専門的な見本市を訪れると、世界でどのような素材や付属品が手に入るのかの概略をつかむ良い機会になる。見本市に関して、詳しくはp. 234-236を参照。

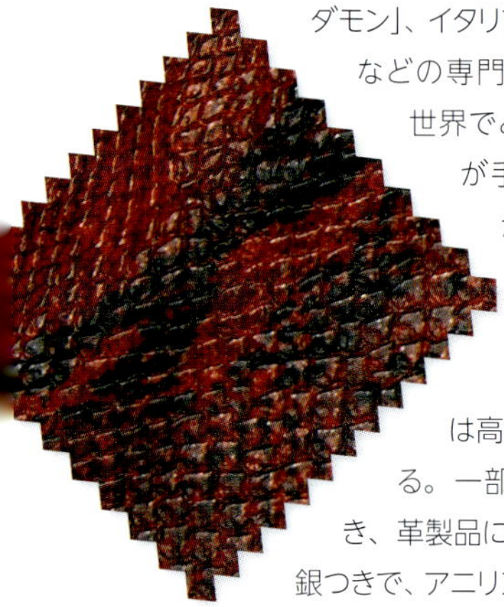

バッグのデザインには高い確率で革が使われている。一部のエキゾチックな革を除き、革製品に使われる最高品質の革は銀つきで、アニリン仕上げをしたカーフスキンだ。さまざまなタイプの革については、p.62-67で説明した。バッグが1種類の素材だけで作られることはほとんどない。このセクションでは、革以外の素材、補強材、裏張りについて見ていこう。

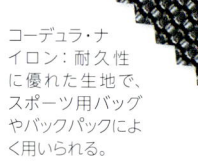

人造皮革：あらゆる革を模した人造皮革が作られている。これはビニール製の合成ヘビ革。

合成素材

PVC（ポリ塩化ビニール）製やPU（ポリウレタン）製の人造皮革は、ステラ・マッカートニーやマット・アンド・ナットなどが倫理的観点から使用しているなど、最近、人気を高めている。近年、人造皮革は技術の発達とともに発達し、現在ではほとんどの革が合成で一定程度の品質を保てるようになった。表面はエンボス加工や刻印加工ができ、さまざまな厚さの素材が作られている。人造皮革は天然皮革のような手ざわりがなく、化学製品の臭いがすることが多い。だが、ヤード単位で販売されるため、無駄がほとんど出ない。

スポーツ用品では、PVCやPUでコーティングされた生地が一般に使われている。コーティングすることで生地が耐水性をもち、丈夫になる。ナイロン、リップストップ、ポリエステル、キャンバス、アクリルなどの生地はコーティング加工したものが多い。合成素材は染色しやすく、入手できる色の幅が広い傾向にある。

機能性素材、ナイロン

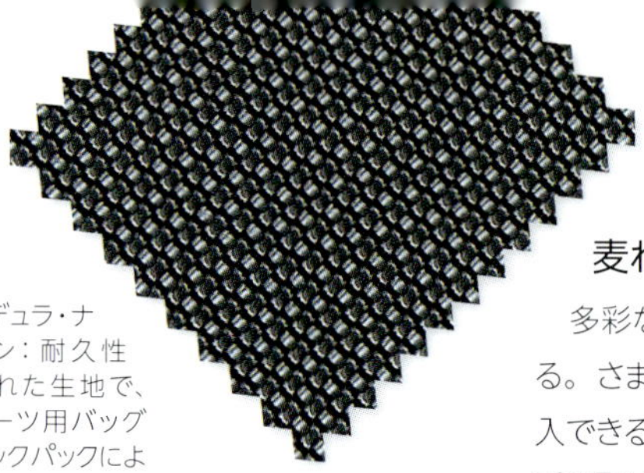

コーデュラ・ナイロンは極薄から極厚までさまざまな厚さがそろっている。耐久性に優れた素材で、縦横ともに2本ずつの強度の強い糸で綾織りされ、摩耗や引き裂きに強い。もとは軍事用に作られたものだ。さまざまな構造や質感の生地があり、主としてバックパックや革とコーデュラ・ナイロンを組み合わせたバッグなど、スポーツ用品に使われる。（コーデュラはゴアテックスと同じく商標名だ。）ケプラーも使えるが、防弾性があるため軍事用に使われる特殊繊維で、高機能素材として価格も高い。

コーデュラ・ナイロン：耐久性に優れた生地で、スポーツ用バッグやバックパックによく用いられる。

ポリウレタンでコーティングされたナイロン：低価格帯のバッグやスポーツ用バッグに使われる。

麦わら、ストロー素材

多彩な繊維、織り方、模様、色の製品が入手できる。さまざまな幅のものがあり、メートル単位で購入できる。シンプルなかごの形に編んであり、持ち手を取りつけるだけの状態で売られるものもある。ビーチ用のかごやカジュアルなバッグに使われることが多い素材で、あまり耐久性がないため、1シーズンしか使えない可能性も高い。

ダックキャンバス、オックスフォード織、コットンドリル

キャンバス地は、フォーマルな機会に使わないカジュアルなバッグやスポーツ用のバッグに広く使われる。キャンバス、オクスフォード、ドリルの素材はさまざまな厚さのものがあり、程度の異なる防水加工やアンティーク加工などの仕上げの生地が生産されている。破れにくく耐久性があるが、入手できる色の数は限られている。キャンバス地のトートバッグやショッピングバッグは、アリー・カペリーノやビル・アンバーグが夏に広く製品展開している。これらのブランドは防水加工したキャンバス地を素材として選び、植物タンニンなめしの革でストラップと装飾をし、伝統的スタイルの雰囲気を出している。

デニム、コーデュロイ、キャバルリーツイル、ウールツイード

これらの素材は、単独でも革と組み合わせてもバッグの製造に適している。いずれもさまざまな色の生地が入手できる。ツイードには千鳥格子、ウインドーペーン、プリンスオブウェールズなどの個性

麦わら生地：マーケットレベルを問わず、夏やクルーズをイメージしたコレクションによく登場する。

素材と補強材 **97**

的な柄やチェック柄など多彩な織り方があり、ツイル地ではヘリンボーン柄がある。普通は、バッグの生産過程でのほつれを防ぐために、ツイード地に芯材をアイロン接着する必要がある。

絹のグログラン：芯材をつけて、イブニングバッグや財布に使われる。

芯材のスワンスダウンとティーバッグ：いずれもアイロン接着できる融着布の芯材。

ウールフェルト、ボイルドウール

不織布であるウールフェルトは、革以外で裁ち端のデザインができる唯一の素材であるためバッグ制作に向いている。フェルトを構成するウール繊維は、熱、蒸気、圧力などを加えて布状にされており、フェルトは表面がわずかに毛羽立っている。入手できる色は限られていることが多い。薄地のクラフト用フェルトはバッグには適さないことに注意しよう。

ボイルドウールはフェルトによく似ているが、まったく異なる方法で作られている。ウールニットを湯に通して25分の1から30分の1に縮絨させたジャージー地だ。

ダッチェスサテン、タフタ、玉糸シルク、スラブシルク、モヘア、ビロード

これらの光沢のあるドレス用の生地はドレープやプリーツをつけやすいため、イブニングバッグに多用される。バッグメーカーはバッグ用に芯材がアイロン接着された生地を購入する場合が多い。これらの生地を補強することは、「ラミネート加工」と呼ばれる。

バッグに使われる補強材

補強材とは外側の素材に張りを持たせる場合や、バッグの付属品、構成部品、底板を取りつけるために補強する場合に用いられる素材で、さまざまな厚さや硬さのものがある。補強材として使われる素材にも数多くのタイプがあり、厚さや硬さが選べる。柔らかめの補強材は非常に種類が多く、その選定は硬めの補強材を選ぶよりも重要となる場合もある。補強材の選択は、革や素材のタイプ、使用する付属品や装飾素材、バッグのスタイルや構成方法に左右される。補強材は普通、バッグを組み立てる前の段階で、強化が必要な部分に貼りつけられる。アイロンで接着する芯材は革を完全に覆い、革と一緒に縫い込まれる。構成部品であっても全面に取りつけられる。それ以外の補強材は、補強が必要な部分にだけ取りつけられる。

高密度のフォーム：バッグ外側の素材の形を強化するのに用いられる。

紙、ボール紙

多用な種類の紙やボール紙が使われる。工作用

裏張り用シルク：丈夫で軽く、色の種類が豊富。強化するためにラミネート加工されたものもある。

補強材

一般に使われる補強材として以下のものが挙げられる。

- 紙、ボール紙
- ボード
- 布地
- リサイクルレザー
- フォーム、パッド
- プラスチック
- 持ち手やパイピングの芯
- 革
- 木
- 金属

セクション2：ハンドバッグ

キャンバス地：バッグの外側の素材として用いられる。さまざまな厚さ、色、仕上げのものがある。

ボード、繊維板

紙のボードや繊維板はバッグの底板や成形品に使われる。繊維板はさまざまな重さや厚さのものがあり、一般に紙のボードよりも柔軟性と耐久性に優れている。「アクアライン」は丈夫で耐久性のある中程度の厚さの繊維板の良い例だ。

織布、不織布

布地の芯材はアイロン用接着剤がついているものと、ついていないものがあり、どちらもハンドバッグ業界で使われている。表地と裏地の間に入れる芯と考えられることが多いが、布地の芯材は繊細な補強材で、硬さや強度を高める場合、構成部品を補強する場合、部品を取りつける場所を補強する与える場合などに使われる。芯材はさまざまな厚さのものがあり、織布の芯材は柔軟性に富み、ひび割れることが少ない。

スワンスダウン：アイロンで接着する織布の芯材で、厚さは薄めのものから中程度まである。表面がわずかに膨らんでいるか、毛羽立っている。

ティーバッグ：アイロンで接着する不織布の芯材で、薄く、表面にかすかな格子模様が入っている。

リネン：アイロンで接着する織布の芯材で、素材にわずかな張りを与える。

不織布：素材の性質として硬めであり、柔軟性が低い。付属品を取りつける場所や、硬さが必要な薄い部分を強化するために使われる。

リサイクルレザー

無駄になった革屑を樹脂と混ぜ合わせて圧縮したリサイクルレザーは、ロールの形で販売され、さまざまな厚さのものがある。ボール紙やボードを代替するのに適し、素材に自然な手ざわりを与え、製品の耐久性を高める。

フォーム

フォームはバッグにパッドを入れたような効果を与えるのに用いられる。シャネルのクラシックなキルトハンドバッグのように、模様として全体にキルティング加工（ステッチ加工）することも、素材を柔らかいスポンジのように見せるためにバッグ本体に取りつけることもできる。

フォームにはさまざまな厚さやタイプがある。

● オープンセルタイプのフォームは、奥行きを維持せず、圧力をかけるとつぶれる。

● 密度の高いフォームはそれよりも丈夫なパッドで、圧力をかけるとわずかに押しつぶれるに留まる。このタイプのフォームは接着できる芯材がついていて、取りつけやすい。

● これ以外に使われるパッドとしては、詰め綿がある。フォームとは異なり、形が固定されず、ゆるい質感を与える。

生地タイプとボードタイプのプラスチック

プラスチックの補強材は、主として底板に使われる。バッグの底にウイークエンダーや旅行用バッグのような硬さを与える。プラスチックのボードはバッグ本体と裏張りの間にはさんで使われる。取り外しが可能になっているバッグもあり、その場合は裏張りで覆われ、バッグの底にはめ込まれる。生地タイプのプラスチックは柔軟性が高く、主に小さなバッグの底板として使われる。

持ち手やパイピングの芯

持ち手やパイピングの芯には、非常にさまざまな補強材が使われる。多様な幅の製品があり、紙、押出プラスチック、綿のネットで包まれた圧縮繊維などで作られ、丸い持ち手の詰め物やパイピングに用いられる。いずれも持ち手やパイピングの硬さと密度を高める。

バッグに使われる裏張り

裏張り用の生地はバッグに用いられる素

ラミネート加工生地：可融製のある芯材が生地に貼られた状態で販売され、強度を高める。これにより、バッグに使える生地の種類が増える。

アクアライン：補強材として用いる、中程度の厚さの繊維板。

ウェビング：持ち手やストラップに使われ、さまざまな繊維、幅、色のものがある。柄やロゴを織り込むことも可能。

合成繊維：編み込んだ革などの高価な素材のイミテーションを安価に生産できる。

合成キルト地：ファッションバッグや旅行用バッグに使われる。

材の中で最も安価なのが普通だが、もちろん例外があり、高級ブランドのバッグでは、革やスエードが裏張りに使われているものもある。主に裏張りに使われる生地には、人造スエード、軽いコットンドリル、ポリエステル、レーヨン、混紡の綿などがある。裏張りにはある程度の強度があり、折り目が密接でほつれにくい生地が求められる。バッグの強度を高めるため、アイロン接着の薄い芯材で強化した裏張りが使われることもある。

主なステップ

バッグでの使用に適した素材や生地は数多くあるが、素材を選ぶときには、次の点に配慮する必要がある。

- バッグのスタイルと構造。
- ブリーフ：何が求められているか。
- トレンド：色、質感、素材、シーズン。
- 実用性：バッグを使用する目的は何だろうか。
- マーケットレベル：ラグジュアリー、デザイナー、ハイストリート、バリューのいずれか。
- 消費者：誰をターゲットとしているか。

用語集

オックスフォード織：
2本の縦糸を1つに引きそろえて織った、平織りの生地。

◀ **人造皮革**
既製品の人造皮革パイピングはスポーツバッグやファッションバッグによく用いられる。

▼ **持ち手やパイピングの芯**
1-4は編み込んだ綿と目の粗い綿のネットで包んだ圧縮繊維でできている。5は押出プラスチックの芯をパイピングに用いた例。

素材と補強材　99

環境への配慮

アニヤ・ハインドマーチは「I'm not a plastic bag（私はレジ袋ではない）」と書かれたキャンバス地のショッピングバッグで大成功した。プラスチック製レジ袋の生産に大量の資源が使われ、捨てられている現実を強調している。環境に対する関心が高まるにつれ、倫理的な観点が消費者の選択に大きな影響をもたらしつつある。生地メーカーや製革業者はこうした懸念の高まりに敏感に反応し、環境にやさしい素材の生産方法を探るため、繊維の加工や革のなめし加工の技術開発を進めるとともに、加工処理に伴う廃棄物や有害な副産物を減らそうとしている。まだ初期の段階にあるが、責任ある調達方法や処理方法を取った生地や皮革が提供されつつある。現在はコストが高いが、開発が進み、そうした慣習が主流になるにつれて、持続可能な素材が手ごろな価格で入手できるようになるだろう。

革と素材のリサーチ

最も近い地元の皮革販売店を尋ねて、売られている革の感触や仕上げを実際に確かめるのは良い考えだ。革を扱うことによって初めて、ハイドやスキンの性質や特徴を理解することができる。素材の特徴や手触りを理解することはデザイナーにとって不可欠だ。私たちは常に選択した（または与えられた）素材でデザインをする。だからこそ素材を選択する前に、何が機能して、何が機能しないのか、素材の特徴を分析しておかなくてはならない。

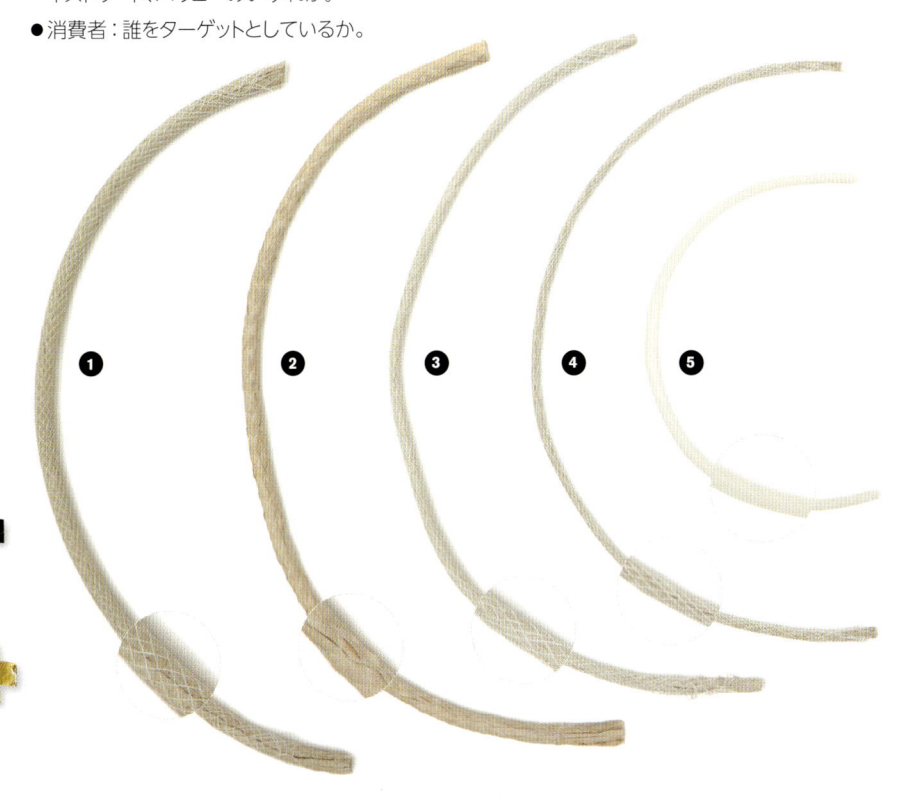

装飾素材

目的 バッグの制作に使われるさまざまなタイプの装飾素材について学ぶ。

装飾素材には、あらゆる革製品に用いられる多用な付属品が含まれる。付属品は機能的にも装飾としても使われ、その使用法と調達先についての知識はデザイナーに欠かせない。

装飾素材は、デザイナーが付属品メーカーとともにデザインし、特注されることも多い。付属品はサンプリングのために模型が作られ、発注が確定した段階で正規の生産ラインに乗せられる。ラピッドプロトタイピングの技術の発達により、比較的速やかに模型が作れるようになった。装飾素材は大半の革製品に使われているが、必須ではない。実際に用いる装飾素材の量とタイプを決定するのは、デザイナーであるあなただ。

素材、色、仕上げ

真鍮、ニッケル、亜鉛合金、白目、銅などの金属が、つや消し、光沢、アンティーク、クロームめっき、ラッカー、エナメル、コーティングなど多岐にわたる仕上げ方法で用いられる。色も多彩で、真鍮、クローム、シルバー、つや消しシルバー、ローズシルバー、ニッケル、ゴールド、ローズゴールド、ガンメタル、ルテニウム、チタンなどがある。さらにエナメルやコーティングで、あらゆる色に仕上げられる。プラスチック、樹脂、ナイロン、木なども用いられる。

バッグの閉じ方

消費者にとって、安全性が最も重要な関心事となる場合も多い。バッグの装飾素材のデザインや、選択の際には、この点を念頭に置く必要がある。

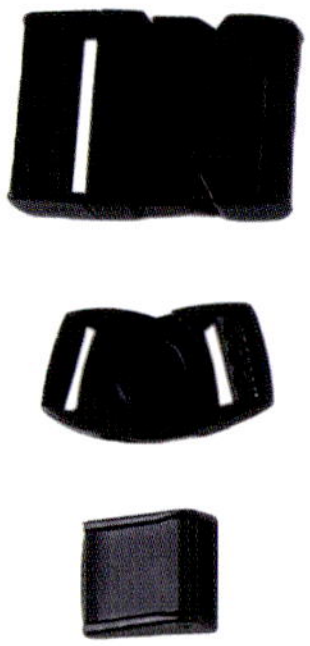

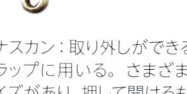

ストラップの留め具：ナイロン製のストラップ用留め具。さまざまなサイズとスタイルがある。

ナスカン：取り外しができるストラップに用いる。さまざまなサイズがあり、押して開けるものやレバーで開けるものがある。

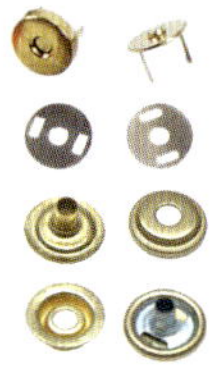

ホック：磁石式ホック（上の4点）は外側から見えないが、リングホック（下の4点）は4つの部品からなり、押し込む部分と穴の部分が外側から見える。

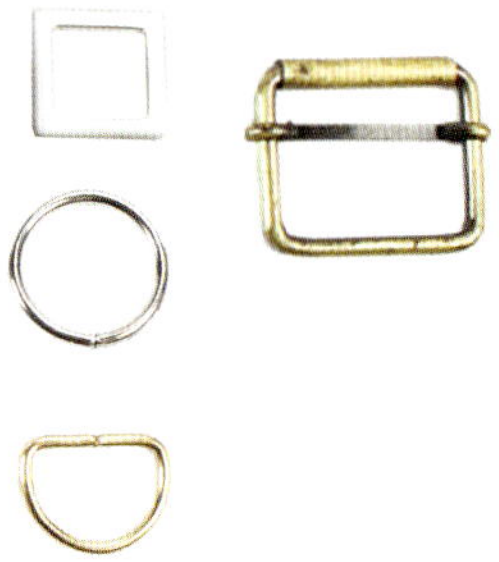

ストラップの留め具：小カン、丸カン、Dカン、装飾性の高い送りカン。仕上げは光沢のあるシルバー、真鍮、ニッケル、白目。

2枚のプレートからなる錠：前側の金具と後ろ側のプレートからなる。ばね式で開く錠（上）と伝統的なブリーフケースの錠（下）。

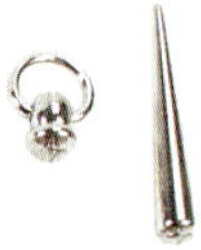

ハトメ：大きなサイズの両面ハトメ（左）、小さな片面ハトメ（上）など数多くのサイズがあり、部品が1つのものと2つセットのものがある。

装飾用のスタッズ：純粋に装飾用に使うもの。

ひも止め：スポーツ用バッグの引きひもの位置を固定するための留め具。さまざまな種類がある。

ファスナーのスライダー：サイズとともに、仕上げも樹脂、ニッケル、アクリル、ボール・チェーン、小物がついたタイプなど多岐にわたる。

ひねり錠：写真は4つの部品からなる錠で、ニッケル製の光沢仕上げ。

バックル：多様なスタイルとサイズがある。

▲ ファスナー
エレメント（務歯）、サイズ、テープの色、構造には種類が多数あり、スライダーのデザインも多岐にわたる。

▲▼ 既製の持ち手
このようなハンドルはペアで用いられることが多く、素材は木、樹脂、プラスチックなど数多くある。

装飾素材

ファスナー

ポケットやバッグを閉めるのに使われ、ベルトや手袋を含め、多くの種類の革製品で用いられている。さまざまなスタイルや色のファスナーが入手できるが、最も一般的に使われるのは次のタイプだ。
- 止めファスナー：ボウリングバッグに使われることが多く、バッグ内部のポケットにも使われる。
- オープンファスナー：トートバッグや週末旅行用バッグなどに使われる。
- ツーウェイファスナー：一般に旅行用バッグで使われる。

ファスナーを注文する時には、ファスナーの種類、頭端から下止先端までの長さ、テープの色と素材、エレメント（務歯）のタイプ、サイズ、素材、およびスライダーのサイズ、素材、タイプを特定する。

ファスナーはサンプリングや製品の製造に応じて、ロールで購入することも、注文した長さで購入することもできる。頭端、下止先端、スライダーや引き具は使用する前に取りつけておく必要がある。

フレーム

フレームはバッグの開閉部分によく使われ、さまざまなタイプやデザインがある。めっき仕上げのものと、材料の金属が表面に出ているものがある（後者は素材で覆う必要がある）。木製フレームやプラスチック、アクリル樹脂のフレームも入手可能だ。最もよく使われるのは、上部につけるフレームと側面につけるフレームだが、さかさまのフレームもある。フレームにはすべて蝶番がつき、つまみをひねるタイプか、ばねがついたタイプの留め金で閉じる。普通はバッグの素材をフレームの金属の間に差し込み、専用のペンチでフレームを平らに締めるが、フレームの寸法によってパターンが決まる。

バックル

あらゆる形とサイズがあり、フラップを閉める場合やストラップの付属品として使われる。機能しないダミーのバックルが取りつけられ、実際にはその裏にある磁石式のホックで素早く開け閉めできる便利なバッグも多い。その場合、外側からは目立たないように素材の間に磁石が縫い込まれるものもある。スポーティな雰囲気のバッグでは、マジックテープやホック、カシメもよく使われる。

引きひも

引きひもを使う場合には、穴を保護し、丈夫にするためにハトメをつけ、革ひもや組みひもを通す必要がある。ハトメは数多くのサイズ、色、仕上げのものがそろっている。

錠

ひねり錠、鍵錠、チェーン錠など、伝統的なものから斬新なものまで、数多くのタイプの錠前がある。

留め具

持ち手やストラップをバッグに取りつける装飾性と機能性を備えた付属品で、多岐にわたる素材、サイズ、仕上げのものがある。Dカン、丸カン、送りカン、小カンなどがあり、調整可能な留め具には、バックパックやメッセンジャー・バッグのストラップによく用いられるナスカンやナイロン製の差込クリップなどがある。ストラップを外す必要があるときには、取り外し可能なナスカンが用いられる。

装飾用の付属品

装飾用の付属品には、スタッズ、モチーフの形をしたスタッズ、プレート、ディアマンテやチューブ状のスタッズなどがある。装飾用の付属品には、2次的な機能を果たすものもある。たとえば、スタッズによって縫い目やつなぎ目を強化される場合や、底鋲によって底面が保護される場合などだ。

持ち手

既製品の持ち手は、素材、色、サイズ、スタイルとも、さまざまなものが取り揃えられている。

チェーン

チェーンは持ち手によく用いられる。多岐にわたるサイズ、輪の形、素材のものが入手でき、単独でも、革のストラップと組み合わせても使える。

アジャスター

ストラップやコードの長さの調節に用いられる。コードの長さのアジャスターはスポーツ用バッグや引きひもを使ったバッグに用いられ、平らなストラップの長さの調節には、ストラップ用カンが使われる。

用語集

つまみ式留め具： 2つのつまみをひねって閉じることでフレームを固定するタイプの留め具。

ばね式留め具： 見えない部分の溝に縁を差し込んで、フレームを固定させるタイプの留め具。

フレームの溝： バッグの本体を差し込んでフレームを固定させるためのフレームの溝。

ローラー： 革をバックルに通しやすくするためにつける筒状の金属。

▼ フレーム
ばね式の留め金がついたフレーム（上の2点）とひねるタイプの留め金がついたフレーム（下の2点）。仕上げがそれぞれ異なっている。

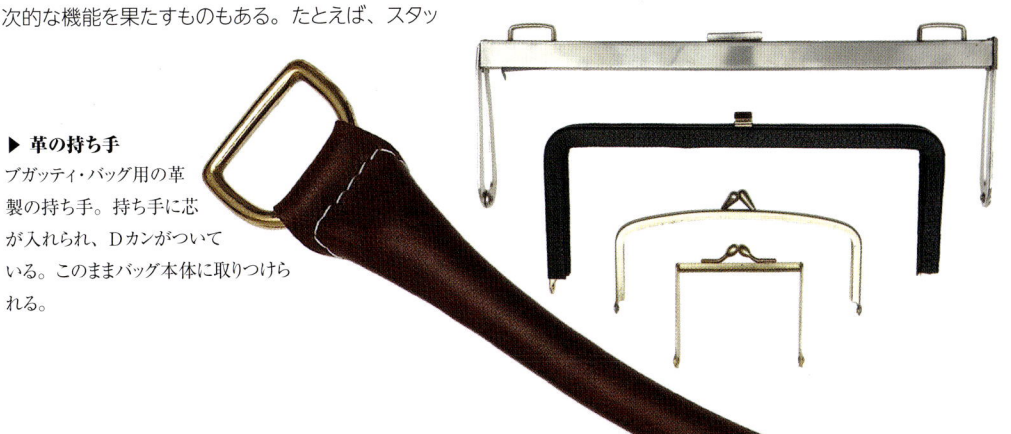

▶ 革の持ち手
ブガッティ・バッグ用の革製の持ち手。持ち手に芯が入れられ、Dカンがついている。このままバッグ本体に取りつけられる。

構成手法

目的 ハンドバッグをデザインする際によく使われる構成手法を理解する。

バッグのデザイナーにとって、構成手法に関する技術的知識と理解は非常に重要だ。その知識がなければ、バッグのデザインが間違って解釈されたままメーカーに製造されるリスクがある。

▲ **複数の手法による構造**
複数の構成手法が使われたバッグ。T字型の内縫い構造にフラップがつき、フラップとストラップは裁ち端になっている。

基本的な構成手法

バッグの制作においては3つの主な構造がある。
- 内縫い
- 裁ち端
- 突合せ縫い

▼ **完成した構成**
このページで紹介した構造によるさまざまな手法とスタイルを示す。革などの素材で組み立てたもの。

これらの構造はデザインに応じて、単独でも組み合わせても使える。また、p.105で説明しているような成形による手法でもハンドバッグやその他の革製品を作ることが可能だ。

内縫いによる構造

表面を合わせて縫い合わせた後で裏返す。縫い目が開く可能性があるので、トップステッチをかけるか、接着剤で貼る。うまく裏返すためには、このタイプの構成に使われる素材は柔軟性が高く、しなやかである必要がある。

裁ち端による構造

革のパーツの表面の上を縫い、素材を裁ち端のままにしておく。つまり、この構成のバッグは、縫製の後で裏返さない。このタイプの構造のバッグには、植物タンニンなめしの革がよく使われる。構成する前かその後で、革の端が（ワックス処理、染色、つや出しなど）さまざまな方法で処理できるからだ。

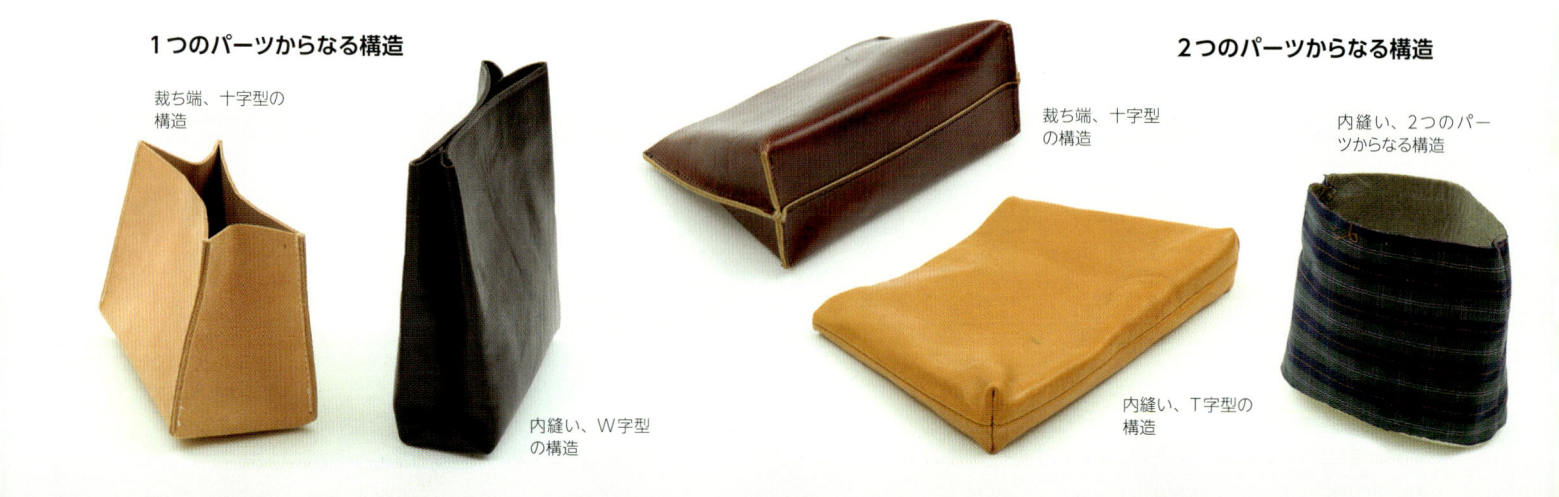

1つのパーツからなる構造

裁ち端、十字型の構造

内縫い、W字型の構造

2つのパーツからなる構造

裁ち端、十字型の構造

内縫い、T字型の構造

内縫い、2つのパーツからなる構造

バッグの構造のタイプ

バッグ制作で基本となる3つの構造、すなわち、裁ち端、突合せ縫い、内縫いによる構造をイラストで示したものだ。

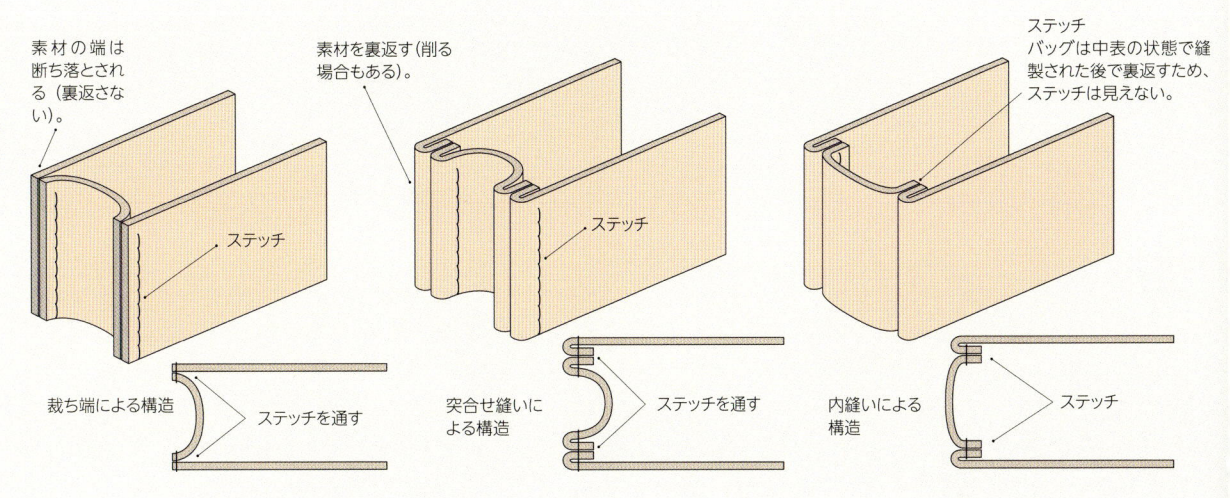

素材の端は断ち落とされる（裏返さない）。

素材を裏返す（削る場合もある）。

ステッチ
バッグは中表の状態で縫製された後で裏返すため、ステッチは見えない。

裁ち端による構造 — ステッチを通す
突合せ縫いによる構造 — ステッチを通す
内縫いによる構造 — ステッチ

突合せ縫いによる構造

突合せ縫いによる構造では、縁で革や素材を裏返す。補強するために裏返した後で接着するか、縫い合わせる前に削ってから裏返すこともできる。

構造の種類

あなたがどの構成手法を選んだとしても、最終的にどのようなスタイルや外観にしたいかによって、さまざまなタイプの構造を用いることができる。最も一般的なスタイルのバッグの構造をこのページとp.104-105で紹介しよう。

1つのパーツからなるスタイル

T字型、W字型、十字型はいずれも、1つのパーツからなるスタイルの例だ。これらは1枚の型紙で切り抜かれ、縫い合わされ、裏返されることが多い。この見開きで示されている例を見てみよう。この構造は、内縫い、裁ち端、突合せ縫いのいずれでも可能だ。

2つのパーツからなるスタイル

前と後ろの本体を縫い合わせた、非常に平らな単純な作りのスタイルだ。膨らませる手段がないため、ボリュームは限られるが、本体にダーツ、ギャザー、プリーツを入れてボリュームを出すことはできる。

3つ以上のパーツからなる構造

内縫い、はさみ縫い、2つのパーツからなる構造、マチなし

内縫い、2つのパーツからなる構造、マチなし

裁ち端、上げ底の構造

内縫い、はさみ縫い、周囲にマチを入れた構造

裁ち端、はめ込みを入れた構造

底をつけたスタイル

2つのパーツからなる別のスタイル。バッグ本体は1つのパーツで構成され、別に裁断した底面と縫い合わせる。底面は正方形、長方形、円形、楕円形、非対称な形のいずれでもよい。この構造は、内縫いでも裁ち端でも可能であり、カラーをつけてもよい。突合せ縫いの手法には向かないスタイルだ。

本体パーツで前後を囲み、側面にはめ込みを入れるスタイル

前胴と背胴を1つの型紙で裁断し、側面にマチを別に入れるスタイル。内縫い、裁ち端、突合せ縫いのいずれでも可能。

マチで周囲を囲むスタイル

本体パーツで前後を囲むスタイルとは逆。前後の本体パーツが別々に裁断され、それぞれのパーツの縁に沿ってマチで囲む。内縫い、裁ち端、突合せ縫いのいずれでも可能だ。

馬蹄形スタイル

ボディ用に同一のパーツが4枚裁断され、2枚はボディ内部、2枚はボディ外部に用いる。2枚のボディ内部用パーツは、上端の中央3分の1とボディの縦寸法の3分の2まで長方形に縫い合わされる。その後、2枚のボディ外部用パーツが、1枚は前側、もう2枚は後ろ側の内部用パーツに縫い合わされ、平らなマチを形成する。馬蹄形スタイルは、内縫い、裁ち端、突合せ縫いのいずれでも可能だ。

上げ底スタイル

ボディの前と後ろのパーツと、底にあたる部分長方形の突き出した部分があり、中央部よりも長くなっている2枚の側面のマチのパーツ、底部分のパーツからなる。すべてを縫い合わせると、底面はバッグのボディより高く持ち上げられる。この構造には、裁ち端か突合せ縫いが用いられる。

用語集

カラー：
補強のため、バッグ本体の上端部分の内側に縫いつけられる革製や布製の帯。

バッグ本体：
バッグの前面と背面にあたる部分。さらに、前胴と背胴に分けられる。

マチ：
バッグの構成部品で、前胴と背胴をつなぎ、バッグに奥行きやボリュームを与える。

構造スタイル

p.102で概説した主要な構成手法を利用したバッグの構造には、数多くのスタイルがある。ここでは、1つのパーツからなる構造、2つのパーツからなる構造、3つ以上のパーツからなる構造を見てみよう。

1つのパーツからなる構造

T字型の構造

十字型の構造

W字型の構造

2つのパーツからなる構造

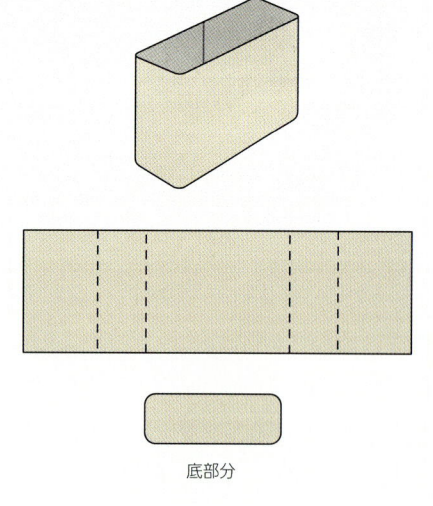

底部分

成形による構造

革を型の上に伸ばして貼りつける高度な手法だ。革で覆われた箱や写真フレームでよくこの手法が用いられる。この構造でハンドバッグを制作することもできる。また、これとは別に「湿式成形」という方法があり、植物タンニンなめしの革を水に浸し、型に伸ばして自然乾燥させる方法だ。

課題：完成されたバッグの構成方法を調べる

インターネットやファッション誌から40種類以上の異なるタイプのバッグの写真を集め、それぞれのバッグにどのような構成手法が用いられているかを検討する。主な構造ごとにファイルを作成し、バッグの写真を切り貼りするか、写真をコピーして、構造ごとにグループ分けしてみよう。

▼ さまざまな構成手法

このバッグのボディにはキルティング加工が施され、側面にはめ込みのマチを入れた内縫いの構造になっている。持ち手は裁ち端の構造で作られ、縁が染色されている。

3つ以上のパーツからなる構造

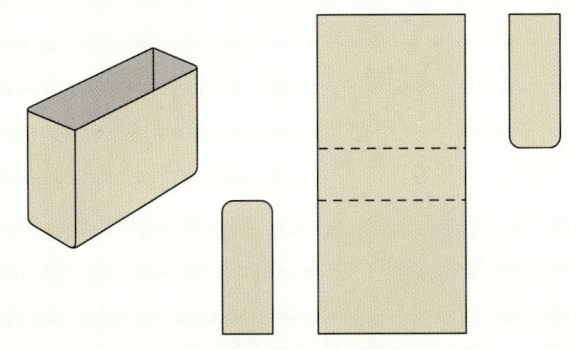

側面にはめこみがはいる構造

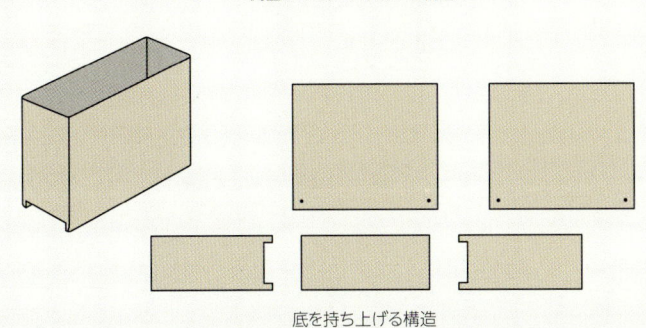

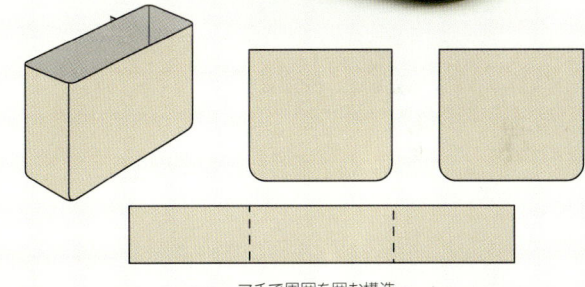

マチで周囲を囲む構造

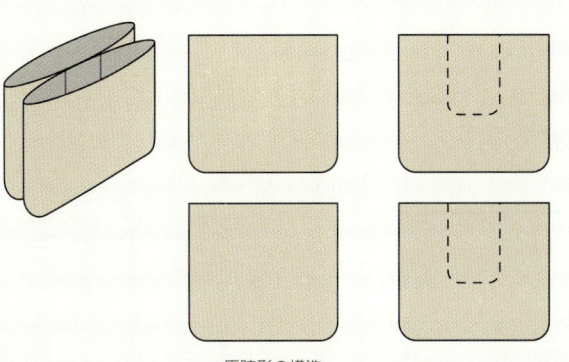

底を持ち上げる構造

馬蹄形の構造

模型の作成

目的 あなたのデザインをさらに完全に分析するため、3次元によるデザイン模型の制作を学ぶ。

2次元でデザインが完成されたら、
次のステップは3次元でテストすることだ。
そのために、模型やひな型を制作する。
デザインを実際のサイズで立体的に再現することにより、
さらに問題を解決してデザインを洗練させることができる。

MOCK-UP 1

MOCK-UP 2

▲ 3次元での実験
ボール紙とマスキングテープを使い、バッグを3次元で模索している。このページと次ページの写真は模型の開発を記録するためにデザイナーが撮影したもの。彼はバッグの形を評価し、必要な修正を行っている。

バッグの寸法を確認する

バッグの寸法は、2次元でのデザインの段階で探求しておかなくてはならない要素の1つだ。各部の寸法を決めておく必要があるのだが、模型を作るための素材を選び、どのようなテクニックを用いるかを決定する前に、身体との関係から、またバッグをどのように持ち運ぶのかという点から寸法を再確認しておくと役に立つ。

1. 型紙に前胴を寸法通りに下書きする。もし左右対称の形であれば、前胴の中心線で型紙を半分に折る。そうすることで、形を正確に写し取ることができる。

2. スカルペルや直線の刃のクリッキングナイフで切り抜く。直線を切るときには金属の定規を使うこと。

3. ポケットや持ち手の留め金などあらゆる装飾素材やディテールを描く。持ち手が前胴に取りつけられるのであれば、テープや帯紐、ロープなどを切って貼り、持ち手の代わりにする。そうすることで、全体的な大きさ、寸法、位置、プロポーションを確認する機会が得られる。

4. 前胴を持った状態で鏡を見るか、友人やモデルに持ってみてもらおう。この段階で修正が行われる場合は、前胴の幅や奥行きに満足するまでこの作業を繰り返す。修正する際は、デザインシートも併せて修正することを忘れずに。

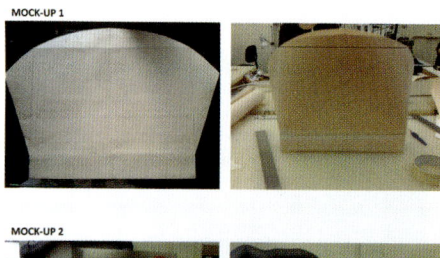

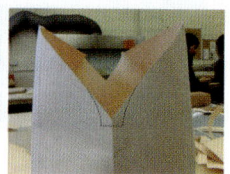

ボール紙で立体模型を作る

前胴のサイズを決定したら、デザインシートを分析して、マチの幅を検討しよう。最初の寸法を変えた場合には、それに合わせてマチの幅も変える。次に、ボール紙で立体模型を作る。

1. 各構成部品を寸法通りに型紙に写し取る。左右対称なパーツは半分に折って写し取ること(「バッグの寸法を確認する」の1を参照)。背胴、マチ、底、持ち手やストラップ、(あなたのデザインに応じて) 部品を下書きする。

2. ナイフでそれぞれのパーツを切り抜く。直線を切るときには金属の定規を使うこと。

組み立てる順番

縫製前に、組み立てる順番を確認しなくてはならない。この順番は、バッグにつけられる構成部品によって多少変わるが、合理的かつ連続的である必要がある。一般に、裏張りのない最初のサンプル制作の際は、次のような順番が良い。

1. 最初に構成部品を組み立て、それらを関連するパーツに取りつける。たとえば、持ち手を作り、バッグの前胴と背胴に取りつける。
2. バッグの底に底鋲を取りつける。
3. マチにファスナーがつく場合は、バッグの本体を組み立てる前にファスナーをマチに縫いつけておく。
4. マチは最初、前胴か背胴かの片側に取りつける。
5. 最終的に、すべてのパーツを縫い合わせてバッグの形に仕上げる。

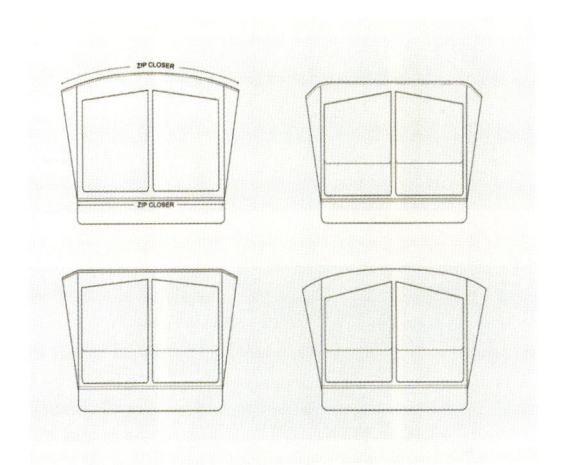

► **更なる分析（左端）**
デザイナーは2次元でさらに修正を加え、ポケットの位置を試している。

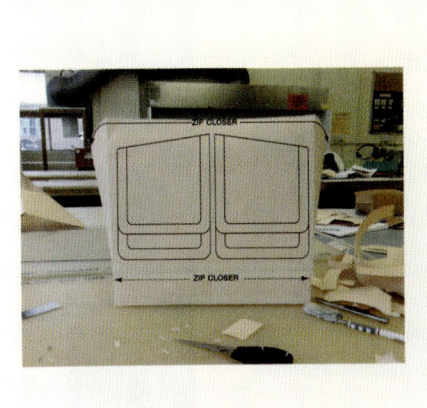

► **3次元での改善**
2次元での開発の後、ボール紙の模型を組み立てる前に、選ばれたポケットのディテールが前胴に描かれた。

3. 重要な点にはノッチを入れ、正しい位置で型紙を組み立てられるようにする。

4. 千枚通し（または鉛筆）で持ち手やストラップの位置に印をつける。

5. 各パーツにメモを書きこむ。たとえば、前胴、デザインの名前や番号、パーツの寸法、日付、あなたのイニシャルなど。

6. マスキングテープを使い、印が重なるようにして立体的に組み立てる。バッグの前胴の底と同じ長さでマスキングテープを切り取る。前胴の縁に沿ってテープの幅の半分だけ貼りつける。底の右側の角を前胴の右側の角と併せ、テープの残りの部分で底と前胴を貼り合わせる。反対側の底の角も同じように背胴に貼りつける。このようにして、組立を完成させる。持ち手やストラップを取りつける必要があれば、この段階で行う。

7. 全体の形を確認して、必要な個所を修正する。ラインや曲線を変える場合や、持ち手やストラップの位置を変える必要があれば、鉛筆で印をつける。この段階で、ポケットや他のディテールの位置も確認し、調整しておく。

8. すべての変更点をメモし、変更に応じて型紙を再度切り抜く。この段階で、型紙にあらゆるディテールを落とし込み、模型がデザインの全体像を伝えているか再確認したくなるだろう。

9. 全体のデザインに満足できたら、記録のために模型を写真に撮り、丁寧に解体する。型紙を複製して縫い代を加え、裁断用型紙のテンプレートを作成するためだ。

10. 型紙を複製し、p.114の指示に従って縫い代を加える。

素材を使って模型を作る

裁断用型紙を作成するために型紙を複製し、縫い代を加えたら、次のステップは実際の素材を使ってデザインをテストすることだ。デザイン開発のプロセスを通じて、あなたは素材の選択肢をテストし、縫い目の種類を決定し、構成手法を選択したはずだ。そこで、実際にバッグの制作に使う素材で模型を作るのが一番良い。そうすれば、本当の意味でのイメージを得られるだろう。だが、素材は高価であり、デザイナー・ブランドのメーカーでは、実際の素材の代わりに別の素材を使って模型を作ることもある。たとえば、中程度の厚さのフェルトでカーフスキンを代替し、キャラコ地やキャンバス地がさらに高価な素材の代わりに使われる。代替素材を選ぶときには、実際の素材の質感、厚さ、機能とともに、他にどのような構成部品が使われるかも考慮しよう。

1. 模型制作に使う素材を準備する。たとえば、補強材をアイロン接着するなど。

▼ **補強材のテスト**
フラップがついた、マチで周囲を囲むデザインのバッグ。補強材の強度が適正かどうかをテストしている。バッグの開口部にボール紙のカラーを加えることで補強されている。

◀ 模型の分析

この模型はキャンバス地で作られ、側面と前面から撮影された。その後、デザイナーは直接写真に描き込み、最終製品を視覚化するのに用いるとともに決定事項の確認やさらなるデザインの探求に用いている。

▼ ディテールのテスト

ふたがついたバッグの角の部分がキャンバス地で作られ、ファスナーに対するマチの幅とファスナーの端（ホックでマチに留める）の位置が試されている。デザイナーが直接、サンプルにメモを書き込んでいる点に注目。

2. 素材の上に注意深く型紙を置く。その場合、素材を最も経済的な方法で使うように型紙を並べる必要がある。もし革を使うのであれば、少しでも傷ついた部分や、ベリーやオファルなどの薄い伸縮性のある部分は避けたい（p.62-63を参照）。織地を使うのであれば、布目に対してまっすぐに型紙を置き、裁断すること。

3. 素材を裁断する。革には曲線刃のついたナイフを使い、織地には洋裁用の裁ちばさみを使う。革を使う場合には、縫い代を薄く削ることを忘れずに。

4. 持ち手やストラップ、ポケットなどの構成部品を用意し、縫い合わせる。縫う前に両面テープで素材を固定せるとよい。

5. 組み立て順に沿って、バッグを縫い合わせていく（p.106の囲みを参照）。

6. バッグをよく検査し、再検討する。他の人にバッグを持ってもらい、持ちやすさや使いやすさを評価してもらおう。バッグの下がり具合やバランスはどうだろうか。消費者が入れそうな種類のものをバッグに詰めて、形や運びやすさに悪い影響がないか確認する。分析結果をメモにまとめ、必要に応じて型紙に修正を加える。

7. 模型を作ったら、バッグの裏張りに最も適した方法を決めることになる。ドロップイン・ライニングにするかフィクスト・ライニングにするかということだ。裏地の型紙は普通、制作用の型紙よりも3mm大きく、素材の裁断用の型紙よりも7mm小さく裁断する。

主なステップ

- 2次元のデザインを再検討し、型紙のパーツと構成部品を分析する。
- 寸法を再検討する。
- 型紙をボール紙に写し取り、前胴を切り抜いてディテールを描き込む。
- プロポーションとサイズを再検討する。
- 型紙をボール紙に写し取り、パーツを切り抜く。何のパーツかメモすること。
- 組み立てて、マスキングテープを使って貼り合わせる。
- 形を再検討し、必要があれば修正する。
- 再度、型紙をボール紙写し取り、パーツを切り取ってマスキングテープで貼り合わせる。
- 解体し、型紙を複製して、縫い代を加える。
- 組み立ての順番を確認する。
- 実際に使う素材か代替素材で模型を作る。
- 模型を検査し、再評価する。

用語集

千枚通し：
取手に尖った先端がついた道具で、型紙、革、素材の上に点で位置を示すのに使う。

構成部品：
外側のポケットなど、バッグに取りつけられるすべての付属パーツ。

割りコンパス：
両端に針がついたコンパスのような道具で、パターン裁断に用いる。縫い代の幅を正確に測る場合や、同一の幅を正確に繰り返す場合に使われる。裏返す位置やステッチの位置に印をつけるときにも使われる。

下書き：
紙やボール紙にパーツの型紙を写し取ること。

ドロップイン・ライニング：
バッグの本体が構成された後で縫いつけるタイプの裏張り。

フィクスト・ライニング：
バッグの構成の途中で、バッグの内側に縫いつけられ、固定された裏張り。

ノッチ：
型紙や裁断したパーツに特定の点を示すためにつける合印。たとえば、本体前面のストラップの付属品がつく位置を点で示すなど。

基本的なパターン裁断

目的 ハンドバッグ制作のためのパターン裁断のテクニックを学ぶ。

型紙とはデザインの青写真だ。
型紙開発の段階と必要とされる
型紙のタイプを理解することは、
特に外部でサンプル制作を行う際に、
バッグのデザイナーにとって欠かせない。

型紙のタイプ

　バッグのパターン裁断は複雑で正確さが求められる。衣料品のパターン裁断とはまったく違うものだ。型紙の裁断にはナイフが用いられ、革を取り扱うことでさらに難易度が増す。型紙から裁断される素材（革）は待ち針で留められない場合が多い。待ち針の穴が残ってしまうからだ。同じ理由から、曲がった縫い目をほどくこともできない。革はバイアスを取って伸縮性を出すこともできず、メートル単位で入手することもできない。天然の革には傷があることが多く、そうした欠点を回避しながらパターン裁断を行う必要がある。用意すべきバッグの型紙には、次の5種類がある。

- 制作用の型紙
- 裁断用の型紙
- 裏張りの型紙
- 補強材の型紙
- マスターの型紙

　制作用の型紙は最初に作られるもので、縫い代は含まれない。デザインを3次元で表すひな型や模型を作るために使われるものだ（p.106を参照）。この時点でデザインが分析され、デザイナーがさらなる開発や修正が必要だと感じれば、型紙も適切に変更される。つまり、基本型となる型紙と考えられる。

　ボール紙や粗い生地による模型が作られ、必要に応じて型紙が修正されたら、制作用の型紙には縫い代が加えられる。これが、裁断用の型紙となる。それぞれの型紙に、型紙の種類、パーツ、縫い代、スタイルの名称、日付などの正しい情報が記されていることが重要だ。

　バッグのデザインで、ほかに独自の型紙が必要となるパーツは裏張りだ。裏張りの型紙はデザインに応じて作られる。裏張りには2つの種類がある。1つはドロップイン・ライニングで、裏張りを完成させた後、構成されたバッグ本体の内側に入れ、上端で固定する。そのため、衣服のポケットのように、裏張り自体を引き出すことができる。もう1つはフィクスト・ライニングで、バッグが構成される途中で、本体の縫い目の間に固定される。

　あなたがデザインしたバッグの構造のタイプや選択した素材によっては、補強材の型紙が必要となるかもしれない。補強材とは、厚さや硬さが異なる素材で、外側の素材の形を補うものだ。付属品や持ち手の重さに耐えられるように支え、バッグの底面の強度を高めるためにも用いられる。補強材が必要な場合は、専用の型紙が必要となる。使われる補強材のタイプや、追加の構造が必要となるかに応じて、補強材の型紙が作られる。

バッグの縫い代の業界標準

内縫い（外側）	6 mm
折り返し・折り畳み	1 cm
割り押さえ縫い	4 cm
下張り	1 cm
裏張り	1 mm
トップステッチ	2-3 mm

ノッチを作る

ノッチとは、裁断したパーツの上に記す標点を示す。

1. 裁断したパーツの折り目で、折る線の端を切り落とす。折った位置から3mm離れたところにナイフを置き、斜めにカットして、型紙から三角形を切り取る。反対側の端でも同じように切り取る。

2. 裁断したパーツを開き、反対側の角と角を合わせて、2番目の折り目をつける。新たな線でも同じようにノッチを作る。裁断したパーツを開くと、ノッチをつけた点を結んでパーツが4等分されることになる。

ノッチをつけることで、パターン裁断の不正確さが目立つ場合がある。2回目に折り畳んだときに角が合わなければ問題が生じ、以下のいずれかが間違っていることになる。
- 長さを測ったときの印
- 実際の寸法または裁断

これらの点を確認して問題の原因を見つける。その後、間違いを修正して型紙を再度作成しよう。

　正確な直線を得るには、型紙を2つに折って、千枚通しで型紙に印をつけると良い。

型紙のテスト

バッグの型紙はその後、最初のモデルを作るときにテストされることになる。この段階では、実際とまったく同じか、似たような素材が裁断され、補強材を用いる場合には補強材も合せて構成される。

最初のモデルの分析が行われ、必要があればデザイナーが変更を入れる。変更が必要な場合は、すべての裁断用の型紙を新たに作成することになる。新しい型紙は最初の裁断用の型紙のときと同じようにテストされ、デザイナーがモデルに満足するまで繰り返される。

裁断用の型紙から、マスターの型紙が作られる。マスターの型紙は、最終製品に関するすべての重要な情報が取り込まれたものだ。技術的な注釈の形で、次のような情報が含まれる。

- どのパーツの型紙であるかを特定する。たとえば、前胴など。
- 縫い代の幅、縫った後で裏返すかどうか、削る必要性などの情報。
- 裁断する必要があるパーツの枚数。たとえば、マチ2枚など。

合印やノッチは型紙の整合性を取るのに有用だ（p.109を参照）。併せて、参照用のスタイルの番号、名称、シーズンなどの情報を記載するとよい。

基本的なパターン裁断のテクニック

次に挙げるのは、把握しておくべき基本的なパターン裁断のテクニックの一部だ。基本的なさまざまな形が裁断できれば、大半のバッグのスタイルで使われる構成部品に応用できる。技術的な知識があれば、あなたのデザインのプロセスで使える情報が増え、スキルの幅が広がり、仕事を得られる可能性が大いに拡大するだろう。

スクエアオフ：10cm×10cmの正方形を正確に裁断する

バッグ制作のパターン裁断で何よりも重要なのは、パーツが左右対称であることだ。このプロセスは「スクエアオフ」と呼ばれ、あらゆるパターン裁断の前に行われる。

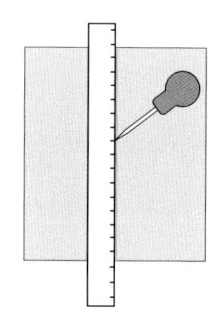

1. 紙やボール紙をおよそ15cmの正方形に切る。中央に定規を置き、千枚通しで上から下まで刻み目をつける。

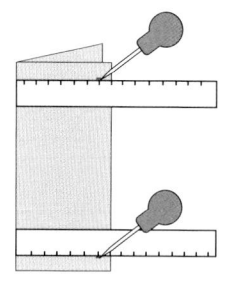

2. 刻み目をつけた線で紙を半分に折り、上端と下端から約1cmの高さで、折った線から5cmの位置に千枚通しで印をつける。

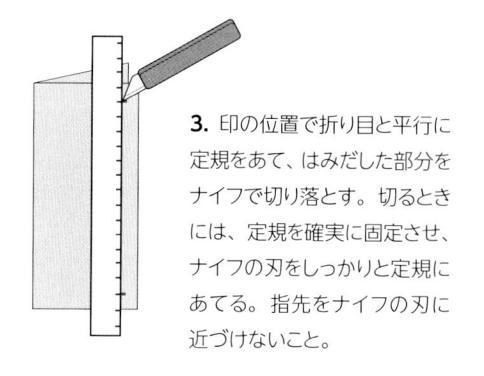

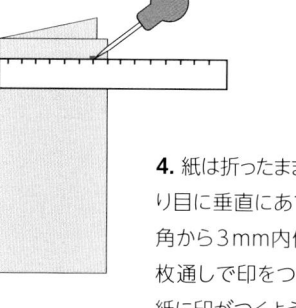

3. 印の位置で折り目と平行に定規をあて、はみだした部分をナイフで切り落とす。切るときには、定規を確実に固定させ、ナイフの刃をしっかりと定規にあてる。指先をナイフの刃に近づけないこと。

4. 紙は折ったままで、定規を折り目に垂直にあてる。右上の角から3mm内側の位置に千枚通しで印をつける。2枚の紙に印がつくよう、千枚通しをしっかりと押しつける。

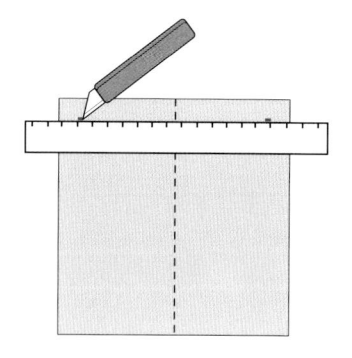

5. 紙の折り目を開くと、両側に印がついている。2つの印に定規をあて、紙を横に切る。折り目をまたがって紙を切るときは、必ず折り目を開いておくこと。そうでないと、直角が不正確になる。

基本的なパターン裁断 **111**

曲線を裁断する

　まず、スクエアオフ（左側を参照）の方法を用いて、20 cm×8 cmの長方形の型紙を裁断する。

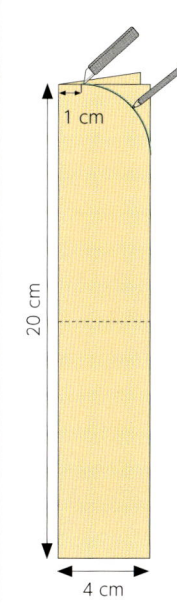

1. 型紙の横幅の半分の位置に刻み目をつける。型紙を縦半分に折り、上端の折り目から1 cm内側に鉛筆で印をつける。1 cm内側の点からフリーハンドで曲線を描く。その曲線に従い、2枚の型紙を切る。その際、ナイフの動きを途中で止めないようにすること。

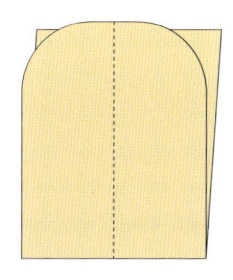

2. 型紙の折り目を開き、今度は横半分に折る。

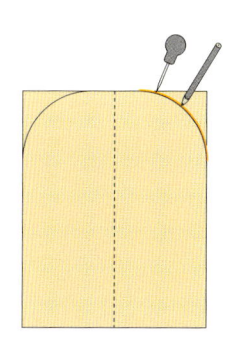

3. 裁断されたカーブの始点に千枚通しを置き、曲線を下側の型紙に正確に写すようにして刻み目をつける。型紙の折り目を開く。

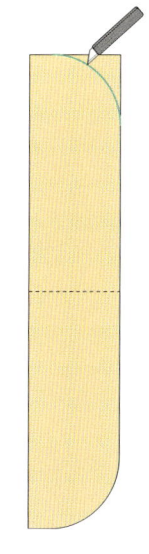

4. 再び型紙を縦半分に折り、千枚通しの刻み目に従って、2枚の型紙を切る。ナイフの動きを途中で止めない。

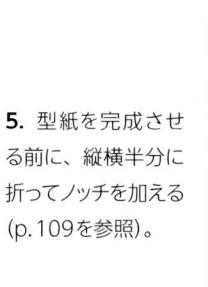

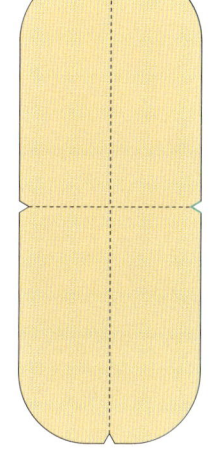

5. 型紙を完成させる前に、縦横半分に折ってノッチを加える（p.109を参照）。

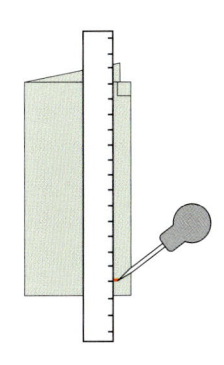

6. 紙を再び折る。右上の角は完全な直角になっている、つまり「スクエアオフ」された状態のはずだ。定規を折り目と平行に直角の角にあて、10 cm下の位置に千枚通しで印をつける。2枚の紙に千枚通しを通すこと。

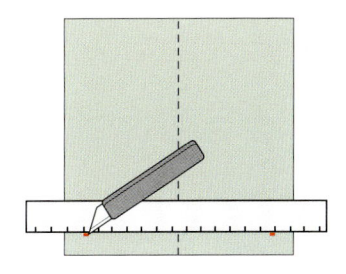

7. 紙を開き、左右の2カ所の印を定規で結び、余った部分をナイフで横に切る。

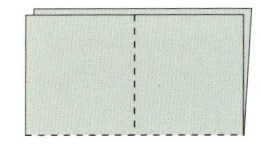

8. 正確な正方形になったことを確認するため、刻み目をつけた折り目に垂直な線で半分に折る。すべての角が完全に重なるはずだ。裁断したパーツにノッチを加える（p.109を参照）。

楕円を裁断する

スクエアオフのプロセスに従って、20cm×8cmの長方形の型紙を裁断し、ノッチを加える（p.109を参照）。

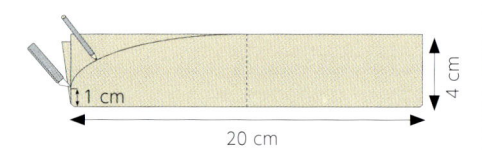

1. 型紙を縦半分に折り、途中で動きを止めないようにして、ノッチからフリーハンドで曲線を描く。2枚の型紙をナイフで切る。ナイフの動きを途中で止めない。

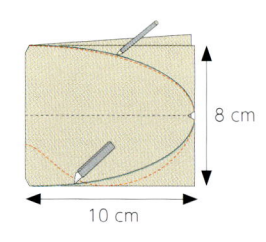

2. 型紙を開いて、今度は横半分に折る。裁断されたカーブの始点に千枚通しを置き、曲線を下側の型紙に正確に写すようにして刻み目をつける。型紙の折り目を開く。

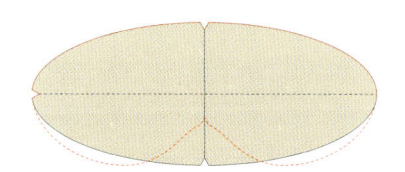

3. 再び型紙を縦半分に折り、千枚通しの刻み目に従って、2枚の型紙を切る。ナイフの動きを途中で止めない。

型紙は必ずしも対称形でなくてよい。インゲン豆のような形にしたければ、最初に縦半分ではなく、横半分に折って曲線を描く。そうすることで、非対称の形の自由に型紙が作れる。その例が左側の2と3の図に赤い点線で示されている。

円を裁断する

1. 定規と千枚通しを使って直線を取り、その線に従って型紙を折る。

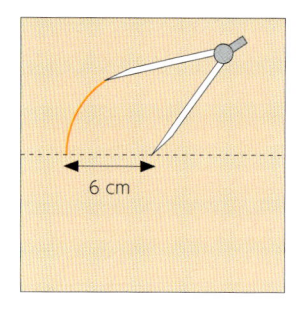

2. 割りコンパスを6cmに開く。型紙の折り目を開き、折り目の中央に割りコンパスを合わせる。割りコンパスの針の片側を中心に押しつけ、もう一方の側を回転させて、折り目の反対側まで弧を描く。

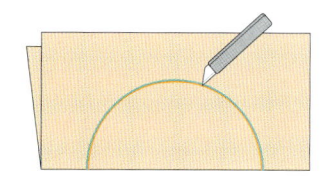

3. 中央の折り目で型紙を折り、ナイフで刻み目に従って2枚の型紙を切る。

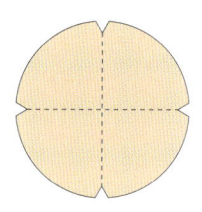

4. 折り目の両端にノッチを加える。型紙を開き、最初の折り目と垂直に半分に折って、ノッチを加える。

台形を裁断する

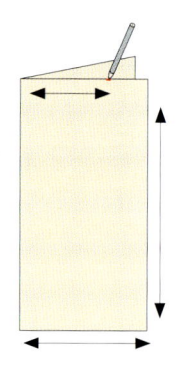

1. スクエアオフの手順に従い、15cm×10cmの長方形の型紙を裁断する。縦方向に半分に折り、定規と鉛筆で上端の折り目から3.5cmの位置に印をつける。

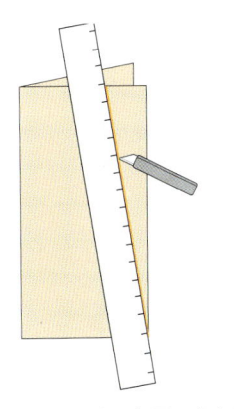

基本的なパターン裁断 **113**

マスターの型紙を複製する

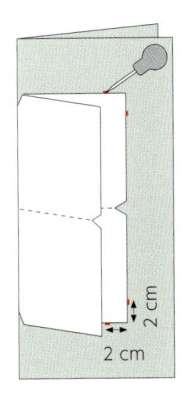

2. 定規を使って、鉛筆の印と右下の角を合わせ、ナイフで裁断する。

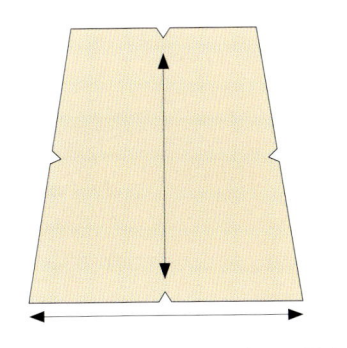

1. マスターより2-3cm大きく型紙を切り、中心に刻み目をつけ、長さを確かめてから縦半分に折る。マスターを半分に折って折った型紙の上に置き、両方の折り目を合わせる。マスターの角から内側に縦横1cmを測り、千枚通しで2枚の型紙に合印をつける。

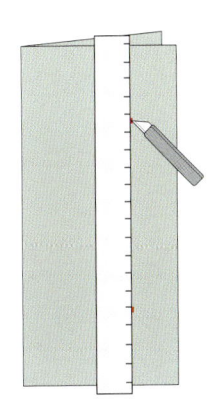

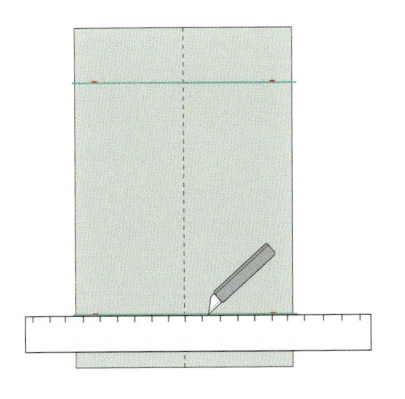

3. 型紙の折り目を開くと、千枚通しの印が4カ所にあるはずだ。上の2カ所の印に定規を合わせて横に切る。下の2カ所の印も同様にする。

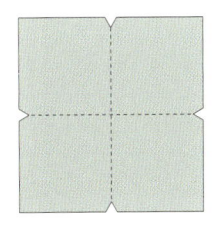

3. 横半分に折って中央にノッチを加え、両サイドの辺をそれぞれ定規で測ってノッチを加える。

2. マスターを取り除く。定規を縦の印に合わせ、余った部分を切り取る。

4. 縦半分に折って、中央にノッチをつける。横半分も同様にする。

パターン裁断のコツ

- 裁断する前に必ず型紙を開き、定規で印を結ぶ。
- 直線を裁断するときは、型紙を折ったまま切りたくなるが、不正確になるため絶対にしないこと。ある直線と垂直な直線はすべて、どの位置でも平行でなくてはならない。

裁断用の型紙に縫い代を加える

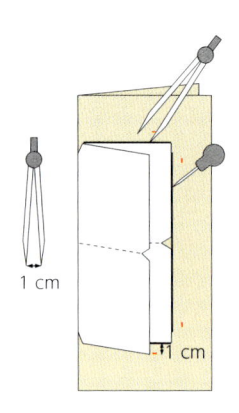

1. マスターの型紙を複製するプロセスを行う。割りコンパスを1cmに開く。割りコンパスの片方の針をマスターの角に合わせて型紙に置き、型紙の曲線に沿って動かしながら、もう片方の針で刻み目をつける。刻み目をつけた位置から、複製のプロセスと同様に1cmを測り、千枚通しで2枚の型紙に印をつける。

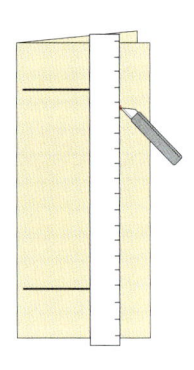

2. 定規で合印をつなぎ、型紙を縦に切る。

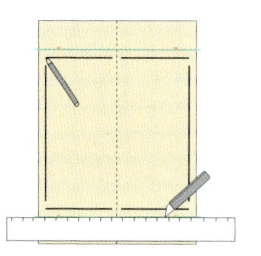

3. 型紙の折り目を開き、定規で上側の2つの印をつなぎ、ナイフで型紙を横に切る。下側の印も同様にする。

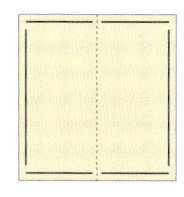

4. 縦半分に折って、中央に印とノッチをつける。横半分も同様にする。

曲線からなるマスターの型紙を複製する

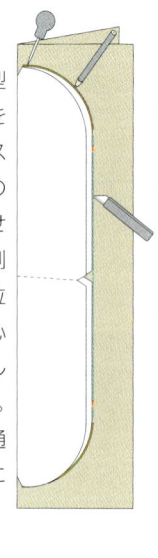

1. マスターより2-3cm大きく型紙を切り、中心に印をつけ、長さを確かめてから縦半分に折る。マスターを半分に折って折った型紙の上に置き、両方の折り目を合わせる。千枚通しで上下の曲線に刻み目をつけ、曲線が直線になる位置まで続ける。その位置から中心に向かって1cmの点で、千枚通しで型紙に穴を開け、合印をつける。マスターを取り除き、定規で千枚通しの印をつなぎ、直線部分を縦に切り取る。

2. 型紙を折ったまま、千枚通しでつけた刻み目に沿って裁断する。ナイフはなめらかに動かし、途中で止めない。

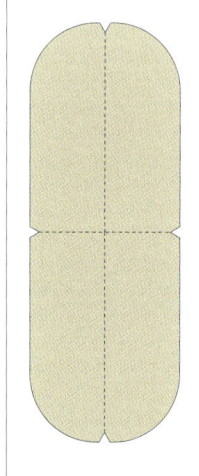

3. 縦半分に折って、中央にノッチをつける。横半分も同様にする。

曲線からなる裁断用の型紙に縫い代を加える

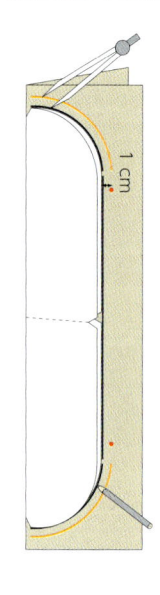

1. 曲線を複製し、縫い代を加えるためには、複製と同じプロセスを取るが、千枚通しで曲線の刻み目をつける代わりに、1cmにセットした割りコンパスを使う。割りコンパスの片方の針を型紙に合わせ、型紙の曲線に沿って動かし、縫い代に刻み目をつける。

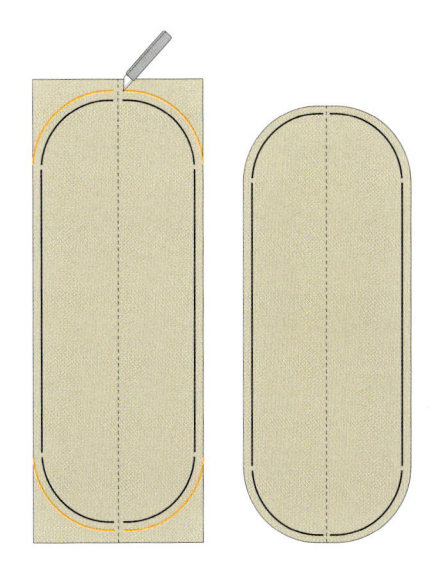

基本的なパターン裁断 **115**

2. 割りコンパスの刻み目に従って、ナイフで型紙を切り取る。

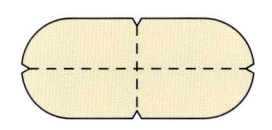

2. パーツを4等分する線を引いておく。

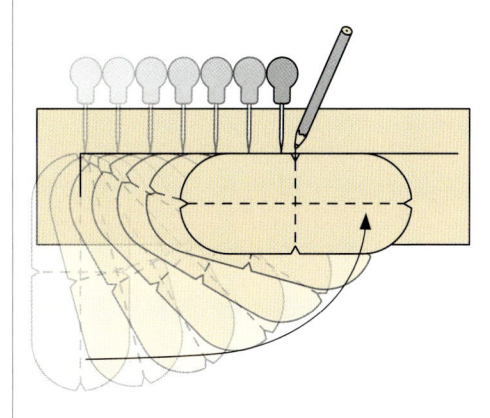

曲線の長さを測定する

このプロセスによって曲線の長さを測ることができる。たとえば、本体が1つか2つのパーツからなるバッグの底に曲線を使いたい場合、底の周囲の長さを知る必要がある。そのためには、曲線を正確に測定しなくてならない。

3. 千枚通しをパーツの端に置き、引いた直線に沿ってパーツをずらしながら、千枚通しを動かしていく。千枚通しをゆっくりと数ミリずつずらし、パーツが直線に重なるようにする。千枚通しがパーツの直線部分に達し、最初に型紙に引いた直線と重なるまで、このプロセスを続ける。パーツが直線と重なったら、千枚通しで印をつける。

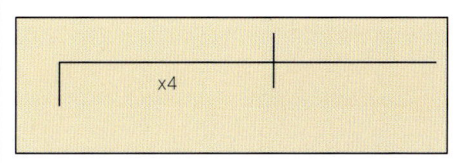

1. 定規を使って、型紙に水平な直線を引く。

4. 型紙に引いた直線の始点から、千枚通しで印をつけた位置までの長さを測る。この長さが、全体の4分の1にあたるため、4倍すると底の周囲の長さが計算できる。

用語集

千枚通し:
取手に尖った先端がついた道具で、型紙、革、素材の上に点で位置を示すのに用いる。

構成部品:
外側のポケットなど、バッグに取りつけられる付属パーツ。

バイアス:
織地の布目に対して斜めのラインのこと。

割りコンパス:
両端に針がついたコンパスのような道具で、パターン裁断に用いる。縫い代の幅を正確に測る場合や、同じ幅を正確に繰り返す場合に使われ、裏返す位置やステッチの位置に印をつけるときにも使われる。

マチ:
バッグの構成部品で、バッグの前胴と背胴をつなぎ、奥行きやボリュームを出すために用いる。

模型:
形、プロポーション、サイズを確認するために、デザインを3次元で提示するもの。

ノッチ:
型紙をV字型にカットしたもの。素材のパーツに写され、製品を構成するときの合印として使われる。

型紙:
製品を制作するときの指示を書きこんだ紙やボール紙のパーツ。

合印:
バッグを構成するときに構成部品の位置を正確に取るため、またパターン裁断のときの目印として使われるマーク。通常は千枚通しで刻み目や穴を開けて作る。

刻み目:
素材の表面につけた切り込みで、素材が正確に曲げられるようにするもの。

縫い目の種類

目的 バッグの構成に使う縫い目の種類について学ぶ。

バッグのデザインにおいて、
縫い目の種類は全体のルックに影響する。
バッグがどのように縫製されるかは、
職人の技能の高さを表すものであるため非常に重要だ。
あなたのデザインの可能性を完全に探究するためには、
さまざまな縫い目の種類の実際上の
知識を身につけておくことが欠かせない。

バッグに用いる縫い目の種類

バッグの構成に用いられる主な縫い目は5種類ある。裁ち端縫い、突合せ縫い、内縫い（3バッグの主要な3つの構成手法と同じ名前だ。p.102-103を参照）、割り押さえ縫い、重ね縫いだ。テープ押さえは広く使われているわけではないが、ここで挙げておこう。

裁ち端縫い

裁ち端縫い（カットエッジとも呼ばれる）は、バッグの制作で用いられる最も基本的な縫い方の1つだ。素材の表側にステッチを施し、外からステッチの線と素材を裁った端が見える。裁ち端縫いでは、革の端にさまざまな処理や仕上げができる。革の端を染料でコーティングして目立たせることや、革の色とコントラストをつけることも可能だ。光沢を出すためや、革の端を保護するためにワックスで処理することもある。この縫い方を採用するには、ほつれることのない革か不織布を用いることが不可欠だ。革の端にコーティングや染色などが必要な場合には、縫う前に処理しておくこと。

◀ **突合せ縫い**
この模型の持ち手は突合せ縫いで構成されている。美しさと強度を考慮して選択された。

突合せ縫い

構成の上では裁ち端縫いと似た縫い方だが、裁ち端では裁ちっぱなしの端が見えるのに対して、突合せ縫いでは革の端が削られ（スカイビング）、縫い合わせる前に内側に織り込まれる。この縫い方では、折り曲げて突き合わせた革の端が縫い目に沿って、ステッチの線から2mm上に突き出ている。

内縫い

内縫いでは素材の表面を向い合せた状態で縫い合わせ、表面が外側に出るように裏返される。

割り押さえ縫い

内縫いされた素材を接着剤で貼り合わせ、縫い目の両側にトップステッチをかける。

重ね縫い

革のパーツの上に別の革のパーツを重ねた状態になる。上側の革は折り返しの長さだけステッチの線が入る。上に来る革が折り返されていないこともあり、その場合は裁ち端の重ね縫いとなる。裁ち端の場合は見え方が大きく変わり、伝統的な重ね縫いの高級感のある仕上がりではなくなる。

2重の重ね縫い

重ね縫いのバリエーションで、2列のトップステッチが入る。上側になる革や素材のパーツを裏返してからステッチを入れる。

テープ押さえ

革の下側に1cm幅のリボンかテープが端から5mmの幅で貼りつけられ、リボンの幅の半分が革の端からはみ出る。別の革の下側に5mmの幅で接着剤を塗る。接着剤が乾く前に、最初の革からはみ出したリボンの上に2番目の革を置き、2枚の革が1mmの隙間を

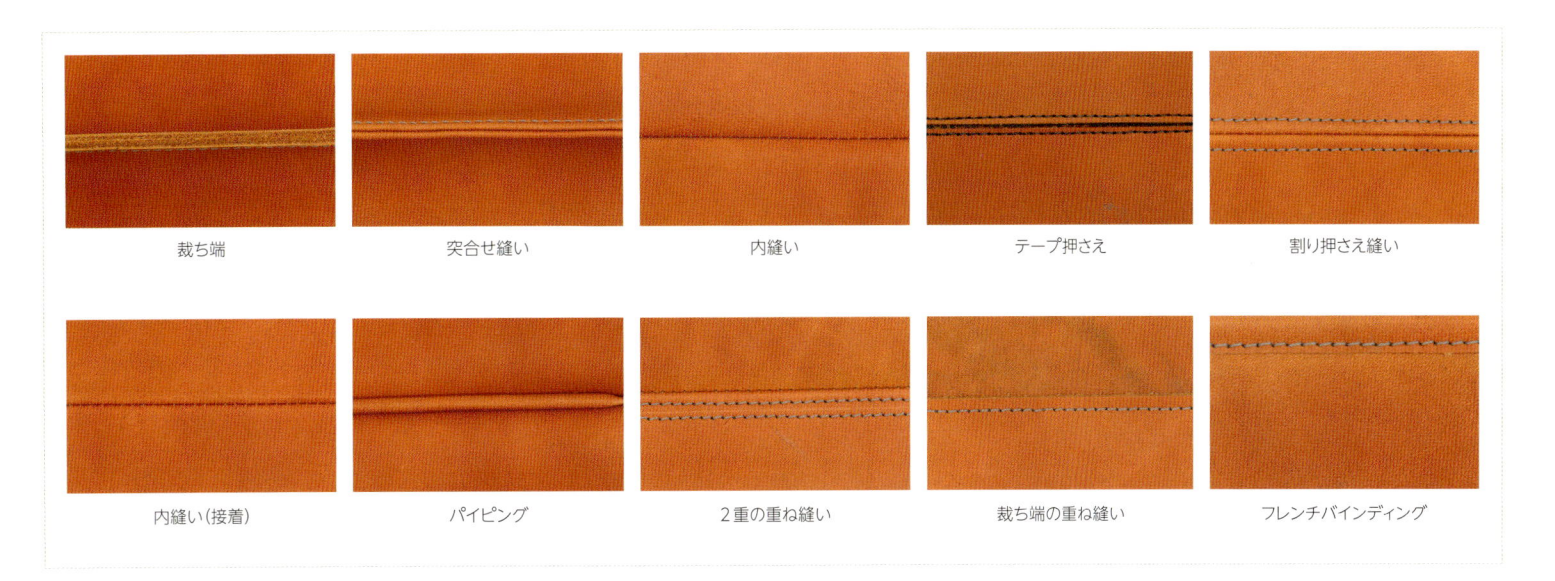

縫い目の種類 117

| 裁ち端 | 突合せ縫い | 内縫い | テープ押さえ | 割り押さえ縫い |

| 内縫い（接着） | パイピング | 2重の重ね縫い | 裁ち端の重ね縫い | フレンチバインディング |

開けて貼り合わされる。接着剤が乾いたら、革の両側にトップステッチをかけ、革がリボンに固定される。この縫い方ではテープを貼る前に端を裏返す必要があるため、革より布地で使われることが多い。

縫い方のディテール

　構造上の目的と装飾的効果のため、縫い方について付記しておくべきディテールがいくつかある。

　パイピングは、形を維持するという構造上の目的や、バッグにややスポーティな雰囲気を与えるために内縫いに加えられることが多い。別の色や対比色を用いることで、色のアクセントや模様を加えることもできる。パイピングのコード（芯）にはさまざまな太さ、素材、主さのものがある（p.99を参照）。

　縁取り（バインディング）には薄い革から綿のテープやリボンまで、多彩な素材が使われる。色でデザインにアクセントを加えたり、マットな質感の革に光沢を加えたりするなど、装飾的なディテールとして用いられる。縁取りが裁ち端の仕上げに使われることもある。

縁取りをちょうど半分に折り、素材の端を覆って、ミシンでステッチをかける。縁取り用のアタッチメントがついているミシンもあり、縁で折り曲げて送り出された革にステッチをかけることができる。

　フレンチバインディングも装飾的ディテールとして使われる。通常の縁取りと違うのは、片側が裁ち端でもう片側が折り返されているという点だ。

一般的な縫い代

内縫い	6mm
割り押さえ縫い	1cm
突合せ縫い	1cm
下張り	1cm
折り返し	1cm
パイピング	2.2cm（ゆとり幅）

用語集

縁取り：
裁ちっぱなしの素材の縁を覆うために、裁ち端による構造で用いられる細長い素材。

パイピング：
装飾用と構造上の理由から縫い目の間にはさみ込む、コード（芯）を覆った細長い素材。

スカイビング：
革を薄くするために外側の端を削ること。

スペックシート

目的 バッグのデザインのためのスペックシートをどのように作成するかを学ぶ。

スペックシートはデザインを製造に移す際に極めて重要なあらゆる指示を伝えるものだ。工場とのコミュニケーションに欠かせないツールであり、あなたのデザインの青写真でもある。スペックシートに書かれた情報からサンプルが制作される、つまり、あなたが伝えるディテールが正確で、的確で、明快であることが絶対に欠かせない。

スペックシートの重要性

スペックシートには、技術的な図面とともに、最初のサンプルの制作に必要となるすべての関連情報が含まれる。ほとんどの制作作業は社外で行われ、工場が別の国にある場合も珍しくないため、デザイナーが情報を正確に、的確に、明快に伝えることが重要だ。工場はスペックシートに書かれたディテールに基づいて型紙を作成し、与えられた情報に従ってバッグを作り上げる。スペックシートが明確でない場合や情報が不足している場合には、工場の判断に任されることになり、大抵は間違ったサンプルが作られることになる。そのサンプルは修正事項が書かれたメモとともに工場に送り返され、再度作られることになる。それは、金銭的にも時間の上でも無駄を生じさせ、もしも製品サンプルが次のシーズンの買いつけ時期に間に合わなければ、次のシーズンの販売スケジュールにも影響をおよぼすことになる。あなたがデザインを具体的に説明することに長けていれば、あなたはその分だけ会社にとって価値のある人材となる。

スペックシートの作成には、正確ではっきりした技術的図面を描くため、CADソフトのアドビ・イラストレーターが使われる。

あなたが定期的に工場と仕事をしていれば、コミュニケーションを取る際の個人的なスタイルが生まれるかもしれない。だが、型紙の裁断や機械操作の担当者や製造マネジャーが変わったときには、注意が必要だ。

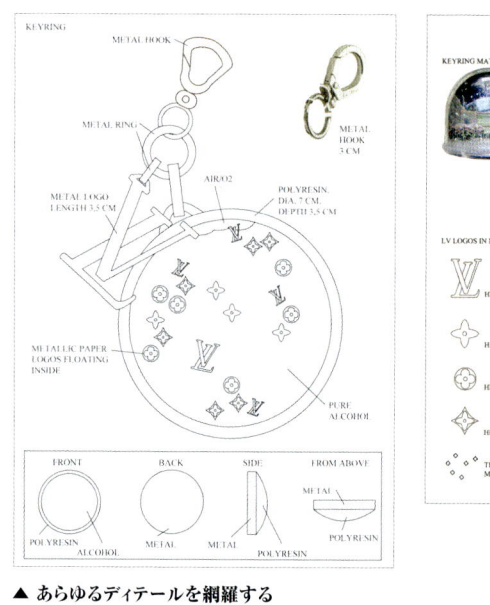

▲ **あらゆるディテールを網羅する**
キーリングの微細なディテールが指定されている。ロゴの寸法と素材がスペックシートの右側に記載され、デザインと主な構成が左側に記載されている。

▼ **2つ折りバッグのスペックシート**
あらゆるディテールが注意深く説明され、磁石のホックの位置からデザイナーのラベルにいたるまで、成り行きに任されるものは何もない。

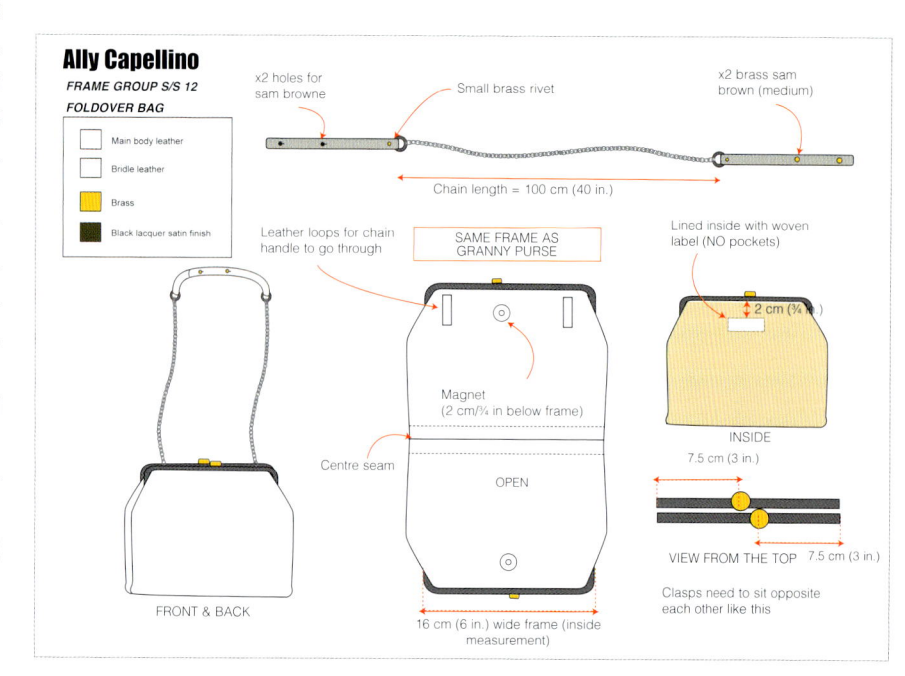

スペックシート **119**

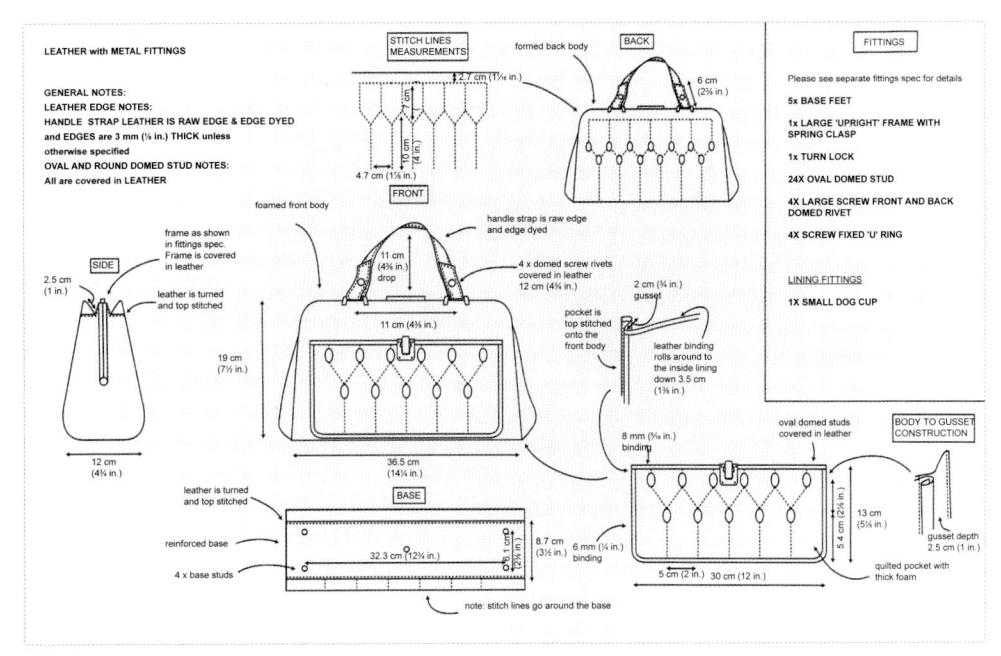

▲ キルティングのポケットがついたバッグのスペックシート
デザイナーは前面のポケットのキルティング・ステッチの幅を注意深く製革に説明している。デザインの美しさの重要ポイントであるため、当て推量では困るからだ。

用語集

底鋲：
バッグの底面を持ち上げて素材を保護するために、底面に取りつける丸いスタッズ。

Dカン：
バッグの本体やマチにストラップや持ち手を取りつける際に用いる、D字型をした付属品。

スタイル番号／スタイル名：
製品はそれぞれ特定する必要があり、特定が容易になるように製品に個別の番号か名称をつける。

課題：既存のデザインでスペックシートを制作する

1. バッグを目の前のテーブルに置き、内側と外側を念入りに調べる。
2. そのデザインを特定するために必要と思われる、あらゆる要素と構成部品を体系的なリストにまとめる。
3. このページのガイドラインに沿って、そのバッグのスペックシートを作成する。
4. 授業の場や、別の人とチームでこの課題に取り組んでいるのであれば、バッグとスペックシートを交換して、互いに批評しよう。あらゆる要素が考慮されているだろうか。そうでなければ、何が不足しているか。

検討すべき重要事項

スペックシートには以下の情報が含まれていなくてはならない。

- バッグを斜め前から見た大きな技術的図面、または大きな平面図。
- すべてデザインのディテールを一定の縮尺で示し、バッグのデザインを伝えるものであること。
- バッグを背面、マチの側、上方から見た技術的な線画、および内部を示す技術的な線画。
- 細かなディテール、付属品、持ち手やストラップの拡大図。
- あらゆる構成と縫い目のディテール（p.102-105とp.116-117を参照）。
- 糸の種類と色、ステッチの幅。ステッチの幅は普通、1インチあたりのステッチの数で示すことに注意する。
- 型紙を切り、バッグを作るために必要なすべての寸法。寸法はセンチメートルかミリメートル単位で示す。「すべての寸法はセンチメートル単位」など、寸法の単位を伝える説明書きをつけよう。そうすれば、図の中に数値を入れるだけで済む。
- 付属品やディテールの配置や位置。たとえば、持ち手の位置からの距離など。
- 必要に応じて技術的な注釈をつける。
- バッグを制作するための素材に関して、供給元の詳細、色、コード番号や名称。
- 使われる装飾素材や付属品に関して、供給元の名称と量、付属品の仕上げ。たとえば、「4×26mmのDカン、6×8mmの底鋲（ニッケル、光沢仕上げ）」など。
- 「2013年春夏」など、デザインが使われるシーズンと、スタイル番号やスタイル名。
- スペックシートの作成日付。
- スペックシートが2ページ以上にわたる場合にはページ番号。

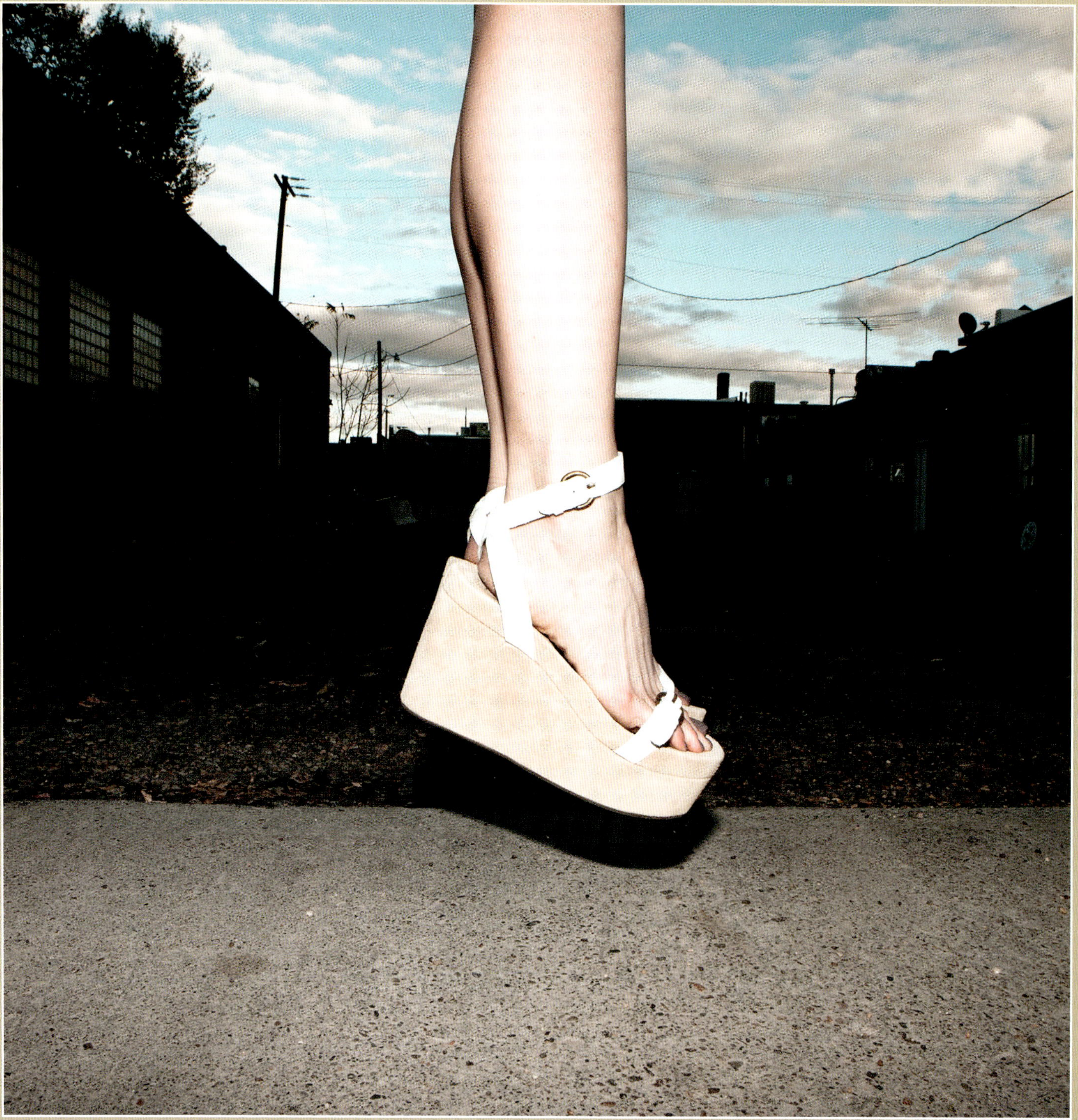

セクション3
フットウエア

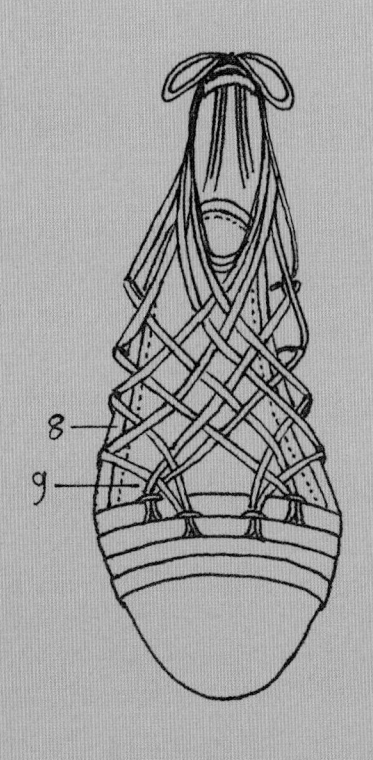

もしあなたが靴好きだったら、フットウエアに関わる仕事は非常に魅力的なはずだ。オーダーメードの靴を作る店の職人から、ヒールの型を作る精密機械のエンジニア、実用性よりもデザインのインパクトを目的とした靴のコンセプトデザイナー、機能性を重視した靴の技術的デザイナーにいたるまで、靴の世界にはあらゆる仕事があり、そのチャンスは無限に広がっている。

フットウエアのデザイナーには、刺激に満ちたさまざまな挑戦が待ち受けている。美しいデザインの探求はごく一部に過ぎない。靴は人間工学的な要件を満たし、足の形に正確にフィットし、足を保護して体重を支えられるものでなくてはならない。靴のデザインが成功するには、外見的な魅力とともに、卓越した技術に支えられた技も必要となる。靴に関わる人のほとんどは、まず1つの分野に特化して知識を発展させ、それに関連するスキルを磨き、別の分野へとネットワークを広げている。

このセクションでフットウエアに関するデザインを学ぶと、ディテールや正確さが何よりも重要であることが良く分かるだろう。また、靴に使われる素材の種類を概観することで、靴についての理解が広がるはずだ。さらに、大多数の靴の生産に用いられている「セメント製法」という工法を紹介するとともに、パターン裁断の基本原則、靴の制作に使われる構成部品、その組み立て方法を学習する。

セクション3：フットウエア

制作ツール

目的　ハンドメイドで靴を制作する際に使う道具について学ぶ。

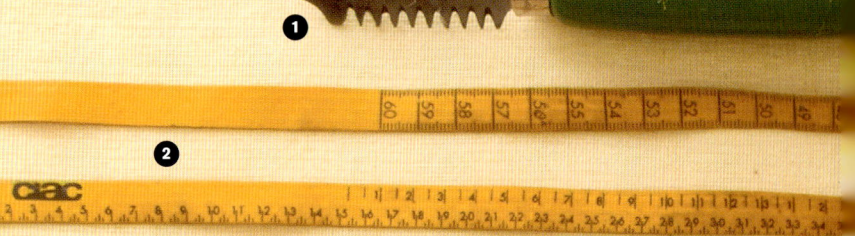

現在、パターン裁断用の道具は世界共通で使われている。あなたが実際にフットウエア業界に入れば、デザイン以外の制作プロセスのほとんどで機械が使われていることに気づくだろう。だが、機械がいかに洗練されようと、ハンドメイドのプロセスを模倣しているに過ぎない。

タックナイフ (1)：靴型に留めた小釘 (タック) を取り除くための道具。

巻き尺 (2)：センチメートル単位やインチ単位のメジャー。伸縮性のない素材で作られているので、長さを正確に測れる。

ブラシ (3)：汚れや埃を取り除くブラシ。

千枚通し (4)：素材に穴を開け、模様や裁断、縫製の印をつける際に用いる。

割りコンパス (5、15)：縁からの長さを一定に保って平行な線を描く。縫い代や折り代など、パターン裁断で幅広く使われる。

トリミングナイフ (6)：つり込みの後で底の不揃いな部分をトリミングするのに用いる。

フォールディング・ハンマー (7)：端が丸くなっている手持ち式のハンマー。折りたたんだ縁を平らにするのに用いる。

パターンナイフ (8)：片側に刃がつき、反対側の先が千枚通しのように尖っているナイフ。

曲線バサミ (9)：アッパーの裏地のトリミングや、糸を切るのに用いる。

クリッキングナイフ (10、20)：革の裁断用に設計された、曲線の刃がついたナイフ。

銀色のサインペン (11)：アッパーに印をつけるために使う銀色のインクのペン。

スカルペル (12)：パターン裁断に使われる非常に鋭い刃のついたナイフ。

小釘 (13)：つり込みの初期段階でアッパーをインソール (中底) に固定させるのに使う小さな釘。大きなものは、一時的にインソールを靴型に固定するのに用いる。

フレンチハンマー (14)：丸い端のハンマーで、つり込みの際に出るしわを平らにするのに用いる。端が丸いため、革の表面を傷つけない。

革砥 (16)：グレードの異なる紙やすりが3面に、残る面に革が貼られた長方形の木製の棒。クリッキングナイフの刃を研ぐ際に用いる。

ボーンフォルダー (17)：プラスチックが骨で作られ、革を折り曲げる際や、折り曲げる部分に筋をつける際に用いる。

ロンドンハンマー (18)：丸い端のハンマーで、つり込みの際に出てくるしわを平らにするのに用いる。

ラスティングピンサー (19、21)：つり込みの際に、アッパーをつかんでインソールの上に引き上げるために用いるやっとこ。

他のツール

鋼鉄製定規：鋼鉄でできた定規で、鋭いスカルペルで革を裁断するときでも完全な直線を維持できる。

ビニール製定規：柔らかい小型のビニール製定規で、靴型の裏のカーブに沿う。

鉛筆：技術的なプロセスでは2H、3Hまたは4Hの鉛筆が使われる (p.76参照)。明確な点を打てるようによく削っておく。

マスキングテープ：わずかに伸縮性がある接着テープ。幅2.5cmと3cmがある。

ホールパンチ：さまざまな大きさの丸いパンチがついた道具で、素材に穴を開けるのに用いる (p.76参照)。

裁断用マット：パターン裁断に使うマット。合成素材製で繰り返し使える。

革裁断用ボード：表面がなめらかなボードで、アッパーを手作業で裁断するときに用いる。今ではナイロン製かプラスチック製が主流。

型紙用紙：非常に薄く、丈夫な紙。高品質な硬いカートリッジ紙でも代用できるが、型紙用紙ほど丈夫ではない。

接着剤：アッパーを準備する際にはゴム液が使われる。ソール (靴底) の接着には、さらに強力な合成接着剤が使われる。

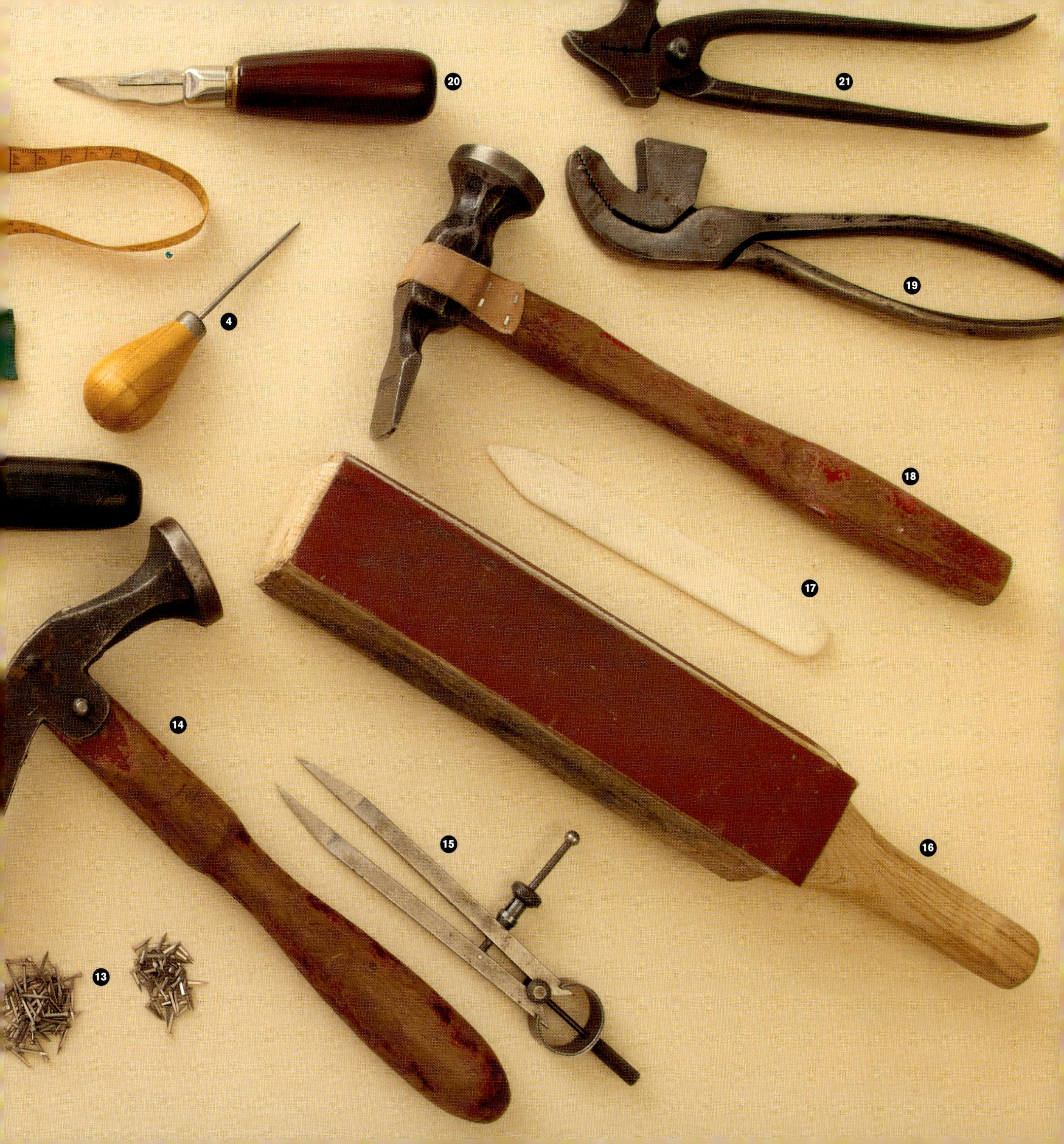
20
21
4
19
18
17
14
15
16
13

デザイナーとブランド

目的 主要なフットウエアのデザイナーとブランドについて学ぶ。

靴は女性にも男性にも強い欲望を抱かせる。
人はハイヒールが足を長く見せる効果をこよなく愛し、
スポーツシューズはアスリートの強さを連想させる。
靴には快適さが欠かせないが、
ときには仕上げの美しさが最も重要視されることもある。
ここに挙げるデザイナーは過去から現在において、
靴に対する私たちの憧れをかきたてる存在だ。

アディダス ADIDAS AG
(20世紀中期−現代) ドイツ

アディダスという社名は、創立者であるアドルフ（アディ）・ダスラーの名前を短縮したものだと考えられている。兄のルドルフの会社であるプーマ（アディダスの主な競合企業でもある）と同じく、ドイツのヘルツォーゲンアウラハを拠点としている。1986年にRun-D.M.C.が「マイ・アディダス」という歌を発表して、アメリカでアディダスの人気が急上昇した。現在、アディダスはさまざまなスポーツイベントのスポンサーとなっている。

シグニチャースタイル：トレードマークとなっている3本の平行線は、靴に描かれたものや、斜めに三角形をかたどったものがあり、一目でアディダスのマークだと分かる。

アイコン的シューズ：黒の平行線が入った白いテニスシューズ。

アレキサンダー・マックイーン
ALEXANDER MCQUEEN
(現代) イギリス

アレキサンダー・マックイーンの作品が非常に特徴的なのは、彼の物の見方とあらゆるディテールへのこだわりがあるからだ。ステージで注目されるのは彼がデザインする服だが、そのインパクトと効果を最大限に実現するには、全体的なプレゼンテーションが重要になる。彼のコレクションで発表された靴はトレンドを生み出し、フットウエアという概念に挑戦するものだった。靴がマックイーンのアイデアを補完し、彼が表現するルックを完成した。マックイーンがデザインした服と同じように、彼の靴も現状に対する挑戦であり、数えきれないほど多くのデザイナーにインスピレーションを与えた。

シグニチャースタイル：アレキサンダー・マックイーンはスティレット・ヒールのプラットフォームシューズを好み、日本の伝統的な下駄をもとにしたコンセプト性の高い靴を作った。

アイコン的シューズ：マックイーンが自らの手で作った最後のコレクションである2010年春の〈プラトンのアトランティス〉で、観客をあっと驚かせるプラットフォームシューズ（右）が登場した。足の動きや外見上の快適さといったすべての概念を退けたシューズだった。この記憶に残る、衝撃的なアイテムがなければ、〈プラトンのアトランティス〉のインパクトは損なわれたはずだ。

アンドレ・ペルージア
ANDRÉ PERUGIA
(20世紀初期−中期) フランス

ペルージアは1909年、16歳のときにイタリア人の父が営む靴屋で修業を始めた。すでにフランスで名の知られたドレスメーカーだったポール・ポワレが若いペルージアを発掘し、仕事を依頼するとともに彼をパリの富豪たちに紹介した。ペルージアはキャリアを通じて、ジャック・ファットやユベール・ド・ジバンシィなどのデザイナーやシャルル・ジョルダンなどの靴ブランドのためのデザインを手がけ、自身のクライアントも抱えていた。

シグニチャースタイル：ペルージアは技術、素材、シルエットを革新的な手法で広く探求することで知られた。他のアイコン的デザイナーや、ピカソなどの芸術家、シュールレアリスト、それにポワレが愛した『アラビアン・ナイト』からもたびたびインスピレーションを受けた。

アイコン的シューズ：数多くのスタイルが移りゆく時代に長いキャリアを築いたペルージアには、複数のアイコン的スタイルがあり、その影響は現代のデザイナーの作品に明白に見て取れる。特筆すべきスタイルは、ヒールのないパンプスと1931年のフィッシュ・シューズだ。

ベス・レヴィン BETH LEVINE
(20世紀中期−現代) アメリカ

ベス・レヴィンはモデル、スタイリスト、さらにはアイ・ミラーのデザイナーとして仕事をした後、1948年に夫のヒューベルト・レヴィンとともに独立した。靴のデザインはすべてベス・レヴィンが手がけ、夫が経営にあたった。

デザイナーとブランド **125**

◀ 極端な形のシューズ
故アレキサンダー・マックイーンの極端な形のプラットフォームシューズ。別世界の体験を暗示したコレクション〈プラトンのアトランティス〉でひときわ目立った。

に、ディオールやピエール・カルダンの靴の製造を手がけるようになった。

シグニチャースタイル：20世紀の大半にわたり、ジョルダンのスタイルは文化的背景に合わせて進化し、ブランドの中で変化した。

アイコン的シューズ：ギイ・ブルダンによる1970年代の広告キャンペーンでサテン地のスティレット・ヒールが流行し、セクシーでモダンな由緒ある靴ブランドとしてのイメージを定着させた。

クリスチャン・ルブタン
CHRISTIAN LOUBOUTIN
（現代）フランス

ルブタンは靴デザイナーとして正式な訓練を受けることなく、名高いシャルル・ジョルダンのもとで見習い工となり、シャネル、イヴ・サンローラン、ロジェ・ヴィヴィエの靴をデザインした。1990年代、ルブタンはスティレット・ヒールを再び流行させたデザイナーの1人となった。1996年と2008年にインターナショナル・ファッション・グループから賞を受け、2008年にはファッション工科大学が大規模なルブタンの展覧会を開催した。

シグニチャースタイル：ルブタンは若い頃にパリのミュージックホール、フォリー・ベルジェールで働いたことがあり、この時の経験が主なインスピレーションの源となっているようだ。

アイコン的シューズ：クリスチャン・ルブタンの靴は赤い靴底がシグニチャーとなっている。17世紀にルイ14世が赤いヒールつきの靴を履いていたことが連想される。残念ながら、この特徴のためにルブタンの靴が偽造のターゲットとなり、赤い靴底を使った偽物の靴が売られている。

ベス・レヴィンは1950年代と60年代にアメリカ市場にミュール、ブーツ、スティレットを送り出したことで知られる。1960年代と70年代を通じて、レヴィンの靴はファーストレディーをはじめ数多くの著名人に愛された。

シグニチャースタイル：ベス・レヴィンはビニール、アクリル、ルレックスなどの素材をユーモアと創意に富んだデザインに用いることで知られた。たとえば、車の形をしたドライビング・パンプス、人工芝が生えたサンダル、ボディスーツの領域に踏み込んだストッキング・ブーツなど。

アイコン的シューズ：1960年代、ナンシー・シナトラのヒット曲『にくい貴方（原題：These Boots are Made For Walkin'）』のPR写真にベス・レヴィンのブーツが堂々と写された。ベスの靴が大変な人気となり、サックス・フィフス・アベニューは彼女の靴を専門に扱う店を開いた。

シャルル・ジョルダン
CHARLES JOURDAN
（20世紀初期−現代）フランス

シャルル・ジョルダンはフランスのロマンスに靴の工房を開き、オリジナル製品を展開するため、1920年代に急速に拡大した。第二次世界大戦中、多くの靴製造業者と同じく、ジョルダンも靴を作るために代替素材を使わざるを得なくなった。ジョルダンは1930年代に高級ファッション誌に広告を出した初期のブランドの1つであり、高い評判で広く知られたブランドとして名声を確立した。1947年、シャルルの3人の息子が会社に入り、彼らの手で国際的なブランドへと拡大するととも

ジミー・チュウ JIMMY CHOO
（現代）マレーシア

ジミー・チュウはペナンで靴製造を営む家に生まれ、11歳で最初の靴を作ったと言われている。コードウェイナーズ・カレッジを経て、1989年にロンドン・カレッジ・オブ・ファッションを卒業すると、初期の最も有名なクライアントであるダイアナ妃の靴をデザインした。1996年に英国『ヴォーグ』誌の編集者のタマラ・メロンとともにジミー・チュウのブランドを立ち上げた。チューは2001年にブランドの株式の50％を1,000万ポンドで売却し、現在はジミー・チュウのデザインを手がける傍ら、出身地のマレーシアで慈善事業を行っている。2000年にはマレーシアのパハン州のスルタンから賞を授けられ、2002年にはOBE（大英帝国四等勲士）を受賞した。

シグニチャースタイル：他の種類の靴も展開しているが、セクシーなストラップつきのスティレット・ヒールで知られている。

アイコン的シューズ：ジミー・チュウはダイアナ妃のためにデザインしたストラップつきの金色のパンプスで、スーパースターの地位を手にした。

ジョン・フルーボグ
JOHN FLUEVOG
（現代）カナダ

1970年、ジョン・フルーボグは靴職人のピーター・フォックスとともにバンクーバーでフォックス・アンド・フルーボグという店をオープンし、流行に敏感な若者向けの靴を販売した。1980年に2人は共同事業を解消し、フルーボグはシアトルに自分の名前を冠した店を開いた。その後、フルーボグの店は全米各地、さらには世界的に展開した。2002年、フルーボグは靴デザインのオープンソース化を始め、希望があれば、デザインしたデザイナーの名をつけた靴を製造する。さらに、環境にやさしい方法で靴デザインや製造、店舗や工房の運営を行う努力を進めた。

シグニチャースタイル：フルーボグの靴には大きな四角いヒールがついている。履きやすさに配慮されているうえ、装飾的でスタイリッシュであるとともに革新的なデザインだ。

アイコン的シューズ：コックス・クロッグとリフト・オフの2つの靴は、特徴的なソールと構造からすぐにフルーボグの靴と分かる。

ジョセフ・アザグリー
JOSEPH AZAGURY
（現代）モロッコ、イギリス

ロンドンのコードウェイナーズ・カレッジを出た後、ジョセフ・アザグリーはハロッズに入っている靴店「レイン」に勤め、靴ビジネスに関するすべてを学んだ。1993年に自身の店を開き、製造拠点をイタリアに置いた。それ以来、アザグリーはシンプルだが高級なイブニングシューズやブライダルシューズのデザイナーとして知られている。

シグニチャースタイル：ジョセフ・アザグリーはクラシック風の良く売れる靴のスタイルを貫いて、ファンの忠誠心をかき立てている。

アイコン的シューズ：彼のブライダルシューズは決して主張しすぎず、常に優雅さが感じられる。

ケイ・カガミ KEI KAGAMI
（現代）日本

加賀美敬は日本で建築家としてキャリアをスタートさせた。彼がデザインした概念的で芸術的な靴や服を見れば、それが明白に表れている。建築でのキャリアを断念すると、東京の文化服装学院で学び、1989年にジョン・ガリアーノのもとで働き、1992年にロンドンのセントラル・セント・マーチンズ・カレッジ・オブ・アート・アンド・デザインで修士課程を修了した。1990年代にケイ・カガミのブランドで靴や衣服のコレクションを制作し始め、数多くの展示会を行った。そして、少数ではあるが忠実なファンを獲得した。加賀美はファスナーのYKKがスポンサーとなり、革新的な数々の作品にYKKの製品を使用している。

シグニチャースタイル：加賀美は複数のファスナーをはじめ、装飾素材を多用する。生物を連想させる形をしたアッパーは、想像のつかない新たな方法で足を覆うとともに、それにマッチしたヒールがついている。

アイコン的シューズ：彼のヒールのない靴は足の動きを無視したものに見えるが、ソール内部のスチールで支えられているため、履き心地が良く、歩きやすさはプラットフォームシューズと同程度だと言われる。

マロノ・ブラニク
MANOLO BLAHNIK
（現代）スペイン、チェコ

有名な靴デザイナーのブラニクが、もとは舞台装置デザイナーとしてキャリアをスタートさせたことは興味深い。1970年に幸運にもダイアナ・ヴリーランドと出会い、ブラニクは彼女の推薦を受けて靴のデザインを勉強し始めた。1971年、彼はロンドンに移ってオジー・クラークのもとで働き、1973年に自身の最初の店を開く。マロノ・ブラニクの名前は、驚くほど巧みに作られたスティレット・ヒールと同義語となり、CFDA（アメリカファッション協議会）から3度の賞を受け、英国ファッション協会からも3度の賞を受けた。2007年にはOBE（大英帝国四等勲士）を授かっている。また、2001年にはスペイン国王から勲章を贈られた。2003年、書籍や雑誌記事で使われたブラニクのデザインスケッチの展覧会が、ロンドンのデザイン・ミュージアムで行われた。

シグニチャースタイル：マロノ・ブラニクは主に派手な装飾を用いたスティレット・ヒールを作っているが、どれも優雅さを伴う洗練されたデザインだ。シーズン毎にテーマを持ったコレクションを展開しているため、靴にストーリーが与えられ、ロマンチックな解釈を可能にしている。

アイコン的シューズ：ストラップのついたスティレット・ヒールのサンダル「オジー」は、1972年にイギリス人ファッションデザイナーのオジー・クラークのために作られたもの。このサンダルの人気が衰えたことはない。

▶ 柊 からのインスピレーション
マロノ・ブラニクが動植物からインスピレーションを受けたコレクションより。表情に富んだ水彩スケッチは、柊の葉で飾られたスティレット・ヒール「ロゴージン」のために描かれた。

デザイナーとブランド 127

マーク・ジェイコブス
MARC JACOBS
(現代) アメリカ

マーク・ジェイコブスはパーソンズ・スクール・オブ・デザインで学び、1993年までペリー・エリスのもとで働いた。ジェイコブスと長年にわたるビジネスパートナーのロバート・ダッフィーが1980年代中頃に会社を立ち上げ、何度かの紆余曲折を経て、アメリカで最も知られるブランドの1つを築くにいたった。2人はマーク・バイ・マーク・ジェイコブス、リトル・マーク・ジェイコブス、スティンキー・ラットなどのブランドで会社を拡大し、1997年にマーク・ジェイコブスはルイ・ヴィトンのクリエイティブ・ディレクターに就任した。

シグニチャースタイル：マーク・ジェイコブスは流行を敏感にとらえたスタイルと、ポップカルチャーやストリートファッションにヒントを得た不遜なユーモアをバランス良く組み合わせ、独特なスタイルを生み出している。たとえば、靴のフロント部分が履きやすいワラビー・ブーツに見えるハイヒール、ネズミのような形やマンガのキャラクターをあしらったバレエシューズのシリーズなど。

アイコン的シューズ：2008年春に、マーク・ジェイコブスはバックワード・ヒールを発表した。典型的なパンプスのように見えるが、ヒールが逆向きになって、靴のつま先側に取りつけられている。

ニコラス・カークウッド
NICHOLAS KIRKWOOD (現代) イギリス

カークウッドは、アレキサンダー・マックイーンやフセイン・チャラヤンなどのアイコン的デザイナーや、彼の初期のメンターだったフィリップ・トレーシーに匹敵するような、コンセプト性が高く、存在感のある靴を作ろうとしてきた。いくつかの学校や仕事を経て、カークウッドは2005年に自らの名前を冠したコレクションを始めた。イタリアとニューヨークで新人賞を獲得し、2008年に英国ファッション協会から新進デザイナーに贈られる賞を贈られる。ロダルテをはじめ、他のデザイナーとも仕事をし、2008年にはジョナサン・サンダースがクリエイティブ・ディレクターを務めるポリーニで、アクセサリーのディレクターに就任した。

シグニチャースタイル：ニコラス・カークウッドは建築に似た、幾何学的、構造的スタイルを持っている。また、非常に多岐にわたる素材で靴を作ることでも知られている。

アイコン的シューズ：フロント部分が三日月形をしたスティレット・ヒールのプラットフォームシューズは、カークウッドを代表するアイコンとなっている。

ナイキ NIKE, INC.
(現代) アメリカ

ナイキは1964年にビル・バウワーマンとフィル・ナイトがブルーリボン・スポーツとして設立した企業で、1978年に社名がナイキになった。本社はオレゴン州のポートランドの近くにある。「ナイキ」という社名はギリシャ神話の勝利の女神の名前から取られ、トレードマークの「スウッシュ」と、「Just Do It (『とにかくやってみよう』という意味)」というスローガンで知られている。最近は、社会や環境への持続性に対する企業イメージの工場に力を入れるとともに、従来と変わらず、技術的進歩をリードしている。

シグニチャースタイル：数多くのスポーツウエア、シューズ、スポーツ用品、スポーツ関連商品を取り扱うが、1971年にキャロライン・デビッドソンがデザインした「スウッシュ」のマークですぐにナイキの製品だと分かる。

アイコン的シューズ：元NBAバスケットボール選手のマイケル・ジョーダンから名前を取った「エア・ジョーダン」。ロゴマークは「ジャンプマン」と呼ばれ、ゴールに向かってジャンプするジョーダンのシルエットを描いている。「エア・ジョーダン」の成功で、ナイキはで最も人気の高いスポーツシューズ・ブランドの1つとしての地位を不動のものにした。

▲ **キャットウォーク上のヘビ**
マーク・ジェイコブスは、キャットウォークを歩くモデルの脚にからまるコブラで、皮肉なユーモアを表現した。

ピエール・アルディ IERRE HARDY
(現代) フランス

　ピエール・アルディは出身地のパリで美術とダンスを学んだ後、靴のデザインに魅了された。アルディは1988年にクリスチャン・ディオールで靴デザイナーとしてのキャリアをスタートさせ、1990年にエルメスに移った。アルディは1999年に女性用の靴のコレクションを始め、すぐに男性用の靴も取り扱うようになった。コレクションでの成功やパリとニューヨークにある3つのブティックに加えて、アルディの知名度を上げたのは、バレンシアガでニコラ・ゲスキエールと仕事をしたことだった。アルディは2001年からゲスキエールとコラボレーションを続け、バレンシアガが流行の最先端を行くブランドとしての地位を確保することに貢献している。

シグニチャースタイル：アルディのスタイルは幾何学的で大胆な形のグラフィックアートにある。木製の化粧板や産業プラスチック、金属に似せた革など、非伝統的な素材を使ったアルディの靴は、重量感があると同時に優雅でもある。

アイコン的シューズ：アルディは自身のコレクションとして、テニスシューズを遊び心たっぷりに再構成して、ヒールの高いスニーカーを生み出した。バレンシアガで2007年に発表したスポーツ用具のように見えるハイヒールから、プラスチックと木製化粧板のヒールがついた2010年秋冬シーズンのワニ革のローファー風パンプスにいたるまで、アルディの靴は常に見る人を驚かせる。

プラダ／ミュウミュウ
PRADA/MIU MIU
(20世紀初期−現代) イタリア

　企業としてのプラダの歴史は、1913年にマリオ・プラダとマルティーノ・プラダが開いた革製品の店にさかのぼる。マリオの孫にあたるミウッチャ・プラダが1978年に継承してからプラダは急速に拡大し、ファッション界で最も影響力のあるブランドの1つに成長した。プラダは1984年から靴を扱うようになり、ヒールの太いメリージェーン、スリングバック、抑えた色調のパンプスの流行に貢献した。1993年から、姉妹ブランドのミュウミュウが展開され、その年にプラダはCFDA（アメリカファッション協議会）のアクセサリー・デザイナー・オブ・ザ・イヤーに輝いた。

シグニチャースタイル：ミウッチャ・プラダは常に1950年代と1960年代に対する感傷的な愛着があり、その時代にインスピレーションを受けた靴が多い。流行と無関係に色調を押さえた靴が多いが、きらびやかな高級ファッションとは異なる、ニュアンスのあるスタイルや知性に訴える美意識でアピールしている。

アイコン的シューズ：ヒールの高いメリージェーンは、ミウッチャ・プラダの名前と同義語となっている。

ロジェ・ヴィヴィエ ROGER VIVIER
(20世紀初期−現代) フランス

　ロジェ・ヴィヴィエはパリ国立高等美術学校で彫刻を学んだ。スティレット・ヒールを最初に作ったデザイナーにふさわしい経歴だろう。1937年に最初のアトリエを開き、フリーランスで複数の企業と仕事をした後、1953年から1963年までクリスチャン・ディオールで、その後、イヴ・サンローランで仕事をした。1953年にはエリザベス女王の即位式の靴をデザインした。彼の作品は、メトロポリタン美術館、ルーブル美術館、ヴィクトリア・アンド・アルバート博物館の常設展に所蔵されている。

シグニチャースタイル：ウンガロ、エルメス、シャネルをはじめ数多くのドレスメーカーと仕事をしたヴィヴィエのスタイルは、優れた職人技術とともに贅沢な魅力が表れている。ロジェ・ヴィヴィエは最も重要なアイテムであるスティレット・ヒール以外にも、「コンマ・ヒール」、「ボール・ヒール」、「エスカルゴ・ヒール」を発表した。

アイコン的シューズ：1960年代の美しいクラシック映画『昼顔』で、主演したカトリーヌ・ドヌーヴがイヴ・サンローランの服に合わせてロジェ・ヴィヴィエの「ピルグリム・パンプス」を履き、そのパンプスは一躍、シグニチャー・アイテムとなった。

ルパート・サンダーソン
RUPERT SANDERSON (現代) イギリス

　ルパート・サンダーソンは広告業界でキャリアをスタートさせたが、すぐに辞めて、コードウェイナーズ・カレッジに入学した。その後、セルジオ・ロッシ、ブルーノ・マリのもとで働き、自分の会社を設立した。現在はボローニャ郊外にある靴工場の株式の過半数を所有し、彼の靴はすべてそこで製造されている。2008年と2009年に英国ファッション協会のデザイナー・オブ・ザ・イヤーを受賞し、エル・スタイル・アワードのアクセサリー部門で最優秀賞に選ばれた。2008年、ルパート・サンダーソンはコリン・マクドウェルとともに若い才能を発掘するコンテスト「ファッション・フリンジ」のシューズ部門を立ち上げた。

シグニチャースタイル：ルパート・サンダーソンによると、彼のデザイン哲学の中心には「少ないものほど美しい」という考え方があり、足元や脚をできるだけ長く、優雅に見せようとしている。

アイコン的シューズ：ポジティブスペース（デザインの中心部分）とネガティブスペース（空白部分）がうまく使われたサンダーソンのスティレット・ヒールのパンプスは、控えめな優雅さが評価されてベストセラーとなった。

サルヴァトーレ・フェラガモ
SALVATORE FERRAGAMO
(19世紀後期−現代) イタリア

　1919年、サルヴァトーレ・フェラガモは祖国イタリアを離れて、カリフォルニア州サンタバーバラに移り、大きな夢を抱いてハリウッドへ向かった。彼の夢はやがて現実となり、初期のハリウッドの数多くのスターがスクリーンの上でも私生活でも彼の靴を履いた。1927年、アメリカで腕の良い靴職人が十分に得られないことから、フェラガモはフローレンスに

戻った。その後、大規模な家族経営の企業を作り上げ、彼の子どもたちが経営面やクリエイティブ面での重要なポストに就いた。サルヴァトーレの死後、彼の子どもたちは1960年代と70年代にブランドを拡大し、バッグ、スカーフ、構成、衣料品も手がけるようになった。

シグニチャースタイル：フェラガモの靴はほとんどが革を使った控えめなスタイルだったが、素材の使用が制限された第二次世界大戦中にスタイルを大きく変えた。その結果、鮮やかな色とりどりの靴を作るようになり、1938年に発表したコルク製のウエッジヒールの靴は頻繁に模倣された。

アイコン的シューズ：1938年、サルヴァトーレはオードリー・ヘップバーンのために細いストラップのついたスエード地のバレリーナシューズを製作し、フェラガモのクラシックシューズとなった。さらに、金色のストラップや虹色のコルク製ウエッジヒールは戦争中の作品としてよく言及される。

セルジオ・ロッシ SERGIO ROSSI
(20世紀中期−現代) イタリア

セルジオ・ロッシは靴職人の息子で、1966年にボローニャで自分の靴を売り始めた。70年代にジャンニ・ヴェルサーチに出会い、1970年代末まで彼と緊密に仕事をした。1980年代に入ると、セルジオ・ロッシは国際的なブランドとなり、店舗を急速に拡大した。1990年代、自身のコレクションを続けるだけでなく、ドルチェ＆ガッバーナやアズディン・アライアとも密接に仕事をするようになった。1999年、グッチ・グループがブランドを買収し、セルジオ・ロッシは2005年に引退した。

シグニチャースタイル：セルジオ・ロッシは贅沢な魅力と、彼がともに仕事をしたイタリア人デザイナーたちが表現するクラシックなイタリアの美意識をいとも簡単に融合させた。

アイコン的シューズ：足首まで伸びたソールが特徴のサンダル〈Opanca〉は、セルジオ・ロッシの特徴的なアイテムだ。

▲ **靴の木**
トレーシー・ニュールズは日常用の靴のカラフルなコレクションで、「靴の木」(シュー・ツリー) に新たな意味をもたらした。

シガーソン・モリソン
SIGERSON MORRISON
(現代) イギリス、アメリカ

イングランド出身のミランダ・モリソンとネブラスカ出身のカリ・シガーソンがニューヨークのファッション工科大学で出会い、1991年に「ガッツ・グラマー&エルボー・グリース」を立ち上げ、すべての靴をトライベッカのスタジオで生産した。2人の靴は1992年にバーグドルフ・グッドマンが販売を始め、その後、他の小売店でも扱われるようになり、1995年に生産をイタリアに移した。1997年、CFDAのアクセサリー・デザイナー・オブ・ザ・イヤーに輝き、1995年にオープンした店舗でもさまざまな賞を受けた。

シグニチャースタイル：モリソンとシガーソンは複数のストラップやひもで遊び、たとえばブーツとヒールの高いサンダルなど、異なるフットウェアのスタイルを融合させた。

アイコン的シューズ：2003年にカラフルなキトン・ヒールのビーチサンダルを発表し、2時間で300足を売り上げた。

テリー・デ・ハヴィランド
TERRY DE HAVILLAND
(20世紀中期−現代) イギリス

テリー・デ・ハヴィランドはイタリアで仕事をした後、1970年に家業を継いだ。ウィンクルピッカー（先端の尖った、つま先の長い靴やブーツ）やプラットフォームシューズ、ウェッジシューズの製造を始めた。ヘビ革で作られたそれらのアイテムは、ロックンロールやグラムロックのファン層に支持された。1975年には、ティム・カリーの古典的作品となる『ロッキー・ホラー・ショー』に靴を提供した。デ・ハヴィランドはキャリアを通じて、さまざまなスタイルや音楽ジャンルに合わせてデザインを変え、「ロックンロールの靴職人」と称された。現在は高級婦人服を展開し、新たに既製服のコレクションも始めた。ブライダルシューズは作らないが、「ハネムーン・ヒール」は手がける。

シグニチャースタイル：金属色や鮮やかな色のヘビ革をはじめとする革を用い、グラマーでセクシーな靴をファンに提供している。

アイコン的シューズ：テリー・デ・ハヴィランドはプラットフォームシューズを幅広く用いた最初のデザイナーの1人であり、彼によってプラットフォームシューズの人気が高まった。

ティア・カダブラ THEA CADABRA
(20世紀後期−現代) イギリス

ティア・カダブラは1970年代のロンドンのアートや派手なグラムロックの影響を受け、服のデザインを手がけるようになり、その後、靴の制作も始めた。1979年マーガレット王女が開催したクラフツ・カウンシル・シューズ・ショーに「オールウェザー・シューズ」で参加し、最初の最優秀賞に輝いた。さまざまな天候を表すシンボルマークで装飾された靴で、カダブラのユーモアが表現されていた。ヨーロッパとアメリカで仕事をした後、カダブラは2004年にロンドンに戻り、イタリアにある小さな靴職人の工場とともに仕事をしている。

シグニチャースタイル：カダブラのデザインは鮮やかな色彩が数多く使われ、エキセントリックなグラムロックシーンにふさわしい靴をデザインした。

アイコン的シューズ：「チャイニーズドラゴン・シューズ」、「サスペンダー・シューズ」、「ロケット・シューズ」はすべて、典型的なカダブラのスタイルだ。特筆すべきはパテントレザーを使った「メイド・パンプス」で、アッパーには白い縁取りがなされた、足首の後ろ側に白いリボンがつき、ヒールは女性の脚がかたどられている。

トッズ TOD'S
(現代) イタリア

ドリノ・デッラ・ヴァッレはイタリアのマルシェにあった地下室で靴のビジネスを営んでいた。変化が起きたのは、1970年代に息子のディエゴ・デッラ・ヴァッレがアメリカの百貨店向けに靴の生産を始めたときだった。その事業が急速に拡大してトッズが生まれ、ライフスタイル・ブランドである「ホーガン」と「フェイ」も作られた。1990年代、トッズはロジェ・ヴィヴィエを買収し、靴市場におけるポジションを拡大した。

シグニチャースタイル：カジュアルではきやすいソフトレザーの靴。ヒールは平らか低い。

アイコン的シューズ：ソールにシグニチャーとも言える133個のラバー突起が配置されたドライブ用シューズの「ゴンミーニ・モカシン」は、間違いなく一目でトッズの靴だと分かる。

トレーシー・ニュールズ
TRACEY NEULS
(現代) カナダ

コードウェイナーズ・カレッジを卒業したトレーシー・ニュールズは、2000年に初めてとコレクションとなる「ティエヌ29」を立ち上げた。彼は2005年にブティックの開設に成功し、その後、「オマージュ」と呼ばれるラインを展開した。「オマージュ」はその名が示唆する通り、職人技に対する由緒ある伝統を新たな現代的アイデアに取り入れたものだ。ニュールズは自分の作品に主に影響を与えたものとして、20世紀初期の家具デザイナーであるアイリーン・グレイを挙げている。また、革新的なアイデアに対して、複数の賞を受賞している。

シグニチャースタイル：トレーシー・ニュールズの靴で最初に目につくのは、興味深い形のヒールであることが多い。ヒールは装飾的要素であるとともに、履きやすさを重視した快適な靴にするための要素でもある。

アイコン的シューズ：トレーシー・ニュールズは素材や形を試し、新しい手法で並べることにより、洗練された、ユーモアのあるスタイルを築いた。たとえば、2011年のコレクションで発表された靴は革のアッパーの上に赤の釣糸を使い、レースのように見せている。

132　セクション3：フットウエア

スタイルセレクター

目的　さまざまな靴やブーツのスタイルを分析する。

どんなに意欲的な靴のデザイナーでも、基本的な靴のスタイルを理解しておく必要がある。ここでは2ページにわたり、主要なスタイルを挙げた。どのようなファッションが求められても、これらの従来からある靴やブーツのスタイルから、デザイナーとして解決しなくてはならない課題の答えの多くが得られるだろう。驚くほど斬新な靴型が使われていても、ヒールの高さに違いがあっても、どんなに意外な素材を用いていても、いかに極端なラインが描かれても、ほぼすべてのデザインの原型はこれらの基本的なスタイルに見出せる。

メリージェーン

ストラップが足の甲を覆っている。

足の甲にかかるストラップで固定する靴。ストラップは側面についたリボンやバックルで留めるタイプや中央にリボンがついたタイプがある。変形として、ストラップが2本の「ツインバー」や3本の「トリプルバー」がある。

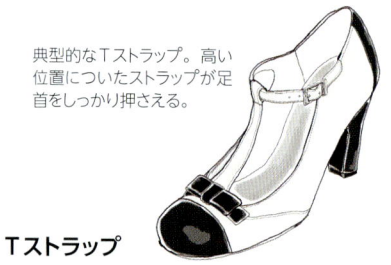

ブローグズ

ブローグズとは男性用の靴に用いられる打ち抜き穴の装飾を指し、ウイングチップの編み上げ靴によく似られる。もとコットランドやアイルランド地方のアウトドアブーツで、雨の水を出すために穴を開ける習慣があった。

Tストラップ

典型的なTストラップ。高い位置についたストラップが足首をしっかり押さえる。

靴の前側から垂直に伸びるストラップの先端に穴やループがつき足の甲にかかるストラップと垂直に交差する。ストラップが「T」の文字を描くことから、その名前がつけられた。

ローファー

伝統的な男性用の靴だったが、性別を問わず、カジュアルで履き心地の良い靴として用いられるようになった。着脱が容易で、ヒールが低い。

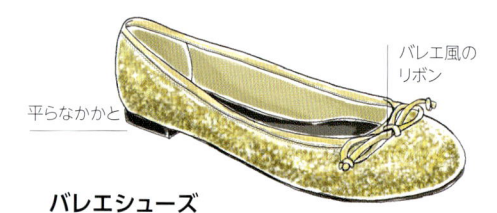

オープントー

つま先部分が開いている。

爪先部分が小さく開き、足の親指だけが見えるタイプの靴。夏向けのフォーマルシューズによく使われるスタイルだが、布製のカジュアルな靴にも見られる。

バレエシューズ

平らなかかと　バレエ風のリボン

かかとが平らか、3-8mmのヒール高の靴で、前側にバレリーナのシューズを模した小さなリボンがついていることから、「バレエシューズ」と呼ばれている。

スリングバック

かかとの上を押さえるストラップ

かかとの上側にストラップをかけて足に固定するタイプの靴。ストラップ以外のかかと部分は開いている。スリングバックはフォーマル、インフォーマルを問わず、数多くのタイプの靴に用いられるスタイル。

パンプス

ストラップがない。　ヒールがある。

着脱が容易で、ヒールのある靴。先端のラインによって、ストラップやひもを使わずに足に固定する。

モカシン
もとはネイティブアメリカンが履いていた、柔らかい革でできた靴。ソール（靴底）とサイド部分が1つの革パーツからなり、その上に別のパーツ（爪先革）がつく。フリンジやビーズで装飾される。

ミュール
かかと部分が覆われていない。

ミュールとはかかとを覆う部分がまったくないフットウエアで、爪先は開いている場合も閉じている場合もある。爪先革は1つまたは2つ以上のパーツからなるものと、単にストラップだけのものがある。

スニーカー
足の甲の部分をひもで留め、ゴム製のソールがついたスポーツ用シューズ。以前はスポーツ用シューズを総称して「テニスシューズ」とも呼ばれた。

モンクストラップ
伝統的には男性用の靴で、靴ひもがなく、アッパーについた1つまたは2つのバックルで留める。女性用のタイプもファッションとして取り入れられることがある。

サンダル
普通はストラップで構成されている。

主にストラップで構成され、爪先をはじめ足のほとんどの部分が見える。温かい気候に合わせてデザインされたフットウエア。サンダルは、イブニング用、ビーチ用、カジュアルなものなど、あらゆる種類がある。

ギリー
バレエシューズに似ているが、ギリーはアイルランドやスコットランドのダンスで用いられる。柔らかい革で作られ、リボンやゴムひもを甲の部分まで交差させて編み上げる。さらに足首に結びつけるデザインもある。

ダービー
爪先革の上に靴ひも用のハトメがついた男性用の靴。「オープン・レーシング」とも呼ばれる。オクスフォードよりカジュアルな靴として位置づけられる。

トングサンダル
足の親指と人差し指の間に短いストラップがある。

足の親指と人差し指の間にトング（留めひも）が入ったタイプのサンダル。2本のストラップだけで構成された非常にシンプルなスタイルだが、スポーティなものから豪華なデザインまであり、ヒールの高さも、まったく平らなものからハイヒールまである。

アンクルブーツ
くるぶしより上からふくらはぎの中央くらいまでの高さのブーツ。

ニーハイブーツ
反体制運動がさかんだった1960年代にマリークワントが流行させたブーツ。ひざの高さまであるブーツはミニスカートに合わせる最高のフットウエアだった。1960年代は、ビニール製でヒールの低いものが多かった。

オクスフォード
爪先革に狭い2本のステッチが入り、靴ひもで留めるタイプの靴。爪先に打ち抜き穴の装飾があるものや、伝統的なウイングチップのデザインがある。靴ひも用のハトメは爪先革の下に縫いつけられ、「クローズド・レーシング」とも呼ばれる。

エスパドリーユ
ソールがラフィアやジュート作られ、アッパーがキャンバス地で作られた靴。もとはカタロニア地方の農夫が履いていたが、今ではビーチ用のフットウエアとして人気がある。1950年代のスタイルでは、足首にキャンバス地のストラップを巻いた。

134　セクション3：フットウエア

構 造

目的　靴を構成するさまざまなパーツについて学ぶ。

もしあなたが靴好きであれば、
靴の隠されたパーツを発見するのは楽しいことだろう。
靴の内部を理解することで、
外側から見えるものからよりもはるかに多くのことが学べ、
あなたのデザインスキルの基礎となる知識が広がるだろう。
ここでは、男性用、女性用、子ども用に展開され、
ファッションアイテムとしても
スポーツ用にも使われる
ダービーを取り上げる。

▼ **ダービーの構造**
バックシームは縫い割り)、トップライン(履き口)は折り込み処理、タン(舌革)部分は裁ち端となっている。靴ひも用の穴にはハトメが使われていないため、穴の部分は特に強く補強されている。

　外から見えない靴内部のパーツは非常に重要だ。履く人の体重を支えるための構造をなすパーツもあれば、靴の形を保つパーツ、足を支えるパーツもある。靴の構造を形成するのは、ヒール、シャンク(土踏まず芯)、インソール(中底)だ。ヒールとシャンクがともに履く人の体重を支える硬い構造を作り出す。シャンクがなければ、ヒールとインソールがぐらつき、靴を履いて歩くことができないかもしれない。かかとが平らな靴だけは例外で、インソールとソール(靴底)だけで十分に構造を保つことができる。

　トーパフ(先芯)とヒールの芯は、靴型の形に合わせて形成され、靴の形を保つ。ヒールの芯は、歩くときにヒールを支える機能もあり、足を靴の中の適切な位置に保つ。また、靴ひもを通す穴が伸びたり、アッパーの素材を痛めたりしないよう、補強材を使って穴が開いている部分(フェーシング)を補強する。ストラップやバックルなどの留め具がつく靴はすべて、この部分が補強される。あらゆる留め具に相当な圧力がかかるため、こうした補強はとても重要だ。アッパーの素材と裏張りだけでは、留め具にかかる力に耐えられない。

課題：靴の分解

　靴を分解することで、使われているすべてのパーツを確認できる。ここに例示しているものとは違うタイプの靴も分解し、知識を広げよう。靴の片方を完成見本として取っておき、もう片方を分解する。各パーツを取り外すたびに写真を撮り、正確な名称のラベルをつける。アッパーをインソールから外すときは、その前にソック(中敷き)、ソール、ヒールを外すこと。アッパーのパーツを外す際には、スカルペルを使って慎重にステッチをほどく。

1. **トップリフト**　ヒール先端を覆う丈夫な素材のパーツで、ヒール本体を損傷から保護する。
2. **ヒール巻き**　正確な形に裁断された革で、ヒールに貼りつけてアッパーと見た目を同じにする。
3. **繊維板の補強材**　靴の後ろ側でアッパーと裏張りの間に挟み、かかとの形を保つとともに、歩くときに足を支える。
4. **クォーター(腰革)**(2点)　縫い合わされて、アッパーの後ろ半分を構成する革のパーツ。
5. **バンプ(爪先革)**　アッパーの前側を構成する革のパーツ。クォーターと合わせる位置に銀色のペンで印がついている。
6. **ヒール**　木製のヒールは内部に金属の構造を入れなくても、人の体重を支えるだけの強度がある。
7. **トーパフ(先芯)**　つま先部分を強化し、形を保つためにバンプとバンプの裏張りの間に入れる補強材。
8. **フェーシングの補強材**(2点)　靴ひもの穴を開ける部分を強化するためにクォーターとクォーターの裏張りの間に入れる丈夫な補強材。
9. **バンプの裏張り**　靴内部の前側を覆い、硬いトーパフで足がこすれるのを防ぐ。
10. **ソック(中敷き)**　制作プロセスの最後の段階でインソールを覆うために取りつけるパーツ。表面がなめらかで、履き心地が良くなる。
11. **クォーターの裏張り(腰裏)**(2点)　カウンターの裏張りと縫い合わせ、靴の後ろ側の裏張りとなる。
12. **カウンター(月型芯)の裏張り**　クォーターの裏張りと縫い合わせ、靴のかかと部分の裏張りとなる。かかとが脱げにくくなるように、カウンターの裏張りにスエードを使うこともある。
13. **ソール(靴底)**　合成ゴム製。縁に丁寧に丸みをつけ、アッパーと同じ黒に着色している。
14. **シャンク(土踏まず芯)**　スチール製の補強材でインソールに固定し、ヒールの後ろ側と接合面の橋渡しとなる。靴の形を維持し、体重を支える。
15. **インソール(中底)**　靴内部の中心的なパーツで、シャンク、アッパー、ソール、ヒールが取りつけられる。

構造 **135**

靴のパーツ

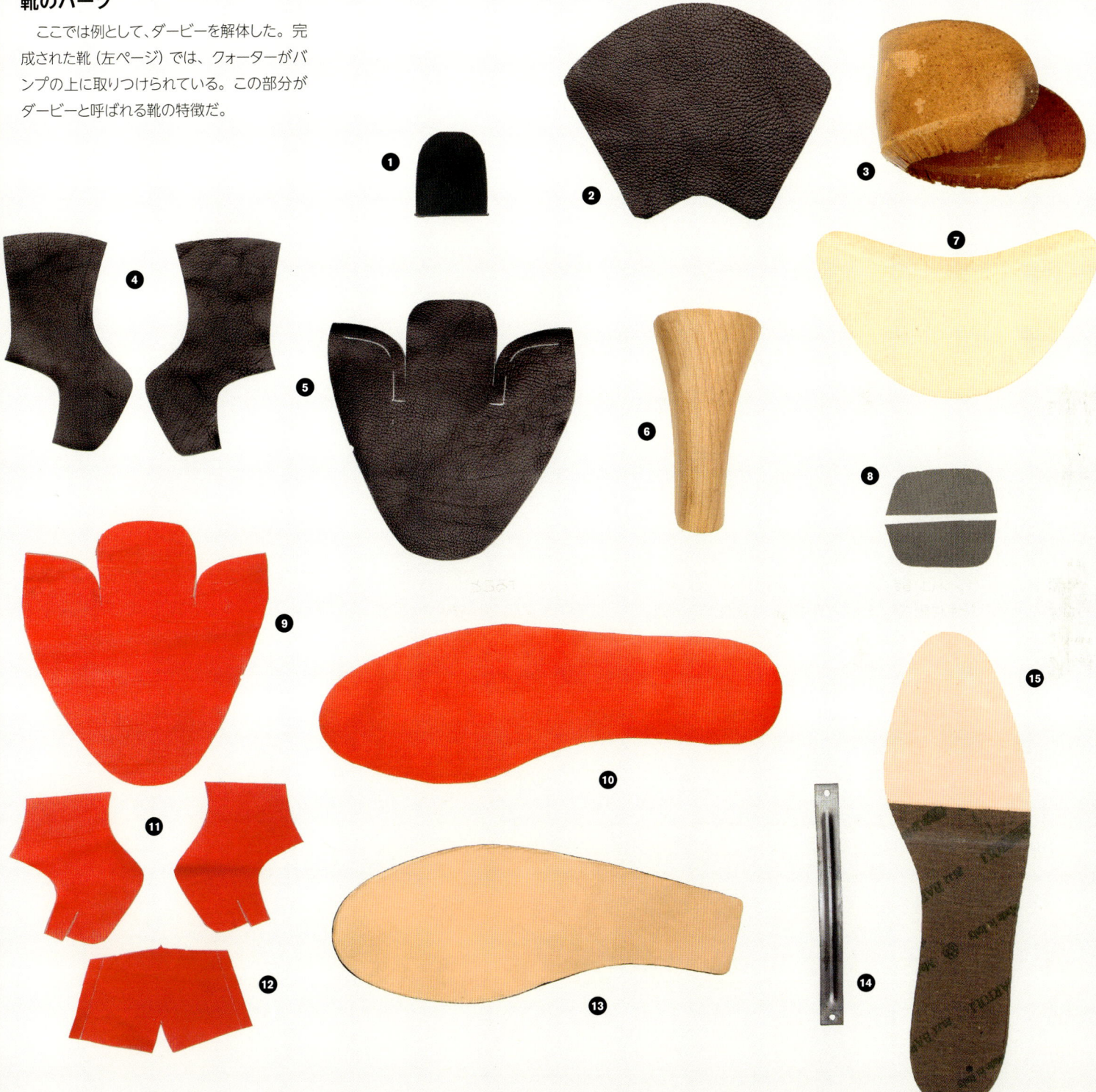

ここでは例として、ダービーを解体した。完成された靴（左ページ）では、クォーターがバンプの上に取りつけられている。この部分がダービーと呼ばれる靴の特徴だ。

デザイン上の留意点

目的 フットウエアをデザインするときに考慮すべき重要な点について学ぶ。

デザイナーとして、あなたは製品のあらゆるディテールを
考慮しなくてはならない。
リサーチの段階が終わり、
シーズンの方向性が決まったら、
あなたはすべての情報を効果的に結びつけて
活用する必要がある。
以下に示すアプローチを順に取っていけば、
各プロセスで求められる課題に十分に集中できるだろう。

靴型

　靴型の制作はそれだけで独立した技術であり、完全に習得するには長期にわたる見習い修行が必要となる。デザイナーは靴型職人の力を借りながら、シーズンで求められる靴の形を生み出すとともに、靴のフィッティングの質の高さを実現することになる。ヒールの高さが同じであれば、ほぼすべての靴型で、後ろの部分からジョイントまでの「バックパート」と呼ばれる部分が同じような形になる。靴の形に変化が生じるのは主として、「フォアパート」と呼ばれるジョイントの前側だ。デザイナーは自分のコレクションで独特の爪先の形を作り出すために、靴型のフォアパートを変え、靴型職人に新たな形に応じた左右ペアの靴型の制作を依頼する。この際、バックパートには手をつけない。靴型職人だけがバックパートを作り変えて、適切なフィッティングを維持する技術を持っている。靴型はあらゆる靴の土台となるため、デザイナーにとってはシーズンのルックを忠実に表現できる靴型を得ることが非常に重要だ。

　靴型は、幅広の足であればジョイント広げ、幅の狭い足ではジョイントを狭めるなど、それぞれの足の形に合わせて修正される。オーダーメードであれば、顧客の足の寸法に合わせて靴型を変えることになる。この作業には非常に時間がかかり、オーダーメードの靴の価格が高くなる理由の1つでもある。

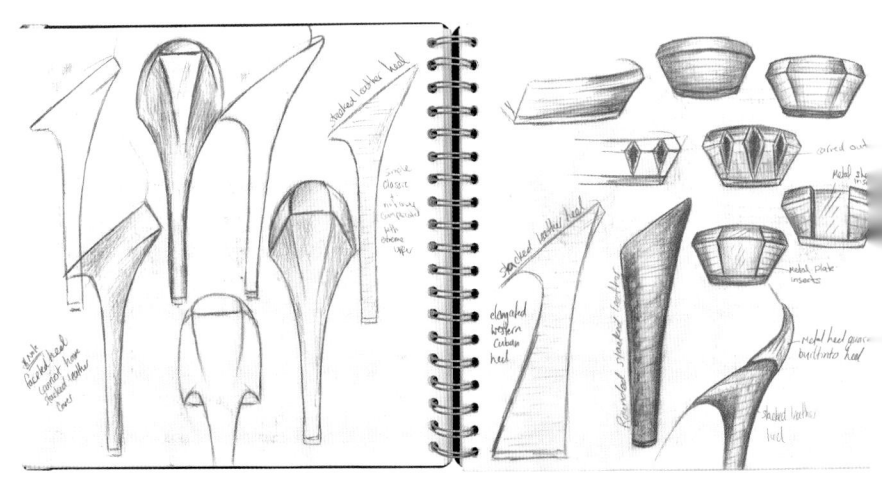

ヒール

　靴型はヒールの高さに応じて作られるため、靴型の制作に入る前にヒールの高さを決めておく必要がある。シーズンで表現しようとしているルックはどのようなものだろうか。表現したいのは、かわいらしさか、セクシーさか、美しい曲線か、それとも強烈なインパクトだろうか。そうしたことを考慮しながら、平面でのデザインに着手しよう。靴のデザインを描く際には、必ずヒールのアイデアも含めること。ヒールを別に考えてはならない。満足がいくまでさまざまな形を試し、あらゆる角度からスケッチを描く。横からや後ろから見たスケッチだけでは十分ではない。プラットフォームを使うのであれば、ヒールと合わせてプラットフォームのデザインをしなくてはならない。イメージ通りのルックを得るためだけでなく、プラットフォームが靴の高さを上げるため、ヒールを正確にデザインするのに必要となるからだ。プラットフォームとヒールが一体となって靴底部分を構成する場合もあり、「ユニットソール」と呼ばれる。

　興味深いことに、ヒールは靴のパーツの中で最も早く流行が変化することが多い。自分の持っている靴や、前の年のファッション誌で確認してみよう。ヒールは靴のパーツの中で、ファッションの流行と最も密接な関係を持っているということだ。さらに、あなたがデザイナーとして、新しいヒールのアイデアを頻繁に生み出すことが期待されるという意味でもある。

プロポーションとサイズ

　靴をデザインする際には、1mmの差でも違いが出るということを常に念頭に置いておく必要がある。プロポーションやサイズを変えてみるのは、クリエイティブなプロセスの一部だ。

▲ ヒール
デザイナーがさまざまなヒールの型地やディテールをスケッチブックの上で試している、影をつけることで面が強調され、3次元に近い効果が得られる。コレクションの統一感を保つため、ヒールの高い靴と低い靴とで似たようなディテールが異なる方法で用いられている。

▶ 縁の仕上げと処理
ここに示す例から、同じ仕上げでも、穴飾りから見える色やステッチの色、素材の縁の処理方法によって、どのようにルックが異なるかが分かる。

デザイン上の留意点 **137**

同じアッパーを使ったパンプスでも、先が尖り、目が回りそうなプラットフォームにとても高いヒールがついているパンプスと、先が丸く、キトン・ヒールのパンプスでは、まったく違う印象になる。同じように、爪先の長さが1mmか2mm変化するだけでも、靴の印象が大きく変化する。極端なデザインを試して、実際に着用できる製品が仕上がるようにアイデアを洗練していくことは、デザイナーにとって良い練習となる。そうすることで、プロポーションを見極める優れた目を養うことができるだろう。

素材、色、質感

色はシーズンから大きな影響を受けながらコレクションに刺激を加え、質感はコレクションに奥行きを与える。素材を選ぶ際には、この点とともに製品に対して適切かどうかを十分考慮すべきだ。使用する素材、色、質感によって、コレクションのムードが決まる場合が多い。

たとえば、穴飾りのような小さなディテールを加えることも可能だ。穴飾りを開けた部分をふさぐため、穴を開ける素材の下に別の層が必要になる。下にくる層は同じ色でも対比色でもよく、それぞれ異なる効果を生む。

ソールやユニットソールも忘れてはならない。その素材、厚さ、色、質感がすべて、仕上がりに違いを生じさせる。

- ソールのコバ（エッジ）が薄く繊細に仕上げられていると、優雅な雰囲気を生む。靴底にブランドのロゴを型押しすると、この効果をさらに高める。
- カジュアルやトラッドな雰囲気を出すには、フォアパートの周囲までコバを伸ばし、革の帯を太い糸で縫いつけて厚みを出す方法もある。
- スニーカーではまったく異なるタイプのユニットソールを用いる。ユニットソールは、複雑な模様や形に形成された合成素材などで作られる。
- 可能性は無限にある。店舗で男性用、女性用、子ども用など、あらゆるタイプの靴を観察することで、インスピレーションが生み出されることもある。

色

色の使い方で靴のルックはまったく変わる。強い対比色と柔らかいトーンオントーン配色では、まるで違う印象になる。シーズンで使う色が決まったら、消費者のさまざまなニーズを考慮に入れ、それらの色を使って最大の効果が出せるよう、実験してみるべきだ。たとえば、赤とゴールドのコンビは特別な機会には完璧であっても、オフィスでは受け入れられないだろう。冬の白は、天候によっては問題ないかもしれないが、もし冬に雪や雨の多い都市での売上が大半を占めるなら、実用的とは言えない。ワンカラーの靴は幅広い服装と合わせられるため、多くの数が売れる。展開する製品の中には、ワンカラーの靴を複数用意しておくべきだ。ワンカラーの靴を面白く見せるには、裏張り、細かい手縫いのステッチ、対比色のソールなどを使って変化をつける方法もある。各シーズンでワンカラーの靴、微妙に異なる色を組み合わせた靴、強い対比色を使った靴の適切なバランスを取る作業には、長い時間がかかる。

質感

質感がもたらす影響も大きい。同じデザインで、同じ色の靴であっても、パテントレザーとスエードでは、完全に異なる印象に仕上がる。微妙な効果が必要となる部分で、異なる質感を組み合わせると魅力的なデザインが生まれる。ヘビ革、カーフ、スエードを組み合わせたワンカラーの靴は、対比色を使った靴とまったく異なる仕上がりになる。ただし、質感の異なる素材を使う場合は、性質に留意しなくてはならない。スエードは水を吸収しやすいので、冬用の靴やブーツのフォアパートにあまり適した素材とは言えない。だが、そのシーズンの流行が完全にスエードを必要としているのなら、そうした実用面での配慮は必ずしも最優先とならなくなる。

2次元の課題: 靴のデザインにおける色使い

1. あなたのデザインから2種類を選び、それぞれを50回スケッチする。
2. それぞれを異なる方法で彩色する。
   - 対比色を用いる際の量を検討し異なる割合で試す。
   - 1つの色の濃淡を変えて使うことを検討する。
   - 何色が使えるかを検討する。1色、2色、3色など、色数を変えて試す。
   - 異なる色を異なる場所で使うことを検討する。
3. それらの結果を分析し、あなたのデザインでどれが適切かを評価する。

2個と1個の穴飾りを使った、ぎざぎざの縁取り。「ブローグ」と呼ばれることもある。

シンプルな穴飾りを並べた折り込み処理。

シンプルな穴飾りを並べたパイピング処理。幅の異なる2種類のパイピングが示されている。

▼ 穴飾りで作る模様
クリーム色の革に大きさの異なる穴飾りで作り出した模様。男性用の靴の爪先に装飾として用いられる。穴飾りの下に対比色を使うことでディテールに注目を集める。

138　セクション3：フットウエア

1　違う色の革でパイピングした裁ち縁
2　ポニーの革でパイピングした裁ち縁
3　ポニーの革でバインディングした縁
4　ポニーの革で縫い目をパイピングしたもの
5　裁ち縁を違う色の裁ち縁の革で縁取りしたもの
6　違う色のスエードでバインディングした縁
7　違う色の革でパイピングした裁ち縁
8　違う色の革でバインディングしたポニーの革

▲▶ 縁の処理
デザイナーは製品展開の中であらゆる素材や色を試し、どれが最大の効果を発揮するかを調べている。

重ね縫い：アッパーの素材の片方をもう1枚の上に重ね、重なっている部分にステッチが見えるようにして、2枚の素材が縫い合わされている。上側の素材は裁ち縁となるため、織地には適さない。

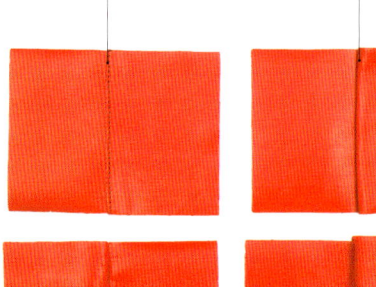

地縫い返し：2枚のアッパーの素材の表側を合わせて縫う。両方の縫い代を片側に寄せて2枚の素材を開き、平らにすると、アッパーの素材の縁が曲線になる。ステッチは見えず、洗練されたなめらかな仕上がりになる。

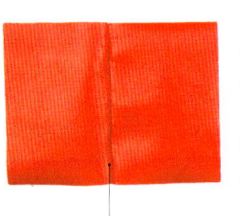

縫い割り：2枚の素材の表側を合わせ、縁に近い部分で縫い合わせる。縫い代はそれぞれの側に倒して開き、平らで整然とした仕上がりになる。靴のバックシームの大半で使われる縫い方。

突合せ縫い：2枚の素材の裏側を合わせて縫い、縫い代をアッパーの上に立てて2枚の素材を開く。カジュアルな仕上がり。

構成技術（縫い目と縁の仕上げ）

小さなディテールが靴のルックに大きな変化をもたらすことがある。デザイナーは標準的なテクニックから幅広い選択肢を得られる。

- 縫い割りはステッチがわずかに見えて、整然と洗練された雰囲気に仕上がる。
- 重ね縫いはすべてのステッチが見えるためカジュアル感が強い。ステッチをすべて隠すには、地縫い返しが用いられる。
- 裁ち縁は縁の処理として最もシンプルだ。素材の繊維を隠すために同じ色で仕上げることも、対比色を使ってデザインに変化を与えることも可能だ。レーザー裁断すれば、さらなる処理を必要とせずに縁を仕上げることができる。裁ち縁は、連続した扇形やぎざぎざの形に裁断することもできる。
- 袋（織り下げ）処理は、デザイナーがステッチをまったく見せたくない場合に用いられる。
- 折り込み処理は、美しく整然とした仕上がりになる。ステッチは外から見える。
- パイピング処理は非常に美しく、パイピングの内側にひもを加えることで、さらにボリュームを出せる。靴の色と同じパイピングから、対比色のパイピングや素材の異なるパイピングに変えると、靴の雰囲気がさらに変わる。
- 縁取りをつけることで、さらなる可能性が生まれる。靴と同じ色にするか対比色にするかで変化が生まれ、さらに縁取りの素材や幅によっても変わる。

さまざまなテクニックやその使い方を理解することで、あなたがデザインに使える「語彙」が飛躍的に拡大する。店舗で靴を観察する際には、こうした小さなディテールに注意を払い、それぞれがどの程度の頻度で使われているかを見てみよう。

付属品と装飾素材

プレーンなパンプスやバレエシューズを除けば、ほぼすべてのフットウエアに何らかの留め具や調整用の部品がついている。そのため、靴やブーツに使われる留め具の種類を考慮しなくてはならない。どんな選択肢があり、それぞれの製品にどのような付属品が適切であるかを調べるのは、デザイナーの責任だ。見本市やサプライヤーを訪ねることで、入手可能な製品の種類が分かり、正しい選択をする手助けとなる。p. 234-236を参照。

- バックルはさまざまなサイズ、素材、仕上げのものが作られている。ストラップによって靴を足に固定する場合には、バックルに非常に強い力がかかるため、

▼ 装飾素材
既製品の装飾素材には非常に多数の選択肢がある。レースのパネルは靴の前部分に使え、タッセルはブーツの脚部分に使える。2種類の薔薇はフェミニンなディテールを加える。

デザイン上の留意点 **139**

強度が重要になる。
- マジックテープは他の留め具よりも簡単に止められるため、子どもや高齢者向けの靴によく使われる。マジックテープを留めたときに靴が安定するよう、マジックテープを留める部分を大きく取ることが欠かせない。デザイナーが考慮しなくてはならない点だ。
- 靴を着用しやすくするため、伸縮性のある素材を使うこともできる。バレエシューズのトップライン（履き口）に用いて足をしっかりと固定することや、靴やブーツに柔軟性をもたせてフィット感を高めることも可能だ。伸縮性のあるマチを使ったブーツは、マチのないブーツに比べて、幅広いサイズの脚に対応できる。
- 編み上げ靴やブーツは、ハトメかカギホックと靴ひもが必要だ。これらも、さまざまなサイズ、素材、仕上げのものがある。
- ファスナーはブーツの留め具として最もよく使われるが、靴やサンダルの後ろ側に用いて、他の部分のデザインをシンプルに抑えることもできる。
- 靴の留め具として使えるような、適切な大きさと強度のマグネット製の留め具が作られるようになった。アッパーと裏張りの間にはさむことでマグネットを完全に隠すことができ、デザイナーにとって新たな選択肢となる。
- 装飾素材はデザイナーがデザインして作ることも、留め具と同様にメーカーから調達することもできる。見本市やサプライヤーを訪ねると、金属、プラスチック、布地、アクリル樹脂、レース、毛皮、ゴム、羽根など、さまざまな既製品の装飾素材が提供されている。革や布地のリボン、立体的な装飾素材、毛皮の玉、羽根飾りなどは一般に、デザイナーがまず考案して、靴の製造業者が生産する。うね織りのリボンは革で作った同じリボンとは違って見える。また、リボンの幅を2mm変えるだけで別の雰囲気が出る。金属製にすれば、まったく違う効果が生まれる。最適な方法を見つけるために実験を重ねることが重要だ。
- 金属、プラスチック、ディアマンテのスタッズ、ビーズ、リボン、刺繍は、靴のデザイナーがよく用いる装飾方法だ。それらのアイテムをどこで調達でき、どのように使えるかを知ることで、自分の創造的な「語彙」をできるだけ広げよう。

3次元の課題：
小さいディテールの重要性を見出す

素材のサンプルを小さな長方形に裁断して、以下を試してみよう。
- 標準的な糸を使って、できるだけ細かいステッチで縁を縫う。
- 標準的な糸を使って、できるだけ粗いステッチで縁を縫う。
- 太い糸を使って縁を縫う。
- これらすべてを2列のステッチで繰り返す。
- 3列のステッチで繰り返す。
- 対比色の糸で繰り返す
- 別の対比色の糸で繰り返す。

このリサーチが自分のデザインにどのように利用できるか、考えてみよう。

主なステップ

靴をデザインする際に考慮しなくてはならないことは、以下の通りだ。
- 靴型とヒール
- プロポーションとサイズ
- 素材、色、質感
- 構成テクニック
- 付属品と装飾素材

用語集

靴型：
靴の形を作り出す型。

装飾素材：
靴の装飾的なパーツで、特に機能を持たないもの。

バックパート：
靴型の後ろからジョイントまでの部分。

フォアパート：
靴型のジョイントから爪先までの部分。

付属品：
靴の留め具に関連する機能的なパーツ。

▲ **靴**
基本的な方法を用いて作られた、異なる雰囲気の靴のごく一例を挙げる。装飾素材、珍しい素材の組合せ、色、寸法、縁の処理などが女性用の靴の可能性を広げる。男性用の靴なら、ポニーの革、一般的な革、アクリル樹脂、縫い目の意外な配置などが面白い効果を生み出す。

素材と装飾素材

目的 フットウエア産業で使われる素材と装飾素材について学ぶ。

素材や素材の性質に精通することは、あらゆるデザイナーにとって価値がある。すべての素材の可能性を知っておくことがデザインする上で必要不可欠なツールだ。そうした知識を武器にして、デザインするすべての靴に適した素材を選ぶことが可能になる。最適な素材を選ぶためには、各素材が製造プロセスや着用時にどのように機能するかを知ることが重要だ。見本市を訪れることで、フットウエアで使われる素材と装飾素材の全体像を理解することができる（p.234-236を参照）。

素材

フットウエア産業で使われる素材、装飾、付属品の範囲を理解する第一歩として、身の回りにあるさまざまな靴のスタイルに着目することから始めよう。このセクションでは、靴のデザイナーとして知っておくべき主な素材を概説する。新たな素材が次々と開発されているため、常に最新の情報をつかんでおくことが重要だ。将来のトレンドに対する関心、見本市の見学、サプライヤーとの密接なコミュニケーションによって知識を増やし、新たな素材を発見することができる。

革

革は今でもフットウエアで最も一般的に使われる素材だ。革は外見が美しく、形を保つことができ、耐久性に優れ、靴を作る上で必要な性質をすべて備えている。革はすべて個々の動物から取られているため、大きさや形が異なる。つまり、それぞれの革に合った裁断が必要になるということだ。革は頭から尾にかけての縦方向よりも横方向の方が伸縮性に富む。靴制作で革を裁断する際には、この特徴を念頭に置くことが重要だ。つり込み作業を容易にし、靴が靴型の形を保つようにするためにも、爪先からヒールに向けた縦方向よりも横方向に伸縮性が強くなるように各パーツを裁断するべきだ。フットウエア産業でアッパーに最もよく使われる革は、カーフ、サイド、キッドだ。これらの革はナチュラル、シャイニー、パテント、スエードなど、さまざまな仕上げ方法がある。また、ヘビ革から魚の皮まで、エキゾチックな革も頻繁に使われる。羊や豚の革は裏張りによく用いられる。

豚革を選ぶときには、豚の素材を着用することが受け入れられない文化もあるため、注意が必要だ。

キッド：美しく、丈夫な革で、主に女性のフォーマルシューズに使われる。

レース：慣習的にイブニングシューズや特別な機会に履く靴に使われてきた。形を保つために補強用の裏張り素材が必要。

さまざまな革の種類と性質については、62-67ページで概説している。

布地

布地を使うことの最大のメリットは、一定の幅で販売され、必要な長さだけ購入できることだ。素材の構造がどの部分でも同じであるため、切れ端まで活用できる。そのため、革よりも無駄な部分が少ない。布地は何枚も重ねて裁断することができるので、同じパーツを同時に複数裁断でき、裁断にかかるコストを削減できる。

織布

織布はあらゆる天然繊維や合成繊維で作られ、決まった構造を持っている。織り目のゆるい生地は靴制作には適さず、織り目の硬い生地が必要だ。厚みのある織布は、スニーカー、カジュアルシューズ、スポーツシューズに用いられる。一般に、綿かリネンのキャンバス地、コットンドリル、または合成繊維による似たような織地が使われる。ファッション性の高い布製の靴であれば、絹、シルクサテン、綿、リネン、合成繊維が使える。これらは、イブニングシューズや特別な機会のための靴、夏用のフットウエアに用いられることが多い。

不織布

このカテゴリーには、フェルトや革に似せてコーティングされた合成素材が入る。圧力によって繊維を接合した不織布の構造（接着剤を混ぜることもある）により、素材が革のような性質を帯びるため、革の場合と同じ方法でつり込み作業ができる。合成素材の場合は、不織布の表面が合成化合物でコーティングされて仕上がる。だが、これらの素材は革のように形を保つ性質がない。フェルトは水分を多く含むと形が完全に崩れるため、室内用のフットウエアに使われるのが一般的だ。最近では、コーティング処理された合成素材でも、革のように通気性

ダチョウ革風の型押し加工をした革：型押し加工によって革の表面の傷を隠すことができる。

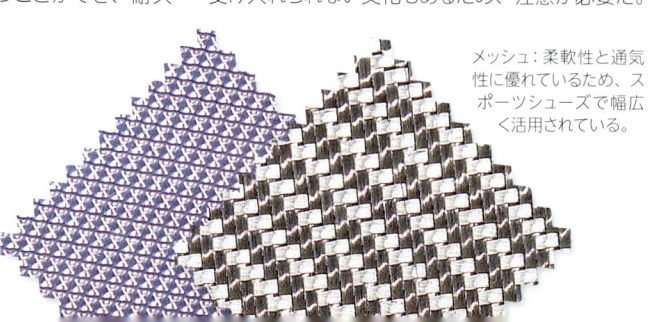

メッシュ：柔軟性と通気性に優れているため、スポーツシューズで幅広く活用されている。

のあるものが開発され、履き心地の良い靴が作れるようになった。ネット構造の上に合成化合物でコーティングされた素材もあり、生産コストをさげるために裏張りや中敷きによく使われる。こうした素材は菜食主義の消費者の間で人気がある。

機能性素材

この20年間で、ファッション性の高いスニーカーの人気が高まり、技術が進歩したおかげで、スポーツシューズのデザイナーは機能性の優れた製品を作れるようになった。革がフットウエアで最もよく使われる素材であることに変わりはないが、現在では機能性素材も革に次いで広く用いられている。かつては、機能性素材の中でナイロンやポリウレタン（PU）、ポリ塩化ビニール（PVC）でコーティングされた素材が最もよく使われていた。洗うことができ、軽いという特性とともに、幅広い色が用意されていることから、消費者に新たな選択肢を提供した。それ以降、さまざまな産業での研究開発が革新的な素材を数多く生み出している。

メッシュやポリバッグなどのポリプロピレン製の素材は、もとは自動車産業用に開発されたものだが、靴のデザイナーも採用している。ほかにも、運転座席に使われるネオプレン、器械体操用の製品で使われるライカやスパンデックス、宇宙飛行士用に開発された新技術による繊維など、新しい素材が作られている。ポリプロピレン製のロープやベルトは、もとは登山用品に使われたものだが、非常に丈夫な特性を生かして、登山ブーツやランニングシューズの靴ひもに活用されている。また、医薬品の研究によって、銀を染み込ませた治癒力のあるメッシュが開発された。今では、本格的なマラソンランナーのシューズの裏張りとして使われている。乾燥剤繊維のメッシュは航海で使うの靴に、通気性の高いメッシュはランニングシューズに、断熱性のあるメッシュはアウトドア用のシューズに用いられる。ハイストリートのファッション性の高いスニーカーから高機能のスポーツシューズまで、消費者の期待が高くなり、それに応えるために素材のイノベーションが役立っている。

芯材と補強材

織布の芯材は、きめ細かく折られた綿にアイロン用接着剤がついているものが一般的だ。素材に厚みを出して形を整え、素材が伸びないようにする働きがある。そうした種類の芯材は、伸びやすいエキゾチックな革のほぼすべてに使用され、スエードに使われることもある。

不織布の芯材はさまざまな厚みのものがあり、アイロン用接着剤でコーティングされている。「ティーバッグ」と呼ばれる不織布は重量が軽く、素材に厚みを出し、素材が伸びないようにするために使われる。「スワンスダウン」も似たような性質だが、ティーバッグより厚く、素材を強く支える必要がある箇所に使われる。内部の補強材が見えないようにし、つり込み作業の際に素材が伸びすぎないようにするために、これらの芯材がクオーター（腰革）に使われることもある。布地のほとんどはこの種類の芯材をつけて、厚みを出し、製造プロセスに耐え得る強度を確保し、素材が伸びることを防ぐ。靴を生産するときには、すでに芯材がついている状態で布地を購入するのが普通だ。シルク、サテン、薄手の綿、リネンはこうした処理が必要となる。

補強材は不織布の芯材と似たような構造だが、さらに強度が高い。あらゆる壊れやすい部分に補強材が用いられ、素材が破れたり伸びたりすることを防ぐ。ひもで結ぶタイプの靴のフェーシングは、ひもを通す穴を開ける前に補強材で強化される。特に強い補強材を使った靴であれば、ハトメをつける必要がなくなり、金属の縁のない穴を整然と並べることができる。それが可能なのはアッパーが革など不織の素材の場合に限られる。また、さまざまな幅の補強用テープも入手できる。バックシームにテープを貼ると、シームが補強されるとともに、シームを覆うことで表面をより平らに仕上げられる。トップライン（履き口）用のテープは非常に幅の狭いテープで、靴のトップラインを補強し、素材が伸びることを防ぐ。バレリーナシューズやパンプスなど、足に靴を固定するものがトップラインだけである靴では特に重要だ。

トーパフとヒールの芯

トーパフ（先芯）とヒールの芯はアッパーと裏張りの間に挟まれる。それらを取りつけることによって、靴の爪先部分とヒール部分がはるかに硬くなる。いずれも靴の形を保つ役割があり、ヒールの芯は足を支える働きがある。トーパフとヒールの芯は一般に熱可塑物質で作られ、つり込み作業の間に熱して柔らかくする。いったん最終的な形に成形されると、冷やされて硬くなる。接着剤でコーティングした繊維板で作られたヒールの芯もある。耐久性が高く、形を保つことができるが、取り扱いが難しいため、ハイエンドの市場だけで用いられる。

絹：丈夫だが薄いため、芯材が使われる。ブライダルウエアの定番。

合成素材：天然素材にはない質感を出すために使われる。

エキゾチックな素材：広く使われ、特別な質感と豪華さが加わる。

合成素材：ファッション性の高い靴にもスポーツシューズにも用いられる。

◀▶ **素材見本**

見本市では、素材の見本をもらえるよう頼んでみよう。ここでは2種類の素材見本を例に挙げた。左はカード状の見本で色違いの同じ革がならんでいる。右はさまざまな色の織地がリングでまとめられたもの。いずれもシーズンで展開されるすべての色がそろっている。

インソール（中底）

インソールは靴全体の基礎となる。伝統的にインソールは革で作られ、ハンドメイドの靴には今でも革が用いられる。現在、最もよく使われるインソールの素材は繊維板だ。セルロースの繊維と合成ゴムで作られ、さまざまな厚さや強度のものがある。柔軟性のある繊維板1枚のインソールは、子ども用や男性用の靴、さらに女性用のフラットシューズに適している。ハイヒールにはさらに強度が必要となるため、タイプの違う2種類の繊維板を合わせて用いる。靴の後ろ部分は、中くらいのヒール高の靴で3mm、ハイヒールで5mmほどの暑さで、非常に硬い。前の部分には1.5mmの厚さの繊維板が使われる。インソールを2枚の繊維板から裁断するときには、正確な位置（ジョイントのすぐ後ろ）で接合するように注意が必要だ。

シャンク（土踏まず芯）

ジョイントと靴の後ろ側の間を補強する幅の狭い補強材で、インソールとともに靴の基礎となるパーツだ。靴のヒールが高くなるほど、シャンクの強度が必要になる。フラットシューズやヒールの低い靴であれば、シンプルな木製や繊維板製のシャンクで十分に補強できるが、ヒールの高い靴には、あまり厚みを出さずに必要な硬さと強度を保つために、溝の入ったスチール製のシャンクが必要となる。

ソール（靴底）

ソールはあらゆる天候や、歩行による継続的な摩耗に耐えるため、丈夫であると同時に柔軟性のある素材で作られる必要がある。ソールは伝統的に革で作られ、オーダーメードのフットウエアやハイエンドの市場では今でも革が使われている。アッパーと比べて摩耗や損傷が大きいため、ソールにはアッパーよりもはるかに厚い、植物タンニンなめしの革が用いられる。底部分の仕上げには数多くの方法があり、シンプルにワックスをかけて磨いたもの、スエードのような効果を得るために起毛させたもの、別の色に着色したものなどがある。ソールのコバ（エッジ）も同様に処理される。ソールに使われる別の天然素材にゴムがあり、天然のクレープゴムや成型されたゴムが使われる。ゴム製のソールは防水加工を施して靴に直接、成型される場合も多い。合成ゴムやポリマー素材もさまざまな色や質感のものがあり、ソールの素材として適している。微小な空気穴を数多く含んだマイクロセルラー構造で、柔らかいスポンジ状となったソールもあり、履き心地が非常に良い。ほかには、タイヤのような模様とともに成形されたソール用素材もあり、好きな大きさに裁断して使える。

◀▶ **ソールの素材**

同じソール用の素材が異なる質感で生産されている（左）。丈夫な構造で、凹凸のある成形のソールユニットは、雨や雪の日でも滑りにくい（右）。このユニットは平らな面があるため、どのメーカーでも適切な大きさと形に裁断することが可能で、用途が幅広い。

素材と装飾素材　143

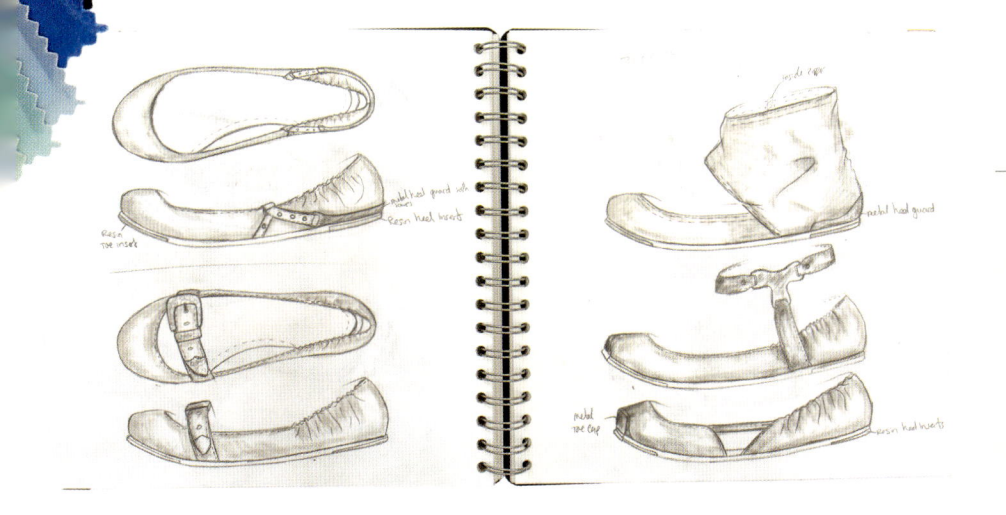

フットウエアに必要なもの

靴はどんな素材でも作ることができ、紙でも作れるものだが、製造に適し、履き心地に優れた素材と、そうでない素材がある。フットウエアはあらゆる気象条件に耐え、足を保護し、体重と歩く動作を支えるものでなくてはならない。素材には、丈夫で柔軟性と耐水性があり、汚れを取ることができるものが求められる。

人が歩くときには、かかとが地面につく瞬間に体重の2倍の衝撃を受ける。それが走るときには体重の3倍から4倍に増える。そのため、ヒールの底は靴のどのパーツよりも早く摩耗する。ヒールを保護するトップリフトは、取り外して交換することができる。成形されたユニットソールではそれができないが、素材にクッション性がある。そのため、体重で衝撃を受けると縮み、体重がかからなくなると元の形に戻ることで、寿命が長くなる。

体重を支える機能の必要性が最も端的に表れているのがスティレット・ヒールで、体重がヒールの小さな先端に集中する。そこはゾウの体重と同程度の力がかかる。

ヒール

ヒールは幅広い素材で作られる。低いヒールや太いブロックヒールは木で作ることができ、素材で巻くか、着色してニスで仕上げる。高いヒールや細いヒールは、強度を増すためにスチール製の芯材を中央に入れ、ナイロンやポリカーボネートを成形して作る。その上に塗料をスプレーで着色するか、革や布地で巻いて仕上げる。男性用の靴のヒールは革を何層にも貼り合わせて厚くし、紙やすりで形を整えて作る場合もある。これが伝統的なヒールの製造法で、「スタックヒール」と呼ばれる。さらに、構造の強度が十分であれば、金属やコルク、アクリル樹脂でヒールを作ることも可能だ。

ユニットソール

ユニットソールとはヒールとソールが一体となったもので、1つのパーツとして成形され、靴の底に取りつけられる。幅広い素材で作ることができ、靴の用途によって素材が選ばれる。

スポーツシューズ用には、「カップソール」と呼ばれる単純な1つのパーツからなるゴム製のユニットソールもあれば、複数のセクションをつなげて作る複雑なユニットもある。特定のスポーツで使う際の履き心地を向上させる、機能性の高い製品だ。ゴム製のカップソールには、ミッドソール（中側のソール）としてエチレン酢酸ビニル（EVA）製の層を入れ、歩くときのクッション効果を高めたものもある。機能性重視のシューズでは、薄いゴム製のア

▲ 伸縮性
製品展開の中で伸縮性のある素材の使用が吟味されている。伸縮性のある素材を使うと、バンプが浅くても靴が足に固定される。

▶ ステッチ
さまざまなハンドステッチのテクニックを試しながら、デザイナーがステッチの手法と位置を模索している。サンプルをさまざまな位置で靴型にあて、視覚的に検証している。

ウトソール（外側のソール）でグリップと摩擦を生み出し、柔軟性を高めるためにEVA製などのミッドソールを入れ、衝撃を吸収するために密度の異なるEVAをヒールに加えるなど、多くのパーツを1つにした複雑なユニットが使われることもある。この種類のユニットはバスケットボール用のシューズによく使われる。

カジュアルな靴は履きやすさが重視され、その時々のスポーツシューズのスタイルに大きく影響される。このタイプの靴には、熱可塑性樹脂（TPR）やポリウレタン（PU）などの合成化合物で作られたユニットソールが広く使われる。発泡ポリウレタンもよく用いられる素材だ。成形過程で空気とともに型に注入され、履きやすいクッション機能のある軽量のソールが作られる。

ファッション性の高い靴では、薄い合成ゴムのユニットソールがかかとの平らなバレエシューズでよく使われ、スポーティなファッションシューズで多少のクッション性があるユニットソールを用いるブランドもある。

ユニットソールは伝統的な靴でも使われてきた。クロッグの木製のソールは厳しい天候から足を守り、コルク性のソールは軽量で通気性があることから用いられた。エスパドリーユの縄底は現在もビーチウエアとして人気がある。

付属品

付属品や装飾素材はフットウエアに欠かせないパーツだ。靴の大半には何らかの形の留め具がつき、付属品には機能性と耐久性が十分にあるものが必要となる。装飾素材には機能がないが、取りつけられる靴と同じだけの耐久性があるようにデザインされなくてはならない。付属品や装飾素材を活用することは、デザイナーにとって面白いディテールを加える豊かな機会となる。

ハトメ、カギホック、Dカン

ハトメは金属の補強材で、靴ひもを結ぶタイプの靴のフェーシングの穴に取りつけられ、穴が伸びたり破けたりすることを防ぐ。ハトメにはさまざまな大きさと仕上げがあり、メタリックな仕上げのものや、着色されたものがある。キャンバス地のスニーカーの内側の土踏まずに近い部分につけられている場合もあるが、気温の高い場所で快適に履けるように空気穴として機能する。カギホックは靴ひもを固定するために、もとはスキー用ブーツで使われたもので、Dカンも同じ目的で用いられる。

靴ひも

靴ひもには。結ぶときや歩くときにかかる力に耐えられるような高い強度が求められる。平らなもの、楕円形のもの、円形のものがあり、長さも幅もさまざまなものが作られている。素材には綿、リネン、合成繊維、混合繊維が使われる。標準的な色や質感、模様だけでも数多くの靴ひもがあり、どんな色や色の組合せでも注文生産が可能だ。

ファスナー

ファスナーはブーツの留め具としてよく使われ、脚に沿ってブーツの上から下まで開けられる。そうすることでブーツが着用しやすくなり、ファスナーを閉めれば第2の皮膚感覚で履けるように、脚部分のフィット感を高めることができる。

伸縮性素材

伸縮性素材はマチ部分に使われ、ブーツや靴に伸縮性を与え、着用しやすくする。ブーツの脚部分に伸縮性のあるマチをつけると、ある程度の幅のサイズに対応できるようになり、製品を着用できる顧客層が広がる。

バックル

バックルあらゆる種類の靴でストラップを留めるために用いられる。幅広い大きさ、形、色、仕上げのものが作られる。素材は金属かナイロンだ。歩くときにかかる力に耐えられる強度があるかを確認することが重要だ。

靴ひも：ここに示したのはほんの一例。素材として綿、革、合成繊維がよく使われる。

マジックテープ

マジックテープはバックルや靴ひもよりも留めやすいため、主として子ども用や高齢者向けのフットウエアに使われる。

装飾素材

装飾素材は想像できる限りの素材、大きさ、形のものがある。機能がないため、他の素材と同じような性質を必要とせず、デザイナーは自由にアイデアをふくらませることができる。金属やディアマンテのスタッズから羽根、花、リボン、チェーン、機能性のないバックルなど、あらゆる装飾素材がある。

素材と装飾素材 **145**

リボン：さまざまな素材があり、ギャザーのあるもの、カジュアルなもの、テーラーメードなどスタイルも多彩。

カギホックと丸カン：靴ひもを丸カンに通すか、カギホックにひっかけて用いる。さまざまな大きさと仕上げのものが入手できる。

ハトメ：靴ひもを結ぶタイプの靴のフェーシングを強化するために使われるのが最も一般的だ。装飾的な素材としても使える。

金属製のカン、Dカン：ここに示した金属製のカンはストラップ同士やストラップを靴のパーツにつなげるときに用いられ、接続部を動かすことができる。さまざまな色や仕上げのものがある。

バックル：ストラップを留めるのに不可欠な付属品。ここでは大きさ、スタイル、色、仕上げの異なるバックルのごく一例を挙げた。

靴型の構造

目的 靴型の構造について学ぶ。

何らかの最終製品が作られる分野で仕事をしたいと望んでいる人にとって、製品の構造について理解することには価値がある。フットウエアのデザイナーになりたければ、その構造について理解していることで、生産に関わる人々と仕事をするときに相手の言うことを理解でき、また自分も理解されるだろう。一緒に仕事をする生産部門で何が実現可能で何がそうでないのかを知っていれば、あなたのデザインは配慮が行き届いたものになる。さらに、初めから生産段階での実行性を検討できるため、最初に作る模型や、その後の生産段階であなたのアイデアが確実に実現されるだろう。

▶ 女性用の靴
この2つの靴型では、爪先の形とヒールの高さが大きく異なっていて、女性用の靴の幅の広さが分かる。尖った爪先の靴型はハイヒールで、四角い爪先の靴型はヒールがかなり低い。

▼ 男性用の靴
左側の木製の靴型はカジュアルシューズ用、爪先の幅が狭い右側の靴型はフォーマルな編み上げ靴に使われる。

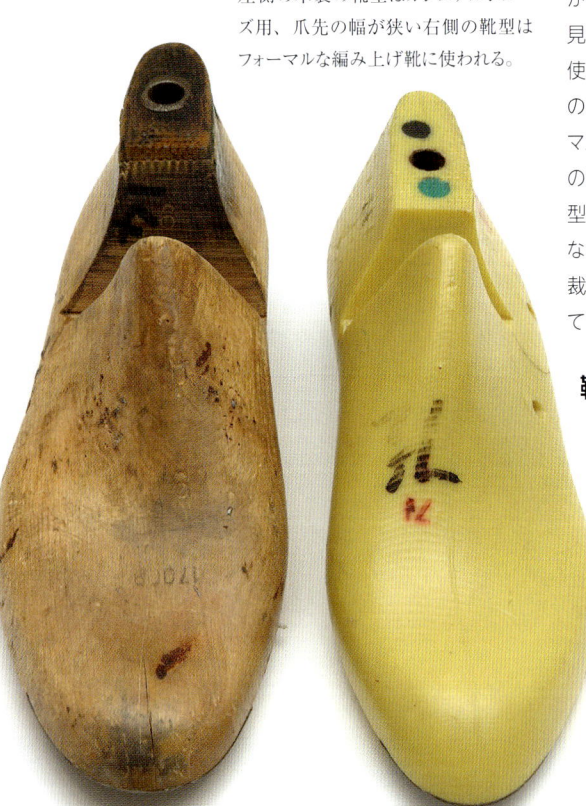

デザイナーが指示した通りの靴型が届いたら、構造のプロセスが始まる。ここから10ページにわたり、このプロセスの各段階を見ていこう。左右ペアになっている靴型の片方は、型紙の製作に使われる。もう片方は構成部品を開発するため、まずインソールの製造業者に送られた後、ヒールの製造業者に送られる。靴型にマスキングテープを貼り、「平均型」が作られ、そこからデザインの「基礎型」が作られる（p.152を参照）。正確なデザインの基礎型がデザイナーのラインを再現し、型紙を裁断するための基準となる。型紙を使って、選択した素材からアッパーになるパーツを裁断し、縫い合わせる。その後、靴型にアッパーをつり込み、すべての構成部品が組み立てられて完成した靴となる。

靴型

あらゆる靴の土台となるのは靴を作るための型である靴型だ。靴型は専門技術を持った靴型職人によって作られ、靴のデザイナーから提示されたデザインをもとに靴型を製作する。伝統的に靴型は木で作られていたが、今ではプラスチックが最も広く使われている。世界の一部地域では、金属製の靴型が使われている。必要でなくなったときに溶解して再利用できるからだ。靴型は靴の形を形成するため、デザイナーにとって最も重要な検討対象だ。爪先の形はシーズンごとに変わり、靴のデザイナーが新しい製品展

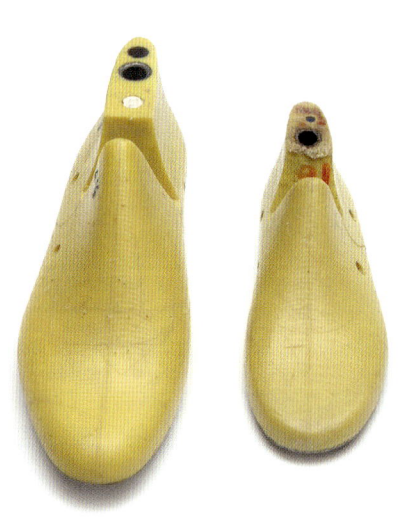

▲ 子ども用の靴
子ども用の靴型は、特にサイズが小さいほど足の形に近い。大人になるまで成長するため、足への負担を最小限にするためだ。

靴型の構造 **147**

▶ **靴型のパーツ**
右の図は、靴型のさまざまな部分を表すのに従来から使われている用語を示したものだ。靴型職人や靴の製造業者とコミュニケーションを取るために、各パーツの名称を知っておくことが欠かせない。

（図中ラベル：トップ、ベント、ヒールカーブ、バックパート、コーン、ヒンジ、ヒールシート、バンプ、トーウォール、ジョイント、ウエスト、トースプリング、フォアパート）

靴型の底の周囲を一回りする稜線は「フェザーライン」と呼ばれる。

靴業界でのサンプルのサイズ（英国の場合）

最初のサンプルや模型は、靴業界の標準サイズで作られる。女性用なら22.5cmまたは23.5cmの靴型が使われる。一般に、ファッションブランドでは22.5cmが用いられ、それより保守的なフットウエアを扱う大企業では23.5cmが使われる。女性の平均的な脚のサイズは24.0cmから24.5cmなので、不思議に思えるかもしれない。理由の1つは製品が小さい方が魅力的に見えることであり、別の理由としては、数百ものサンプルを作る際に材料コストが大幅に削減できることが挙げられる。同様に、男性のフットウエアのサンプルは26.5cmか27.5cmで作られる。子ども用の靴のサンプルのサイズは企業によって、また対象年齢の幅によって異なる。靴型の形とフィッティングが確認されると、1cm大きいサイズの靴型が注文され、サイズが変わってもフィッティングが正確であることを確認するためのサンプルが作られる。

開を検討するときに最初に考えなくてはならない部分でもある。また、靴のフィット感も重要になる。視覚的にいくら魅力的な靴であっても、足に合わないものであれば売れない。経験豊富な靴型職人であれば、靴型を足に確実にフィットさせるための知識を備えているため、信頼できる靴型人と仕事をすることが重要だ。

靴型は、完成した靴で母指球（親指のつけ根のふくらんだ部分）が当たる「ジョイント」の部分でバランスを取る。この部分を床につけて置いたときに、靴型の爪先部分の下に隙間ができる。この隙間は「トースプリング」と呼ばれる。また、靴型をこのように置いたときに、床から垂直に靴型のかかと部分までを測るとヒールの高さが決まる。靴型に正確に合わせたヒールが使われれば、完成した靴は履き心地が良くなる。母指球の部分でバランスが取れるように体重が支えられるからだ。

靴型は製品に応じて変わる。短靴の靴型の形は、トップライン（足に密接する靴の上端部分）で足にフィットするように注意深く作られている。ブーツの靴型は、ブーツに足が入るように足首の回りが太くなっている。開口部の多いサンダルやビーチサンダル

用語集

バックパート： 靴型の後ろの部分。
コーン： 靴型の前部分の上側。
フォアパート： 靴型の前部分。
ジョイント： フォアパートで最も幅の広い部分であり、母指球があたる部分に相当する。
靴型： 靴を作るための型。
トーウォール： 爪先部分の厚さ。隆起線で決められることが多い。
ウエスト： 靴型の底の中央部分。

は足を固定する箇所が非常に少ないので、異なる靴型が必要になる。歩いたときに足が横に広がるため、靴型の底はそれに合わせて大きく作らなくてはならないからだ。

主なステップ

- シーズンで検討している爪先の形を描く。
- シーズンで展開する正確なヒールの高さを決める。
- 靴型職人と会合を持ち、ヒールの高さと爪先の形を検討する。
- もし不明瞭な部分があったら、靴型職人がこれまでに作った靴型を見せてもらい、さらなるインスピレーションを得る。
- 短靴、ブーツ、サンダルなど、それぞれの靴型の用途を説明し、フィッティングで問題となる可能性のある点について話し合う。
- 靴型のサンプルを注文する。
- 各靴型につき模型を1つずつ作り、爪先の形が正しいかどうかを確認する。その後、構成部品に着手する。

▼ **ヒールの高さを測る**
直線に合わせて靴型のバランスが取られ、正確なトースプリングとヒール高が示されている。靴型をこのようにおくと、正確なヒールの高さが測れる。デザイナーが靴型を横から見た図を描く場合は、正確性を期すためこのように配置することが多い。

直線と爪先の間の隙間はトースプリングと呼ばれる。上向きにカーブを描いていることで、靴が完成したときに歩く動作の助けとなる。

パーツの構造

目的 ヒール、ソール、インソール、ユニットソールについて学ぶ。

靴のさまざまな構成部品がどのように開発されるかを理解することは、
デザイナーの資産となる。
美しさの点からも技術的な側面からもあなたが求めているものを実現するために、
どのような指示を出す必要があるのかが実感できるからだ。
靴型（p.146を参照）が完成したら、
次の段階はヒール、インソール、ユニットソールなど
靴型以外の構成部品を準備することだ。
これらの構成部品は、まずにデザイナーによるスケッチをもとに模型が作られる。
ただ選択をすればよいだけの部品もあれば、
あなたからの詳細な指示が必要となる部品もある。

▶ **ヒール**
デザイナーがベニヤ板を重ねて制作したヒール。美しい模様が出て、靴型にフィットするように形が整えられている。

ヒール

靴型が制作されたら、ヒールの準備を始められる。デザイナーがヒールを側面、正面、背面、底から見たスケッチを描き、靴型とともにヒール製造業者に渡す。そうした指示をもとに、木製のヒールの模型が作られる。もし前シーズンのヒールに少し手を加えるだけであれば、ヒール製造業者に修正指示だけを伝えれば十分で、デザイナーはあらゆる方向からのスケッチを準備する必要がない。木製ヒールのサンプルが確認されたら、最初の模型制作のために数多くのサンプルが作られる。ヒールは靴の後ろの部分に正確にフィットする必要があり、靴のサイズによってヒールも変わってくるため、複数のサイズでヒールを生産する必要がある。低いヒールや太いブロックヒールは木で生産することができる。ヒールの大半はナイロンか複合物質を成形して作られ、高いヒールであれば、体重を支えるためにスチール製の芯材を入れる。成形用の型は生産コストがかかるので、型を作る前に各ヒールのデザインを最終確定しておく必要がある。

インソール（中底）

次に検討しなくてはならないのがインソールだ。インソールは外からは見えないが、靴のあらゆる部品が取りつけられて靴の構造の中核となるパーツだ。ヒールの高さが2cm以上の靴のインソールは、通常、柔軟性の高い素材が使われるフォアパートと硬い素材が使われるバックパートの2種類の繊維板で構成される。バックパートの素材の厚さと密度はヒールの高さによって異なる。ヒールが高いほど、バックパートのインソールには強度が必要となるため、厚く、密度が高い素材が使われる。女性用のヒールの低い靴や男性用の靴、子ども用の靴はそれほどの強度が必要とされず、インソールを1種類の素材で作ることが可能になる。イン

フットウエアの生産工程

靴は数多くのパーツから作られ（p.135を参照）、それぞれのパーツを作るには、異なる技術、知識、装置が必要となる。各構成部品を別々のメーカーから調達する場合もある。それらのプロセスを取りまとめるには、メーカーとの継続的なコミュニケーション、優れたプロジェクト管理、記録管理が求められる。生産開始を予定している日に、アッパーに使うパーツが1つでもそろわなければ、生産工程はまったく進められない、同様に、アッパーが準備できても、インソール。ユニットソール。ソール、ヒールのいずれかが到着していなければ、生産工程は停止される。

パーツの構造　**149**

▶ **金属の使用**
この靴では、ヒール内から部分的に見える金属の美しい棒が、体重を支える役割を果たしている。成形された2層の革からなるヒールの外側は、ヒールの機能を果たしていない。

ソールは靴型の底のカーブに正確に沿うように成形されなくてはならない。インソールの素材が選ばれ、インソールの製造業者に靴型が渡されて、製造業者は靴型にフィットするようにインソールを作る。靴の後ろ部分とジョイントの間にシャンク（土踏まず芯）を橋渡しとして加え、さらに強度が高められる。靴のこの部分で体重を支えなくてはならない。インソールに溝が作られ、インソールのカーブに正確に沿うようにシャンクがはめ込まれる。

ソール（靴底）とユニットソール

標準的なソールは革か合成樹脂の板から裁断される。機械を使ってコバ（エッジ）が丸みを帯びた形、斜めの形、溝のついた形などに整えられ、素材が外から見えないように着色されるか染色される。靴の構造によっては、ソールがヒールの前面にくっついている場合もあるが、ヒールは別のパーツとなる。これがユニットソールとは異なる点だ。

ユニットソールはソールとヒールをつなげて、靴底全体を構成するものだ。さらにソールを取りつけて歩くのに適した靴底を形成する場合もある。ユニットソールの大半は、成形が可能な丈夫で柔軟性のある素材を型に入れて作る。このプロセスは非常に発達して、1つのユニットソールを2つ以上の色で仕上げることもできる。店頭に並んでいるスニーカーの製品展開を見れば、すぐに分かるはずだ。ユニットソールの型は正確に設計され、一通りのサイズをそろえることが求められる。この工程には非常に高いコストがかかるため、企業はその経費をまかなえるだけの売上が確実に見込めない限り、型の制作に投資をしないだろう。必要な売上を達成するためには、サンプルを制作してバイヤーに提示しなくてはならない。木製やコルクのユニットソールが流行している場合は、木材旋盤加工用の機械を使って、デザイン通りのユニットソールが作られる。

かつて、ユニットソールのサンプル制作は、大変な手間をかけて手作業で行われた。しかし、ラピッドプロトタイピングの技術が登場すると、ユニットソールのサンプルが非常に短時間で制作できるようになった。CADを使ってユニットをデザインし、その情報をラピッドプロトタイピング機器に送信すると、サンプルとなる模型が出来上がる。この技術は常に進化を続け、今では1つの模型で色の異なる素材を使うことが可能になり、複数の色からなるユニットソールの正確なレプリカが制作できる。また、この手法によってデザイナーが離れた場所で作業できるようになった。たとえば、デザインをニューヨークで行い、サンプルの模型を中国で作ることもできる。デザイナーはこのプロセスのために必要なCADのソフトウエアを使う訓練を受けるか、企業によっては、デザイナーがデザインの正確なスケッチを描き、経験を積んだ技術者に回される場合もある。ヒール、ソール、インソールの準備が進んだら、新しいデザインの最初の型紙を作る作業に入る。

用語集

インソール（中底）:
靴の構造の中核をなすパーツで、アッパーとソールが取りつけられる。

シャンク（土踏まず芯）:
体重を支える構成部品で、金属製が一般的。インソールのヒールからジョイントの部分に取りつけられる。

ソール（靴底）:
靴の底辺にあたる。普通は1つの素材の層からなり、ヒールは含まない。

ヒールの模型:
靴の美しさのためにデザイナーのスペックに従って作られたヒールのサンプル。

ユニットソール:
靴の底部分をなす構成部品で、ヒールが含まれる。

◀ **ソール**
伝統的な技術で作られた、完璧な革のソールと革を重ねたヒール。ロゴが型押しされている。

▼ **インソール**
2つの部分からなるインソール。薄く柔軟性のあるフォアパートと、厚く硬いバックパートが、溝の入った金属製のシャンクでつながっている。体重を支え、靴の構造を維持するパーツだ。

▶ **木製のサンダル**
木片から切り出されたサンダルの底。インソールの下にユニットソールが取りつけられ、その下側に革のソールがついている。指をかける部分も同じ木で作られて、デザインの連続性が伝わる。

デザインの基礎型を作る

目的 靴のパターン裁断のプロセスについて学ぶ。

靴型のデザインが完了し、構成部品の生産が始まったら（p.148-149を参照）、次の段階はデザインの「基礎型」を作り、そこから型紙を裁断することだ。ほとんどの場合は、最初の模型を作るためにデッサンとスペックシートを製造業者に送るだけだが、直接、生産部門と一緒に仕事をする機会もあり、そのときには以下に示すようなスキルが必要となる。靴型にマスキングテープを巻き、パターン裁断をする以下のプロセスは、平らな素材を裁断できるように、立体的な靴型の形を平面的な形に置き換えるために行うものだ。このプロセスを段階ごとに学習することで、靴のアッパーを作る際の一般的な方法と、あなたのデザイン通りのサンプルを作るために必要とされる正確性の程度が理解できるはずだ。ここではダービーのデザインの基礎型をどのように作るかを示しているが、以下のマスキングテープを巻く手法はインソールやヒール巻きの型紙を作るときにも使える。

靴型にテープを巻く

まず、取り外しのできる靴型の型枠を作るために、靴型を完全にテープで巻く。途中でテープを切らずに、必要な部分全体に貼りつけること。正確な型枠を得るためには、靴型の曲線の途中でテープを継ぎ足してはならない。テープを靴型の輪郭にぴったりと沿わせ、可能な限り、前に貼ったテープの幅の約半分に重ねるように、上からテープを貼ること。靴型の曲線に邪魔されて、前に貼ったテープの幅のちょうど半分に新たなテープを重ねられない箇所があるかもしれないが、すべてのテープの層が重なり合っている限りは問題にならない。

1. 靴型の前中央から後ろ中央まで、マスキングテープを貼りつける。靴型の内側からトップを覆うように、前中央のやや外側から後ろ中央のやや外側まで1本のテープを貼る。このテープに半分重ねるようにして、次のテープを貼る。このようにしてテープを貼り進め、爪先に達するまで続ける。それが終わったら、靴型の外側も同じようにする。

2. 次に、中心線に直角になるように爪先からテープを貼り始める。テープの幅の半分を重ねるようにして、コーンの先端までテープを貼り続ける。

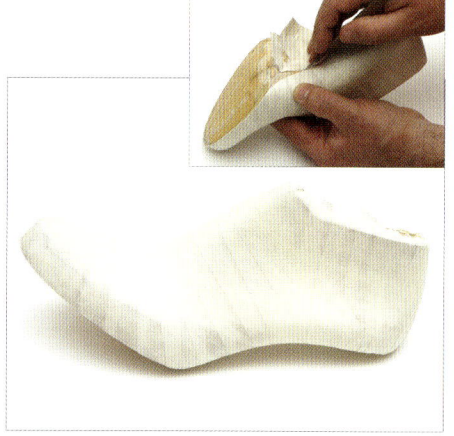

3. コーンから始めて、テープを靴型の外側に垂直に貼っていく。さらに靴型の内側にテープを貼り進め、テープを重ねながらコーンの最初の場所に戻るまで続ける。靴型の底にはみ出したテープを取り除く。靴型が2層のテープで覆われた状態になる。

デザインの基礎型を作る **151**

型を作る

パターンの裁断にはデザインとはまったく違うスキルが求められ、別のキャリアコースであるために、デザイナーが自分でパターン裁断を行うことはほとんどない。デザイン部門を持ったメーカーであれば、研修コースでパターン裁断のスキルを学ぶことが求められるだろう。いったん基礎的なスキルを学び、理解した後は、自信を持ったパターン裁断の専門家になるために何度も練習を繰り返すだけだ。もしあなたがデザイナーとしてサンプル制作部門と一緒に仕事をするなら、テープを巻いた靴型の上にデザインを描き、パターン裁断の担当者に渡すことになる。ここで例に挙げたダービーを構成するために必要なすべての型紙を右に示した。だが、デザインの「基礎型」を作るためのさらなるプロセスを理解しておくと役に立つ。以下に、立体的な靴型を平面的に表現し、型紙を裁断する基礎となる「型」を作るプロセスを示す。

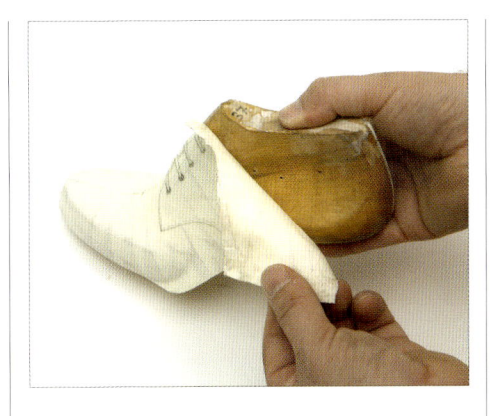

2. スカルペルを使って、前中央から後ろ中央までの線に沿って重なったテープを切り、靴型の内側部分を注意深くはがす。

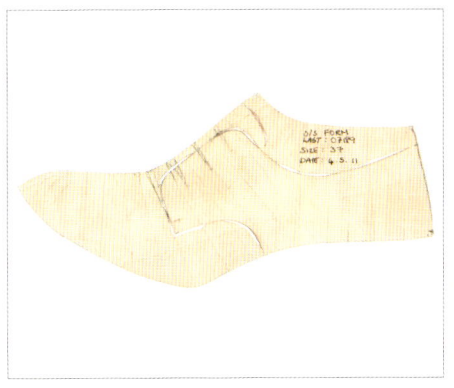

3. 内側部分を型紙用紙の上に平らに置き、「内側のアウトライン」と鉛筆で記入する。靴型の外側も同じようにし、「外側のアウトライン」と記入して、両方を切り抜く。

1. テープを巻いた靴型の前中央と後ろ中央に線を引き、中央線の前後に2カ所、鉛筆で印をつける。テープを巻いた靴型の上にデザインを描く。

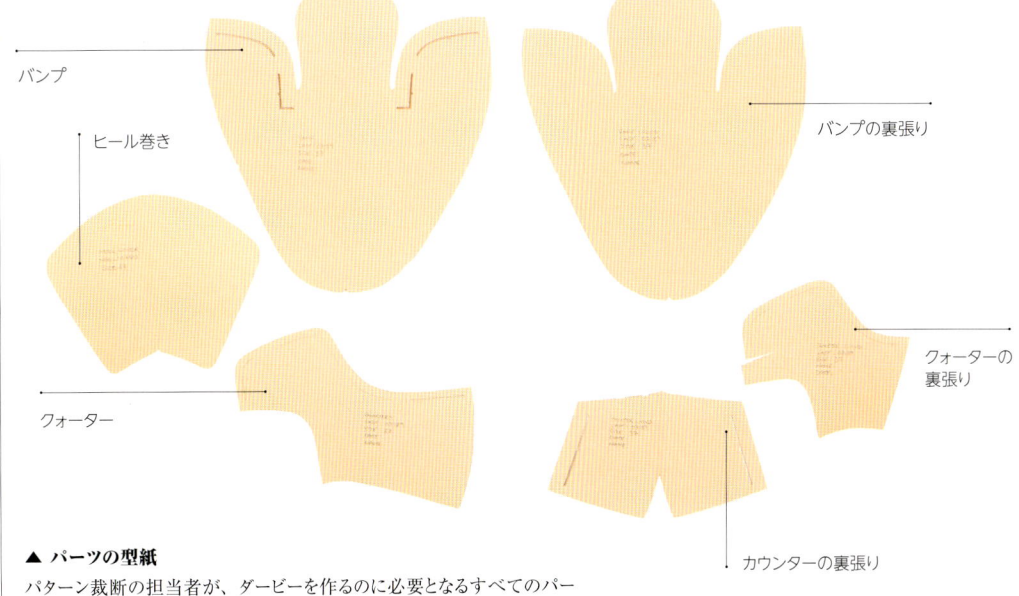

バンプ
ヒール巻き
クォーター
バンプの裏張り
クォーターの裏張り
カウンターの裏張り

▲ パーツの型紙
パターン裁断の担当者が、ダービーを作るのに必要となるすべてのパーツの型紙を裁断した。靴の左右それぞれに対して、クォーター（腰革）とクォーターの裏張り（腰裏）は2枚ずつ、他のパーツはすべて1枚ずつ必要となる。これらの型紙は、デザイナーが選んだ素材からサンプル製造業者がアッパーを裁断する際に使われる。

平均型を作る

「平均型」は、ここまでの過程で生じた誤差を取り除くために、内側と外側のアウトラインの差の平均を取って作られる。靴型を平面的に表現したものとして、型紙を裁断するためのデザインの基礎型の基盤となる。あらゆる誤差がパターンカットの際に拡大されてしまうため、この段階での精度に注意を払うことが非常に重要となる。

用語集

基礎型：
特定のデザインのマスターとなる型紙で、そこから個々のパーツの型紙が裁断される。

バンプ：
足の前側を覆う靴の部分。

デザインの基礎型を作る

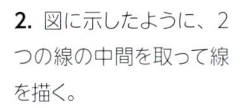

型紙用紙の上に平均型を写し取る。割りコンパスを使って底部分につり込み代を足す。後ろ側は20mm、前側は16mmにする。2つのつり込み代の線は、底の曲線の最も深い部分でつなげる。これがつり込みの際に靴型の底の縁に合わせてつり込まれ、インソールに取りつける部分となる。前側の底部分には、内側のアウトラインを書きこむ（「平均型を作る」を参照）。型紙を切り抜き、靴型の番号と日付を書きこむ。これでデザインの基礎型が完成した。この段階であなたがパターン裁断の担当者に渡し、その担当者が靴を作るのに必要な型紙を裁断する場合もある。例に挙げたダービーを作るのに必要なパーツの型紙はp.151に示した。

1. シャープペンで外側の型のアウトラインを新しい型紙用紙に写し取る。次に、その上に内側の型を置き、前後の印を合わせてアウトラインを写し取る。

3. 前側の底を除き、新たな「中間の」線に従ってアウトラインを切り取る。前側の底部分は外側のアウトラインに沿って切り取り、内側のラインを書きこむ。これで「平均型」が出来上がる。

主なステップ

- 必要な道具を準備する。
- 靴型を2層のテープで覆う。
- 内側と外側の型を作る。
- 平均型を求める。
- デザインの基礎型を作る。

2. 図に示したように、2つの線の中間を取って線を描く。

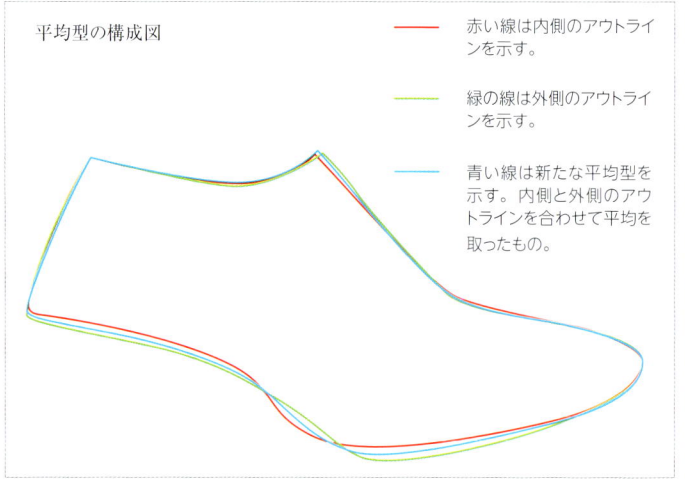

平均型の構成図

― 赤い線は内側のアウトラインを示す。
― 緑の線は外側のアウトラインを示す。
― 青い線は新たな平均型を示す。内側と外側のアウトラインを合わせて平均を取ったもの。

制作

目的 セメント製法による基本的な靴の製造工程を学ぶ。

デザインの基礎型から型紙が裁断されたら、最終段階として実際に靴を組み立てるだけだ。靴は複雑な工程を経て製造され、さまざまなスキルと（ハンドメイドでない限り）多数の産業用機械が必要となる。訓練を受けた専門家が行う仕事だ。ここでは前のセクションで例に挙げたダービーのデザインの基礎型を用いて、靴の製造工程における主なステップを概観しよう。すべての靴のスタイルは少しずつ異なり、パターン裁断や製造工程にも違いが生じる。ここでは、実際の靴職人が「セメント製法」と呼ばれる方法で靴を製造する様子を見ていこう。「セメント製法」はよく使われる靴の製法の1つで、アッパーとソールを接着剤で接合する。

アッパーを作る

1. 型紙を使って、選んだ素材からアッパー、裏張り、補強用のパーツを裁断する。型紙に開けた穴を通じて、バンプとカウンターの裏張りに銀色のサインペンで位置を示す印を書き込む。

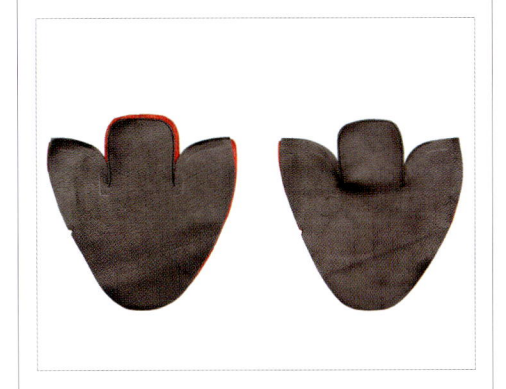

2. トーパフをバンプの裏側に貼りつけ、タン（舌革）の周りに5mmのトリミング用のゆとりが出るようにして裏張りの上に置く。断ち縁のタンを裏張りに縫いつけ、トリミング用のゆとりを裁断する。

3. 折り込み処理に備えて、クォーターのトップラインにあたる縁を削り、アッパー素材のトップラインを薄くする。

4. 2枚のクォーターの表側を合わせ、バックラインにあたる部分の端から1.5mmの位置を縫い合わせ、縫い割りする。

5. 縫い目を開いて平らにし、テープを縫い目の上に貼って補強する。

6. クォーターのトップラインに沿って、縁から5mm内側（折り込まれる部分）に幅の細いテープを貼る（上）。縁が補強され、トップラインが伸びることを防ぐ。縁がテープの上に折り込まれる（下）。

8. フェーシングの裏側に補強材を貼りつけ、トップラインに沿ってクォーターを裏張りに縫いつけた状態。この後、トリミング用のゆとりを裁断する。

靴を形作る

1. インソールを靴型の底に2本の長い釘で仮止めする。この釘はアッパーを釣り込んだ後で外す。アッパーを温めてトーパフと補強材を柔らかくし、靴型にはめる。ラスティングピンサーを使って、アッパーの底の端をソールの上へつり込み、小釘でアッパーを正しい位置に固定する。アッパーの端全体を接着剤で覆い、インソールに貼りつける。その後、小釘を外す。

7. 靴の内側写真。印に沿ってクォーターの裏張りをカウンターの裏張りの上に置き、縫い合わせた状態で、この後、クォーターに縫いつけられる。

9. クォーターがバンプの印の位置に置かれ、縫い合わされている。フェーシングに穴を開けるとアッパーが完成する。

2. 底の表面が平らになるように、接着剤に混ぜ込んだコルク片をインソール全体に広げる。その後、靴底全体とソールに熱で活性化する接着剤を塗り、乾かす。

3. 靴とソールを特別なオーブンに入れて、接着剤を活性化させるため加熱する。

5. ソールを取りつける機械に靴を入れ、靴に圧力をかけてソールを密着させる。靴が完全に冷えたら、靴型を取り外す。

▶ **ダービー**
製造工程がすべて終わったら、靴が完成する。あなたのデザインがどのように実現されたかを確認しよう。

4. 加熱されたら、ソールを靴底の正確な位置に接合する。

6. ヒールを取りつける機械でインソールを通してヒールまで釘を打ち込み、靴とヒールを接合する。最後に、靴の中に中敷きを入れてインソールを覆い、ペンの印をすべて落とし、靴ひもをつける。

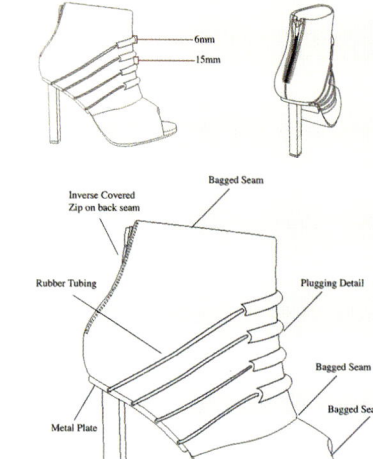

スペックシート

目的 フットウエアのデザインにおけるスペックシートの重要性について学ぶ。

スペックシートは模型やサンプルを準備するための指示マニュアルだ。
デザイナーや製品開発者にとっては、サンプル制作室が要求通りのものを作れるように、あらゆるデザインのディテールについて明確にコミュニケーションを取ることが欠かせない。
スペックシートの情報量が多いほど、完成されたサンプルの正確性が高まるだろう。
すべての人に理解されるために、スペックシートのデザインやレイアウトを注意深く検討すべきだ。

スペックシートを作る

スペックシートで求められる情報のレベルは、個々の状況に応じて異なる。デザインも手がけるメーカーであれば、デザインから製造までのプロセス全体を自社で統括するため、アメリカやヨーロッパを拠点とする企業が中国にある工場でサンプルを生産するときに求められるほど詳しい情報は必要ない。どの企業にもスペックを表す文書の独自のシステムやレイアウトが決まっている。あなたがどこで新しい仕事を始める場合でも、出来るだけ早くスペックシートのシステムに慣れる必要がある。ただし、製品に注ぎ込まれるすべてのものを網羅する必要があることを決して忘れないこと。そのためには、一般に2ページかそれ以上にわたる情報が必要になる。

フットウエアはそれぞれがアッパー、インソール、ソール、ヒール、またはユニットソール、一般にブランドのロゴが入る中敷きなど、多くのパーツから作られるため複雑だ。アッパーはほぼ必ず、何らかの補強材と裏張り、さらに留め具や装飾素材を必要とする。サンプルに含まれるものすべてが記録されていなくてはならない。スペックシートには独自のコード番号が振られ、いつでもサンプルの詳細な記録として活用できるように十分な情報が示されるべきだ。あるスタイルの売れ行きが良ければ、

▲▶ **明確で正確なスペックシート**

これらの技術的スペックシートには、非常に明確な線画と靴のすべての構成パーツに関する詳細情報が記載されている。整理されたレイアウトで分かりやすく、カラーのイラストと素材見本（右）が正確に示され、完成した模型がどのように見えるべきかが実感できる。

スペックシート　157

スペックシート作成プロセス
（デザインも手がけるメーカーの場合）

デザインも手がけるメーカーがシンプルなスペックシートを用いる場合、製品の詳細とともにコストの詳細も含まれることが多い。あらゆる情報を1つにまとめることで、管理がしやすくなるからだ。通常、そうしたスペックシートは顧客の名前でファイリングされ、顧客ごとにファイルが作られる。製品を作る際に生じた問題も記録される。こうした企業では個々の顧客の影響力が大きく、結婚式や特別な機会のために特異な靴を求める顧客もいれば、普通の店舗では靴が見つからないような特大サイズまたは小さいサイズの顧客もいる。ファッションショーで使う靴を必要とするデザイナーとのコラボレーションも、こうした企業の別の側面だ。面白い仕事ができるとともに、小企業のオーナーにとっては貴重なPRの機会となる。顧客が製品に満足すればリピートする可能性が高いので、記録を残しておくことが重要となる。

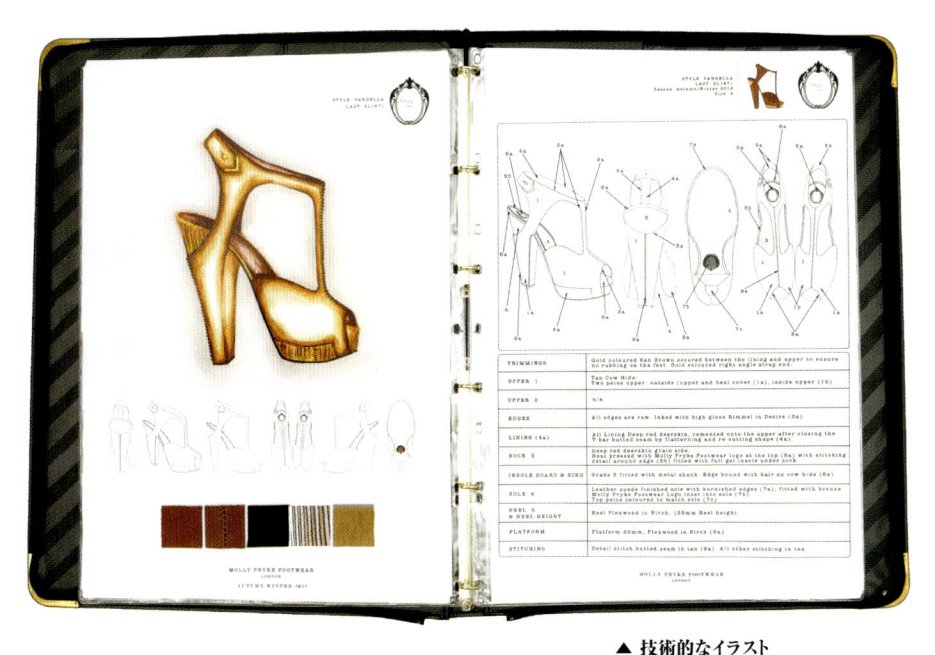

メーカーは量産の準備をする。その際は最初のスペックシートが製造工程に関わるすべての部門の指示書としての情報源になる。グローバルなマーケットにおいては、同じ言語を用いない企業と仕事をすることが日常茶飯事だ。言語の壁を乗り越えるために、誰にでも理解できるコミュニケーション手段を確立することが重要になる。そのためには、出来るだけ多くの視覚的情報を提供し、コード番号があればそれを提示し、文章による情報は最小限に抑えるのが良い。望み通りの結果を得るためには、イラストレーターやフォトショップのスキルが非常に重要となる。

▲ **技術的なイラスト**
カラーのイラストの下に、デザインをあらゆる角度から示す一連の線画と使用される素材すべての見本がそろっている。右ページには、すべてのディテールに注意が払われるよう、番号をふった技術的線画が描かれている。

▶▼ **わんぱくセット**
このスペックシートでは、言語の異なる人々とコミュニケーションを取るためにあらゆるものが視覚的に描かれている。最終的なサンプル（下）はデザイナーが意図した通り正確に作られ、スペックシートの効果がはっきりと分かる。

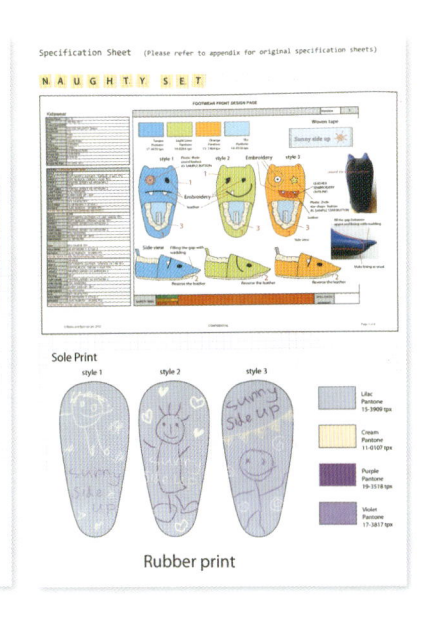

▼ 複雑なデザイン

デザインが非常に複雑であるため、デザイナーはすべてのディテールがサンプルの製造業者に確実に伝わるように表にまとめている。ここに示しているのはアッパー構造の指示書で、レーザー彫刻で模様を出すとともに、さまざまな装飾素材が取りつけられる。

デザインの右側に、正確な効果を出すための機械の設定が示されている。

ソールにレーザー彫刻される模様のデザイン

このデザインの装飾に使われるさまざまな形のスタッズがすべて並んでいる。

Closing specification

A	All edges and topline to be folded and stitched with M60 black nylon thread
B	Closed with a butted seam at back of calf and counter
C	Lapped seam on calf leg and counter
D	Silver stay rivet studs to keep straps in place 11.5%
E	Raw edge slit in upper to insert straps
F	Closed seam on lining of back calf

10 Laser engraved sole design

Maximum power: 60%
Minimum power: 5%
Velocity: 15%
Passes: 1
Design size: 150 mm x 55 mm

Size is variable

10 Laser engraved logo in sock

Maximum power: 11.5%
Minimum power: 5%
Velocity: 20%
Passes: 1
Design size: 30 mm x 30 mm

12 Studs

	11 mm Dark glass diamante crystal bead		9 mm Oxidized brass round metal rivet stud
	3 mm Clear glass crystal diamante bead		7 mm Antique brass round dome metal rivet stud
	14 mm Silver metal rivet stud		7 mm Gun metal round dome push stud
	8 mm Brass hexagon push stud		7 mm Gun metal round patterned push stud
	13 mm Copper grit textured push stud		5 mm Antique brass round metal rivet stud
	10 mm Gun metal, gold, silver grit textured push stud		5 mm Brass round flat-top antique push stud
	7 mm Gun metal, gold grit textured push stud		5 mm Silver round rivet stud
	12 mm Brass round flat-top antique push stud		4 mm Matte silver round pyramid push stud
	12 mm Brass round flat-top oxidized push stud		3 mm Gun metal round dome push stud
	10 mm Brass dome antique push stud		2.5 mm Copper round dome push stud
	10 mm Brass dome oxidized push stud		2 mm Gun metal round dome push stud
	9 mm Antique silver round flat-top push stud		1 mm Brass round dome push stud

記号をつけた図と表で、アッパーを組み立てるときに用いる縫製方法、縁の処理、糸、装飾が指示されている。

レーザー彫刻によって中敷に入れるロゴのデザイン

選んだ素材に対して適切な効果を出すためのレーザー裁断用機械の設定

各スタッズの正確な大きさ、色、仕上げが示されている。

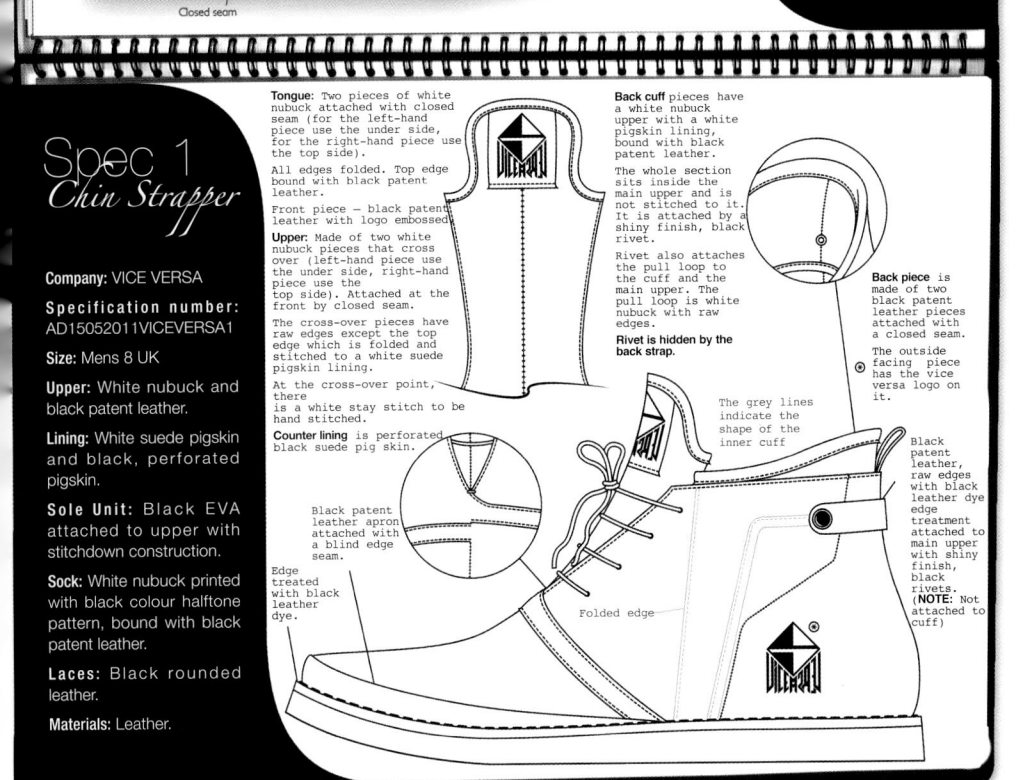

Spec 1
Chin Strapper

Company: VICE VERSA
Specification number: AD15052011VICEVERSA1
Size: Mens 8 UK
Upper: White nubuck and black patent leather.
Lining: White suede pigskin and black, perforated pigskin.
Sole Unit: Black EVA attached to upper with stitchdown construction.
Sock: White nubuck printed with black colour halftone pattern, bound with black patent leather.
Laces: Black rounded leather.
Materials: Leather.

Tongue: Two pieces of white nubuck attached with closed seam (for the left-hand piece use the under side, for the right-hand piece use the top side). All edges folded. Top edge bound with black patent leather.

Front piece – black patent leather with logo embossed.

Upper: Made of two white nubuck pieces that cross over (left-hand piece use the under side, right-hand piece use the top side). Attached at the front by closed seam. The cross-over pieces have raw edges except the top edge which is folded and stitched to a white suede pigskin lining. At the cross-over point, there is a white stay stitch to be hand stitched.

Counter lining is perforated black suede pig skin.

Black patent leather apron attached with a blind edge seam.

Edge treated with black leather dye.

Closed seam

Back cuff pieces have a white nubuck upper with a white pigskin lining, bound with black patent leather. The whole section sits inside the main upper and is not stitched to it. It is attached by a shiny finish, black rivet. Rivet also attaches the pull loop to the cuff and the main upper. The pull loop is white nubuck with raw edges.

Rivet is hidden by the back strap.

Back piece is made of two black patent leather pieces attached with a closed seam.

The outside facing piece has the vice versa logo on it.

The grey lines indicate the shape of the inner cuff.

Black patent leather, raw edges with black leather dye treatment attached to main upper with shiny finish, black rivets.
(NOTE: Not attached to cuff.)

Folded edge

▲ 文章の多いスペックシート
立体分解図で構造のディテールを示した明確なスペックシート。文章が多いことから分かるように、英語を使うことに慣れたサンプル制作部署とのコミュニケーション用に作られたものだ。

主なステップ

- 日付、スペックシート番号、靴型の名称や番号など、基本的な情報を入れる。
- すべてのディテールを説明するのに必要なあらゆる角度から靴を描く。
- すべてのディテールを説明するのに必要なあらゆる角度からソール、ヒールまたはユニットソールを描く。
- スケッチを正確に着色する。素材見本があれば、フォトショップを使ってスキャンし、正確な色と質感を示す。
- 企業から支給されている標準的なスペックシートにすべてのスケッチを入れる。
- ソール、ヒール、縫製用の糸、留め具、装飾素材に使われる色をパントーンの色番号で示す。

用語集

分解組立図：
詳細を明確に伝えるための大きな図。

レーザー彫刻：
レーザーで素材に模様を刻むプロセス。

レイアウト；
ページ内での情報の組み立てや配置。

サンプル：
新しいデザインや構造をテストするための製品または製品の一部。

スペックシート：
製品の製造業者に対する一連の指示書。

課題：
自分のスペックシートをデザインする

手持ちの靴の中からお気に入りのものを1つ選ぶ。

注意深く観察して、どのように構成されているかをメモにまとめる。

- アッパーの外側、裏張りにはいくつのパーツがあるか。
- アッパーにはどのような素材と色が使われているか。
- ステッチはどのような色か。
- 珍しいステッチ、穴飾り、縁の仕上げ、縫い方が見られるか。
- 留め具はあるか。
- 装飾素材はあるか。
- 靴の底はどのような構造か。単なるソールとヒールだけか。
- 靴の底にはどのような素材が使われ、どのような色か。
- プラットフォームやウェルト（アッパーとソールをつなぐ細い革）は使われているか。
- プラットフォームやウェルトにはどのような素材が使われ、どのような色か。
- 中敷きはどのような色か。ブランドのロゴマークは入っているか。

これらの点をメモにまとめたら、靴を見たことがない人にこれらの情報をどうやって伝えるかを検討しよう。すべての情報を確実に視覚化するのに必要なだけのスケッチを描く。たとえば素材など、スケッチでは伝えることができないディテールは言葉による説明をつける。レイアウトを作成し、すべての情報を他人にわかりやすいように整理して記載する。完成させたスペックシートを友達に見せ、その後で実際の靴を見せて、情報が伝わったかをテストしよう。

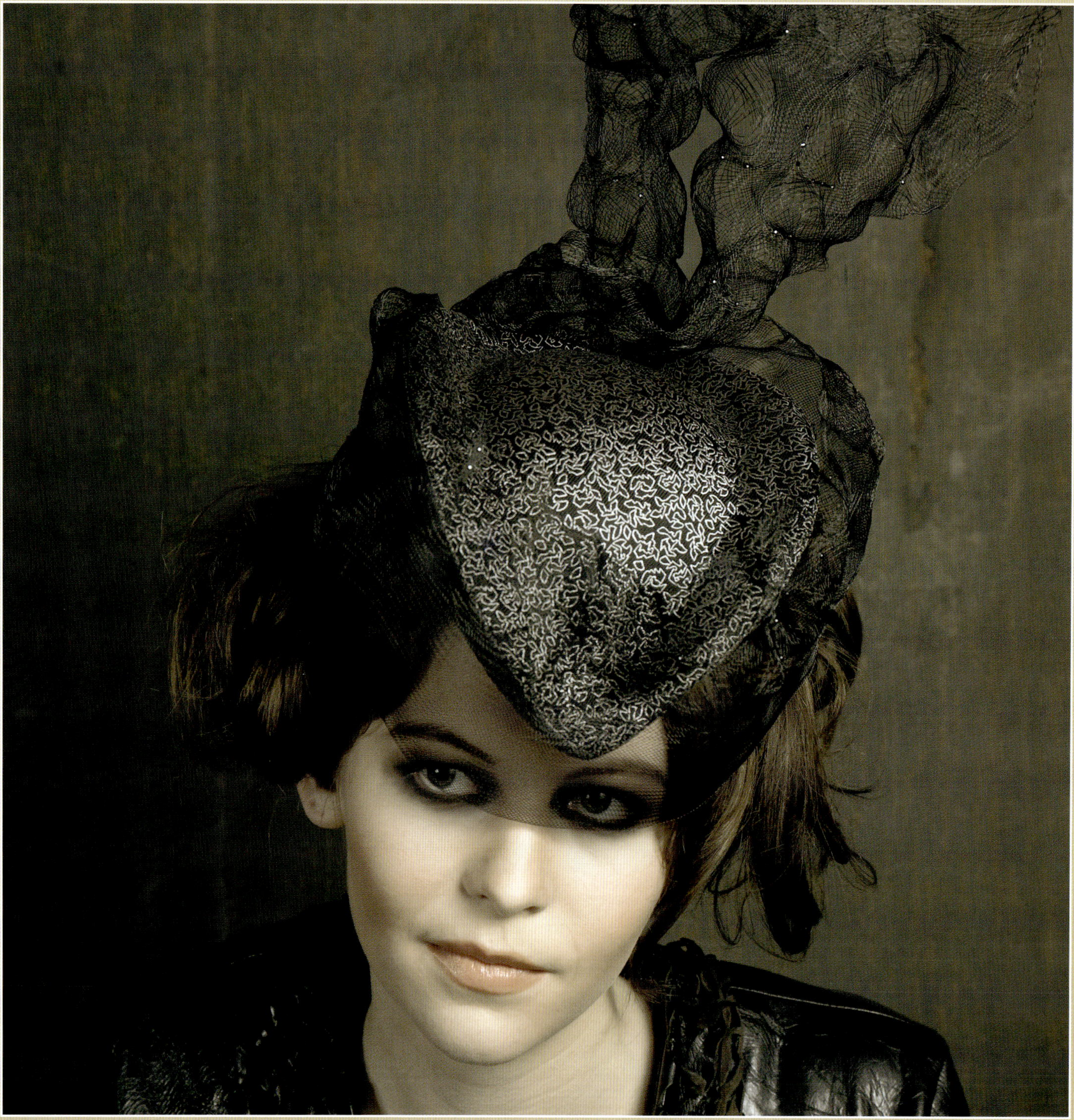

セクション4
帽 子

このセクションでは、女性用の帽子のデザイン技術と構造についての理解を深める。デザインのアイデアを明確に伝えるためには、帽子をかぶるという状態をどのように描くかを学ぶ必要がある。そしてデザインする際の主な考慮点を常に念頭に置いて、どのように帽子のデザインを開発するかを模索してみよう。与えられたブリーフに対してデザインを注意深く進化させ、分析するうえで役立つはずだ。

セクション全体を通じて、あなたは正確な用語、技術、道具に精通するはずだ。ここでは、帽子制作に使われるさまざまな専門的素材、装飾素材、テクニックを紹介する。帽子製作において織地のバイアスがなぜ基礎となるのかを知り、その使い方を理解できるだろう。フェルト帽子の型取りや、2つのパーツからなるクラウンの作り方など、一般的な成型帽子の制作スキルについて段階を追って見ていき、帽子制作に使われる専門的な手縫いのステッチを学ぶ。

帽子の構造を取り上げたページでは、ソフトなベイカーボーイを例に取り、帽子を構成しているパーツを解体してみる。さらに、帽子の型紙のさまざまな作り方を学習する。

制作ツール

目的 帽子業界で用いられるツールについて学ぶ。

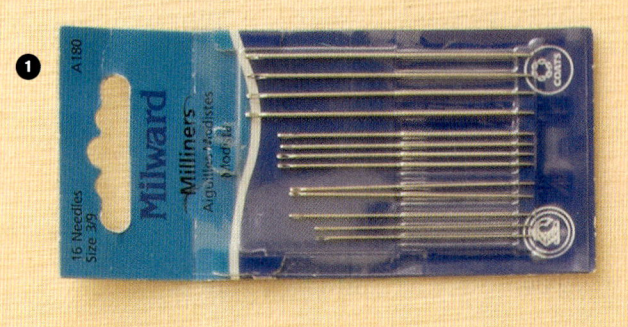

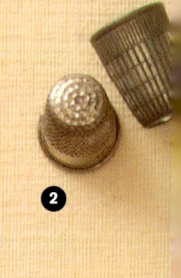

このページで説明するツールは、
成型帽子の制作において共通して使われているものだ。
専門的な道具は入手が困難になりつつあり、
探すのに時間がかかるかもしれない。
帽子業界では仕立て帽子の制作プロセスに機械が取り入れられている。
木で作られていた帽子の型は金属製の型に変わり、
帽子の型取りには水圧プレスが使われるようになった。
帽子の縁は機械でワイヤーが取りつけられ、縁取りされ、折り返される。
しかし、装飾のプロセスだけは今でも手作業で行われている。

帽子用の針と糸 (1、9)：手縫いの際に使われる長く、細い針と糸。
指ぬき (2)：中指にはめて、型取りや手縫いをしやすくする。
裁ちばさみ (3)：芯や素材の裁断に用いる。
小型のはさみ (4)：糸を切る際に使う。
分度器とコンパス (5、6)：パターン裁断に用いる。
リッパー (7)：縫い目をほどく際に使う。
シルクピン (8)：型取りの際や、縫製の前に素材や布地を留めておくのに用いる。
裁縫用チャコ (10)：裁断の前に素材に印をつけるのに用いる。
メジャー (11)：寸法を測る際に使う。
エッグアイロン (12、13)：ガスや電気で加熱し、フェルトの型取りに用いるアイロン。
ペンチ (14)：ワイヤーを切る際や、型からピンを外す際に用いる。

他のツール
定規：パターン裁断に用いる。
画鋲：型取りの際に使う場合もある。
帽子の型：木製の型で、この上で帽子の形を作る。
帽子用スチーマー：型取りする前にフェルト、芯、布地に蒸気を当てるのに用いる。
アイロン：素材のプレスに用いる。
家庭用ミシン：縫製、折り返し、縁取りに用いる。縫製帽子の制作に幅広く使われている。

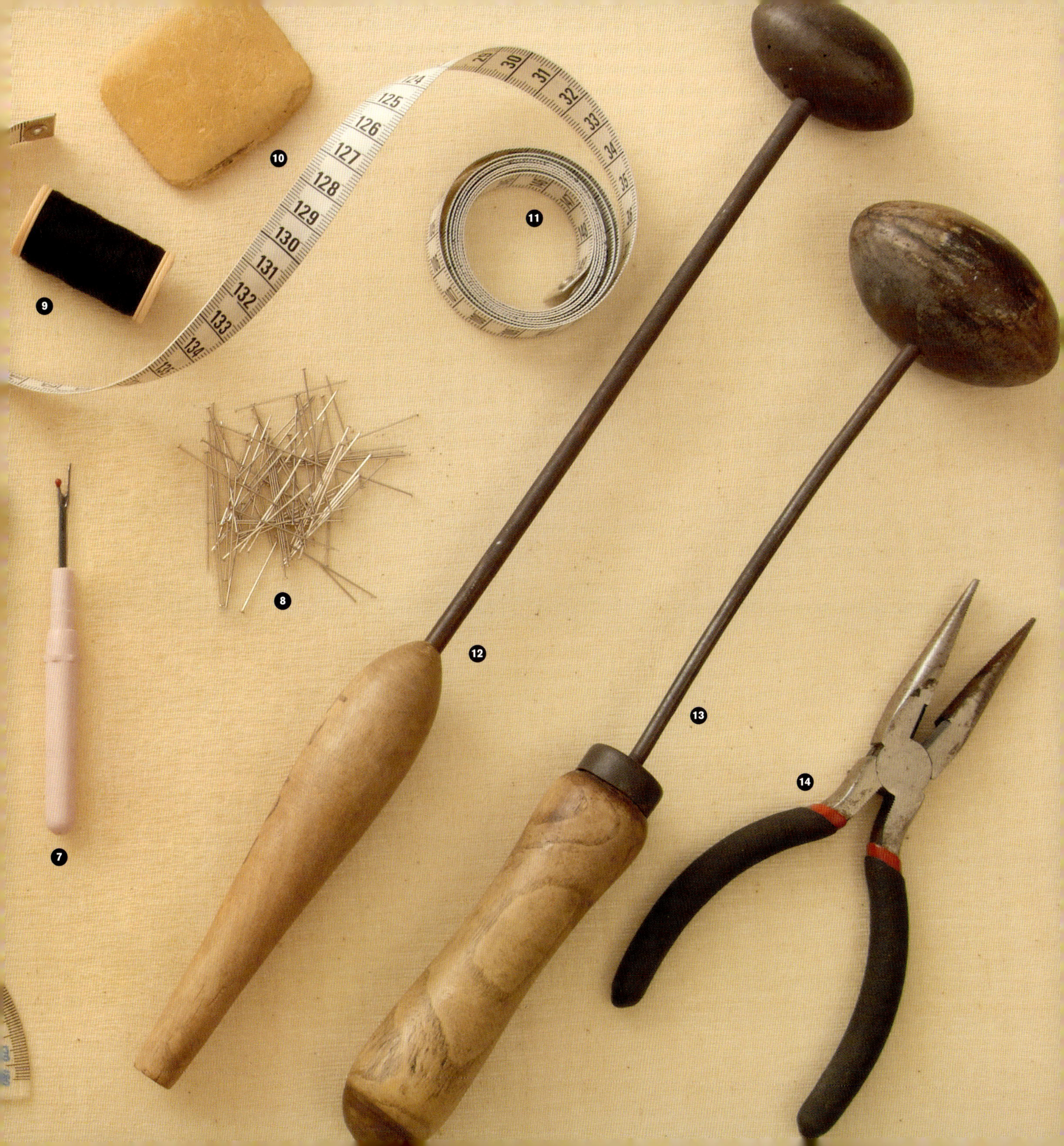
7
8
9
10
11
12
13
14

デザイナーとブランド

目的 主な帽子デザイナーとブランドについて学ぶ。

帽子のスタイルが移り変わり、流行に変化はあっても、
アートとしての帽子の重要性と
帽子の必要性は常に存在してきた。
帽子はかつてほど日常的に用いるアイテムでは
なくなったが、20世紀から21世紀にかけて
有名な帽子デザイナーが存在していることが、
常に帽子制作が重視されていることの証拠だと言える。
フィリップ・トレーシーやスティーブン・ジョーンズなど、
帽子デザイナーのスーパースターが登場したことで
帽子の世界は活気づいた。
さらに、そこからインスピレーションを得て、
新たなデザイナーたちが生み出した
革新的で魅力的な帽子の数々は、
ファッションデザイナーがルックを
「完成させるもの」として必要とされている。

エルザ・スキャパレリ
ELSA SCHIAPARELLI
(20世紀初期-中期) イタリア

スキャパレリがファッションの世界に足を踏み入れたのは1921年。ニューヨークで夫と離婚し、幼い娘を連れていたときのことだった。ドレスメーカーのポール・ポワレからの後押しもあって、スキャパレリはパリに戻り、そこから革新的なキャリアをスタートさせて大成功を収める。スキャパレリはさまざまなアーティストやデザイナーとともに仕事をしつつ、一目で彼女の作品と分かるファッションや帽子などを生み出した。スキャパレリのデザインは、ドルチェ＆ガッバーナからルル・ギネスにいたる数多くの現代のデザイナーに影響を与え続けている。

シグニチャースタイル：スキャパレリは、シュールレアリスムの哲学と芸術家たちから強い影響を受けていた。彼女の作品には、混沌とした世界のレンズを通じて見つめ直した美しさと優雅さが表現され、結果的にユーモアと楽観主義が感じられる。

アイコン的帽子：1937年秋冬シーズンの「靴帽子」は間違いなく、いつまでもエルザ・スキャパレリの作品として語り継がれるだろう。サルバドール・ダリとのコラボレーションによる帽子は広く知られ、他の似たようなルックを生み出した。

ガブリエラ・リジェンツァ
GABRIELLA LIGENZA
(現代) イタリア

リジェンツァはもともと、建築やインテリアデザインの分野の出身だった。ロンドンの帽子店で成功しても、建築に対する愛着を決して忘れたことはなく、2010年にロンドン建築フェスティバルと共同で、帽子と建築の交錯を探る展示会を企画した。

シグニチャースタイル：軽くふわりとした羽根、花のモチーフ、顔を柔らかく包むラフィアをはじめ、自然の素材を使うことを得意とする。

アイコン的帽子：イギリスの伝統ある競馬の祭典「ロイヤル・アスコット」では、ガブリエラ・リジェンツァの帽子をかぶる上流階級の女性たちがよく見られる。

グラハム・スミス GRAHAM SMITH
(現代) イギリス

スミスはロイヤル・カレッジ・オブ・アートを卒業した後、1958年にランバンで1年間、さらに1960年から1967年までマイケル・ドネランで働いた。その後、自身の帽子制作工房を立ち上げ、1981年から1991年までカンゴールのデザイン・ディレクターを務めた。また、英国航空の客室乗務員の帽子もデザインしている。

シグニチャースタイル：上流階級の女性のドレスに合わせた、伝統的素材による小型の帽子。

アイコン的帽子：1987年に撮影された写真で、ダイアナ妃がミリタリー風のスーツを見事に引き立てるカンゴールの白いフェルトの帽子をかぶっていた。

カレン・ヘンリクセン
KAREN HENRIKSEN
(現代) イギリス

ロイヤル・カレッジ・オブ・アートを卒業したカレン・ヘンリクセンは、2003年以降、ロンドンにある自分のスタジオでカジュアルな帽子から高級オーダーメードの帽子まで制作している。彼女自身の顧客の帽子もあれば、ポーツ1961やフセイン・チャラヤンなどのデザイナー用の帽子もある。また、『Design and Make Fashion Hats（ファッションハットのデザインと制作）』という帽子に関する著書を出版し、インテリアデザイン会社のピンチとともにランプシェードのデザインも手がけた。

シグニチャースタイル：カレン・ヘンリクセンは、売れる帽子にするための考慮と、想像力豊かな形や素材の探究とのバランスを取ったスタイルを生み出し、独特なひねりを効かせたカジュアルな帽子のデザインに優れている。

アイコン的帽子：2011年のウインドスエプト・コレクションで発表したキャップ<Dune>は、簡単に丸めて装飾品で留められる。ファッションの才能と実用性を結びつけたヘンリクセンの典型的作品。

リリー・ダッシェ LILLY DACHÉ

リリー・ダッシェは見習い工として15歳でキャリアをスタートさせた。20世紀初期、見習い工には労働階級の少女も多かった。ダッシェは1920年代にアメリカに移民し、華やかな女性たちやハリウッドの女優たちの帽子を制作して成功した。ハリウッドに数多くの顧客がいたため、彼女のデザインが1930年代と1940年代の女性用帽子のルックを定義していた。1946年に自伝『Talking Through My Hats（帽子を通じて語ること）』、1956

年に『Lilly Daché's Glamour Book（リリー・ダッシェのグラマーブック）』を出版。彼女のスタジオで見習いをした人材から、ファッションデザイナーのホルストンなど、成功したデザイナーが生まれている。

シグニチャースタイル：優雅でドラマチックなダッシェの帽子は、常にかぶる人の顔の骨格に合う。それが数多くのハリウッドの女優たちがダッシェの帽子を愛した理由の1つでもあった。

アイコン的帽子：リリー・ダッシェはターバンや、頭の形に合わせて型取りしたブリム（つば）のある帽子、1940年代を代表するルックであるスヌードを流行させた。

ノエル・スチュアート
NOEL STEWART
（現代）イギリス

スチュアートが自分のブランドでコレクションを始めたのは2007年秋冬シーズンからだが、すでにプレスの注目を集め、ファン層を拡大している。彼のコレクションは大胆で実験的になりつつあり、好意的に評価されていることを証明している。ロンドンのロイヤル・カレッジ・オブ・アートで修士号を取得してから、ディオールのスティーブン・ジョーンズと仕事をした。優れた作品のインスピレーションの主な出所として、現代のアートと建築、さらに歴史的なものからのヒントを挙げている。

シグニチャースタイル：スチュアートはキャリアの階段を昇りつつ、一貫して、予想のつかない実験的な方法で色や織地を用いている。

アイコン的帽子：2011年秋冬シーズンのコレクション<メッシュ・イット・アップ・ストロークス>で、黒いフェルト製のフェドーラを鮮やかな色とりどりのアクリル絵の具で大胆に着色した。まさに、歴史的なヒントと現代アートからのインスピレーションの代表例と言える。

▲ **繊細さを詰め込んで**
ノエル・スチュアートの〈Coral Bay〉は、バランス、動き、色の透明性を模索した作品。

パトリシア・アンダーウッド
PATRICIA UNDERWOOD
(20世紀中期−現代) イギリス、アメリカ

　1967年、アンダーウッドはニューヨークに移ってファッション工科大学で学び、ほとんど装飾のない彼女の帽子に好意的に反応した数多くのアメリカ人デザイナーと仕事をした。コティ賞、CFDA (アメリカファッション協議会) 賞、アメリカアクセサリー功労者賞、ファッショングループ国際起業家賞を受賞。アンダーウッドの作品は『サブリナ』、『フォー・ウェディング』などの映画で使われ、主要なファッション博物館のコレクションに収蔵されている。

　シグニチャースタイル：アンダーウッドは、伝統的な素材で顔を包む、すっきりした装飾のないスタイルを好む。

　アイコン的帽子：ラフィアで作られた夏用の幅広いブリムの帽子は、実用性とクールでシックな雰囲気が再発見された。

フィリップ・トレーシー
PHILIP TREACY
(20世紀後期−現代) アイルランド

　1989年、フィリップ・トレーシーは有名なスタイル・アイコンだったイザベラ・ブロウに出会い、結婚式用の帽子をデザインした。ブロウとの出会いから創造性とインスピレーションが生まれ、トレーシーは世界的に知られる存在となった。1990年にブロウの半地下室でスタジオを開き、1991年にはシャネルから誘いがかかって、そこで10年間仕事をした。トレーシーは英国ファッション協会のアクセサリー部門のデザイナー・オブ・ザ・イヤーに5度輝き、(アーティストのヴァネッサ・ビークロ

◀ **蝶の万華鏡**
アレキサンダー・マックイーンのコレクション用にデザインされた、フィリップ・トレーシーの蝶の帽子。普通のデザイナーなら5、6匹の蝶で満足するところだが、トレーシーは8m以上にわたる蝶の群れを作った。

フトとともに）フィレンツェとベネチアのビエンナーレに参加した。2007年、OBE（大英帝国四等勲士）を授かった。これまでに故アレキサンダー・マックイーンをはじめ、さまざまな有名デザイナーと仕事をしている。

シグニチャースタイル：フィリップ・トレーシーの帽子は驚くほどの職人技で作られている。まるで重力と無関係にたやすく組み立てられ、最もドラマチックな効果が出るように完璧な素材が選ばれている。

アイコン的帽子：あまりに豊かなトレーシーの作品から代表作を選び出すことは不可能だが、アレキサンダー・マックイーンのコレクションで登場したようなファシネーターが特に優れている。

シモーヌ・ミルマン
SIMONE MIRMAN

家族とともにフランスに住んでいる間、シモーヌはローズ・ヴァロワやエルザ・スキャパレリと仕事をした。1937年にロンドンに駆け落ちしたとき、スキャパレリは寛容にも自分のイギリス人顧客の連絡先をシモーヌに教えた。第二次世界大戦中、シモーヌと新しい夫のセルジュは自宅の小さなアパートで帽子店を開いた。事業は迅速に拡大し、1952年には英国女王御用達の帽子製造店に指名された。ミルマンはエリザベス女王、マーガレット王女、エリザベス女王の母（皇太后）をはじめ、多くの著名人顧客の帽子を作った。

シグニチャースタイル：シルエットを調整して、個々の顔に合った帽子を作ることに特に優れていたと言われている。

アイコン的帽子：エリザベス女王はチャールズ皇太子の叙任式でミルマンの帽子をかぶった。クリーム色にパールをあしらった帽子で、16世紀のフランスやイングランドのフードからインスピレーションを得たようだ。

スティーブン・ジョーンズ
STEPHEN JONES
（20世紀後期−現代）イギリス

1980年、スティーブン・ジョーンズがロンドンで最初の帽子店を開いたときに、想像力に富んだ驚くべき帽子の歴史が始まった。ジョーンズは数多くの有名デザイナーと仕事をするとともに、毎年、自身のブランド名でさまざまなマーケット向けにコレクションを発表している。自分のスタジオで無数の新進気鋭の帽子職人に見習いをさせ、注目すべきデザイナーを育てている。彼の作品は国際的に有名なファッション博物館の常設コレクションに所蔵され、最近ではビクトリア・アンド・アルバート博物館で展覧会「帽子：スティーブン・ジョーンズ作品集」を企画し、ニューヨークでも2011年に展示された。2010年にOBE（大英帝国四等勲士）を贈られた。

シグニチャースタイル：スティーブン・ジョーンズの帽子は、風変わりなユーモアのセンスにあふれ、イギリスのポップカルチャーのアイコンやイメージを思わせるものが多い。さらに、素材の扱いとドラマチックな演出のセンスの才能が示されている。

アイコン的帽子：アイコンと見なされる作品は多いが、1987年のヴィヴィアン・ウエストウッドの王冠や、2009年のユニオンジャックのシルクハットは特に重要だ。

▲ **ダウンタウン物語**
スティーブン・ジョーンズが「ダウンタウン物語」と名づけたミニマリスト的アイテム。ギャングがかぶるような帽子を2次元で表現したヘッドウエアは彼のアイコンと言える。

スタイルセレクター

目的 さまざまなスタイルの帽子やヘッドウエアのスタイルを模索する。

帽子には実に幅広い種類があって、顔を見事に縁取り、ルックを仕上げる。このページで紹介する帽子には19世紀か20世紀のスタイルに端を発するものが多いが、現代のあらゆる帽子の基礎にもなっている。ここに挙げた帽子の中に将来の革新的なデザインのアイデアが潜んでいるはずだ。

クロシュ
ブリム（つば）がないか、または非常に小さく、頭にぴったりフィットする帽子。額と耳が隠れる。「クロシュ」とはフランス語で「ベル」を意味し、1920年代に流行した。ボブの髪型と美しくマッチする。

クラウン（山）に装飾がついたものもある。

ブルトン
柔らかく丸いクラウン向きに丸めたブリムからな子。伝統的に若い女性用の帽後に垂らしたリボンがついて1960年代にブルトンをかぶるシリーン・ケネディが写真に撮ら画『ローズマリーの赤ちゃん』ア・ファローがかぶって、女性の間で流行し

ターバン
最も古い歴史がある被り物の1つ。呼び名は場所によって異なるが、中東、北アフリカ、インドで広く使われている。ファッションとしては、柔らかい生地をキャップの形に縫い合わせて頭を覆い、額の部分が高くなるように作られたものが一般的だ。ターバンは1930年代の偉大なドレスメーカー、マダム・グレを連想させる。

カットホイールハット
ピクチャーハットから派生した帽子で、エドワード7世の時代と20世紀初頭に流行した。ブリムが非常に大きく、クラウンに巻いたリボン以外に装飾がない。

ファシネーター
頭の前側に乗せ、ひもか櫛で固定するタイプの帽子。ファシネーターは17世紀のファッションに起源を持ち、上流階級の女性の高く持ち上げたウィッグの上に乗せられていた。最近はイギリスの王室の影響や、有名な帽子デザイナーのフィリップ・トレーシーやスティーブン・ジョーンズの作品によって、再び流行している。

シルクハット
19世紀の上流階級の男性子、または現代のフォーマルニングスーツ用の帽子と位置られることが多い。シルクのクラウンは高さがあり、上になっている。幅のあるブリ両端で上向きに曲げられ、ろが低い。

ブリムの端が少し曲げられている。

カクテルハット
ファシネーターに非常に近いが、カクテルハットは頭の横側に乗せる小さな帽子で、ベールが付くものが多い。フォーマルウエアで、羽根、ビーズ、宝石、軽い布製の装飾などが使われる。

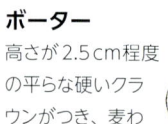

ボーター
高さが2.5cm程度の平らな硬いクラウンがつき、麦わらで作られた帽子。ブリムの幅は中程度で、クラウンの周囲にうね織りのリボンが巻かれている。19世紀から20世紀初頭にかけて、男性がボートやヨットにのるときにこのような帽子をかぶる習慣があったことから、「ボーター」の名前がついた。

スタイルセレクター **169**

ベレー帽
常にフランスをイメージさせるベレー帽は、柔らかく、丸く平らなクラウンからなり、さまざまなかぶり方がある。大半はウール製やフェルト製で、軍隊の制服の一部として採用している国も多い。

ピルボックス
クラウンだけでブリムがなく、後頭部にかぶる帽子、アメリカ人ファッションデザイナーのハルストンが考案したと言われている。1960年代にジャクリーン・ケネディがアメリカで流行させた。

トリルビー
トリルビーはよくフェドーラと混同されるが、狭いブリムが特徴で、ブリムの後ろ側が上向きになっているものが多い。クラウンは前側で折り目がついている。舞台化されたジョルジュ・デュ・モーリアの小説『トリルビー』から名前がついた。

ニュースボーイ／フラットキャップ
小さなブリムのついた柔らかい帽子で、ひたいと耳にフィットする。ニュースボーイはクラウンが8ピースで作られているので、袋のような形に近い。フラットキャップはそれとよく似ているが、形が平らで、かぶらないと形を保てない。イギリスの田園地方の紳士を連想させる。

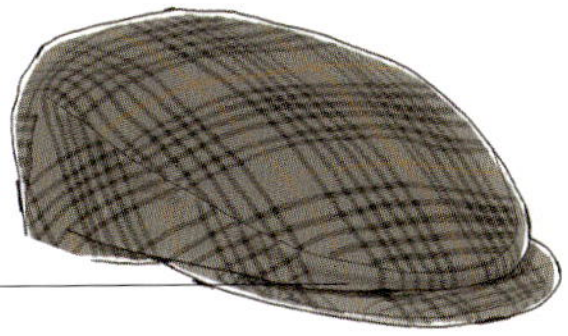

ブリムにスナップがつくものもある。

フェドーラ
柔らかいフェルトの帽子で、クラウンに縦の折り目が入るか、クラウンが「C」の文字の形をしている。ブリムの幅は中程度から広く、前側が下に傾いているものもある。フェドーラは1930年代から1950年代にかけて、男性の帽子として非常に人気があった。

ベイカーボーイ
8ピースからなるクラウンの頂点にボタンがつき、ブリムは短い。ベレー帽を前に倒し、ニュースボーイをカジュアルにしたルックにヒントを得ている。ニュースボーイとベイカーボーイはよく混同される。

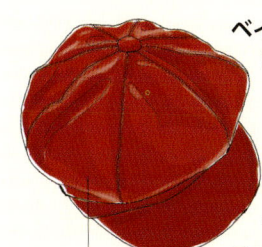

8ピースからなる構造で、頂点にボタンがつく。

トーク
トークはトルコ帽やクロシュに由来する。高さがあり、ブリムのない帽子で、ウールで作られているのが普通。1950年代後半から1960年代流行し、襟のない角張ったシンプルジャケットとストレートスカートという、当時人気があったファッションや髪型にマッチした。

スラウチハット
現代的な女性用の帽子だが、オーストラリアやニュージーランドの軍隊で使われた同じ名前の帽子に起源がある。男性用は、あごにかけるストラップがつき、片側を持ち上げる。女性用はさまざまなデザインがある。

ピクチャーハット
ビクトリア女王時代からエドワード7世の時代の初期に流行した帽子。頭部を覆い、生地、羽根、造花やイミテーションの果物などで豪華に飾られる。

サイドスイープ・ブリム
片側のブリムが上向きに曲がっている帽子を指す。ピクチャーハットやブリムの広い帽子でよく見られるスタイルで、しゃれたルックにするためにトリルビーでも使われる。

視覚的バランスのため、非対称性を強調している。

パナマ帽
麦わらで作られた男性用の帽子で、もとはエクアドルで作られ、パナマ海峡で売られていた。そのため「パナマ帽」と呼ばれる。フェドーラと形がよく似ている。

菅笠（すげがさ）
東アジアや東南アジアに起源を持ち、陽射しや雨から身体を保護するように設計されている。あごひもをかけて固定され、クラウンの頂点から円錐形をしているか、または小さなクラウンに円錐形のブリムがついている。

構造

目的 縫製帽子の構成部品を理解し、インターライニングの重要性を学ぶ。

縫製帽子の制作には、
織られた布地である限りほとんどの生地が使える。
帽子のスタイルは非常に多岐にわたる。
創造的に調査を行い、パターン裁断を探究するとともに、
必要な個々の構成部品に対する知識を
身につけていることで、
革新的なスタイルのバリエーションを生み出せる。

1. **完成した帽子** バイザーがつき、クラウンが6ピースから作られたベイカーボーイの完成品。
2. **裏張り**（6点） ポリエステル地から裁断したまったく同じ形のパーツ。
3. **クラウンのインターライニング**（6点） 可融性の織布（綿）のインターライニング。素材とインターライニングの織目の方向を合わせるため、クラウンの6ピースを裁断する前にクラウンの素材の裏側に貼りつけておく。
4. **クラウン**（6点） インターライニングを貼りつけた状態でツイード地から裁断されたクラウンの6ピース。
5. **バイザーのインターライニング**（2点） 同じインターライニングをバイザーの素材の表側と裏側に貼りつける。
6. **バイザーの補強材** バイザーの上側のパーツと下側のパーツの間にはさまれ、バイザーを補強して構造を保つ。
7. **バイザー**（2点） 帽子のつばにあたる部分の上側と下側をツイード地から裁断したもの。
8. **サイズテープ** ベイカーボーイを頭に固定する働きがある。

インターライニング

縫製帽子のほとんどは、生地を支えて帽子の形を保つための何らかの構造が必要だ。インターライニング（裏打ち芯）によって帽子の構造が支えられ、多様な生地が使えるようになる。すべてのインターライニング（バイザーの補強材を除く）は織地でなくてはならない。インターライニングには繊維や織り目の密度の点でさまざまなものがあり、それが帽子の厚さに影響する。最も簡単に使えるのが可融性のインターライニングで、アイロンや熱プレス機の熱で活性化される接着剤でコーティングされている。

一般に使われるインターライニングの一部を以下に挙げる。

可融性の織布：モスリン（非常に薄い）、バチスト（織り目が細かくて柔らかく、薄い）、織り目の細かいポリエステル100％（薄く、光を通さない）、綿やポリコットン（さまざまな厚さがある）、ドメット（薄手または中程度の厚さで、羊毛のような質感）、キャンバス地（薄手から中程度の厚さまでさまざま）。

可融性でない織布：クリノリン（薄手または中程度の厚さで、光を通さない）、フレンチキャンバス地（厚さは中程度）、オーダーメードのキャンバス地（厚さは中程度から暑いものまで入手可能）。

不織布のインターライニング：接着面がなく特に厚い見返し芯やシート状のポリプロピレンは、バイザー（ひさし）を作るのに使われる。

課題：**帽子を探究する**

チャリティーショップを訪れて、布製の縫製帽子を購入する。

1. 外見からどのようなパーツで作られているかを予想して、型紙を描く。
2. リッパーで注意深く付属品や裏張りの縫い目をほどき、素材の縫い目が見えるようにする。パーツを分解しながら、ラベルをつけ、写真に撮る。
3. バイザーやブリム（ついていれば）を外し、帽子の開口部の縫い目をほどき、インターライニング（ついていれば）が見えるようにする。
4. すべての構成パーツを並べて写真に撮る。
5. 将来使うときのために、すべてのパーツの型紙を写し取る。各パーツにラベルをつけるのを忘れないこと。織地の目の方向、インターライニングの有無、縫い代、スタイルの名称、前中央か後中央かなどは、留意すべき重要な情報だ。

構造 **171**

構成部品

ここではクラウンが6ピースで作られたベイカーボーイを構成するすべてのパーツを示している。裁断前にインターライニングをクラウンとバイザーの素材に貼りつけるため、クラウンとバイザーのパーツの裏にインターライニングが貼られている。ここではクラウンの3ピースは表側を上に、3ピースはインターライニングが見えるように裏側を上にして置いている。バイザーも同様だ。

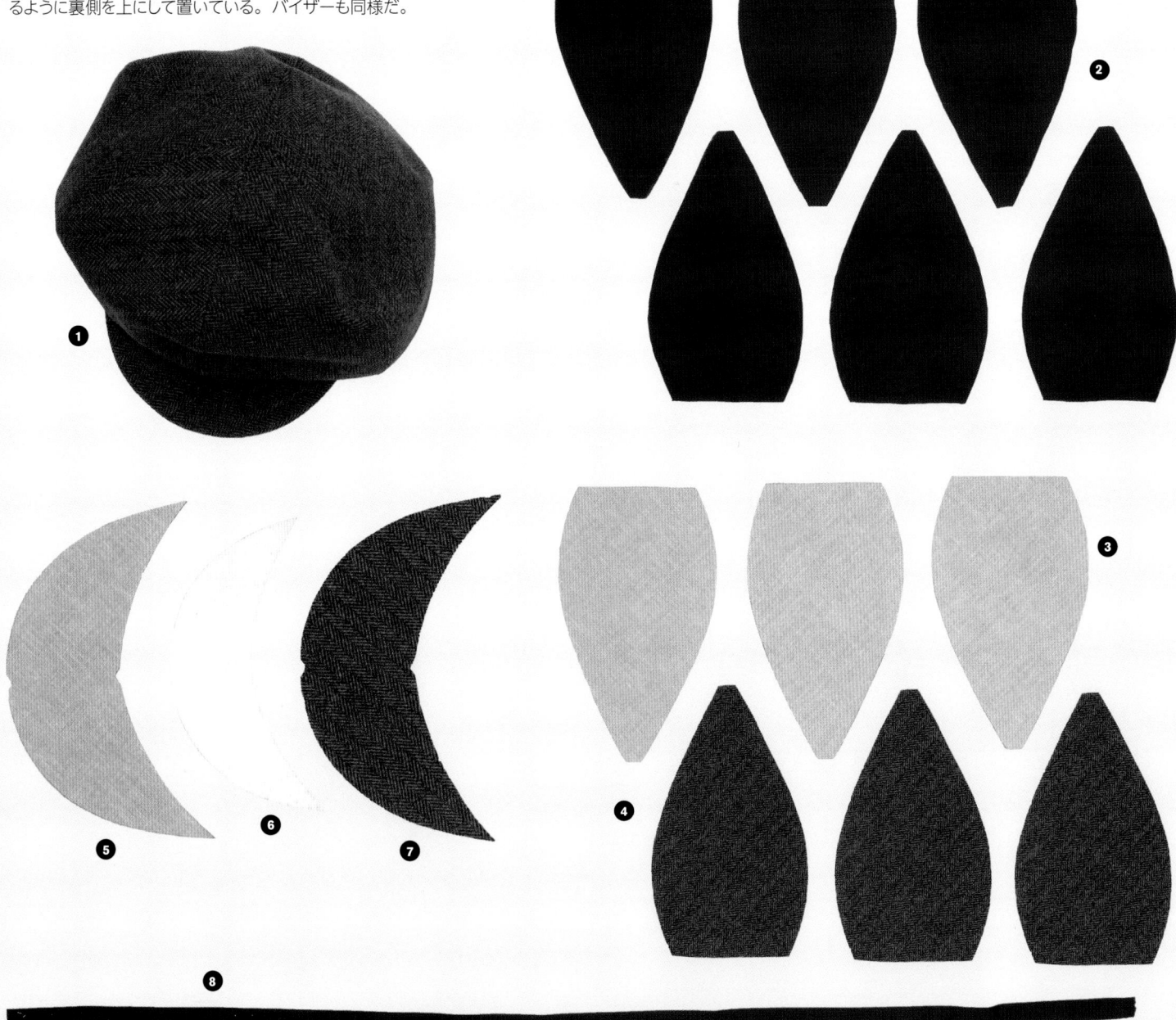

デザイン上の留意点

目的 帽子やヘッドピースをデザインするときの主な留意点を理解する。

帽子のデザインにはさまざまなとらえ方がある。
ファッションよりも彫刻と多くの共通点を持った、非常に創造的で複雑な課題でもある。
また、構成するパーツを注意深く組み立てることでもあり、
多様なファッション小物の中の1つのカテゴリーでもあり、
ファッションブランドの中心であるコレクションに付随するものとも考えられる。
あなたが帽子のデザインに特化するかどうかに関わらず、
ファッションデザインの中の帽子という分野を理解しておくことは、
ファッショングッズのデザイナーとして役に立つはずだ。

▼ 珍しい素材
デザイナーはデッサンや3次元でのデザインを通じて、木材を用いるのに適切な独自の構成方法を模索している。

ブリーフの要素

どんなデザインプロジェクトもブリーフから始まる（p.14を参照）。ブリーフにはプロジェクトの可能性と制約が概略され、プロジェクトの計画段階での注意深い検討が不可欠だ。

アイデアの時代において、リサーチがあなたの創造性を誘発するきっかけとなり、デザインプロセスのまさに中核となる。しかし、リサーチを行うにあたっては、ターゲットとする消費者の需要の評価、消費者の欲しいものや願望、ブランドのためのデザインであればブランドのシグニチャー、シーズンのムード、デザインの対象となるマーケットレベルと目指さなくてはならない価格ライン、技術的な考慮事項などとバランスを取る必要がある。技術的事項は、予想される販売数と価格ラインとの関係から製造・生産方法とともに検討されるものだ。それらの主要な留意点（p.36-47を参照）をふまえたうえで、帽子やヘッドピースをデザインするときの最も重要な要素を説明する。

形

帽子のデザインは木製の型またはアルミ製の金型、すなわち型から始まることが多い。型はクラウンとブリムの両方でさまざまな形やサイズのものが購入できる。あなたはデザイナーとして、それらを集めていくことになるだろう。もしクラウンが独

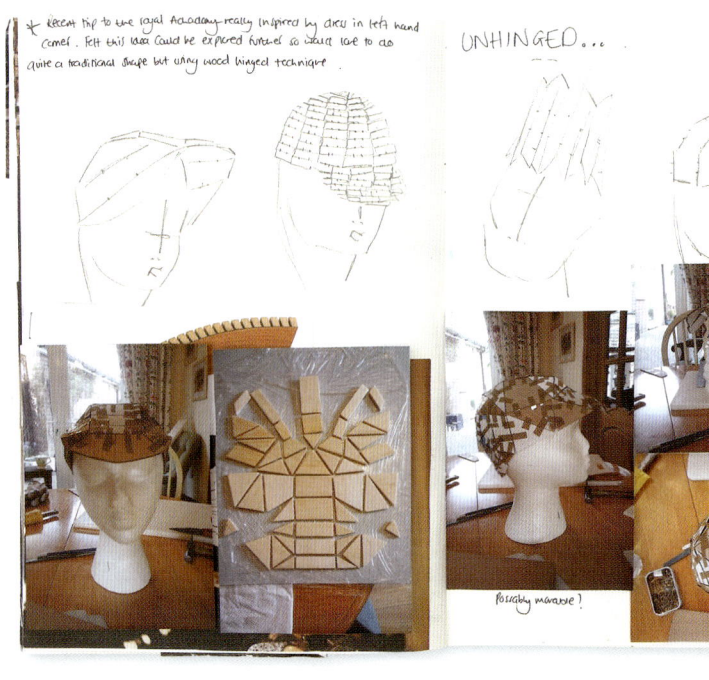

デザイン上の留意点 173

用語集

型：
木製やアルミ製のひな型で、帽子を乗せて型取りするのに使う。

リードタイム：
素材の注文から納品までにかかる正確な時間。

最小発注量：
サプライヤーが特定の素材、布地、付属品を販売するときの最小単位。

素材見本：
素材の小さなサンプル。

デザインのコミュニケーション：

魅力ある方法であなたのデザインを表現し、他の人に明確に伝えることは、デザイナーにとって必須のスキルだ。明確なデザインのコミュニケーションには、視覚的な正確さが重要になる。この能力がなければ、あなたのデザインが意図した通りに伝わらず、誤解を招くかもしれない。以下のページが、このスキルを身につけるのに役立つだろう。

◀ **サイズとプロポーション**
装飾部分を拡大することによって、デザイナーがプロポーションとサイズで遊び心を見せている。3次元で慎重にデザイン開発することで、バランスとかぶり心地が調整される。

特な形をしているなど、デザインが非常に特殊であれば、既存の型を修正するか、または型作りの専門家に特注するなどして自分だけの型を作る必要があるかもしれない。工場と一緒に仕事をしている場合は、デザイン段階に入る前に実際に工場を訪れ、蓄積されている帽子の型（アルミ製の金型）を確認しておくこと。新たなアルミ製の金型を一式そろえるだけの費用が出ない可能性があるからだ。デザインを始める際に、活用できる選択肢を把握しておくことが非常に重要となる。

スタイル

オーダーメードの帽子はさまざまなスタイルがあり、選択肢が広がり続けている（p.168-169を参照）。デザインにあたり、どのようなスタイルをもとにするかを検討する必要がある。

クラウンとブリム：ピクチャーハット、ブルトン、クロシュなど。より男性的なスタイルでは、ステットン、フェドーラ、トリルビー、キャップなど。

ブリムがなくクラウンだけの帽子：ピルボックス、ターバン、カクテルハット、トークなど。

ファシネーター：さまざまな装飾がつくが、簡単にかぶれる帽子。

縫製によるソフト帽：ベイカーボーイ、セーラー帽、日よけ帽、野球帽など。

プロポーションとサイズ

プロポーションとサイズを検討することは重要で、デザインの初期段階で模索し、デザイン開発と合わせて修正していく。ブリムに対するクラウンのプロポーションとサイズや、帽子全体のサイズに対するトリムのプロポーションは非常に重要であり、デザイン全体のラインとバランスに影響する。つまり、デザインの美しさに関わるということだ。高くふくらんだ形のクラウンに小さな上向きのブリムがついている帽子は、非常に不格好でバランスが悪いが、クラウンの高さと幅を抑えてブリムのサイズを広げれば、プロポーションが調整できるかもしれない。とはいえ、特異なプロポーションが非常にうまく機能する場合

▶ **バランスを見つける**
額の深い位置までかぶるため、バランス、重さ、フィット感が注意深く考慮された。ワイヤーのヘッドバンドはかぶる人の髪の毛で隠れ、帽子が頭の上に浮いているように見える。

バランスとライン

帽子のデザインでは、バランスを取ることが不可欠だ。帽子は簡単に着脱できて、かぶり心地がよく、頭の上で安定している必要がある。片側に偏ったデザインや上側が重くなるデザインはバランスが悪く見え、最悪の場合は重力で頭から落ちてしまう。左右非対称な帽子のデザインは魅力的に見えることが多く、面白いラインを表現できるが、適切なバランスの取れたデザインを考案することが非常に難しい場合もある。バランスを取る上で考慮すべき点は、装飾素材のデザインだ。装飾素材のサイズ、ボリューム感、取りつける位置を工夫することで、帽子やヘッドピースの適切なバランスが取れる。このようなケースでは、装飾素材の重要性を過小評価してはならない。

▼ ドラマチックなルック
このスケッチブックで、デザイナーはランウエイ上のドラマにふさわしい角度のラインを模索している。

もある。そうした可能性を探るために、バランスの取れた視点がデザイナーに求められる。クラウン、ブリム、装飾素材のプロポーションをスケッチし、修正し、発展させ、洗練させていくことで、成功に近いデザインを見つけられるだろう。

帽子とともに装飾素材もデザインすること。後から考えるのではなく、デザインに完全に統合されるべきものだ。眉のすぐ上に水平な線を引き、それと垂直な縦の線を引いてみよう。これらの線を仮に引いておくと、バランスを考慮する上で役に立つ。

素材と織地

あなたのデザインはどのシーズン用で、素材は何だろうか。素材や織地はプロジェクトの最初にリサーチし、決定しておく必要がある。素材は非常に重要で、生産方法と密接に関連する。そのため、この段階で決定したことが、帽子の構成に使われるプロセスに影響することになる。素材を決定するためには、リードタイム、最小発注量、価格を把握するためのリサーチを行い、素材見本を発注する必要がある。シーズンとしては、フェルト、毛皮、人造毛皮、革、ウール、厚手の織地が冬に好まれ、麦わらや薄手の織地が夏に好まれる。フェルトや麦わらなど、それだけで形を維持できる素材は、製造プロセスが少ないため生産にかかる時間が短く、そのためにコストが下がる。

カラーパレット

シーズンのトレンドカラーは何だろうか。春であれば、明るい自然色やパステルカラーが好まれ、夏には鮮やかな色やマリンカラーが中心となり、秋には暖かなアースカラーがよく登場し、冬には暗い地味な色目が増え、白が加わる場合もある。デザイナーは常に特定のシーズンや特定のライン（たとえば「クルーズ・ライン」）に向けてデザインをし、カラーパレットもそれに影響される。しかし、色は帽子にドラマチックな影響を与えるため、季節の色はあるものの、色の模索が必要となる。

装飾素材

造花、色のコントラスト、帽子自体の形、リボン、羽根、羽毛、レースの花、葉、ポンポンなど、候補は限りなくある。さまざまなサイズの装飾で実験して、最適なものを見つけよう。

質感と表面

帽子の表面は、平らか、織り目があるか、ドレープ、プリーツ、キルト、刺繍、ビーズ飾りなどがついているか。質感がインパクトをもたらすこともあり、探究してみる価値がある。さらに、重さと合わせ、クラウンの曲線をやブリムのくぼみも検討すべきだ。デザインしながらの実験やサンプリングが欠かせない。

デザイン上の留意点 **175**

構造

あなたがデザインした帽子はどのように生産され、どのくらいの量が作られるだろうか。これらを決めるうえで、価格ラインが影響するだろう。当然ながら、生産のために必要となる手作業が多いほど、価格が上がる。また、限定生産する製品は比較的価格が高くなる。最も安価で生産できるのは柔らかい素材の縫製帽子で、素材を裁断し、縫製するだけで完成する。

型：大量生産か限定生産か。型は生産する必要があるか。

縫い方：縫製方法は選んだ素材に適用できるか。

ステッチ：素材と同じ色を使うか、特徴として対比色を使うか。ステッチには実用的な目的があるか、単なる装飾か。標準的な糸を用いるか、それとも太く装飾性の高い糸を使うか。

エッジの仕上げ：選んだ素材に適用できるか。バインディングやパイピングであれば、どのくらいのサイズで、どんな素材を使うか。素材と同じ色か、対比色か。

機能

常に、帽子の目的を考慮すること。消費者はあなたの帽子をいつ、どこでかぶるだろうか。カジュアルか、フォーマルなものか。日常的にかぶるものか、特別な機会にかぶるものか。

重さとかぶり心地

この点は帽子の形、外観、素材の選択、構成方法に直接関わるので、デザインプロセスの最初に検討しておく必要がある。ワイヤーやインターライニングを多用すると重量が増えるため、帽子が実用性に欠け、かぶり心地が悪くなるかもしれない。重さによってバランスにも影響が生じる。生産前に、構成方法を模索し、あなたの選択がもたらす影響を検討しよう。

帽子は頭の形にフィットし、着脱が容易で、頭の上で安定している必要がある。留め金、くし、ワイヤー、サイズテープ、ゴムなど、ヘッドピースや帽子を頭に固定する方法が非常に重要だ。これらの付属品をどこに、どのように取りつけるかは、多分にデザイン次第だ。重力、重さ、つり合いをよく検討しよう。

▲ ラインを模索する
ライン、形、バランスがスケッチブックで模索されている。刺激にあふれた立体的デザインは、昆虫の観察からヒントを得たもの。

▲ 3次元による検討
3次元による一連の実験で、バランス、ライン、シルエットを調べている。デザインプロセスで重要な部分だ。帽子制作は立体的な作業であり、デザイン開発の大部分は立体的な手法で行われる。

頭部のプロポーション

目的 頭部に置いた帽子の描き方を学ぶ。

帽子のデザインを平面で伝えることはとても複雑な作業であり、困難な部分もある。多くの経験豊富な帽子デザイナーが3次元による方法でデザインを進めているが、あなたがコミュニケーションを取る相手が顧客であろうと、チームのメンバーであろうと、最初のアイデアを平面にスケッチすることは常に欠かせない。
帽子やヘッドピースが本当の意味を持つには、頭部に置いた状態で描く必要がある。頭部や顔の細部が描かれていないと、下に曲げたブリムが生み出すドラマチックな効果や、上品に頭に乗せたピルボックスのコケティッシュな雰囲気が理解されにくい。

▼ 隠れた特徴
モデルが頭をわずかに下に傾けて、シーナマイで作られた帽子のラインと上向きの曲線を強調している。帽子が顔を隠すことも多いので、デッサンやデザインの際にはプロポーションを記したラインが非常に役に立つ。

頭に帽子をかぶっている様子を描き、帽子をどの位置でかぶるか、帽子がどのように見えるべきかを示し、デザインの立体的な性質を伝えることは、経験の浅いデザイナーにとって難しい場合が多い。ここでは、頭部のプロポーションと顔のパーツの正しい位置について検討しよう。また、帽子をデザインするときに留意すべき帽子の見え方についても説明する。

頭部を描く

ほとんどのデザイナーは、頭部を描くときに卵形を描くところから始める。顔のパーツばかりに注目するのではなく、頭部全体の形、丸み、顔の幅、あごまでの長さを考えることが非常に重要だ。適切な頭部の形が描けたら、顔のパーツや、それらを連想させるものをつけ足す。

顔のパーツの位置を正確に描くために、一般的なプロポーションの原則を示そう。目は頭部の真ん中の高さに、鼻は目の高さとあごの先端の中間の位置に、口は鼻からあごの先端に向かって3分の1の位置に、耳の上端は目の高さと同じ位置に描く。

頭部と顔を描いたら、最初に正しいバランスを取るための縦と横のラインを描いておくと便利だ。角度をつけてかぶった帽子を描く場合や、ブリムやクラウンのラインが左右非対称のデザインを伝えるときに役に立つ。

帽子を描く

帽子のデザインを描き始める前に、頭のどの位置に帽子を乗せるかを考える。帽子をかぶっている状態を思い浮かべ、クラウンをどのくらいの高さにするかを検討する。クラウンの頂点は頭の頂点に触れるか、そうでないのか。頭のどの位置で固定されるのか。ブリムは左右対称かどうか。上に向けるか、下に向けるか。幅はどこでも一定にするのか。

最初は間違いを消せるように硬い鉛筆でスケッチを始める。頭部の曲線は常に鉛筆で描いたままにし、クラウンの位置が決まったら、その線を消せるようにしておく。

デザインを描く際には、帽子が頭部にぴたりと収まるのは、バイアス地か付属パーツが使われているためであることを忘れないこと。帽子は頭部から離れた位置ではなく、クラウンまたは付属パーツが頭部に接する部分で固定される。そのため、

スケッチの種類

帽子デザインのスケッチ技術をマスターしたら、異なる種類の視覚的コミュニケーションを探してみよう。

- 最初のデザインのアイデアにはサムネイルスケッチ。
- アイデアを発展させるための実際のスケッチ
- デザイン開発のためのスケッチ
- プレゼンテーションのためのイラスト
- スタイルを説明するイラスト
- ペンとインクを使ったなめらかなライン
- 彩色と、ラインに動きを出すためのサインペンの活用
- イラストレーターやフォトショップなどのCADプログラムを使った画像のスキャンと修正
- コラージュとスケッチの組合せ

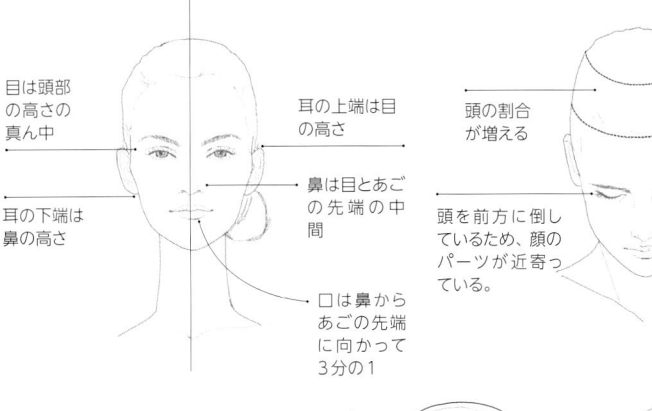

頭部のプロポーション　177

目は頭部の高さの真ん中

耳の上端は目の高さ

鼻は目とあごの先端の中間

口は鼻からあごの先端に向かって3分の1

耳の下端は鼻の高さ

◀ **前から見た図**
デザインの開始点となることが多い。薄く髪の毛のラインを入れるが、その上に帽子を描くため、細かく描かない。自信を持って顔のパーツの位置が描けるようになるまでは、プロポーションを記したラインを入れよう。

頭の割合が増える

頭を前方に倒しているため、顔のパーツが近寄っている。

課題：3つの主な視点から頭部、首、肩を描く練習をしよう。

- 正面、横、斜め後ろの位置から見た図を描く。
- 3つの図を1つずつ描き、区切り線を用いて顔のパーツの正しい位置をつかんでから、顔のそれぞれのパーツを描き込む。
- この作業が難しければ、3つの図のテンプレートを作成し、レイアウト用紙を使って必要となるたびに描き写そう。
- ただし、テンプレートに頼りすぎないこと。スケッチの練習をしなければ、スキルが向上することはない。

▶ **横から見た図**
横から見た図を描くときには、横顔のパーツの位置を確認しよう。帽子が頭のどの部分に固定されるかを考え、その位置を鉛筆の線で記すところからデザインを始める。

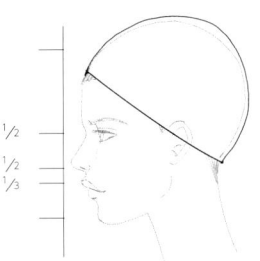

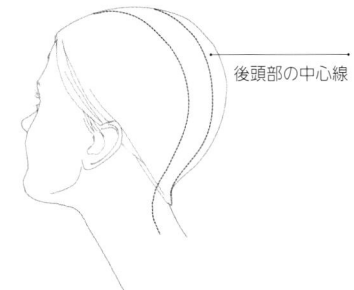

後頭部の中心線

▲ **斜め後ろから見た図**
帽子が立体形であることを忘れないこと。あらゆる角度からの検討が必要になる。帽子が前と後ろで同じに外見や大きさになることはほとんどない。後ろ側から見た図を正確に描くには、後頭部の中心線を決めることが重要になる。

頭部に接する部分は直線ではなく丸みを帯びたラインで描く。帽子は立体的なものなので、帽子やヘッドピースを描くときには透視図法や短縮遠近法を検討する必要がある。

主なステップ
- 目は頭部の真ん中の高さに位置する。
- 鼻は目の高さとあごの先端の中間。
- 口は鼻からあごの先端に向かって3分の1の位置。
- 耳の上端は目と同じ高さ。
- 首と肩のラインを描く。

課題：頭の上の帽子を描く練習をしよう。

- 2人組になり、片方がさまざまな帽子をかぶって互いのスケッチのモデルになる。
- 帽子やヘッドピースと、それらがどのように頭に乗っているかに集中する。顔のパーツは詳しく描かず、大まかに描く。
- 10分間、相手のモデルになったら、すぐに交代する。
- 1つの帽子につき、正面、横、斜め後ろからの3つのスケッチを描く。
- 帽子の見え方を比較し、互いのスケッチを批評する。

◀ **帽子の位置**
横から見た3つのスケッチから、帽子のかぶり方がスタイルによって変わることが分かる。

帽体となる素材

目的 帽子の帽体として使われる素材について学ぶ。

黒のフレンチキャンバス：薄手か中程度の厚さで、サイズを塗った帽体用の織地。

薄手のシーナマイ：形を維持できる脱ぎわらで、重ねて使われる。

伝統的なわらのエスパーテリ：布製の帽子の形を作る際や帽体として用いられる。

帽子が外観を維持するには、形を保つための素材を使う必要がある。あらゆる布地が形を維持するためには、何らかの土台となる素材が欠かせない。形を保つための帽体として使われる素材は、蒸気や湿気によって柔らかくなるが、型取りして乾燥させると、型の形状を維持できる素材だ。その上をどのような布地で覆っても形を支えることができ、バイアスで裁断できるものでなくてはならない（p.180を参照）。デザインに応じて適切な帽体を使うことが重要だ。ここでは、帽子制作で一般に使われる、帽体となる素材について見ていこう。

ファーフェルトのベル型帽体：異なる仕上げや色で数多くの種類が作られている。

エスパーテリ

エスパーテリは帽子の形を作る最も伝統的な素材だ。目の粗いわらを織ったものに薄いモスリンをかぶせた2層からなる。エスパーテリは乾いていると硬く、割れやすいが、湿っていると柔らかくなって、ほぼどんな形にでも型取りできる。しかし、織地であるために限界もある。バイアスを膨らませ過ぎると繊維がからみ合って、ひだや折り目ができるようになる。そのため、さらに素材を足さなくてはならない場合もある。エスパーテリは乾燥させると、帽子の形やデザインを維持できる。数多くの布地の帽体として用いられ、ベルベットやサテンなどの厚い布地でも支えられる、素材の裏に面するモスリンの層がなめらかな表面をしているため、インターライニングは必要ない。また、ハンドメイドの型を作る際にも用いられるが、非常に高度な帽子制作のスキルが必要だ。

ブロッキングネット

太い綿のネットで編み目も大きい。軽量の帽体であり、そのため強度を増すために2枚重ねて使われる。他の帽体となる素材と異なり、バイアスで裁断して形を作る必要がない。とても粘着性が高いが、いったん湿らせると型取りが非常に簡単で、縫製や裁断の必要がほとんどない。デザインを完成させて制作に入る前に、3次元でデザインを開発し、洗練させるのによく使われる。ブロッキングネットはほとんどの薄手か中程度の厚さの布地を支持でき、白いネットがスプレーである程度着色できることから、レースの帽子に使われることが多い。かつては数多くの厚さや質感のものが作られたが、最近では手に入れることが次第に難しくなっている。

伸縮性キャンバス

伸縮性キャンバスは目が粗く、サイズ（生地に硬さを出すための糊）を塗った綿製の布地で、成型帽子や布製帽子の帽体に使われる。織地であるために限界があり、縫製の必要がある。縫製しないと、非常に浅いクラウンでない限りは、ひだができてしまう。蒸気や湿らせた布で型取りが可能。堅い帽体をなり、形をしっかりと保てる。厚さが中程度か厚い織地を支えるのに適しているが、ほとんどの布地では質感が表に出るため、インターライニングが必要となる。

キャプリーヌ型：パリサイザルや粗い麦わらで作られたさまざまなキャプリーヌ型の帽体

ブロッキングネット：薄手の布地に使う帽体素材。

ターラタン：帽体の表面や縫い目をなめらかにするのに使われる薄手のインターライニング用織地。

帽子用ワイヤー：さまざまな太さのものがあり、黒か白の糸で覆われている。

裸のストロー：一般に型にまきつけて縫製される。

フレンチキャンバス

中程度の厚さでリネンと綿のキャンバス地。サイズは塗っていないが、型から外す前にフェルトの補強材を使うことで硬くすることができる。ドレープを支える際や、ターバンの裏張りを作るのに用いられる。また、縫製帽子のインターライニングとしても使われる。

帽子用バクラム

織り目が粗く、サイズを塗った綿製の織地で、1層のものと2層のものがある。比較的安価で丈夫なため、伝統的に舞台用の帽子に使われていた。型取りと縫製が可能で、使用が限られてはいるが、ハンドメイドの型を作る際に使われることもある。ジュートで作られた製本用のバクラムとは非常に異なったものであることに注意。

ターラタンとリノ

いずれも織り目が粗く、綿モスリンで作られ、サイズを塗った薄手の織地。リノはターラタンよりもわずかに厚い。インターライニングやワイヤーを入れたエッジに使われることが多い。リノは歴史的に、薄手のジャージー地などの布地を使った成型帽子の帽体に2重にして使われていた。

シーナマイ

シーナマイはバナナの木の繊維から作られている。さまざまな色や織り方、仕上げのものが作られている。ルレックスを折り込んだものや、ツートンカラー、斜子織り、ワッフル模様のものもあり、ひもをからめることや、プリントや刺繍を施して編まれることもある。帽子の装飾としても用途が多彩で、幅90cm、メートル単位で販売される。さらに、さまざまは幅のバイアスリボンを織り込んだものもある。装飾素材としては、花、リボン、輪になった薔薇飾り、ドレープをつけた渦巻や頭に巻くリボン、ブリムの縁の仕上げなどに使える。シーナマイの唯一の問題は、裁断したときに縁がほつれるため、折り返すか巻き上げるかして仕上げる必要がある。装飾素材について詳しくは、p.200-203を参照。

ラフストロー

サイザルやパリサイザルを除くあらゆるストロー（わら）を表す言葉。「ラフ」は繊維が比較的大きいことを意味し、編み目が分かりやすい。そうしたストローの帽体は多彩な美しい模様で編まれ、シアン、ココナツ、小麦、ねじったサイザル、バナナ、紙、ラフィアなど、植物から取れる天然繊維や合成繊維を複数組み合わせて編むこともできる。ラフストローで編んだものはもろく、1、2年の夏のシーズン程度しかもたない。

ストローブレード

裸のストローを広く表す言葉で、天然繊維でも合成繊維でも数多くのタイプの繊維のものが入手できる。幅や編み方もさまざまだ。ブレードは帽子の本体を作るのに使え、らせん状に巻かれて、手やミシンで縫いつけられる。

ブリムリード：プラスチック製ワイヤーで、主に布製の縫製帽子に使われる。

キャプリーヌ型とベル型

フェルトやストローなどで作られ、形成帽子を形作る土台となる。キャプリーヌ型は帽子の基本的な形をしていて、クラウンと平らなブリムからなる帽子に使われ、そのまま好きな形に型取りされる（p.194-199を参照）。ベル型は円錐形をしていて、小さな帽子の形やクラウンを型取りするのに使われる。

パナマストロー：伝統的なわらで、男性用の帽子にも女性用にも使われる。

帽子用バクラム：エスパーテリより安価で入手しやすいため、よくエスパーテリの代替品として使われる。

紙のエスパーテリ：合成繊維のエスパーテリはわらのエスパーテリよりも強度が劣る。

ねじった黒いシアン：面白味のある夏用のわら。

麦わら：割れやすいわらは夏用の帽子によく使われる。

編んだサイザル：伝統的な繊維を装飾的に仕上げた一例。

織地の使用

目的 織地を正しく用いる方法を理解する。

成型帽子を作る場合ででも、型取りした帽体を作る場合でも、帽体を覆う織布を型取りする場合でも、装飾用のリボンやファシネーターを作る場合でも、織地はすべてバイアスで裁断するというのが一般的ルールだ。斜めに裁断した織地は伸縮性が出るため、平らな織地を頭の形に合うように型取りするために使われる。

バイアス方向を見つける

1. 織られた布地は垂直方向の糸（縦糸）と水平方向の糸（横糸）で構成されている。水平方向の糸が垂直方向の糸の上下を交互にくぐり、層を重ねるようにして織地を形成する。

2. 織地の角の部分を持って三角に折る。その際、折った部分の縁とその下の織地の横糸が45°になるようにする。その時に作られる斜めの線がバイアスとなる。この方向にしつけ糸をかけ、バイアスを維持する。

3. バイアス方向に裁断された織地はさまざまな目的で使われる。幅の広いパーツであれば、クラウンの側面のリボン、装飾、ドレープを作るのに使われ、幅の狭いパーツは縁取り、装飾用巻きリボン、小さな装飾素材に使われる。バイアス地の帯を作るには、前出の方法でバイアスを取り、帯に必要な幅を測って裁縫用チャコかしつけ糸で印をつけ、同じ作業を繰り返す。必要な帯の長さだけ印をつけたら、チャコか仕付け糸に沿って裁断する。

4. 織地はバイアス方向に引っ張られると、自然な歪みが生じる。この歪みは、縦糸と横糸の間の空間によって作られるため、織地の織り目が粗いと歪みが大きくなる。歪みは、縦方向にも横方向にも生じる。

◀ **バイアスの活用**
カクテルハットのクラウン部分とそれを覆う布地は、すべてバイアス地で作られたもの。バイアス地を引っ張ることで織地にゆとりが生まれ、織地がしわになることなく帽子の型に成形される。

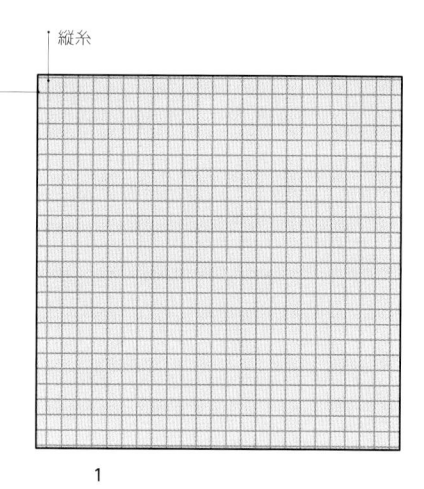

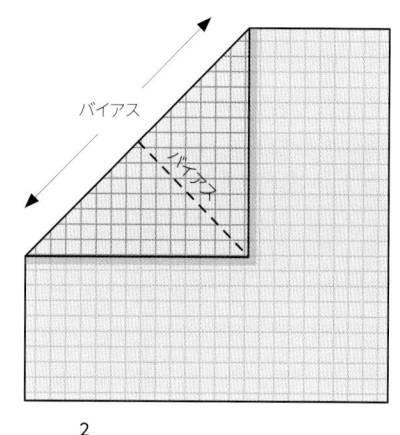

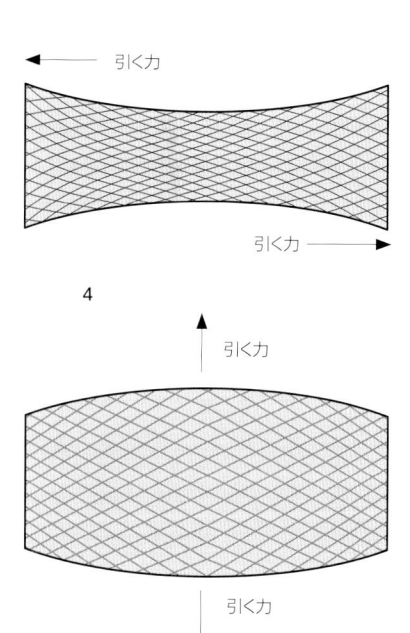

▶ **斜めの裁断**
帽子職人がバイアス地の帯を裁断している。左上に写っているドレープのついたクラウンのトリミングに使われるものだ。

バイアス地を縫い合わせる

1. バイアス地の帯をつなぐには、織地の布目か、織地の耳に沿って縫い合わせるのが良い。織地にストライプやチェックなどの柄が入っている場合は、特にそうだ。右側の帯の表を内側に向けて、2枚の帯の端を縫い合わせる。縫い合わせる端をぴたりと合わせ、バイアスにカットされた帯は鋭角の側の角が互いにはみ出す形で直角に交差させること。

2. 2枚の帯をピンで留め、直角に交わった2カ所の角の間を布目に沿ってミシンか返し縫い(p.183を参照)で縫い合わせる。

3. 帯の平行な線からはみだした縫い代をはさみで切り落とす。

4. 縫い目部分を広げてアイロンでプレスする。

5. バイアス地の帯の縫い合わせが完了。

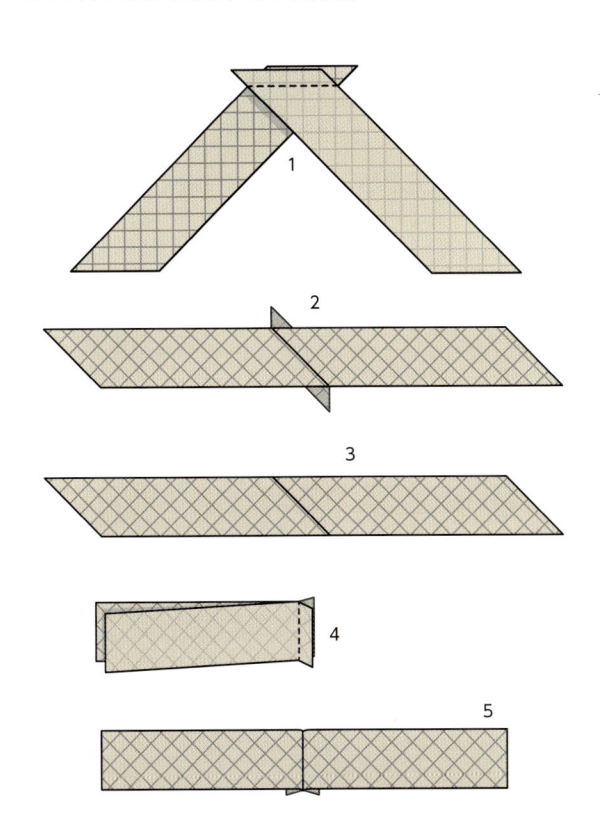

課題：ヘッドバンドを作る

ヘッドバンドはワイヤーと同じように、帽子の制作中にブリムを支えるために用いる。

1. 伸縮性キャンバス地かバクラムで、幅4cm、長さ約63cmのバイアスの帯を裁断する。ワイヤーステッチで帯の端から端までワイヤーを留める。ワイヤーを継ぐときには、2本のワイヤーを4cm重ねること。

2. タータンで幅4cmのバイアス地の帯を裁断し、帯の横方向にぴんと張る。タータン地を半分に折り、帽子用の返し縫いでワイヤーを覆う。ヘッドバンド全体を縁取るためにはタータンの帯が2枚以上必要になるかもしれない。縫い終わったらバンドにアイロンをかける。

用語集

クラウン：
帽子の一部で頭の上側を覆う部分。

サイズ：
生地に硬さを出すためにしみ込ませる糊。

装飾用巻きリボン：
バイアスにカットした生地の帯を縫い合わせて返したリボン。

縦糸：
織地の垂直方向の糸。

ドレープ：
ゆったりとした折り目。

バイアス：
織地の布目に対して45度の斜めのライン。

プレス：
アイロンをかけること。

ゆとり：
型取りの前に正方形の生地でクラウンを覆う際にできるギャザーの部分。

横糸：
織地の水平方向の糸。

ステッチ

目的 成型帽子で使われるステッチについて学ぶ。

成型帽子は手縫いのテクニックにかなりの部分を頼っている。
学ばなければならないステッチの種類はそれほど多くなく、
その一部は洋裁で使うステッチと似ているため、
すでになじんでいるものもあるかもしれない。
特別なプロセスでしか用いないステッチもあるが、これらのステッチを練習し、
身につけることで、あなたの仕事がレベルアップするだろう。
最高水準の帽子職人の手による帽子やヘッドピースは、
1つのものを立体化したように見え、ステッチにはほとんど気づかない。
そうした仕上がりが、あなたが目指すべきゴールだ。

ワイヤーステッチ

主に帽子のブリムにワイヤーを取りつけるのに用いられるステッチだが、ヘッドバンドを作るときや、装飾素材を作るのに使われることもある。ワイヤーをしっかり取りつけて帽子の構造を支える必要があるため、非常に重要なステッチだ。ワイヤーを固定するときは常に糸を2重にし、糸の端を結ぶこと。ブリムの縁にワイヤーを置き、4回ほどワイヤーにかがりつけたら、ワイヤーのすぐ下で針を手前に通す。糸を最後まで引っ張らずに輪の状態にし、輪の後ろから手前に向かって針を通し、糸を強く引く。これでワイヤーのすぐ上に小さな結び目ができる。各ステッチの間隔を約1.5cmに保ちながら、これを繰り返す。輪の前から針を通すと結び目ができずワイヤーがゆるむため、必ず輪の後ろから針を通すこと。

ワイヤーを継ぎ足す

ワイヤーの端の処理はステッチと同じくらい重要だ。ワイヤーを正しく継ぎ足さないと、ブリムにワイヤーを取りつけるためのすべての努力が無駄になるかもしれない。必要になるワイヤーの長さを計算するときには、必ず本来の長さより6cm長くすること。この部分がワイヤーを重ねるのに使われる。ブリムへのワイヤーの取りつけは常に後ろ中心から始める。中心の印より3cm手前にワイヤーの端を合わせ、ステッチが帽子を1周したら、すでに縫いつけてあるワイヤーの内側にワイヤーを置いて縫い続ける。ワイヤーの両端では、糸を何度か巻きつけて固定する。

折り目にワイヤーを入れる

ブリムの縁が内縫い（ヘム）で処理される場合に使われるステッチ。

重なる部分の6cmを足してワイヤーを測り、あらかじめワイヤーを形取って両端を結びつけておく。ブリムの縁の内縫いする位置より1-1.5cm内側にワイヤーを置き、前後左右の4カ所をハ刺し縫いで留める。その後、上記のワイヤーステッチの説明に従って、後ろ中

ワイヤーステッチ

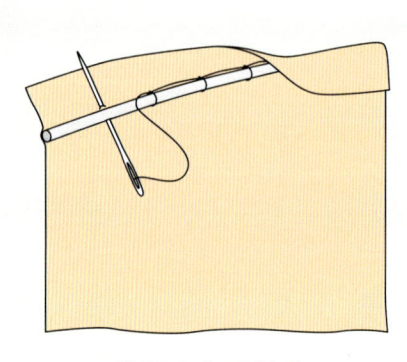

折り目にワイヤーを入れる

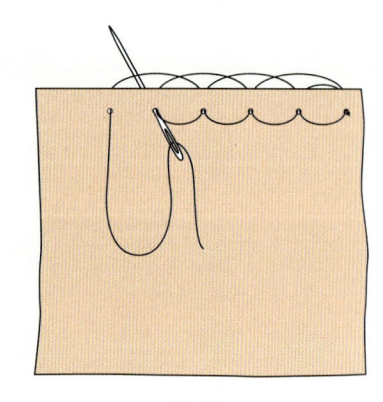

返し縫い

▶ **帽子職人の裁縫箱**
典型的な帽子職人の裁縫箱はペンチとワイヤーカッターが特徴。革の指ぬきは、(革に限らず)厚手の素材を縫いやすくする。

心から縫い始める。ただし、ステッチを作る前に直接ブリムに針を通すのではなく、ブリムをすくって輪の後ろから前に針を通して、結び目を締める。1.5cmごとにステッチを繰り返す。

返し縫い

返し縫は最も丈夫なステッチで、上側から見るとミシンの縫い目に似ている。この縫い方では、糸の端を結び、1cmほどの幅の縫い目を作って、前の縫い目の端まで針を戻すというプロセスを繰り返す。クラウンをブリムに縫いつける際に用いられる。

しつけ縫い

ミシンをかける前に複数枚の布地を固定させるためや素材に印をつけるために使われる、仮縫いであるのが普通。ステッチを始めるときは、糸の端に結び目を作り、表側に針を出して1.5cmくらいの縫い目を作る。裏側の縫い目は0.5cmの幅にして、表側に針を通

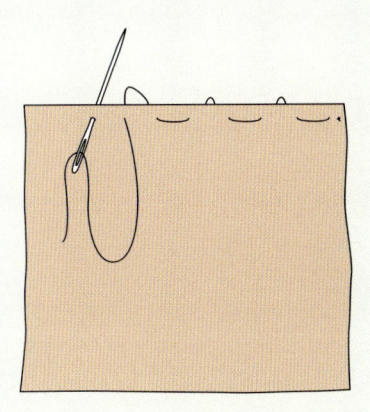

しつけ縫い

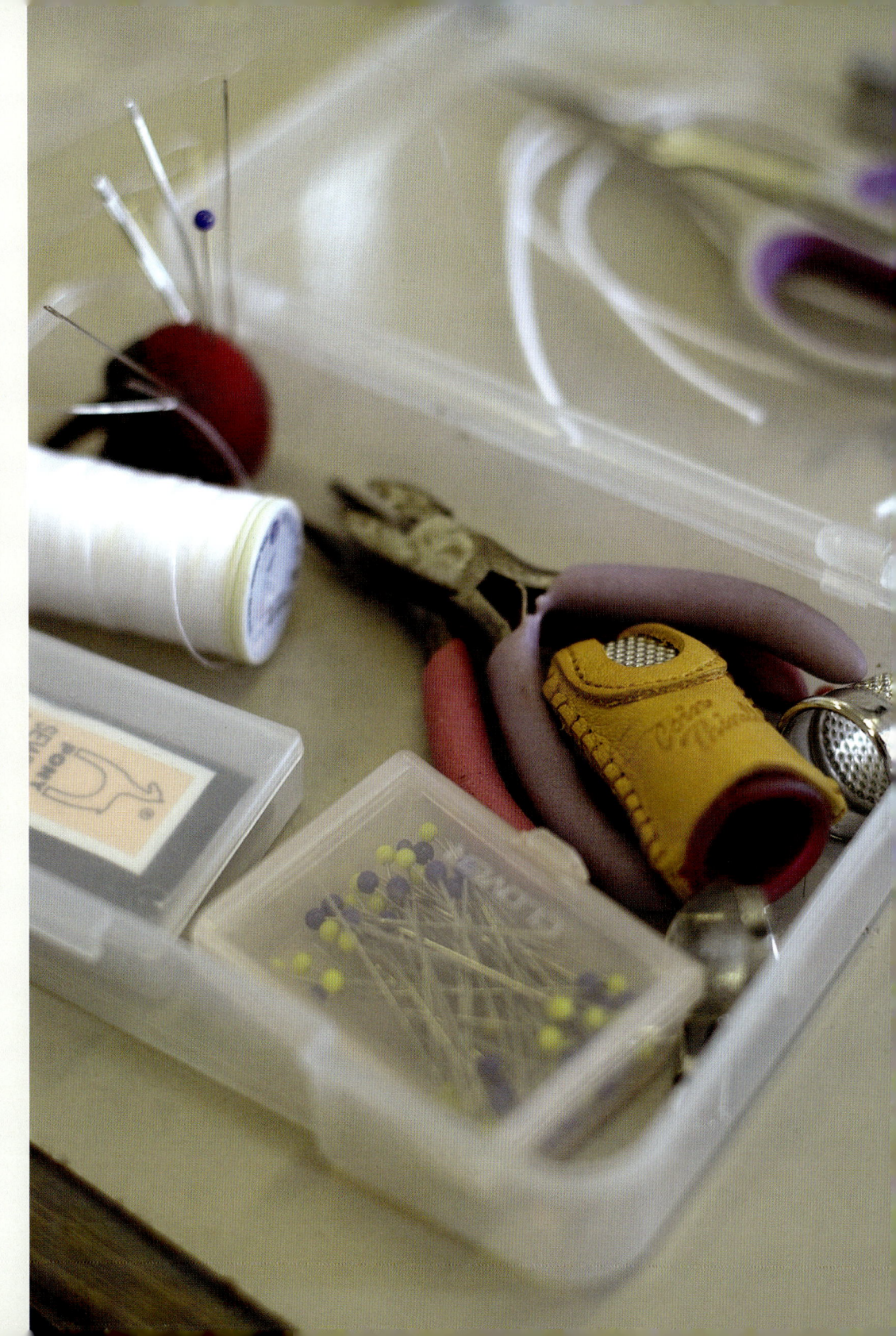

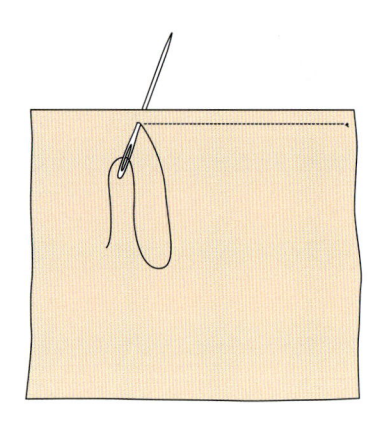

セクション４：帽子

　　　すくい縫い 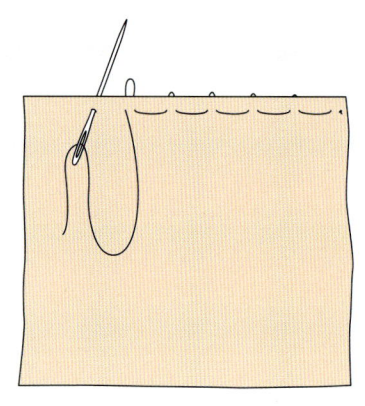　　　　　　　　落とし縫い 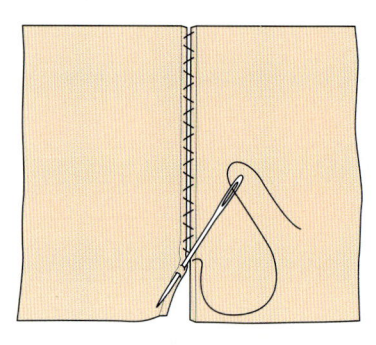　　　　　　　かがり縫い 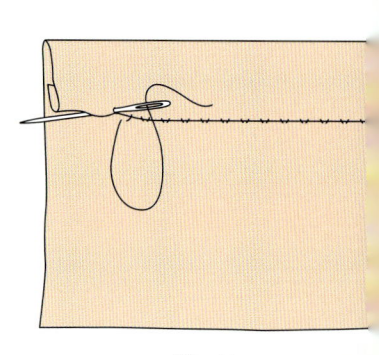　　　　　　　縦まつり

ステッチのこつ

縫うときには必ず指ぬきを使おう。そうすれば、数枚重ねた布地に針を通すときに中指が保護される。

ワイヤーを縫い込む前には、ワイヤーをまっすぐにすることが重要だ。買ったときにはワイヤーは巻いてあるため、まっすぐにして不要な弾性を取り除く。ワイヤーを親指と人差し指ではさみ、曲線部分に対して力をかけながら、ゆっくりと慎重に進めること。

す。このプロセスを繰り返す。ただし、表と裏で縫い目の幅を同じにすることを好む人もいる。このステッチは布地のギャザーを作るのにも用いられる。そのためには、ギャザーを寄せる部分を上記のように縫い、糸を引いてギャザーを作る。

すくい縫い

縁取りをするときやサイズテープを縁に取りつけるときに使われるステッチ。目立たず、ほとんど気づかれない縫い目でなくてはならない。糸の端に結び目を作り、細かい縫い目を作って結び目を縁の中に埋める。縁取りの端から反対側に垂直に針を通し、ブリムをすくう。針を斜めに戻し、繊維や糸を１、２本救って細かい縫い目を作る。確実に縫っているが、縫い目が見えないことを確認しながら、このプロセスを繰り返す。サイズテープを縫いつけるときは、針を斜めにして両側で縦の縫い目を出す。

落とし縫い

落とし縫いは、装飾素材を固定させるとき、型を作るとき、ひだやドレープを縫うときをはじめ、さまざまなプロセスで使われるステッチだ。針を帽子に通して反対側に出し、手前側には小さな水平の縫い目が出て、裏側に大きな縫い目が隠される。縫い目の長さは用途に応じて変わる。

かがり縫い

かがり縫いはフェルトの端と端を見えないようにつなぐときにも強いられる。２枚のフェルトの端を合わせ、右側のフェルトに斜めに縫い目を作り、フェルトの厚みの中間まで繊維をすくう。３ｍｍほどの幅で左側のフェルトに斜めに縫い目を作り、ブリムの端まで同じことを繰り返す。縫い終わりは、何度か返し縫いをして留める。

縦まつり

内側に折り込んだ端を見えないように縫いつけるステッチで、縁取り、縁の始末、裏張りや縁飾りを縫いつけるときに使われる。糸の端に結び目を作り、折り込んだ端の内側に入れる。針で外側の布地をすくい、折りこんだ端に針を通す。０．５ｃｍほど縫い目を折り込んだ端の中に隠し、直接、針で外側の布地をすくって同じことを繰り返す。外側の布地をすくった後の縫い目が折り込んだ布の中に確実に隠れるようにすること。

ステッチ **185**

| 渡しまつり | 継ぎ合わせ | ハ刺し縫い |

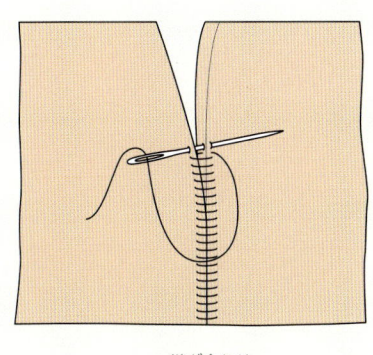

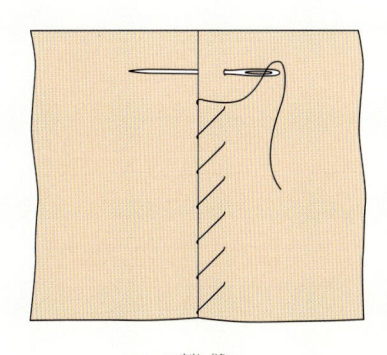

渡しまつり
　内側や外側からつなぎ目が見えないようにフェルトをつなぐときなどに用いる。フェルトの表面同士を合わせて端をそろえ、同じ幅で水平方向のステッチをかけていく。針が2枚のフェルトの端を突き抜けるようにし、端を強く引っ張る。縫い終わったら縫い目を平らにしてプレスする。

継ぎ合わせ
　継ぎ合わせは渡しまつりと同様だが、2枚のフェルトの端を突き合わせるようにする。縫い目はフェルトの中心から下側だけをすくうので、フェルトの裏側からしか見えない。

ハ刺し縫い
　帽子を型に乗せた状態で、布地を帽体に固定するためやサイドクラウンを縫いつけるときに使う。0.5cm水平に縫い目を作って結び目を内側に入れ、1cmくらいの幅で斜めに縫う。針を上側の素材に通して下側の素材をすくい、水平の縫い目を作る。このプロセスを繰り返す。短い縦の縫い目が内側に見え、長い斜めの縫い目が外側に見える。

▲ **ワイヤーステッチ**
ワイヤーがバクラムの帽体に縫いつけられている。

用語集

サイズテープ：
うね織りのリボンで帽子の縁に使われる。

ストロー針：
長く、丈夫な帽子制作用の縫い針。複数の布地の層を簡単に通せる。

186　セクション4：帽子

クラウンのパターンを描く

目的　クラウンを複数のパーツに分ける方法を学ぶ。

フェルトやわらで作られたキャプリーヌ型や
ベル型の帽体を使わずに、
型紙を使って布地を縫製する場合、
帽子のクラウンを複数のパーツに分ける方法が広く使われる。
この方法を用いてさまざまな型紙が設計される。
頭回り寸法が変わるたび、またクラウンの高さや
ピースの数が変わるたびに新しい型紙が必要となる。
また、クラウンの中心位置や、ベレー帽、
タモシャンター（ウール製のずきん型の帽子）、
ベイカーボーイのピースをわずかに変えるときにも、この方法を用いて型紙を
描くことができる（「バリエーション」を参照）。

型紙の設計

円を形作るすべてのピースは中心点でつながる。円は360°で構成されるため、クラウンが6ピースから作られるのであれば、すべてのピースは正確に60°でなくてはならない。型紙の幅が広すぎると、クラウンの中心はうまく組み合わされな

◀ ベイカーボーイ

トップステッチをかけたベイカーボーイ。このクラウンの型紙の作り方は、次ページの「バリエーション」を参照。

いか、きちんと収まらない。反対に型紙が狭すぎると、クラウンの先が細く尖ってしまう。

最初に、クラウンを形成するピースの数を検討し、頭回り寸法を測り、クラウンをどのくらいの高さにするのかを決める必要がある。

1. 頭回り寸法をピースの数で割り算し、その長さで線A-Bを引く。例えば、サイズが55.8cmなら、55.8÷6＝9.3cmだ。線A-Bの中心を求め、C点とする。

2. 定規と鉛筆でC点から必要な長さ（クラウンの高さ）だけ垂直の線を引き、終点をD点とする。Dを中心にして、線A-Bと平行な約4cmの線を引く。次に、D点を中心として分度器を

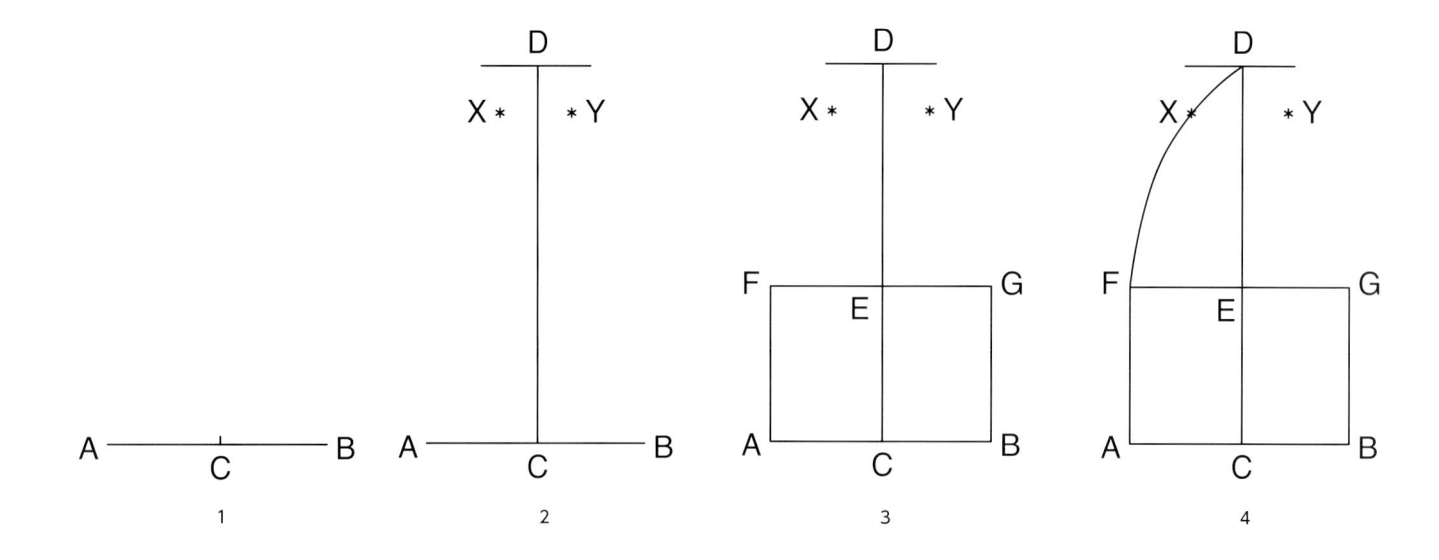

クラウンのパターンを描く 187

線C-Dに直角にあて、6ピースのクラウンであれば60°を測るため、線C-Dの両側30°の位置に印をつける。それらの点をX、Yとする。

3. 頭の形にフィットするクラウンであれば、線C-Dの下から3分の1の位置をE点とする（これがクラウンに加わる高さとなる）。Eから線A-C-Bと平行な線を引き、長さを測って平行であることを確認する。その終点をF、Gとする。定規でAとF、BとGを結び、長方形を描く。

4. DからXを通ってFまでのなめらかな曲線をフリーハンドで描く。

5. 線C-E-Dで正確に紙を折り、あなたが描いたD-X-F-Aを通る線と線A-Cに沿って正確に紙を切る。紙を2つに折っているため、D-Y-G-Bを通る線と線B-Cも同時に切ることになり、左右対称の形が得られる。これが「原型」となる。パーツの数、頭回り寸法、布目のラインとともに「原型」と記しておこう。

6. この原型を大きな型紙用紙に乗せ、線C-D-Eの位置にコンパスで穴を開ける。

7. コンパスを1cmの幅に開き、原型の周りに1cmの縫い代を取る。ベースとなる線（頭にフィットする線）では、コンパスを2cmに開いて縫い代を取る。。この1cmの縫い代があれば、必要となったときに折り返すことができる。原型を取り除く。
　次に、定規で穴を開けたC-D-Eをつなぎ、この線に沿って注意深く型紙用紙を折る。縫い代の印に沿って正確に切る。これが「裁断用型紙」となる。原型と同じ情報を描き込み、縫い代の幅も書いておく。

用語集

キャプリーヌ型：
フェルトやストローで作られ、クラウンと平らなブリムからなる帽子に使われる帽体。

ベル型：
フェルトやストローで円錐形に作られ、小さな帽子の形やクラウンを型取りするのに使われる帽体。

布目のライン：
素材を裁断するときに布地の上に型紙をどの方向で置くかを示した線。

頭回り寸法：
頭の周囲の寸法で、最終的には帽子が頭に固定される位置を示す。

課題：ピースに分かれたクラウンの型紙を設計しよう。

ここで説明した方法を用い、頭の形にフィットした5パーツと8パーツからなるクラウンの型紙を異なるサイズで作る。次に、寸法やラインを変えて実験し、クラウンの高さや形の異なる型紙をさらに4つ作ってみよう。

布地を用いてこの作業を繰り返し、デザインにもたらす影響を考えよう。

バリエーション

線C-E-Dに沿ってクラウンの高さを増やし、線F-E-Gに沿ってクラウンの幅を広げると、だらりとした平らなクラウンになる。それにバイザーをつけると、ベイカーボーイのようになる。頭に接する部分に幅の狭いサイドクラウンを取りつけ、ポンポンをつけると、タモシャンターか、複数のパーツからなるベレー帽のようになる。

◀ **パーツに分かれたクラウン**
複数のパーツで作られた帽子。クラウンはバイアス地で裁断され、後ろ中心でつなぎ合わされている。クラウンのトップはギャザーをつけて縫い合わされ、幅の狭いヘッドバンドで補強され、バイザーと装飾がついている。

クラウンの構成

目的 複数のピースからなるクラウンの型紙を作った後に（p.186を参照）、クラウンをどのように組み立てるかを学ぶ。

複数のピースからなるクラウンの型紙を作る方法は、
さまざまなスタイルで適用することができ、
野球帽にも使われている。
伝統的な方法はこれとやや異なる。
クラウンを2ピースに分けて構成し、
頭の頂点を通る1本のラインで仕上げる方法を好む
帽子デザイナーもいるからだ。
また、2枚ずつペアにする方法
（縫い合わせる前にペッグ部分をペアにしてつなぐ方法）
を好み、クラウンの中心を超えて縫わない方法を
好むデザイナーもいる。いずれの方法もここで説明する。

◀ 異なるバリエーション
さまざまな素材で作られた、複数のピースを用いるスタイルのキャップ。素材の色の使い方でキャップの外観がどのように変わるかに注目しよう。

デザイナーが選んだ素材が、ストライプやチェックをはじめとする柄が入っていれば、パーツをどのように組み合わせるかを検討する必要がある。パーツはすべてバイアスで裁断されるので、斜めの模様から生まれる面白い効果を活用したくなるかもしれない。素材が薄ければ、アイロンで接着するタイプの織布であるステイフレックスなどのインターライニングが必要になる。このときにアイロンで接着する不織布を使ってはならない。素材の縦糸と横糸が織りなす自然なゆとりが損なわれ、布地が頭の形に沿わず、かぶり心地の悪い帽子になるからだ。他に、キャンバスやターラタンなどの薄手の帽体も使える。縫製帽子はミシンでトップステッチをかけて、補強されることが多い。

6ピースからなるクラウンの構成（ペアにする方法）

アイロンで接着するインターライニングを用いる場合は、素材とインターライニングの布目の方向があっていることを確認しながら、接着作業を先に行う。

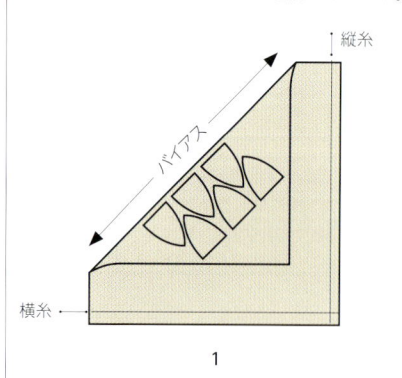

1. 180ページで説明した方法で正しいバイアス方向を見つける。裁断用型紙（p.187を参照）を織地のバイアス方向に置く。型紙に記した布目のラインを確認して、縦糸と横糸の方向に合わせる。裁断用型紙を織地の裏側に置き、裁縫用チャコで型紙の回りを写し取り、型紙の底のラインの中心に印をつける。次に、型紙の原型を取り出し、同じ幅の縫い代が周囲にあることを確認しながら中心の印に合わせ、チャコで形を写し取る。これが縫い合わせる際の線になる。クラウン用のすべてのピースで同じ作業を繰り返し、はさみで慎重に裁断する。各ピースの裏側に1から6まで（クラウンが6ピースからなる場合）の番号を振っておく。

2. まち針でピースを2枚ずつ（1と2、3と4、5と6）留める。チャコで印をつけた線をまたいで水平にまち針を打つと、まち針の上からステッチをかけることができる。常にクラウンの先端からベースラインに向かってまち針を打つこと。チャコの印の先端にミシンの針をあて、クラウンの先端からミシンをかける。チャコの印を超えて縫わないように注意する。糸の端は十分な長さを残してカットし、結び目を作って留める。ミシンのリバースステッチは、不要な厚みを出してしまうので使わない。縫い終わったら縫い目を開き、プレスする。6ピースのクラウンであれば、2枚ずつ縫い合わせたセットが3つ出来上がる。

3. 前出の手順でピースの2と3を待ち針で留め、縫い合わせて糸を結び、縫い目を開いてプレスする。同じ手順で4と5も縫い合わせる。最後に縫い合わせるのは1と6となる。これが最も難しく、中心点に穴ができたり、他のパーツまで縫い込んだりすることのないよう、あらかじめ、しつけ縫いをしておく必要がある。縫い終わったら、最後の縫い目を開いてプレスする。

クラウンの構成

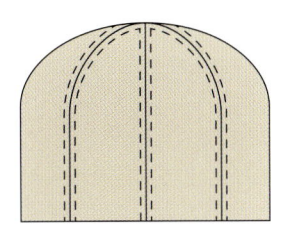

4 横から見たところ

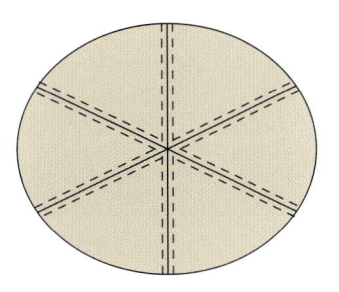

4 上から見たところ

4. 最後に中心点の縫い目に注意しながら、すべての縫い目の両側にトップステッチをかける。

これでクラウンが仕上がり、ブリムに縫いつける（p.190-193を参照）か、バイザーを取りつける（p.193を参照）準備が整う。

デザイン上の留意点

- 後ろ側にサイズ調整ができるストラップか、ゴムのストラップをつけるか。調整ができるようにするのであれば、バックス、スライダー、マジックテープ、ホック、ボタンなどのいずれを使うか。
- バイザーの形とサイズ。
- 縫い合わせとトップステッチに使う糸の色。
- 裏張りに使う織地。
- 装飾素材。ポンポン、くるみボタンをはじめとする装飾をクラウンの中央につけるか。
- ブリムをつけるのであれば、どのような形にするか。

2ピース・クラウンの構成

トップクラウンとサイドクラウンの2つのピースからなる構成。ドーム型のひな型を使った帽子が最も簡単だ。

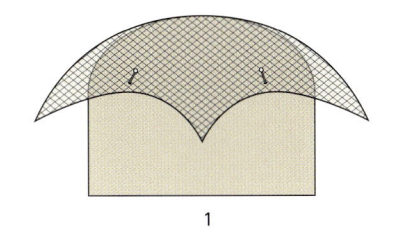

1

1. クラウンの曲線部分が十分に隠れる大きさの正方形に、伸縮性キャンバスまたはバクラムを裁断する。前中心がバイアスになるようにキャンバス地をクラウンの型の上に置く。

2. キャンバス地に蒸気を当てるか、少量の水をスプレーして湿らせる。布目のラインに沿ってまち針で型に留める（この方向には繊維が広がらないため、ゆとりを出すことができない）。まち針で型に留めるときには、織地をぴんと張っておく。型の反対側もまち針で留め、バイアス方向に引っ張って、ふくらむ部分を十分に伸ばす。放置して乾燥させる。乾いたら、形が整うように縁に印をつけてトリミングする。垂直にしつけ縫いをして前中心に印をつけ、プレスして型から外す。

3. サイドクラウンを作るには、バイアスの帯を裁断し、十分な縫い代を取る。クラウンの型の回りに帯を巻きつけ、後ろ中心で重ね、まち針で留める。その際は、ゴムひもか帽子用の糸で底を留め、そのすぐ上にまち針を打つ。サイドクラウンに蒸気を当てるか、水で湿らせて、上方向に引っ張り、前中心、両サイドをまち針で留め、それらの間にもまち針を打つ。縁が型取りされ、織地が型にしっかりとフィットするようになったら、乾燥させる。

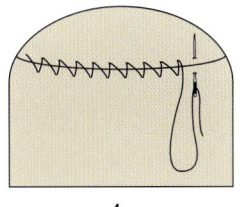

4

4. サイドクラウンが乾いたら、軽くプレスして前中心に印をつける。重なっている後ろ中心を1cmまでカットし、重なりにチャコで印をつけ、サイドクラウンを型の上方にずらす。後ろ中心を返し縫いする。次に、サイドクラウンを型に戻す（下にずらして取りつけ、サイドクラウンの曲線が広がらないようにする）。

5. トップクラウンを型に戻し、前中心でサイドクラウンと合わせる。サイドクラウンと重なる部分では、小さな円を描きながら磨くような動作でプレスする。ハ刺し縫い（p.185を参照）でトップクラウンとサイドクラウンを型に置いたまま縫い合わせ、再び強くプレスする。

6. 仕上げに縫い目をなめらかにするため、ターラタンをバイアスカットした帯を作る。引っ張って繊維を柔らかくし、やや湿らせ、伸ばしながら縫い目の上にまち針で留めていく。磨くような動作でターラタンを縫い目にプレスし、型に対して強くプレスする。これでクラウンが完成する。

用語集

ゆとり：
帽子の型の上に置いたときに生地にギャザーが寄る部分。

布目のライン：
素材を裁断するときに布地の上に型紙を置く方向を示した線。

バイザー：
一部分につけられたブリムで、普通は帽子の前部分に伸びる。

布目の方向：
織地の繊維の方向。

ブリムの型紙を作る

目的 ブリムの型紙を作る2つの方法について学ぶ。

ブリムの型紙を作る方法は数多くあり、仕上がりのデザインが異なる。このセクションでは、円錐を使う方法とダーツを使う方法の2つを説明する。

◀ **ツイードを使った帽子**
上向きのブリムがついたツイードのしゃれた帽子。複数のパーツからなるクラウンでツイードの織り目が巧みに使われている。

円錐を使う方法

円錐を使う方法は素早くできて、信頼性が高く、容易な方法だ。上向き、下向き、サイドスイープ、左右対称、非対称などさまざまなデザインのブリムに対応できる。また、ベレー帽やトークの型紙を作る際にも応用できる方法だ。

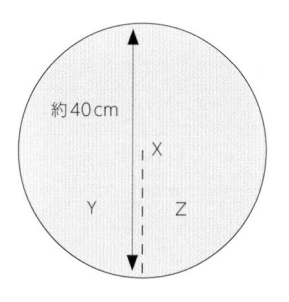

1. 薄手の型紙用紙を使い、直径40cm以上の円を描く。円を丁寧に切り抜き、中心をX点とする。中心から円周に向けて直線を1本引き、その線に沿って切り込みを入れる。この線の片側をY、もう一方の側をZする。

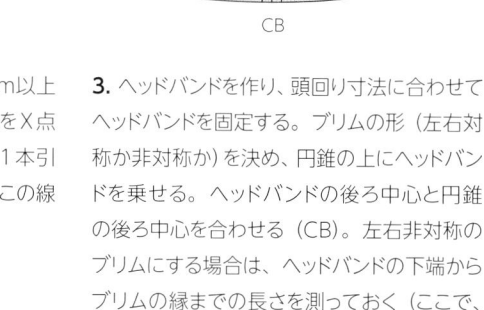

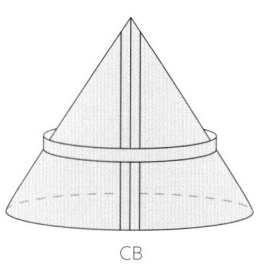

2. 切り込みをずらして両側を重ね、YとZを動かして適切な角度にする。円錐の先が尖っているほど、ブリムが狭くなる。また、ブリムが上向きの曲線を描いたり、ブリムの縁を折り上げたりする可能性もあることに留意する。円錐の先の角度が決まったら、重なっている部分を調整して、切り込みが重なる位置に印をつけてセロハンテープでしっかりと固定する。ここが、後ろ中心の縫い目の位置になる。

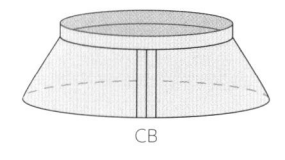

3. ヘッドバンドを作り、頭回り寸法に合わせてヘッドバンドを固定する。ブリムの形（左右対称か非対称か）を決め、円錐の上にヘッドバンドを乗せる。ヘッドバンドの後ろ中心と円錐の後ろ中心を合わせる（CB）。左右非対称のブリムにする場合は、ヘッドバンドの下端からブリムの縁までの長さを測っておく（ここで、ヘッドバンドを押さえて指示通りに動かす人の助けが必要になる）。ヘッドバンドの位置が決まったら、サイズ元に沿って鉛筆で線を引く。

4. ヘッドバンドを外し、セロハンテープをはがして円錐を平らに開く。鉛筆で引いたサイズ元の線に従って、重なった部分の型紙用紙を切り取る。コンパスを2.5cmの幅に開いて鉛筆の線をなぞり、型紙用紙に薄く印をつける。そのに沿って、中心の余計な部分を切り取る。

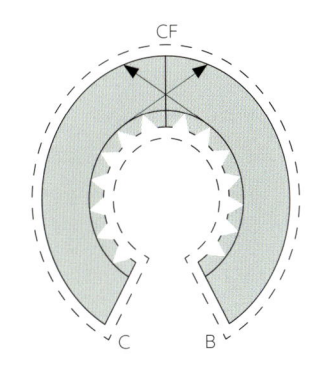

ブリムの型紙を作る 191

ブリムの大きさを変えた型紙

一般に、ブリムの型紙の設計は頭回り寸法を測るところから始める。ほとんどの帽子で頭回りの部分は楕円形をしている。頭回り寸法が55.8cmの帽子を作るのであれば、長さ19cm、幅17cmの楕円形を描く。寸法を1cm減らす場合は、頭回り55.8cmの楕円形から3mm小さいラインを描き、寸法を1cm増やす場合は、3mm大きいラインを描く。たとえば、頭回り57cmの帽子を作るなら、長さ19.3cm、幅17.3cmの楕円形を描く。

5. 型紙用紙をちょうど半分に折って前中心を見つけ、×印をつけておく。次に、サイズ元の上に引いた線からサイズ元の線に向けて三角形を切り取る。その際には、バックシームから約3cm離れた位置から始める。

6. 型紙に説明書きをつける。前中心（CF）がバイアスとなるように、布目のライン（一般に矢印を使って布目の方向を示す）を描き込み、後で参照するときのために頭回り寸法、スタイル番号、帽子の名称を記入する。2枚のパーツを裁断するので「×2」と書く（正確を期すために、必ず型紙をひっくり返して、1枚は上側から、1枚は下側から裁断する）。また、ヘッドバンドの位置の縫い代以外に縫い代がないことも型紙に記しておく。これが「原型」となる型紙だ。

7. 原型を別の型紙用紙の上に置く。前中心の位置に穴を開ける。コンパスを1cmの幅に開き、後ろ中心の片方の内側の線から、反対側の後ろ中心の内側の線までなぞって縫い代を足す。サイズ元の線の内側には縫い代を足さない。鉛筆かコンパスを使って、サイズ元の切り込みの外側に縫い代を足し、型紙を切り抜く。これが、裁断用型紙となる。原型のアウトラインを写しておく。

ベレー帽とトークの型紙

ベレー帽の型紙を作るときには、円錐を使う方法の手順3まで進んだら、以下の手順に従う。

1. 円錐の型紙を別の型紙の上に置き、外周を写し取り、コンパスを使って1cmの縫い代を足す。これがベレー帽のトップクラウンになる。

2. サイズ元に2.5cm足す代わりに1.5cmを足す。

3. 幅8cm、頭回り寸法に縫い代の2cmを足した長さのバイアス地を裁断する。

4. ベレー帽ではブリムと違って、裁断する布地は1枚でよい。（ブリムでは裏表2枚の布地が必要になる。）

トークを作る場合には、ベレー帽と同じ方法を取るが、円錐の先端を鋭く尖らせる。そのため、トップクラウンがかなり小さくなる。手順4の図を上下さかさまにすると、ベレー帽やトークの型紙がどのように見えるかがつかめるだろう。

▶ **トリムのないシンプルでスタイリッシュなデザイン**
サイドバンドのついた柔らかいウールのベレー帽。上に示したように円錐を使う方法を応用して制作できる。

▶ **対照的な素材**
後ろの部分を折り上げた幅の狭い帽子。ツイードと革が見事な効果をもたらしている。このように2つの異なろう素材を用いるときには、同じくらいの厚さにすること。この帽子には、アイロンで接着するインターライニングが使われている。

ダーツを使う方法

前のページで説明した円錐を使う方法と同じく、ダーツを使う方法も最初は円を描くところから始める。この円を切り抜き、外周をおりたたんでダーツを作ることでブリムの形が作られる。

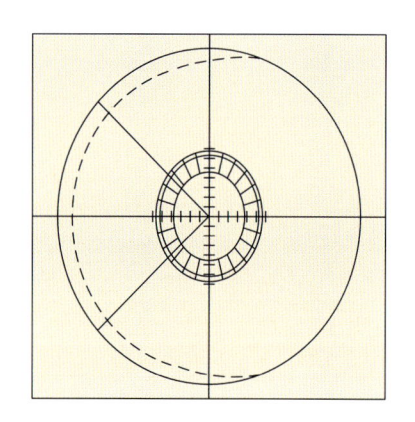

1. 頭回り寸法が決まったら、ブリムの幅が最も広い部分まで描けるようにして、型紙用紙の上に頭回りの寸法の楕円を描く。次に紙を折りたたみ、ブリムのエッジ(外周り)を描くときの目安となるように、サイズ元の前中心、後ろ中心、左右の中間点に印をつける。さらにそれぞれの印の中間点にも印をつけ、型紙を同じ大きさの8つの部分に分ける。

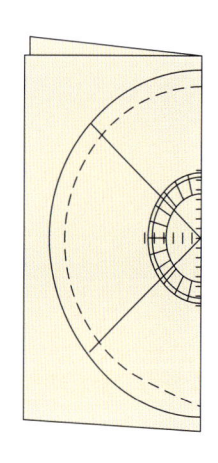

2. ブリムが左右対称であれば、型紙を縦半分に折り、図の点線の部分で2枚の紙を切る。

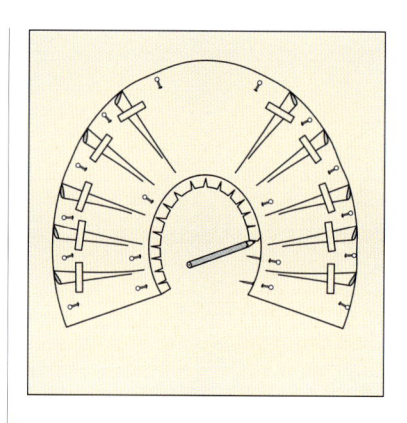

3. コンパスでサイズ元から2.5cmの位置に印をつけ、ブリムの縫い代にする。次に、1cmごとにブリムの縫い代をつまむ。放射状の線を目安にしながら、デザインした通りのブリムを描き、型紙用紙の余った部分を切り落とす。ブリムの縫い代をヘッドバンドにまち針で留める。図のようにすると、完全に平らなブリムになる。

用語集

バイアス：
織地の布目に対して斜めのライン。

ブリム：
一般にクラウンから突き出ている帽子の縁を指す。上向きや下向きに曲げる場合や、左右対称の場合と左右非対称の場合がある。

ブリムの縫い代：
クラウンの内側に沿って、クラウンにブリムを取りつける部分。

サイズ元：
帽子が頭に固定される位置。フィット感とかぶり心地を高めるために、サイズテープをつけることが多い。

ヘッドバンド：
ワイヤーが入ったバイアス裁ちのキャンバスの帯で、帽子や型紙を制作する間にブリムを支えるために使う。

バイザーの縫い代：
クラウンの内側に沿って、クラウンにバイザーを取りつける部分。

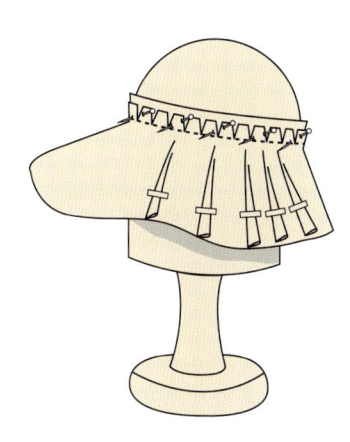

3次元の課題：バイザーの型紙を設計する

1. ヘッドバンドを型紙用紙の上に置く。

2. ヘッドバンドの前側の部分を写し取り、前中心に印をつける。サイズ元の線から3cmの幅でバイザーの縫い代を取る。

3. 前中心から定規でバイザーに必要な長さの直線を引く。左右対称のバイザーであれば、中心線で紙を折り、バイザーの片側を描く。バイザーのラインの最後はサイズ元まで引くこと。折りたたんだ型紙用紙からヘッドバンド、バイザーの縫い代、描いたバイザーのラインを切り取る。型紙を折りたたんだまま、バイザーの縫い代にサイズ元まで切り込みを入れる。

4. バイザーの形を確認するため、まち針で型紙を注意深くヘッドバンドに留め、必要に応じて形を調整する。バイザーをさらに傾けたいときは、この作業の前に、必要な角度まで型紙にダーツを入れる。

▶ **バイザーの効果**
同じクラウンだが、プラスチック、ツイード、革という異なる素材でバイザーが作られ、ルックに変化を与えている。

4. ブリムの形を作るためにはダーツが必要になる。ダーツは先細りの形をしていて、サイズ元のラインまで折りこむことがないので、ダーツを入れても頭回り寸法に影響はない。ダーツを作るには、サイズ元の方向に向けて型紙をたたみ、セロハンテープで留める。8本の放射状のラインでダーツを入れると、全周で同じ傾斜がついた深めのクロシュのような形になる。傾斜に変化をつけるには、ブリムが下がる位置にダーツを多めに入れる。

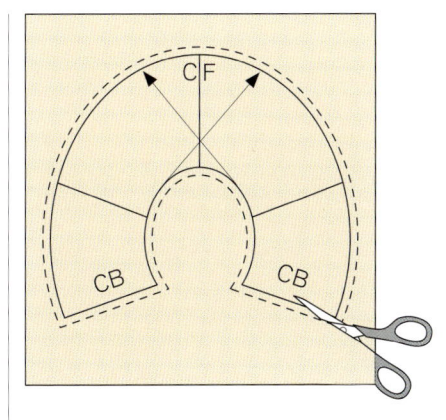

5. ブリムの形とラインが決まったら、ヘッドバンドを外して、後ろ中心のラインで切る。ダーツをテープで留めたまま、別の型紙用紙の上に乗せ、外周とブリムの縫い代を丁寧に写し取る。ブリムのエッジと後ろ中心のラインに縫い代を足して、型紙を切る。切り抜いた型紙をヘッドバンドに合わせ、ブリムの形を確認する。

6. 頭回り寸法、スタイル名称や番号、スタイルの説明など、必要な情報を型紙に記入する。

型取り

目的 フェルト製のキャプリーヌ型帽体をどのように型取りして形を作るかを学ぶ。

型取りとは帽子を成形するための技術的なプロセスだ。蒸気を当てるか湿らせて、素材を曲げやすくし、伸ばしながら型に固定する。織り目のゆとりを均一に広げ、ギャザーやひだを取り除いていく。

帽子をどのように型取りして組み立てるか

帽子制作において、縫う必要なしにドーム型に形成できるの素材は、フェルトとストローだけだ。フェルトはばらばらの繊維に蒸気を当てて圧力をかけて作られた不織布で、ウールフェルト、ファーフェルト、メリュジン、ムフロン、ピーチブルーム、ベロアなど数多くの種類がある。フェルトはすべて型取りでき、蒸気を当てるとあらゆる方向に伸ばせ、乾くとその形を維持する。ここでは、どのようにフェルト製の帽子を型取りし、シンプルなクラウンとブリムからなる帽子をどのように組み立てるのかを見ていこう。複雑な形の帽子を作るときでも、根本的な方法は変わらない。型を準備し、フェルトを補強し、型に乗せ、蒸気を当てて伸ばし、乾燥させ、ワイヤーを取りつけ、パーツを組み立てて、装飾素材をつける。

準備

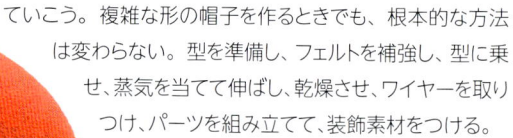

1. 型をビニールで覆う。

クラウンの形を作る

2. ジフィー社のスチーマーを使って、フェルト製のキャプリーヌ型またはベル型の帽体全体を湿らせる。特にクラウン部分に蒸気を当てる。

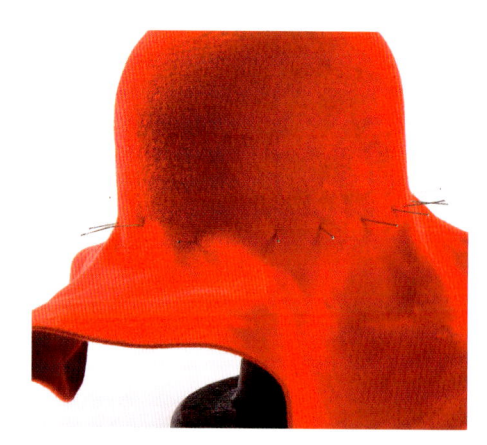

6. 型取り用のチューブ、ひも、ゴムなど（使用する場合）の下でピンがしっかり固定されていることを確認する。ネイルブラシを使って、クラウンの中心から下に右回りの円を描くようにやさしくブラシをかける。シルクピンの代わりに画鋲を使うとフェルトを傷つける可能性があり、フェルトに大きな穴が開いたり、型が痛んだりするので、画鋲は使わない。

3. クラウンの部分が熱く、柔らかくなったら、スチーマーから離す。ブリムの前後を持ってクラウンの型に乗せ、強くはめ込む。

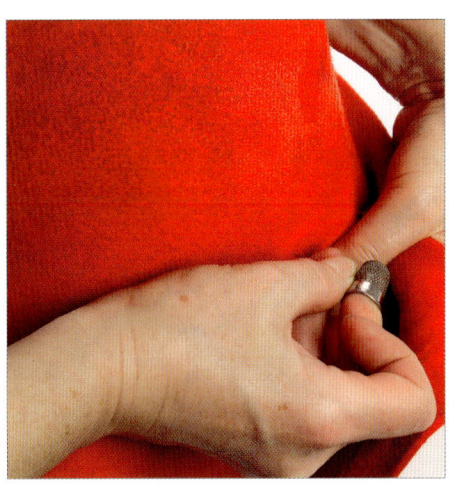

4. 型取り用のシルクピンを使って、フェルトを型に留めていく。親指と薬指でピンを持ち、指ぬきをはめた中指でピンを押す。ピンを指す際にフェルトを強く引っ張ること。

5. 型取り用のチューブ、ひも、ゴムなど（使用する場合）をブリムの上にかける。クラウン全体に蒸気を当ててフェルトを柔らかく保ち、前後左右で繊維のゆとりを均一にする。ドームの形をしたクラウンの型を用いると、フェルト製のクラウンは簡単に作れるはずだ。

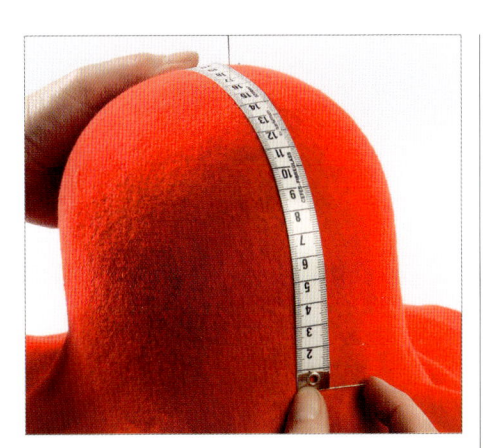

7. フェルトが完全に乾いたら、型取り用のチューブ、ひも、ゴムなどを外し、シルクピンを抜く（ペンチが必要な場合もある）。クラウンの高さを測り、裁縫用チャコかシルクピンで印をつける。クラウンの前中心に線を引いておく。

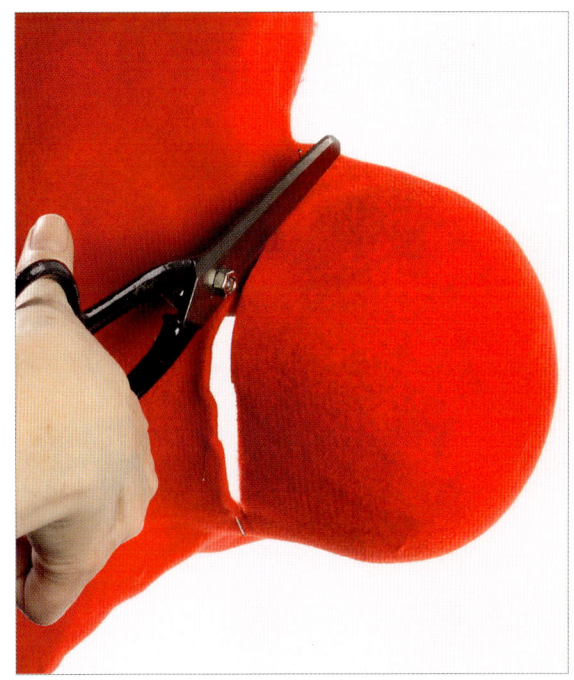

8. 最初にスカルペルかクリッキングナイフで切れ目を入れ、注意深くブリムを裁断する。後でフェルトの輪が必要になるので、切り抜いた後のフェルトを伸ばさないように注意する。

セクション４：帽子

ブリムの形を作る

9. 頭回り寸法によっては、切り抜いた後のフェルトの輪の中心を縮める必要がある。その際には、穴の周囲に蒸気を当て、穴の中心に向かって水平に引っ張る。穴を一周するまで、蒸気を当てて引っ張る作業を続ける。

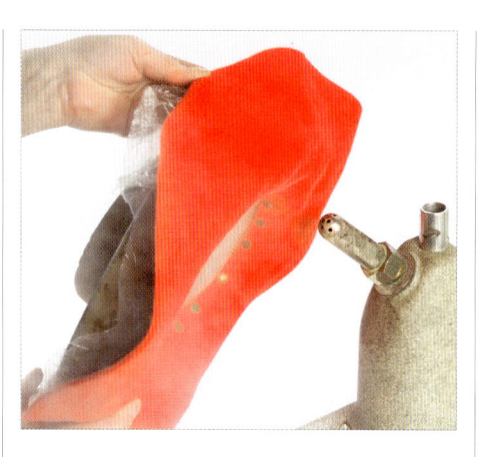

10. この帽子はブリムのエッジを曲げるので、フェルトの表面が自分の方に向くようにする。サイズ元を等分してブリムの型に留める。

11. 蒸気を当てながらシルクピンを差していく。サイズ元をぐるりと留め終わり、ひだやギャザーがなければ、蒸気を当てて型のエッジの方向にフェルトを引っ張り、前後左右をピンで固定する。

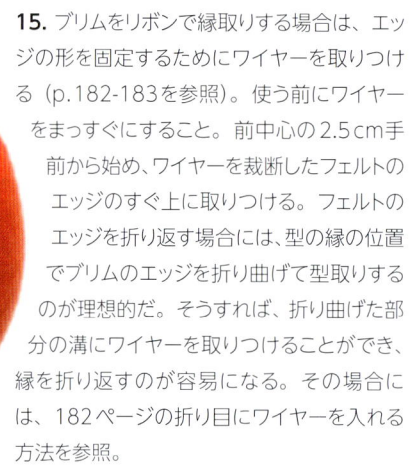

15. ブリムをリボンで縁取りする場合は、エッジの形を固定するためにワイヤーを取りつける（p.182-183を参照）。使う前にワイヤーをまっすぐにすること。前中心の2.5cm手前から始め、ワイヤーを裁断したフェルトのエッジのすぐ上に取りつける。フェルトのエッジを折り返す場合には、型の縁の位置でブリムのエッジを折り曲げて型取りするのが理想的だ。そうすれば、折り曲げた部分の溝にワイヤーを取りつけることができ、縁を折り返すのが容易になる。その場合には、182ページの折り目にワイヤーを入れる方法を参照。

フェルトのエッジを折り返す

フェルトのエッジを折り返す場合には、折り目の内側にワイヤーを取りつけた後、前後左右でワイヤーにピンを留め、それぞれの中間点もピンで留める。その際には、フェルトをわずかに湿らせて、ブリムのエッジの外側に向けて垂直に差し、ゆっくりと押す。次に、縦まつり縫い（p.184を参照）で折り返した部分をまつるか、ワイヤー越しにしつけをかけ、ミシンで縁を処理する。

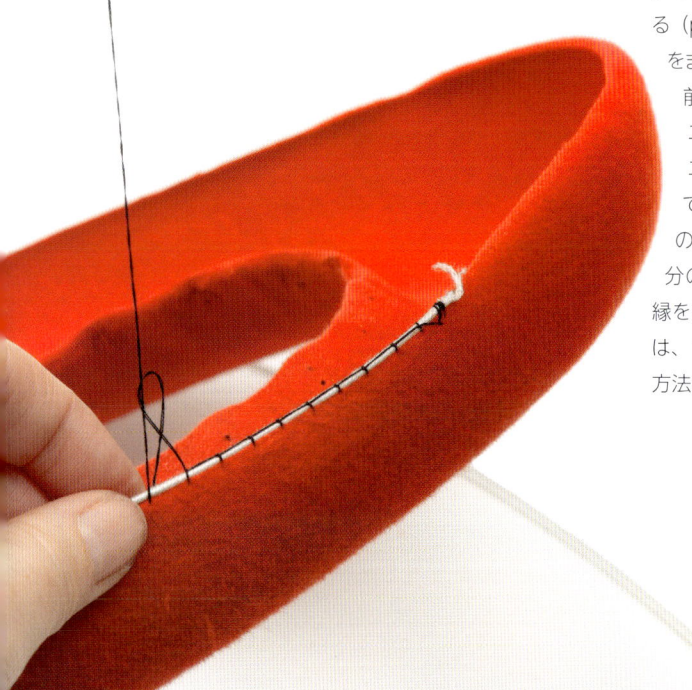

型取り 197

12. 繊維のゆとりを均等にし、蒸気を当てて、すべてのゆとりを取り除く。エッジをピンで固定する。ギャザー、プリーツ、ひだなどなく、ぴんと張った状態でフェルトを型に固定すること。蒸気を当ててブラシをかけ、乾燥させる。

13. 型取りの前か後にフェルト補強材を塗る。水分がほとんどないブラシを使って、フェルトの裏側に塗ること。クラウンの前側に印をつけ、その位置から始めて一周する。型取りの後でこの作業をする場合は、クラウンの形が崩れやすいので注意する必要がある。

14. ピンを外し、前中心で縦にしつけ糸をかける。ブリムが乾いたら、必要な幅に裁断する。

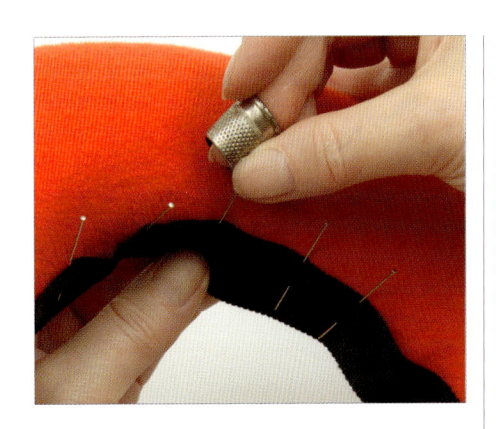

サイズテープを取りつける

16. 頭回りの寸法に3cmを加えた長さにサイズテープを切断する。片方の端を1.5cm折り返し、1.5cm重ねて反対側の端にピンで留め、裏で縫い合わせる。ブリムの上下をひっくり返し、ブリムとサイズテープの前中心を合わせて、ピンを縦に打つ。後ろ中心、左右の中心点に加え、ゆとりを均一にならしながら、それぞれの中間点にもピンを打つ。

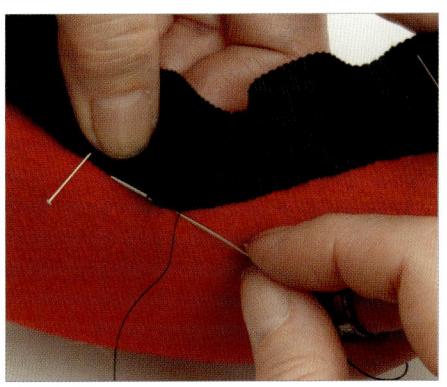

17. ブリムの上下を戻したときに、サイズテープの下端がブリムの端より下に出ないように注意する。サイズテープの下端をフェルトのブリムの縫い代にまつり縫いで縫いつける。

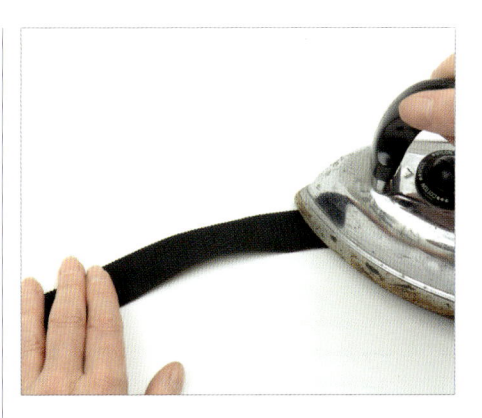

18. ワイヤーを取りつけたブリムのエッジをサイズテープで包むため、サイズテープを半分に折り、折り目を指先でしっかり押さえて強くプレスする。折り目を外側に向けて、円を描くような動きで注意深くプレスしていく。リボンにゆとりやギャザーが出ないように気をつけながら、リボンの形を整える。

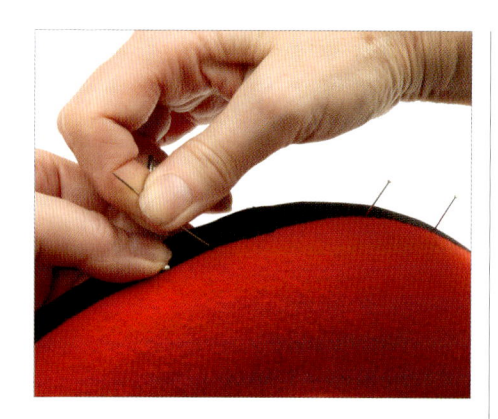

19. サイズテープの端を1.5cm残して、ブリムの後ろ中心からシルクピンで留めていく。ピンをサイズテープとフェルトに通し、ブリムの反対側のサイズテープまで差す。サイズテープの端同士が重なる部分では、両端を折り重ねる。

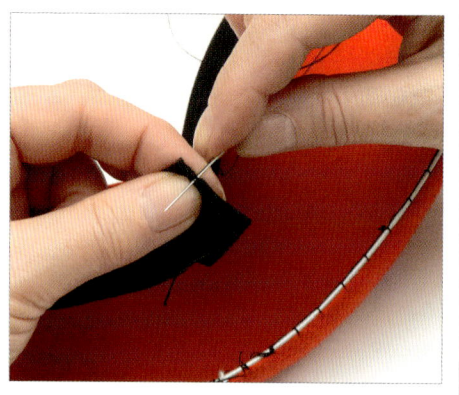

20. 前半分のシルクピンを残したまま、後ろ中心から両サイドまでのシルクピンを外す。サイズテープの両端を裏返して、裏側が手前を向くようにする。その後、渡しまつり(p.185を参照)で裏側を縫い合わせる。

21. サイズテープの両端を縫い終わったら、縫い目の両端を三角形に切り落として額縁仕立てにする。再びサイズテープをブリムに留めると、ブリムにぴったり合うはずだ。

24. 糸を二重にし、ブリムの上にクラウンを返し縫いで縫いつける。サイズ元につけたサイドテープに糸を通さないように注意する。

25. 装飾素材(p.200-203を参照)をつけると、帽子が完成する。

型取り **199**

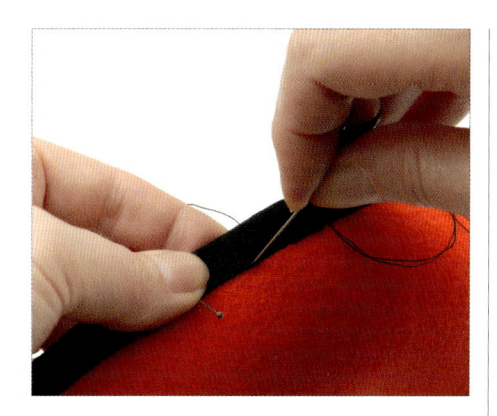

22. すくい縫いでサイズテープをブリムに縫いつけるか、サイズテープをしつけ糸で留めて、ミシンをかける。

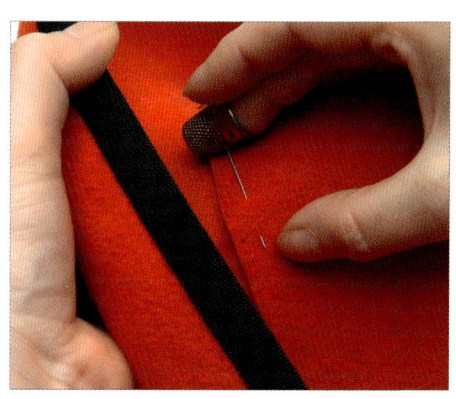

クラウンとブリムをつなげる

23. クラウンとブリムの前中心を合わせる。前中心、後ろ中心、左右のサイドの位置で、クラウンをブリムの上に留める。この段階でゆとりが出たら、取り除くか伸ばしてから、それぞれの中間点にピンを差す。

用語集

型取り：
帽子を成形するプロセス。素材に蒸気を当てるか、素材を湿らせて柔軟性を出した後、型の上で伸ばして固定し、素材のゆとりを均等にならして、ひだを取り除く。

型取り用チューブ、ひも、ゴム：
織ったストローやフェルトを型に固定するのに用いるツール。

ブリムの縫い代：
クラウンの内側に沿って、クラウンにブリムを取りつける部分。下端がサイズ元になっていることが多い。

ファーフェルト：
動物の毛皮の繊維を使って作ったフェルト。うさぎが最も一般的に使われる。

モスリン：
平らで絹のようなパイルのあるフェルト。パイルの長さはさまざまで、短いものはサテンのような表面になり、長いものは起毛させて珍しい毛皮のような表面にできる。さまざまな毛皮の繊維を組み合わせて作られる。

ムフロン：
パイルの長いモスリンに似ているが、小型の羊、ムフロンのウールで出来ているため、絹のような外見にはならない。きめの細かいウールで、蒸気を当てすぎると痛むため、型取りの際に注意が必要。

ピーチブルーム、ベロア：
ベルベットのような仕上がりのフェルト。

ウールフェルト：
羊毛で作られたものが一般的だが、メリノウールのものが品質は最も良い。安価なフェルトでは合成繊維が混合されることもある。

ストロー製の帽子の型取り

ストロー製の帽子の型取りもフェルトの場合とほぼ同じだが、3つの点が異なることに注意しよう。

- ストローを湿らせるときは、蒸気ではなく、湿った布を用いるのが一般的。
- ストローは型取りすると硬くなるが、その後もピンで型に固定しておく。
- ストローは型取りするときにフェルトと異なる状態になる。ストローは織られているため、柔軟性や伸縮性が限られている。その性質は、帽体に使われている織り方やストロー繊維の種類によって大きな差がある。一般に編み目が密であるほど、柔軟性が低い。

▶ **大胆な美しさ**
上向きの曲線を描くブリムとクラシックなドーム型のクラウンの帽子は、赤いサイザル製。布と羽根を使ったドラマチックな装飾が施され、エッジにワイヤーを入れてカーブさせたブリムがすっきりしたラインを描いているため、装飾のディテールに注目が集まる。

セクション4：帽子

装飾素材

目的 帽子の装飾に使用できるさまざまな素材について学ぶ。

装飾は帽子のデザインと切り離すことができない。
装飾は常にデザインの段階で検討され、帽子のデザインのバランスを取り、
ドラマチックな効果を生み、見る人の目を顔の部分に引きつけることで主張をする。
装飾がデザインの中心になる場合もある。
むしろ、ファシネーターのように装飾素材がデザインそのものとなることもある。

ダチョウの羽毛の束

焼いたクジャクの羽根

クジャクの羽根

▼ さまざまな羽根
羽根はさまざまな方法で加工される。トリミングされたもの、軸以外を取り除いたもの、ポンポンに加工されたものの例。

マラボーのポンポン

ニワトリの背部分の羽根で作った珍しい蝶

ダチョウの羽根の芯

装飾的なダチョウの羽根の軸(4種類)

ギンケイの羽根

キンケイの羽根

装飾素材の種類

装飾はデザイナーが自分の創造性を発揮する部分だ。帽子は装飾素材の種類や色の選択で、まったく別物になる可能性がある。注意深くデザインされた装飾は帽子のバランスを引き立て、全体のシルエットと調和するものだ。帽子の型はシーズンが変わってもそのまま踏襲されることが多いが、装飾やその用い方はシーズンによって劇的に変化する。シンプルな帽子に小さな注文仕立てのリボンをつける方が、形の整った大きな羽根で飾るよりもエキゾチックな効果が出ることもある。

ブリムのエッジや帽子の飾りベルトも装飾の一部だ。それらをどのように仕上げるかは、デザインの他の要素と同じくらい重要だ。エッジの縁取りと飾りベルトは統一されることが多く、さまざまなリボンやひもや生地が使われる。重要な点は、装飾に使うリボンやひものゆとりをどのように取り除くかであり、布地を使うのであればバイアスに裁つ必要がある。

- うね織りのリボンはアイロンをかけて形を整え、ゆとりを取り除けるため、帽子に使われることが多い。幅の異なるリボンが数多く作られているが、ブリムのエッジには、幅1.5cmと2.5cmのものがよく使われる。
- 飾りベルトは端でギャザーを寄せてゆとりを吸収し、クラウンにフィットさせることも可能だ。バイアス地で作られた既製品の縁取り素材も入手でき、ブリムのエッジで効果的に活用できる。

羽根

鳥の羽根は精肉産業の副産物であり、夏を中心に羽根が生え変わる時期にも収集できる。市場には数多くの種類の羽根が出回っていて、さまざまな長さ、質感、美しさ、仕上げのものが手に入る。羽根は用途が広く、多彩な方法で利用できる。帽子の装飾のアイデアの宝庫だ。

装飾に使われる羽根は、キジ、ダチョウ、クジャク、ガチョウ、七面鳥、ホロホロ鳥、ヤマウ

焼いたダチョウの羽根

トリミングしたダチョウの羽毛

七面鳥の羽毛の束

ポリエステル製のパンジー

百合のような花枝

リボンに縫いつけたヤマウズラの羽毛（メートル単位で販売）

ニワトリの背部分の羽毛で作ったフリンジ（メートル単位で販売）

ランの花枝

▲ 多目的な装飾素材
羽根は天然の色でも染色しても使え、天然の形でも、焼いても、房やフリンジに変形させても使える。

白い絹の椿と茎

ハンドメイドのオーガンザの薔薇

黒い絹の薔薇

▶ 形成された花飾り
多岐にわたる花の種類を模して、異なる素材で作られた花飾り。

ズラなど、さまざまな種類の鳥から得られる。鳥の羽根は、柔らかく繊細で軽いものから、飛ぶために使われる強靭なものまで多岐にわたる。もともと特徴ある模様や色をしている羽根もある。天然色で売られる羽根もあるが、染色されたものの方が多い。

1本の羽柄は、矢じり、やり、花びらなどの形にトリミングしたり、ディアマンテで装飾したり、焼いてわずかな繊維だけを残したりするなどの使い方ができる。また、カールをつけたり、羽根を取り除いて軸だけを残したりする使い方もある。羽軸は装飾し、模様をつけて、高い効果を生み出すこともできる。

さらに、羽根を縫い込んだリボンはメートル単位で売られている。ほかに、複数の羽根をワイヤーでつないだ飾りや、ポンポンにしたもの、花の形に加工したものもある。小さな羽根は重量単位で売られ、大きな羽根は1本単位、または1ダース単位で売られる。キャンバス地の裏側に小さい羽根を接着して束にしたものもある。単独でも使えるほか、多量に使って帽子全体を覆い、ドラマチックなルックを表現することも可能だ。

羽根はもろく、加工しすぎるとばらばらになる恐れがあるため、羽根を使うときには注意が必要だ。鳥の羽弁（うべん）は、中心の羽柄から羽枝（うし）と呼ばれる繊維が外側に伸びている。羽枝は一連の鉤状の突起と小羽枝（しょううし）からなり、それらがかみ合って羽根に強度を与えている。鉤状の突起と小羽枝が離されると、羽根に隙間が開く。

花

造花は作ることも購入することもでき、数多くの種類の造花が手に入る。帽子用の造花は伝統的に絹で作られていたが、今はポリエステル製やレーヨン製が大半を占める。大きなラッパのような形をした薔薇から、ごく小さな桜の花枝まで、種類やサイズ多岐にわたる。安価な増加にはプラスチックの枝がついているが、縫いつけるのが難しいため帽子には向いていない。だが造花は、ごく一例をあげても、羽根、シーナマイ、オーガンジー、オーガンザ、クリン、ストロー、リボン、ストローのひも、フェルトなど多彩な素材で作られている。

造花は特に夏用の帽子はヘッドピースで広く用いられる。重量が軽く、春や夏に咲く花の新鮮味があるからだ。鮮やかな彩りを添え、質感のバラエティーを生み出す。

本物の花に似た造花を作るには、今では入手しにくい専門的な道具が必要。非常に労働集約的なプロセスで制作されるため、コストが高い。現在はハンドメイドの造花は非常に少なくなっている。

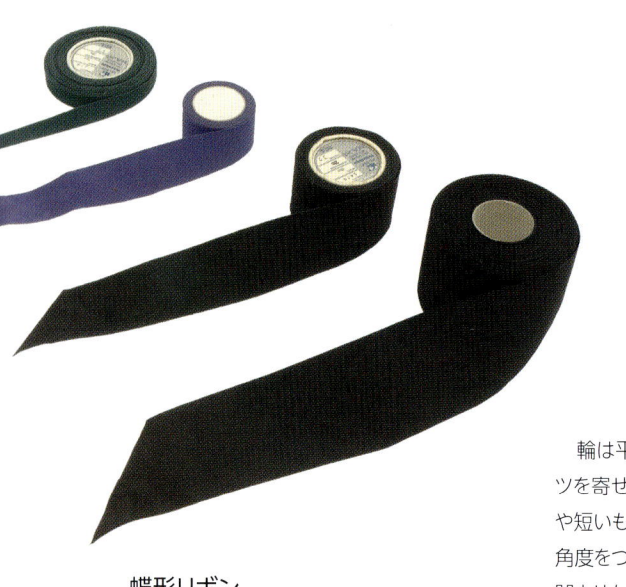

◀▶ 機能と装飾
うね織りのリボン（左）は装飾としてもサイズテープとしても幅広く使われる。クリン（中央）とベール（右）は帽子にドラマチックな効果を出す。

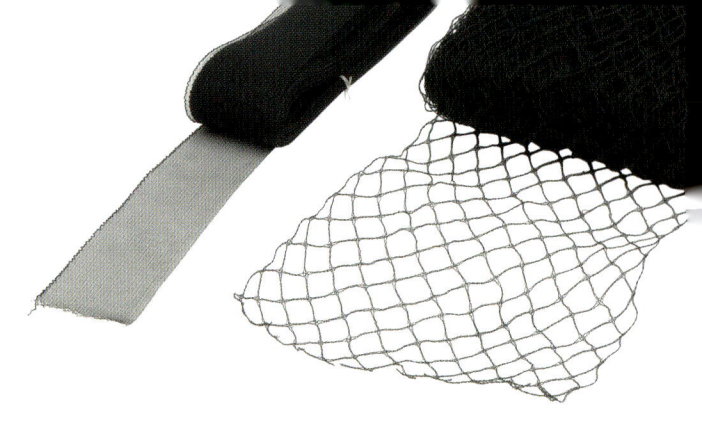

蝶形リボン

　帽子制作において、蝶形リボンは時代を超えて一般的に使われてきた装飾素材であり、奇抜でドラマチックな効果を生み出す素材でもある。平らなリボン、結んだリボン、注文仕立てのリボン、蝶結びのリボン、二重にしたリボン、三重にしたリボン、四枚の花びらのように結んだリボン、立体的な花のように結んだリボンをはじめ、多くの種類がある。リボンの要素はさまざまで、リボンのデザイン全体に影響する。リボンの構成要素は次の通りだ。
- 輪
- 輪の中心の結び目
- 2本の端

輪は平らなものや中心でギャザーやプリーツを寄せたものがある。2本の端は長いものや短いもの、左右対称なものも非対称なもの、角度をつけて斜めにカットしたものや、中央を凹ませたもの、平らなもの、ほつれて縦糸が出ているものなど、さまざまだ。リボンに使われる布地や素材は、伝統的なラシャ、サテン、ベール用生地から、アクリル樹脂、さらには木材まで、多岐にわたる。

リボン（テープ）

　リボンは用途が広く、帽子では数多くの使い方がある。パテントレザー、サテン、縁にワイヤーが入ったもの、ベルベット、うね織り、シーナマイ、平らに編んだもの、バイアス地の縁取り素材、レースの縁取りがあるものなど、選択肢の広さは驚くばかりだ。リボンは単独でも使えるほか、他の素材とともに無限の装飾が作れる。編むことも、組みひもにすることも、プリーツにすることも、他の素材に編み込むこともできる。そうした可能性を模索することで、あなたの創造性が大いに光るはずだ。
　うね織りのリボンは帽子制作で特異な素材で、機能性も装飾性も備えている。女性用の帽子では、帽子やヘッドピースのサイズテープとして使われる。サイズテープには、かぶる人の頭に帽子を帽子を固定することと、かぶる人の汗や整髪料から帽子を保護することという2つの目的がある。織り目による柔軟性があり、湿らせると縮み、アイロンで曲線を出すことができ、プリーツもつけやすい。

ベール

　ベールは装飾用のネットで、多数のひし形からなる柄が一般的だが、蜂の巣のような八角形が連なる柄でも作れる。どんな帽子やヘッ

ベールの活用方法

ベールはドレープをつけて帽子の周囲に取りつけることや、ブリムの上に乗せてクラウンを囲むことができる。ベールの活用方法を以下に挙げる。
- カクテルハットなどで顔にかからないように固定するため、蒸気を当てて、型取りしたものは「ケージベール」と呼ばれる。
- クラウンの下端から柔らかくギャザーをつけ、ブリムを超えて、ブリムのエッジから下に垂らす。
- 数多くのひだからなる飾りを作るか、または折りたたんで花飾りを作る。

▶ ベール
ギャザーを寄せ、クラウンに縫いつけたメリーウィドウのベール。ブリム全体に広げてからリボンを縫いつけて固定している。

課題：リボン飾りを作る

1. 以下の素材を準備する。
- クリン1m
- シーナマイ50cm（バイアス裁ちしたもの）またはシーナマイ製のリボン（バイアス裁ちであることを確認する）
- 布地75cm（バイアス裁ちしたもの）
- サイズテープ1m（幅は問わない）
- ベルベットのリボン1m

2. このセクションの情報を利用して、6種類の異なるリボン飾りを作る。

金属色の生地の葉

ストローのひもで編んだ円形

羽根の端につけるパーツ

ヘッドバンドに使うチェーン

装飾的な金属製の付属品

パイプビーズ

編みひもとチェーンのタッセル

金属製のはみ

真鍮の大きな円形ボタン

▲ 多彩な選択肢
帽子の装飾素材には、ボタンからビーズ、チェーン、タッセル、花にいたるまで膨大な選択肢があり、どのようなスタイルの帽子にも特徴を出せる。

花のおしべ

ドピースにもドラマチックな雰囲気を与え、帽子の縁飾りの一部として使われることも多いが、単独で使われることはあまりない。ファシネーターの流行によって、ベールが使われた帽子が再び登場するようになった。

ベールには歴史的に数多くの種類があったが、今はロシアベールが最も多く、さまざまなゲージや仕上げのものが入手できる。ロシアベールは細いナイロンや絹で作られ、金属色のベールはポリエステルで作られる。

ベールはメートル単位で販売され、さまざまな幅のものがあるが、23cm、30cm、46cmの幅が最も一般的だ。また、柄のひし形の大きさで区別され、現在作られているものは5mmか1cmだ。かつては、もっと細かい柄のベールや目の粗いベールもあった。ディアマンテ、ラインストーン、パール、シェニール糸の玉がついたものなど仕上げの装飾によってベールの印象が異なる。

クリン

クリンはポリエステルの繊維を織って作られた素材で、筒状のものと平らなものがある。さまざまな幅、色、厚さで作られている。バイアスで織られていることから、独特な性質がある。非常に丈夫で、形状を記憶して、もとの形に戻る性質がある。素材の末端にある織端の部分には太い糸が通っていて、それを引くことで素材全体にギャザーを寄せることが可能だ。そのため、見えないギャザーによって円形や曲線に変形できる。クリンは現代的な雰囲気があり、半透明で光沢がある。多くは装飾素材として使われるが、熟練した帽子職人であれば、帽子全体をクリンで制作することもできる。

クリンを使った装飾には、円形のベール、バイザー、蝶結び、ループで作った花飾り、ひだを使った飾り、造花などがある。また、布地で作ったリボンを補強するために使われることもある。

ビーズ、ディアマンテ、タッセル、バックルなど

これらをはじめ数多くの素材が、多彩な方法で帽子やヘッドピースを装飾し、美しい仕上げのために使われる。あなたの創造性次第でその可能性は無限に広がる。

用語集

クリン：
ポリエステルの繊維を織って作った素材。筒状のものと平らなものがある。

ライン：
ボタンの直径を測るときのフランスの単位。

シーナマイ：
バナナの木の繊維から作られた素材で、さまざまな色や織り方、仕上げのものが作られている。

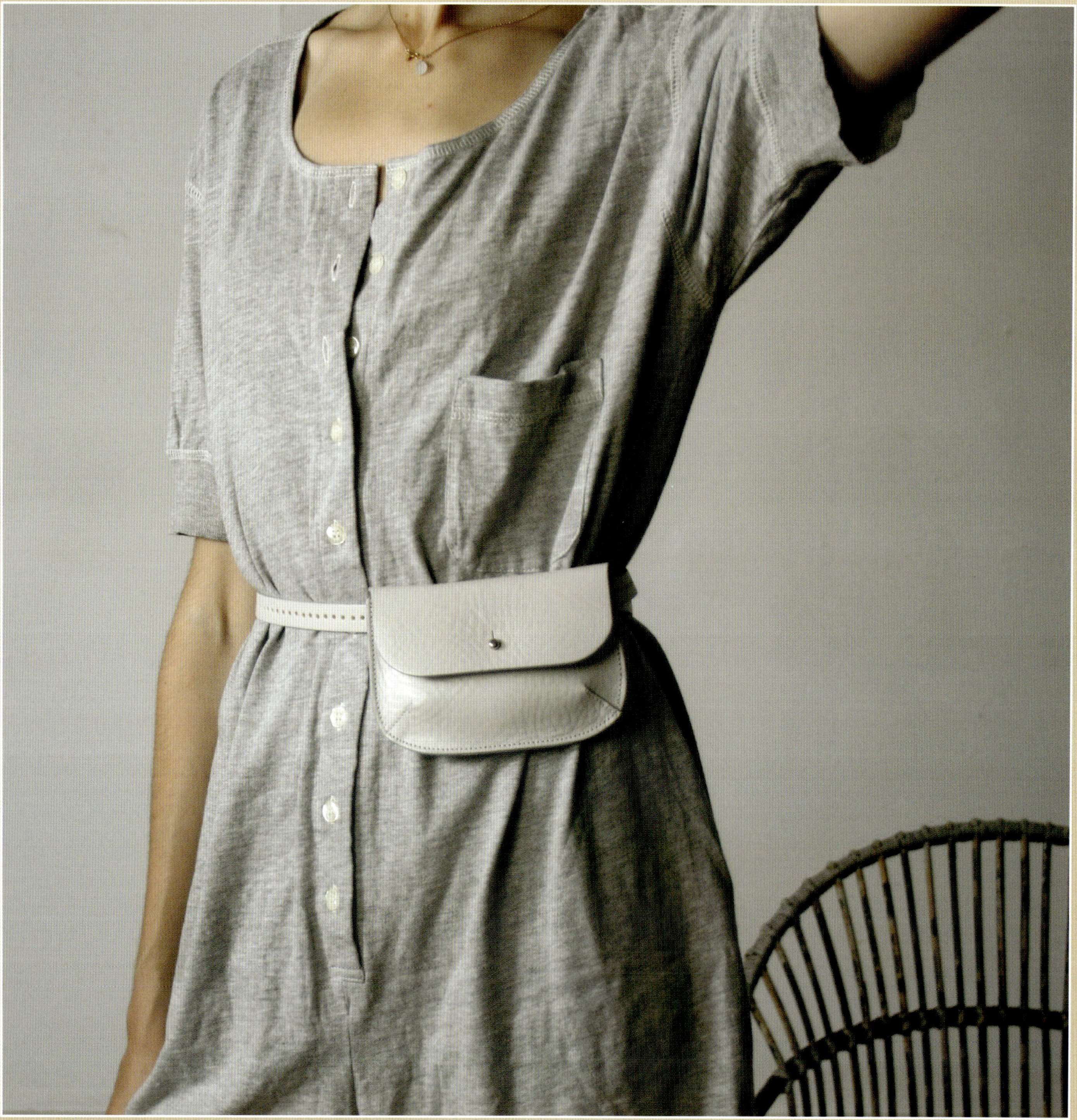

セクション5
革小物

このセクションでは、革小物の世界を見ていく。「革小物」がどのような物を指すのかを学べるとともに、革小物、ベルト、手袋がなぜブランドの認知度と売り上げを高める上で重要なのか、さらに、それらがなぜファッションブランドの製品展開の中の一部となる場合が多いのかが理解できるだろう。

創造的プロセスのセクションでは、デザインする上での留意点や判断基準を学んだが、ここでは機能、実用性、形状といった革小物の重要な基準を集中的に取り上げる。さらに、ベルトや手袋の製造においては素材の選択が何よりも重要な要素となるため、それらのアイテムに特化した基準も取り上げる。その中で、ベルトや手袋のサイズ展開についても触れる。

バッグの構成手法や縫い目の種類のうち多くの部分が革小物にも当てはまるため、バッグのセクションで学んだ方法が革小物にも応用できる。このセクションでは、手袋の構造と専門用語に焦点を当て、手袋の分解図をもとに製品を構成するパーツについて学ぶ。一般に、革小物はバッグに使われる主な素材と同じ素材を使ってデザインされ、それらはすでに説明した。ここでは、ベルトや手袋に使われる専門的な素材を見ていくことにする。

素材と装飾素材

目的 革小物、手袋、ベルトに使われる専門的な素材と付属品について学ぶ。

素材の使用法は、デザイナーにとって必須の知識だ。
必要不可欠のスキルとして、リサーチや調達をするときに何を求めるべきかを知っておかなくてはならない。
不適切な素材を注文するという間違いを犯すと大きな打撃を受けるため、そうした知識があることで時間とコストが節約できる。
革小物は、取り扱うバッグのデザインと制作の後で余った革を活用するために、特別にデザインされることが多い。
そのために適切な革や素材は、バッグのセクションで説明してある（p. 96-99を参照）。
このセクションでは、専門性の高い特別な素材を必要とする手袋とベルトに焦点を当てる。

人造皮革：銀面の柄はクロコダイルを模したエンボス加工。

手袋用の革

手袋用の革は特別な素材で、どんな革からでも高品質な手袋が作れるわけではない。手袋用の革をなめす際、製革業者は優れた柔軟性を確保しなければならない。手袋には繊細で柔らかく、伸縮性のある革が求められるからだ。手袋向きの性質に仕上げやすい皮革とそうでない皮革があるため、原料皮の選択が非常に重要になる。強度があり、銀面が緻密で均一な革が、手袋のデザインに最も適している。

カブレータ：羊から取る革で、軟らかく、緻密で均一な銀面が得られる。丈夫で柔軟性があり、第2の皮膚のような感覚で、はめ心地に優れた手袋ができる。きめが整い、なめらかなカブレータは、光沢のある仕上げや、ヌバック、スエード、メタル仕上げ、ラッカー仕上げなど、さまざま仕上げ方法が取れる。

子山羊（キッド）：ベルベットのように柔らかい革で、長持ちし、山羊革よりも銀面の構造が緻密。

鹿：非常に柔らかく、しなやかだが、強度と伸縮性に優れている。銀面は羊皮より目立つ。

ペッカリー：アマゾンのジャングルに生息する野生のイノシシから取れる革。イノシシ科に属し、革の表面に特徴的な3つの毛穴の模様があるため、見分けやすい。手ざわりの良さの点で最高級の革であり、耐久性と柔らかさが主な特徴。

生まれたばかりの子羊：早産で生まれた子羊から取れる革で、驚くほど柔らかく、しなやかで、非常に高価。ニュージーランド産のものが最高級品。

生まれたばかりの子牛：早産で生まれた子牛の革。胎内に子牛がいる状態で牛が死んだ場合か、死産の場合にしか得られないため、価格が高い。特に柔らかく、手袋用の革として価値が高い。

若い羊：カジュアルな冬用の手袋やミトンに用いられる。内側に毛皮がついているという利点がある。

山羊（ゴート）：品質のあまり高くない手袋に使われる。耐久性が高く、きめが粗い。ドレスグローブに求められる手ざわりと伸縮性に欠ける。

カウ（雌牛）：ドレスグローブに使うには厚く、ごわつく。カジュアルで安価な手袋に使われる。

エキゾチックな革：特徴的な美しさから、ダチョウ、クロコダイル、パイソン（ニシキヘビ）、トカゲなどの革や、ミンク、キツネなどの飼育された動物からの毛皮も用いられる。手袋の本体よりは、デザインのディテールや手首の縁取りに使われる。

手袋用の布地

伸縮性のある布地：織地に強い伸縮性をもたせたライクラやエラスティンなどの登場で、手袋に布地が使われる機会が増えた。ライクラと絹、ベルベット、ナイロンなどの混紡生地もあり、フォーマルなイブニンググローブでよく使われている。

ほかに手袋に使われる布地には次のようなものがある。
● 伸縮性のあるポリ塩化ビニール（PVC）

▼ **裏張りの布地**
あなたのデザインでも対比色の裏張りを生かしてみよう。

山羊革：さまざまな色や仕上げのものがある。石目のついた仕上げに注目。

キッド：左から、模様入り、プレーン、キルティングのようなミシンのステッチ仕上げ。

▼ さまざまな色と…
バックルには、銀、金、ローズゴールド、ガンメタル、アンティーク調ブロンズ、白目、クロームなどの色や、エナメル、マット、アンティーク、光沢などの仕上げがある。

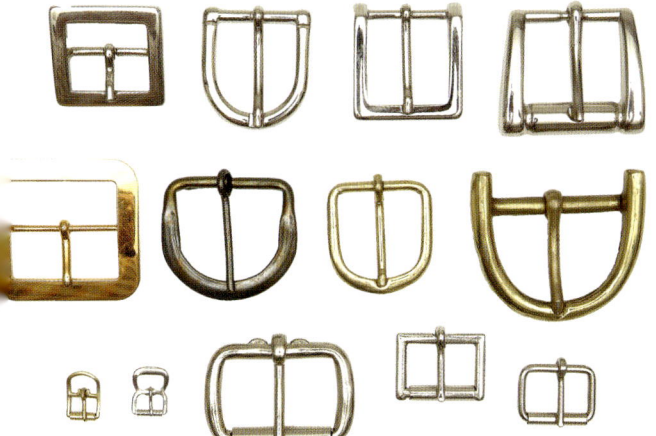

▲ …さまざまな形
バックルの形は、円、四角、楕円、長方形をはじめ、斬新な形もあり得る。

- 伸縮性のあるダッチェスサテン
- 伸縮性のあるサテン
- 伸縮性のある綿
- 伸縮性のある網織物
- 伸縮性のあるレース
- 伸縮性のあるクロシェ編み
- 伸縮性のある刺繍つき網織物

ニット素材：カジュアルな冬用手袋やリストウォーマー、指のない手袋、ミトンなどに、ウールやアクリル製のニットが広く用いられる。

スポーツ用手袋：ポリエステル、フリース、ナイロンのネット、ビニール、牛革、ゴアテックス、テフロン加工した素材などが使われる。

裏張り用の布地：手袋がごわつかないように、非常に薄い素材であることが求められる。シルク、ポリエステル、薄く編んだアクリル、ウール、カシミアなど。

手袋の付属品

手袋に使われる付属品には、ホック、バックル、ハトメ、フック、ぼたん、ベルト用金具、マジックテープ、ファスナーなどがある。

ベルト

ベルトは幅広い素材や革で作られる。たとえば、裁ち縁のベルトには馬具用革しか使えないなど、素材の選択がデザインに大きく影響する。ベルトを裁ち縁にするのであれば、植物タンニンなめしの牛革が最も適し、革の部分ではバットが最も良い。バット部分の革は丈夫で、きめや繊維が均一だからだ。

ベルト用皮革：堅い手ざわりで、表面がなめらかな銀つきの牛革。植物タンニンなめしをした後、グリースで仕上げられ、厚さは一般に3.5mmから4mm程度。

英国産ブライドルレザー：天然の質感の銀つき革。アニリン仕上げかセミアニリン仕上げで、ワックスかオイルでコーティングされている。厚さを表す「ウェート」で売られることが多い。

ベルト用ブライドルレザー：バット(尻部)、ハーフバット(ベント皮とも呼ばれる)、ショルダー、ハーフショルダー、ハーフサイド、ハイドのものが売られている。注文する際に、必要な厚さを指定できる。

山羊(ゴート)と子羊の革：普通は芯か補強材を用い、縁を内縫いする必要がある。

エキゾチックな革：ヘビ、トカゲ、クロコダイル、アリゲーター、ダチョウ、エイ、サメなどの皮革では、厚みを出すために他の革で補強する場合が多い。

芯材：ベルトには合成革とともに不織布の芯材が用いられることが多い。芯材には柔軟性があるが、型崩れせず伸縮性のない素材が必要となる。あらかじめ接着剤がついていても、いなくても使える。

留め具：展開中のバッグで特別な留め具を使っていれば、ベルトに応用できないか、検討しよう。

サムブラウンベルト(帯剣用帯革)に使われる頭の丸い留め具、ファスナー、スタッズ、ディアマンテ、チェーンをはじめ、ベルトに使われる付属品は多岐にわたる。この他の付属品をリサーチし、どのような装飾や実用的な目的に使えるかを調べよう。

用語集

ベルト用革：
植物タンニンなめしで仕上げられた、堅い手ざわりでスムースな銀つきの牛革。

ベント皮：
ハイドの後ろ側を差し、ベリーの上で背骨と垂直な線にショルダーを切り落とした部分。

バット：
ハイドの中で最も厚く丈夫な部分で、ベルトなど硬いアイテムを作るのに最良と見なされる。

ショルダー：
ハイドの中でも柔らかい部分で、バッグの制作によく用いられる。

デザインと構成

目的 製品展開における革小物の重要性と、革小物のデザインに専門性の高い判断基準が存在することを理解する。

◀▼ **デザイン性と機能性**
「革小物」という言葉は、クロコダイルの表紙がついたメモパッドなどの高級文房具からキーホルダーにいたるまで、あらゆるアイテムを含んでいる。

「革小物」には、財布からメモパッド、スマートフォンのカバーにいたるまで、幅広い製品が含まれる。
ファッショングッズのブランドは、
上昇志向の顧客に価格帯の低い製品を提供することで得られる利益の大きさを認識し、幅広く展開することが多い。
革小物もファッショングッズの一部として製品展開されるため、デザインのディテールはバッグなどの主要製品のデザインであらかじめ決まっている可能性が高い。
だが、革小物は特定の機能を目的としてデザインされ、サイズが小さいため、ディテールの規模について検討する必要がある。

デザインの基準

どのような製品であっても、個別のデザイン上の課題があり、デザインプロジェクトを開始する際に検討しなければならない事項がある。このセクションでは、手袋とベルトを個別に取り上げ、それ以外の革小物(財布、小銭入れ、キーホルダーなど)は「革小物」というカテゴリーに含める。それらをデザインする際の基準には重複する部分もあるが、製品分野との関係や、それが個々のデザインに与える影響については異なる面も多い。手袋の構成方法と縫い方は特有の部分もあるが、広くとらえれば、バッグ、ベルト、その他の革小物と同じだ。

ファッショングッズのデザインには、製品の種類によらず変わらない判断基準がある。

- **ブリーフ** デザイナーに求められている概要を書き表した指示書。
- **シーズン** ブリーフですでに決められているのが普通だが、デザインのプロセスを通じて常に念頭に置いておく必要がある。シーズンはカラーパレット、素材の選択、モチーフを使う場合にはそれが適切かどうかに影響する。
- **消費者** 商品は最終的に消費者の気に入り、購入されなくてはならないため、デザインは消費者のニーズを中心に考えるべきだ。目標は、ターゲットとなる消費者層の望むものやニーズを創造し、満たすことにある。
- **色** あなたのカラーパレットはリサーチを通じて決定され、シーズンのトレンド色もあなたの選択肢に影響をもたらすだろう。だが、メインとなる色やアクセントカラーをどのように配置するかを決めるには、実験や調査が必要となる。カラースキームを最終決定する前に、さまざまな選択肢を試してみること。
- **素材** デザインのプロセスを開始する前に、素材についてリサーチし、供給先を確保し、決定しておかなければならない。革小物は主力製品のバッグの制作の後で余った革を使ってデザインされることが多いが、そうでない場合もある。常に素材、外観、装飾素材、付属品をどう組み合せるかを調査し、熟考するべきだ。素材の選択は極めて重要であり、あらゆる製品の最終的な成功の如何に影響する。

▲ **遊び心と実用性**
革小物は実用性も大切だが、デザイナーが遊び心を発揮するチャンスでもある。

革小物のデザインの考慮点

革小物には、手に持つか、バッグやポケットに入れて持ち運ぶ小物が多い。ハンドバッグのブランドの多くがこの分野に拡大し、ブランドの認知度を高め、消費者への提供製品を広げ、余った革素材を使って収益を上げている。革小物には例外なく、実用的な用途がある。そのため、革小物を効果的にデザインするためには、その目的を特定し、消費者が製品をどのように使用するかを理解することが必要になる。

機能、実用性、形

革小物はほぼすべてが本質的に実用的な製品であるため、機能に応じて形が決まるというバウハウスの理論がかなりの部分で当てはまる。革小物は、スマートフォンのケース、小銭入れ、メガネ入れ、クレジットカードホルダーなど、何かを持ち運ぶためにデザインされるものが多い。そのため、革小物がどのような物を運び、保護するのかという側面でリサーチすることが重要になる。

持ち運び、保護される物を小さなサイズで描き、どのような形の革小物がそれを収容するのかを探ると良い。クレジットカードが長方形だからといって、そのケースがまったく同じ形である必要はない。だが、ケースは効率良く機能するものでなくてはならない。

プロポーション、バランス、ライン

プロポーション、バランス、ライン、そしてシルエットはすべてデザインの際に考慮すべき重要な要素だ。製品展開されるバッグの主要なデザイン要素がどのように革小物に応用できるかを考慮することが鍵となる。プロポーション、バランス、ラインは革小物そのものと、それが収用し、保護する物との関係において探究される必要がある。

素材

余剰の革素材だけで作られることも多いが、革の特性や性質が製品と構成方法に適合している必要がある。丈夫で薄い革は、折り曲げた端や素材が重なる部分、縫い目などで厚さが問題とならないため、財布、小銭入れ、キャッシュカードケースに最適だ。革小物の素材では牛革が大半を占めるが、ダチョウ、ヘビ、爬虫類、エイ、魚類などのエキゾチックな皮革も、装飾的な特性を生かして使われる。裏張りは耐久性が高く、薄い素材が必要となり、ポリエステル、絹、綿、綿混紡繊維が一般的だ。

構造

革小物のテクニックは、ハンドバッグの構成方法や縫製法に従う。それらは、すでにバッグのセクションで説明した(p.102-105、116-117を参照)。

裁ち縁による構造は、最も基本的な構造の1つだ。素材の表側からステッチをかけ、ステッチと裁った素材の縁が外から見える。この構造では、革の縁にさまざまな加工と仕上げが可能だ(織地を使うと端がほつれる点に注意)。

突合せ縫いによる構造では、素材が縁で折り返される。折り返した後で接着するか、縫い合わせる前に接着しておくことが可能だ。

▲ **斬新なアイテム**
矢印の形をした珍しいバックルの形で、ユーモアの要素が表れたベルト。

◀ **革小物**
デザイナーのアイテムを持つささやかな喜びを誰もが味わえる機会となる。

▲ **ベルト**
ファスナーつきのポーチ、チェーン、スタッズなどで装飾したベルトのコレクション。初期段階でのスケッチ。

成形による構造では、革が型の上で伸ばされて貼りつけられる。革で覆われた箱や写真フレームなどが良い例だ。

内縫いによる構造では、素材の表側を向い合せて縫いつけた後で、表側が外側に出るように素材を裏返す。

これらの構造はデザインにより、1つだけを使うこともできれば、組み合わせて使うこともできる。構造と密接に関連するのが縫い目の種類で、すでにバッグのセクションで説明している(p.116-117を参照)。突合せ縫い、内縫い、割り押さえ縫い、重ね縫い、2重の重ね縫い、テープ押さえなどがある。縫い目の種類とともに、パイピング、縁取り(バインディング)、フレンチバインディングなど、構造上の目的と装飾的効果からつけ加えられるディテールがある(p.117を参照)。

装飾素材と付属品

装飾素材と付属品は、あなたがデザインしている個々の革小物との関係で模索するべきだ。革小物は、全体の製品展開の一部と位置づけられるため、デザインのディテールはコレクションの主力となるバッグのデザインですでに決まっているかもしれない。だが、革小物はサイズが小さいため、ディテールの規模については検討する必要がある。付属品や装飾素材は異なるサイズで調達できるだろうか。ファスナー、ホック、マグネット、ひもなどの留め具は必要だろうか。留め具はどのくらいの強度が求められるだろうか。選択する前にさまざまな方法をスケッチで試し、ディテールや装飾の配置、分量、サイズを事前に調べてみよう。

ベルトのデザインの考慮点

最も基本的なところでは、ベルトとは多様な長さ、色、幅をした1本の革ひもに留め具としてのバックルがついたものだ。ベルトは、ベルト製造だけを扱う専門企業がデザインし、生産している場合もあるが、ファッションブランドが小物として製品展開を広げ、エントリープライスの製品として消費者に提供していることも多い。ベルトは機能的であるとともに装飾にもなり、各シーズンのファッションのトレンドに影響される。たとえば、腰の低い位置ではくヒップハングが流行しているときと、腰の高い位置ではくペンシルスカートが流行しているときでは、必要となるベルトのスタイルやサイズが大きく異なる。そのため、ベルトをデザインするときには流行を観察して理解しておく必要がある。

素材

ベルトは幅広い素材や革で製造される。素材の選択はデザインに大きく影響する。たとえば、裁ち縁のベルトがうまく作れるのは、ブライドルレザーに限られる(p.207を参照)。裁ち縁のベルトに最適なのは、植物タンニンなめしをした牛革で、ハイドの中でもバット部分だ。バットの革は丈夫で、銀面のきめや性質が均一になっている。

山羊革や羊革も使われるが、普通は芯か補強材を用い、縁を内縫いする必要がある。また、ヘビ、トカゲ、クロコダイル、アリゲーター、ダチョウ、エイ、サメなどの特殊な皮革も使われ、ベルトに厚みを出すために他の革で補強する場合が多い。

付属品と構造

ベルトには留め具が必要であり、最も一般的に使われるの

ベルトのサイズ

サイズ	女性用	男性用
S (スモール)	56-61cm	76-61cm
M (ミディアム)	66-71cm	86-91cm
L (ラージ)	76-81cm	96-101cm
XL (エクストララージ)	86-91cm	106-111cm

はバックルだ。バックルの多くは何らかの金属素材で作られ、バックルの製造によく使われる金属には、ニッケル、真鍮、亜鉛合金がある（付属品の詳細は、p.100-101を参照）。

　ベルトの構成方法は革小物やバッグと同じだ（p.102-103を参照）。縁の処理には、内縫い、裁ち縁、突合せ、成形などがある。

　デザインの際には構造と合わせて素材を考慮する必要があり、さらに、異なる種類の革を調達する必要があるかもしれない。これらについては革小物のセクションで触れ、さらなる詳細はバッグのセクションで説明した（p.74-119を参照）。

サイズ

　サイズは胴囲の寸法に従うのが一般的で、男性と女性で一般的なサイズの幅が決まっていて、S、M、L、XLに分けられることが多い（左ページを参照）。最大で10cm程度の長さの調整が可能だ。

手袋のデザインの考慮点

　手袋は他のファッションアイテムとは異なり、デザインの成否はデザイナーが選ぶ素材でほぼ決まる。手袋のはめ心地は素材の品質と伸縮性、さらに裁断する前に革を引き伸ばす作業にあたる裁断担当者の技術にかかっている。この裁断技術をマスターするには3年かかる。手袋の革は横方向に伸縮するように裁断される。もし手指の縦方向に伸縮するように裁断してしまうと、手袋を着脱するたびに革が伸びることになる。

　手袋の品質と価値の主な指標となるのは、型紙と構成だ。最も高価な手袋は、ダブル・フォシェットとクワークで構成された手袋だ。フォシェットとは隣り合った指の内側に取りつけるマチで、クワークとは指の付け根で指のパーツをつなぐマチを意味する。クワークがついていると、手袋のはめ心地がさらに高まり、フィット感に優れて指を動かしやすくなる。デザインするときには標準的な型紙を応用し、サイズごとに別の型紙が必要になる。

素材

　どのような製品を作るときでも、素材や革が持つ性質を十分に理解した上で、注意深く選ぶことが重要だ（p.206を参照）。革を調達するときには、製造業者の助言を仰ぐとよい。高級な手袋は手袋専用の革を用いて、柔軟性と伸縮性を確保する必要があることに留意しよう（手袋用の革については、p.206を参照）。

機能と実用性

　消費者層を特定することで、消費者がどこで、どのような目的で手袋をはめるのかを特定することができる。手袋はシーズンもので、秋冬コレクションにしか登場しない。ほとんどの手袋は実用性が重視されるが、ファッション用の装飾として使われることもあるため、あなたがデザインするプロジェクトで求められる実用性のレベルを確認しておく必要がある。最近では、人差し指や人差し指の一部が外に出ている手袋や、指先部分がなく、指の下半分だけを覆う手袋がトレンドとなっている。これはスクリーンをタッチするスマートフォンが普及したためだ。手袋をデザインする際には、こうした比較的新しい技術に適応した特徴を取り入れる必要があるかもしれない。

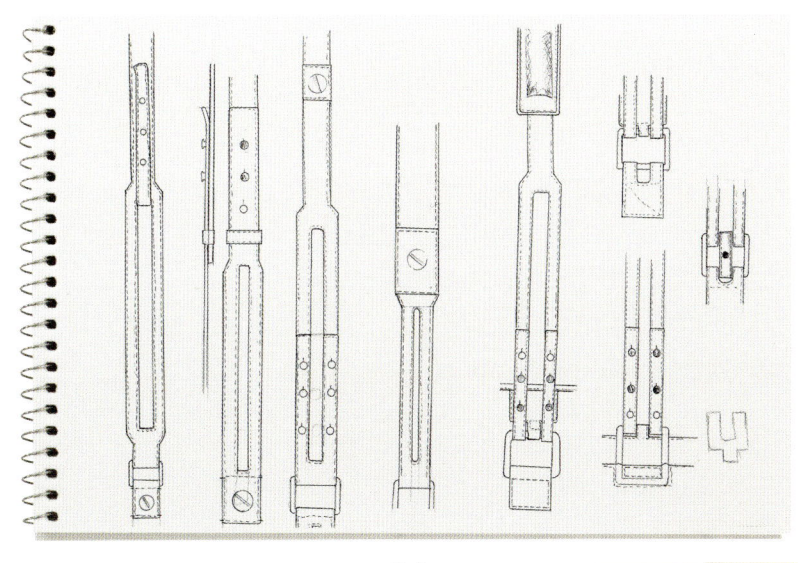

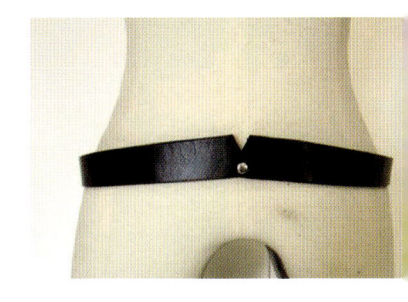

▲ **すべてはディテールの中に**
革小物ではディテールの考慮が重要になる。このスケッチでは、同じテーマで数多くの選択肢が模索されている。

▶ **模型**
デザインを調整する前に、革の模型が試作された。

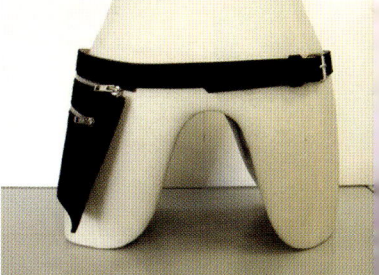

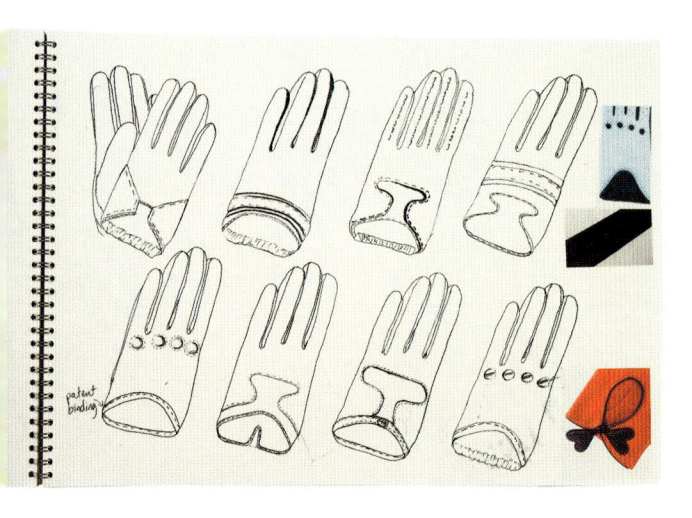

スタイル

どのようなスタイルの手袋が適切だろうか。これは、ターゲットとする消費者層、ブリーフ、展開する製品のデザインの特徴に左右される問題だ。

フィット感

革の手袋は手指にフィットさせる必要があるため、複数のサイズを用意することが非常に重要だ。この点をコレクションの計画段階で検討する必要がある。革の手袋は手の輪郭に沿って作られるとともに、耐久性が求められる。必要なサイズを決定するために手のサイズを正確に測るには、手のひらと甲にテープ製のメジャーを巻き、親指は含めない。指を曲げて握りこぶしを作り、メジャーの寸法を読み取る。

高級手袋はフランスインチでサイズが決まっている。普通、1フィート（30.48cm）は12インチ（1インチ＝2.54cm）だが、フランスインチでは11インチ（1インチ＝2.7cm）となる。あまり高価でない手袋は標準的な単位が用いられている。

構造

構造は手袋の外見に影響を与えるとともに、製造コストにも影響するため、デザイン段階で決定する必要がある。構成方法のリサーチが不可欠であり、製造業者からの指示を受けるとよいだろう。

縫製は裁ち縁か内縫いが可能だ。手縫いにするかミシン縫いにするかは、価格ラインで決定される。

デザイン段階で考慮すべき重要な点として、手袋を着脱するときの手の通り道が挙げられる。手のひらの幅は手首よりもはるかに広いため、開口部をどのようにデザインするかが解決すべき課題となる。

形

手袋の形は手と指の形でほぼ決まるが、手首回りを長くする、革の切り抜き加工をするなど、創造性を生かす機会はある。

プロポーション、バランス、ライン

手袋は、顔の位置に近づき、はめている人の視線に入ることが多いため、おそらく最も注視されることが多いアイテムだろう。毛皮を用いることでプロポーションが歪む可能性があり、あまり装飾しすぎると指が短く見えるおそれがある。両手のディテールを同一にするか、あえて非対称にするのかというバランスも、アイデアを広げるうえで模索したい点だ。

ディテール

ディテールを考慮する対象となるのは、主に手袋の本体部分、特に甲側だ。手の甲側で指の付け根に向けて3本のステッチ（ポイント）を入れたデザインがよく見られる。ディテールの凝ったステッチにタックを入れたデザインもポイントとして使われる。さらにディテールをデザインする箇所としては、手首回りがあり、手袋の着脱について模索する余地がある。また、開口部と留め具のディテール。手首回りの長さや形もリサーチの対象となり、指の周囲や、指先まで覆うのか指を出すのかという点も検討の余地がある。縁の装飾素材、縁取り、縁の装飾的なステッチなども、すべてデザイン段階で探求し、実験すべきエリアだ。

付属品

付属品には装飾的なものと機能的なものがある。ぼたん、ハトメ、フック、リボン、ファスナー、ホック、バックルなどの留め具が良く使われる。だが、必ず他の選択肢もリサーチすることをお勧めする。美的観点と実用性から探究する必要があるが、その2つの要素のいずれかを妥協して調整しなくてはならないこともある。

◀ スケッチブック（左端）
デザイナーが手袋の開口部のさまざまなスタイルを試している。シンプルで機能性重視の手袋であっても、膨大なデザインの選択肢がある。

▲▼ ミトンのデザイン
デザインのためのラフスケッチも で、デザイナーは手袋がどのように着脱されるのかを十分に意識している。ひもの使い方に着目してみよう。

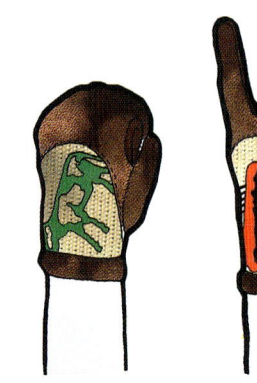

主なステップ

革小物、ベルト、手袋をデザインする際に考慮すべきこと。
- ブリーフ
- シーズン
- 消費者
- 色
- 素材
- 機能と実用性
- スタイル
- フィット感
- 構成
- 形
- プロポーション、バランス、ライン
- ディテール
- 装飾素材
- 付属品

構成部品

1 本体 手袋のメインとなるパーツは手の甲、ひら、親指を除く4本の指で構成される。

2 指のフォシェット 親指を除く4本の指の間に取りつけられるマチで、立体的な形を生み出し、指を動かしやすくする。ダブル・フォシェットは隣り合った指の内側でクワークとともに使われる。ここでは片手に対し、3つのフォシェットが使われる。

3 親指のパーツ 半分に折って4に取りつけられるパーツ。

4 親指の開口部 親指のパーツが入るような形をしている。

クワーク（写真にはない）ダブル・フォシェットで指のマチとともに取りつける小さなひし形のマチ。隣り合った指の内側で付け根にフィットし、手袋のはめ心地と柔軟性を高める。

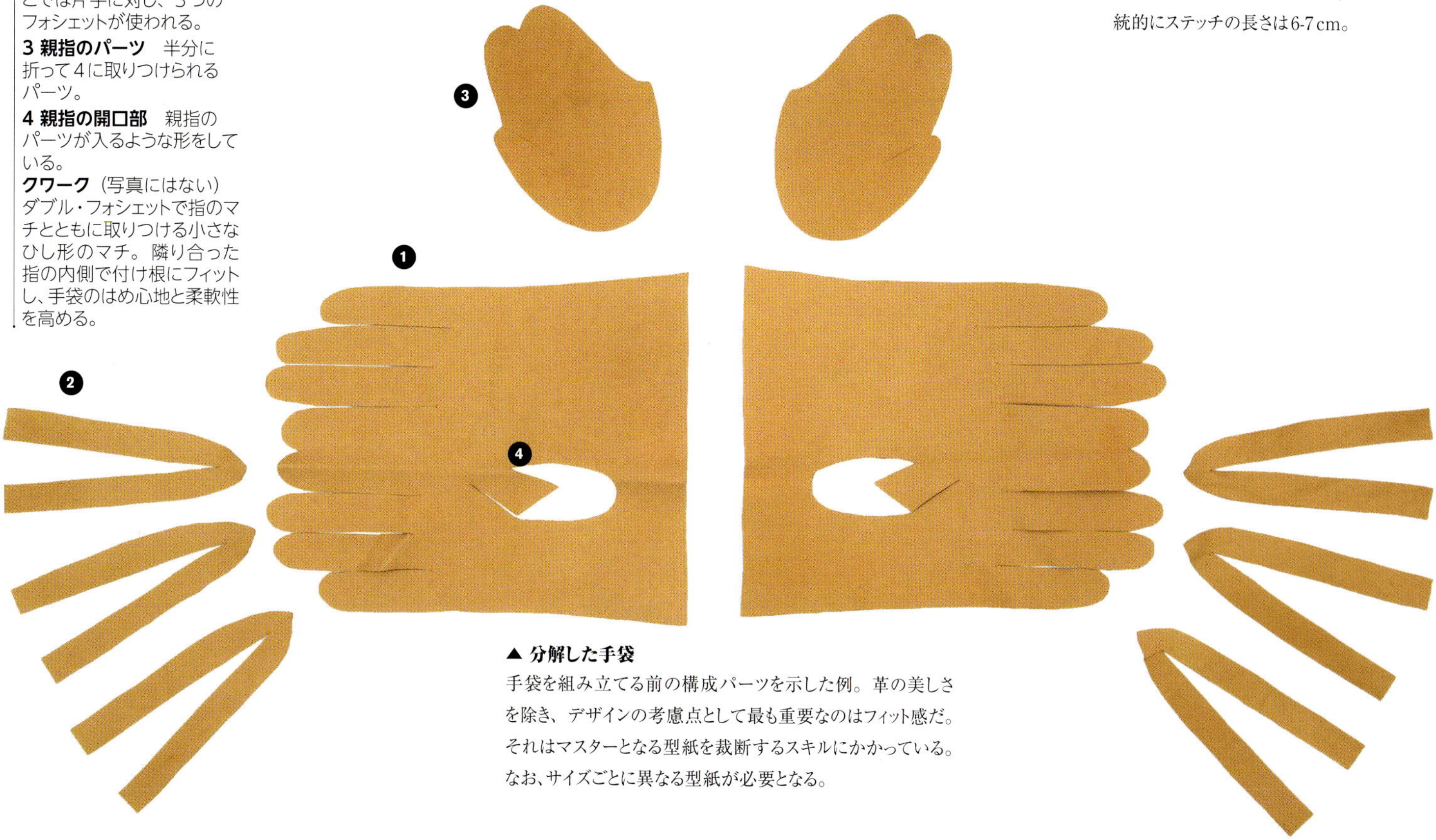

▲ **ポイント**
甲側の指の付け根の下から3本のステッチが伸びて、ポイントとなっている。中央のステッチは常に他の2本よりやや長くなる。伝統的にステッチの長さは6-7cm。

▲ **分解した手袋**
手袋を組み立てる前の構成パーツを示した例。革の美しさを除き、デザインの考慮点として最も重要なのはフィット感だ。それはマスターとなる型紙を裁断するスキルにかかっている。なお、サイズごとに異なる型紙が必要となる。

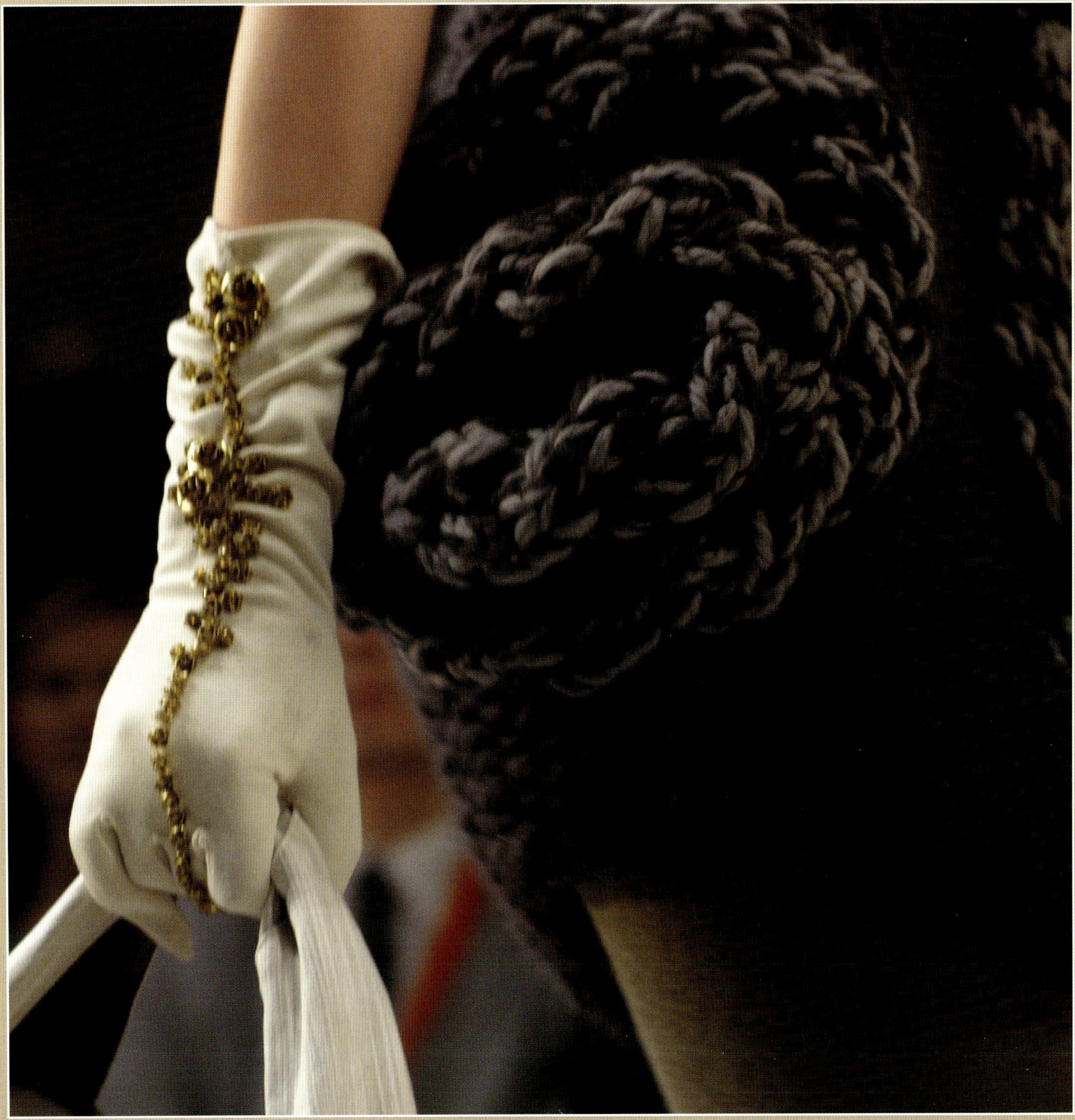

セクション6
情報源と実務知識

どのような分野であれ、キャリアでの成功には数多くの要素が関係するが、最も重要な要素の1つは、あなたがその仕事を心から好きだということだ。私たちは皆、自分が得意なことは楽しくでき、何かに優れていることで得られた達成感が自信につながる。自分が何をやりたいのかが小さい頃からはっきりしている幸運な人もいれば、自分の才能がどこにあるのかが分かっていても、やりたいと思う仕事に出会うためにあらゆる選択肢を探らなくてはならない人もいる。

最終セクションは実用的なアドバイスとスキルにあて、あなたが進むべき道を探り、選んだ道を進むうえで役立つ方法を紹介する。大学のコースへの応募から、履歴書の準備、見本市の見学までを以下で説明しよう。

成功のための5つのステップ

目的 ファッションの世界で仕事をすると、ときには困難もあるが、常に興味深く、成功したシーズンは心から喜びを味わえる。あなたが何よりも靴やバッグや帽子などのファッショングッズを愛しているのなら、それこそが追求すべきキャリアだ。忍耐、情熱、努力が求められるだろう。ここでは、あなたを成功するキャリアの道筋へと導く5つのポイントを挙げる。

プロフェッショナルを目指す

将来のキャリアに向けて動くのに早すぎることはない。どのような状況においても、役割に関わらず必要とされる資質があるものであり、あなたは早い段階でその資質を磨き始めることができる。時間を厳守すること、信頼性、時間管理のスキル、懸命に努力しようとするモチベーションは不可欠だ。マナーを守り、チームの中で協調し、人とうまくコミュニケーションが取れれば、どんな仕事においても戦力になれる。自分の外見にも配慮が必要だ。身だしなみの良さは人の注意を引く。

同様に、どのようなキャリアを志向していても、基本的なスキルが必要とされる。数字に強く、母国語での文章力と会話力は非常に重要だ。あなたがイギリス、アメリカをはじめ世界各地で学んだり、働いたりしようとしているなら、英語の知識も必要になる。現代のグローバル社会においてはコンピューターのスキルも重要だ。少なくとも、コンピューターで見栄えのよい文書を仕上げ、電子メールで明確なコミュニケーションを取れる必要がある。表やグラフを作るスキルも非常に役に立つ。

業界について学ぶ

各種ファッショングッズ業界でのキャリアが正しい選択だと決心したら、この分野の理解を深めることを始めよう。そのためには、週末や休暇を利用して、あなたが好きなタイプの靴やバッグ、帽子などを売る店で販売アシスタントの仕事をすることだ。その仕事を通じて、売られている製品や来店する顧客のニーズを学べるだろう。また、店の従業員として、さらに接客する販売員として、人とコミュニケーションを取ることへの自信がつくだろう。こうした経験を積むことが、学校に応募する際にファッショングッズへの関心が真剣なものであることの証明にもなる。

コースを調べる

どのようなコースが設置されているのかを調べ、関心があるコースの応募資格を確認しよう。学校で応募に必要な科目を確実に履修し、必要な試験の成績が得られるように一生懸命勉強しよう。そして、デッサンのスキルを高め、ポートフォリオ（作品集）の準備を始めよう。次のステップは、適切な学校や大学と適切なコースを選ぶことだ。候補となる学校や大学を絞り、選んだすべての学校や大学のオープンスクールに足を運ぶようにしよう。さらなる情報を集められるだけでなく、そこで学んでいる学生と話すチャンスが得られ、学校の雰囲気もつかめる。必ずどこかに入学できるよう、複数のコースに応募するのがよいだろう。応募先を決めたら、応募書類を締め切りまでに提出し、面接に備えてポートフォリオを用意しよう。

在学中にすべきこと

コースが始まったら、あらゆる機会を利用して学ぼう。毎回の授業に準備をして出席し、教えられたことを練習し、好奇心を持って質問し、すべての課題を期限までに提出する学生は、成功する可能性が高い。多くの学校では、特定の分野を学ぶ学生を手厚く支援している。自分を向上させる助けとなる機会はすべて活用しよう。

在学中は、経験を積み、実社会で使われる言葉とその文化を理解するために、インターンやアルバイトをしよう。そうした環境で知り合いが増え、キャリアにつながるネットワークを広げることができる。あなたの履歴書の価値を高め、面接の際の自信を得られるはずだ。

卒業が近くなったら、仕事を得るための活動を始める必要がある。履歴書と小型のポートフォリオを準備し、働きたいと思う企業に送付し、あなたの卒業コレクションに招待しよう。就職エージェントに登録し、求人広告に応募する。卒業コレクションや企業との面接を通じて仕事を得られる幸運な学生もいるが、そうでない学生は、最初の仕事をつかむためにさらなる努力をしなくてはならない。面接の前には、ポートフォリオと心の準備をしておくこと。学校という守られた世界から外に出て競争に立ち向かわなくてはならないため、多くの学生にとっては辛い時期にあたる。自発性、強い決意、自分を信じる気持ちが重要なときだ。その向こうには、あなたのための仕事があることだろう。

仕事の世界

最初の仕事に就いたら、まだ学ばなければならないことが数多くあると実感するだろう。企業からの期待が、経験あるプロフェッショナルへの道を進む手助けとなる。あなたは企業のシステムとともに速いペースで仕事をし、多くのことを覚え、あらゆる仕事に正確でなくてはならない。企業への忠誠心と慎重さはあって当然のものと見なされる。シーズン中は割増賃金なしで長時間働くことが期待され、出張や夜に行われるイベントに出席する必要があるかもしれない。忙しい時期には、短い時間で要求に応えなくてはならないため、個人生活が犠牲になるかもしれない。

経験を積むに従って、さらに責任ある仕事を任され、さらに高いポジションにつき、もしかしたら別の企業へと移るかもしれない。物事がうまく進めば、最初の仕事に就いたときに憧れていたポジションに到達していることを実感する日が来るかもしれない。

主なステップ

- 基礎的な資質とスキルを身につける。
- ファッショングッズに関わるアルバイトをする。
- コースを調べる。
- 学校や大学に進学するのに必要な授業を履修し、ポートフォリオを準備する。
- コースに応募し、面接の準備をする。
- 在学中は賢明に勉強し、可能な限り知識とスキルを高める。
- さまざまな経験を積むため、できるだけ多くのインターンやアルバイトをする。
- 卒業前に、履歴書と小型のポートフォリオを準備する。
- 働きたいと思うすべての企業にあなたの情報を送り、求人広告に応募する。
- あきらめないこと。努力を続ければ、非常に重要となる最初の仕事に就けるはずだ。

ポートフォリオの
プレゼンテーション

目的 あなたの才能を披露するポートフォリオを準備する。

ポートフォリオは、成功するうえで決定的に重要だ。あなたのデザインの美しさを視覚的に伝え、あなたのスキルと知識を披露するものだ。ポートフォリオに含めるプロジェクトの数は6つが最適だ。ポートフォリオでは、あなたの強みを際立たせ、弱点が露わにならないように気をつける。応募する仕事が異なれば、異なるデザインへのアプローチが求められ、特定のスキルが必要となる。10種類のプロジェクトを用意し、面接のたびに適切なプロジェクトを6つ選ぶようにしよう。

▲ **見る人の関心を引く**
微妙な色使いや創造力をかき立てるイメージの組合せで、プロジェクトのムードが伝わるポートフォリオ。すぐに見る人を引きつけ、ページをめくって次に何が出て来るのかを見たい気分にさせる。

◀ **プラニング**
この2ページの内容は大きく異なるが、一体となってストーリーを伝え、スキルの幅広さを示している。最終的な製品展開の中で、デザイナーが実験したことと、インスピレーションの影響が明確に伝わる。

ポートフォリオをまとめるときは、時系列と反対の順にするのが良いだろう。つまり、最も新しい作品を前に、最も古い作品を後ろに持っていく。この方法の長所は、面接者がポートフォリオを通じて、あなたのスキルが発達したことを確認できることだ。もし似たようなプロジェクトが前後に続くようであれば、興味をかき立てるように順番を入れ替えよう。

特殊なポジションの面接であれば、ポートフォリオを見直して、雇用者が必要としているスキルがあることを証明できるプロジェクトを先頭にし、その後であなたのスキル全体が分かるように順番を変える。もし作品の出来栄えに差がある場合は、面接者の心を動かせるような仕上がりのプロジェクトを一番前に置き、最後の作品でも同じように良い印象を残せるようにする。最も重要なのは、見る人がページをめくりたくなるほど作品が刺激に富んでいるということだ。

フォーマットを決める

書類入れは、あなたの作品を保護し、移動しやすく、耐久性のあるものを選ぶ。アートやグラフィック関係の資材を扱う店で書類入れを見てみよう。どんな製品があるのかを知らなければ、適切な選択ができない。標準的なサイズはA4かA3で、好きな方を選んで構わない。ビニールの保護ケースは、手が届く範囲で最も品質の良いものを買うこと。透明感が高く、立派であるほど、あなたの作品が引き立つ。

書類入れを縦にするか、横にするか、方向を決めることも重要だ。中身をきちんと見るために書類入れを縦横に回すことほど人を苛立たせるものはない。見る人が内容に集中できるように、ポートフォリオをできる限り扱いやすくまとめる必要がある。

職場で求められるスキルとあなたの強みを考えてみよう。もし特別なポジションに応募するのであれば、募集要項で求められているスキルにマーカーを引く。そうすることで、あなたの強みを強調し、企業のニーズに応えるようにポートフォリオをまとめるうえで役立つはずだ。

内容を決める

自分のどのようなスキルを示すかを分析したら、ポートフォリオに含めるプロジェクトの内容を決めなくてはならない。ありふれたポートフォリオにならないように内容を工夫する必要があるが、プロジェクトの中であなたの作品のあらゆる側面が例示されるように注意する。常にスケッチブックを用意しておくこと。書類入れのポケットにしまうか、プロジェクトの順に従って、ポートフォリオの後ろにしっかり固定しておく。個々のプロジェクトについて話を始めたときに、すぐに取り出して見せられるようにするためだ。

最後に、プレゼンテーションのスタイルを詳細に決めなくてはならない。1つのプロジェクト内では用紙を統一するべきだが、プロジェクトごとに用紙が違ってもかまわない。ポートフォリオの中で違う用紙を入れたくなければ、違う用紙に描かれた作品を統一された用紙に再出力するか、カラーコピーを取っ

て、見た目を合わせることができる。常に手に入る中で最も品質の高い紙を使うこと。プロジェクトのタイトルを書く用紙はプロジェクトの中身と同じにするか、連続性を出すためにすべてのプロジェクトのタイトルページを同じ用紙とスタイルで統一することもできる。常に、視覚的に最も魅力が高くなる方法を選ぼう。

面接に向かう前には、必ずポートフォリオの埃やゴミを取り除き、きれいになっていることを確認する。少しでも汚れているポートフォリオを見せるのでは、プロとは言えない。多くの人がこの点で失敗するので、その1人にならないようにしよう。

ポートフォリオの準備に割く時間は、価値のある投資だ。その結果として作られるポートフォリオは、プロフェッショナルな仕上がりで、面接の話題の中心に据えられ、何よりも刺激あふれるものでなくてはならない。自分のポートフォリオに情熱を抱いていれば、面接の際に緊張せず、自信を持って話ができるだろう。そうすることで、望み通りの仕事が得られる可能性が高くなる。

▼ ポートフォリオの内容
このデザイナーは、ポートフォリオをまとめる際に用紙をすべて縦置きにして、見る人が中身に集中できるように配慮している。全体を同じ用紙で統一することでプロらしい仕上げになっている。

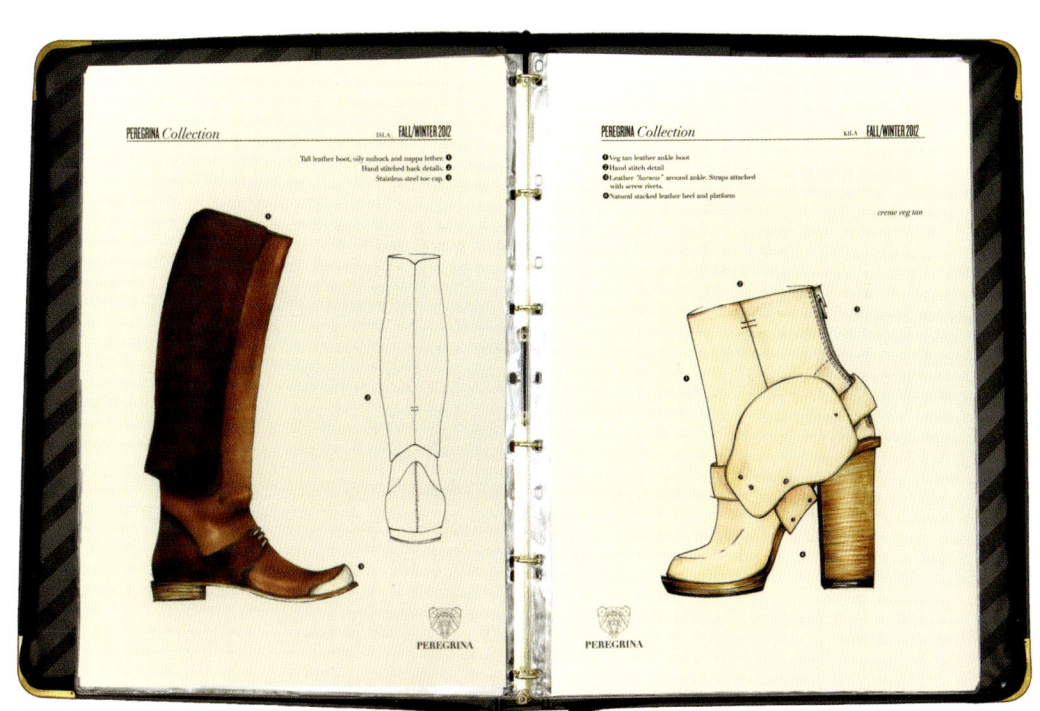

ポートフォリオのプレゼンテーションで重要な要素

スキル
- リサーチ
- スケッチ
- デザイン
- イラスト
- 色の使い方
- 素材の使い方（可能であれば、実際の素材の見本やテクニックのサンプルを添付する）
- 技術的スケッチ
- 専門知識
- 製品開発の知識
- 市場に対する理解
- マーケティングの知識
- ITスキル

内容
- コンセプトボード、消費者ボード、ディテールボード
- 顧客のプロフィール
- トレンド予測
- 技術的スケッチを含むデザイン開発シート
- 完成品や模型の写真
- スペックシート
- 製品開発プロセス
- 販売促進用品、マーケティング用品
- スケッチブック（書類入れのポケットにしまうか、ポートフォリオの後ろにしっかり固定しておく）

履歴書の作成

目的 効果的な履歴書の書き方を学ぶ。

履歴書（CV*）は、あなた個人に関する基本的情報や、受けてきた教育、スキル、経験を概略した文書で、あなたが目指す業界やポジションにアプローチするうえで欠かせないツールだ。企業があなたを最初に知る手段であり、将来の成功への第一歩となる。

*以下に示すのはイギリスの例。英文履歴書（CV）は、日本の履歴書と職務経歴書の内容が含まれ、日本の履歴書のように決まった書式はない。

履歴書の書き方

あなたが特定のポジションや、特定の企業で働きたいと思ったら、ほかにも同じような人が数多くいることを忘れてはならない。毎日、数百通の履歴書がごみ箱行きとなる。求められる情報が書かれていないか、文章が冗長であるか、誤字脱字があるか、うまく整理されていない履歴書だ。そうならないように気をつけよう。

履歴書に書かれた情報が、その企業での業務に関連して、あなたに何ができるかが予測できるものでなければならない。あなたの性格や強みを伝え、あなたがその業界に適した人材で、その仕事に必要なスキルを備えていることを示す必要がある。

まず関連する情報をすべて盛り込んだ履歴書の基本パターンを用意し、企業に送付するときや特定のポジションに応募するときには、毎回、状況に即した形で履歴書を修正する。応募要項をよく読んで、その仕事で重要なことは何かを見つけ出し、または企業のウェブサイトを見て、企業に関する情報をできるだけ集め、どのような仕事があるのかを調べる。企業が求めているものに的を絞って、履歴書の中でそれに応えよう。応募要項で求められているスキルや経験に合わせて、履歴書に書かれている情報の順番を変えるのは良い方法だ。そうすれば、受け取った人が判断しやすくなり、あなたの分析的思考力を示すことにもなる。

また、あなたのデザインスキルを活用して、情報量が多く、視覚的にも印象的な文書を作成して、企業の目を引こう。明確でシンプルな文書に仕上げること。見る人が一目で必定な情報を得られることが重要だ。フォントやレイアウトを慎重に選び、あなたのプレゼンテーションのスタイルで重要な分野の情報を際立たせよう。フォントの大きさや、太字、斜体などを使って、必要な情報に目が行くようにする。ページに文字を詰め込み過ぎると、受け取った人は読む気を失う。余白もプレゼンテーションにおいて重要な要素だ。

内容

履歴書では、以下の内容を論理的な順序で組み立てる。各セクションにタイトルをつけること。

プロフィール

氏名、住所、電子メールアドレス、電話番号。

自己PR

あなたがどのような人物であるか、あなたのやりたいこと、なぜその仕事に就きたいのかを短くまとめた導入部分。実務的な表現で簡潔にまとめる。たとえば、「ファッション小物のデザインを専攻。チームの一員としてクライアントのブリーフに対応し、期限内に納品した職務経験あり」など。

やってはいけないこと

- 文章の背景に画像を使用しない。
- 履歴書でスケッチのスキルを示さない。
- プロフェッショナルな印象を与えない電子メールアドレスを使用しない（たとえば、shoequeen@など）。
- 生い立ちを語ろうとしない。
- どこにでも同じ履歴書を送らない。応募する企業について調べ、相手に合わせて履歴書を書き替えよう。求人広告に応募する場合は、募集要項を注意深く読んで、求められている条件に合った部分を強調するように履歴書を修正する。

覚えておくべきポイント

- 履歴書は可能な限り1ページに収める。簡潔にまとめ、2ページを超えないこと。
- セクションごとにタイトルをつける。
- ハードコピーを提出する場合は、質の良い紙を使う。
- 電子メールで提出する場合は、画面上で読みやすくする。
- 論理的な順番で情報を組み立てる。
- 常に現在の情報を先頭に、時系列と逆の順序で書いていく。
- 情報が現在のものか、過去のものかがはっきりと分かるように書く。
- 履歴書を提出する前に誰かに目を通してもらい、情報が正確で誤字脱字がないことを確認する。

Samuel Shepherd （サミュエル・シェパード） シューズデザイナー

職務経歴

現在就いている仕事から書き始め、時間をさかのぼる。各職歴について開始日と終了日、企業名、ポジション、主な職務を記述する。応募するポジションと関わりのある経験を強調しよう。

学歴、資格

最も新しい学歴から書き始め、時間をさかのぼる。中等教育以前の学歴を書く必要はない。卒業してから受けたトレーニングのうち、関連のあるものはすべて記載しよう。救急処置のトレーニングでも役に立つ場合がある。どの企業にもそうした訓練を受けた人材が必要だからだ。

コンクール、展示会、受賞歴

最も新しい情報から書き始め、時間をさかのぼる。受賞歴、最終的な選考に残ったコンクール、作品を出品した展示会は何でも記入してよい。

スキル

募集要項に記載されている順にあなたのスキルを示す。特定のポジションに応募するのでない場合は、分野内で優れているスキルから書く。

このセクションでは、以下のスキルに触れるべきだ。

- IT、CADのスキル。関連するアプリケーションを列記し、それぞれの経験レベルを記載する。
- 応募する仕事に関連する技術的なスキル。
- 語学力。流暢、日常会話レベルなどのレベルを示す。
- マネジメント力。創造性、時間管理、プロジェクト管理、コミュニケーション力、チームでの協調性、自発性、問題解決能力など。
- 運転免許。

連絡先
Tel: 020 8123 4567
Email: samuel@emailaddress.com
住所: 14 Example Street, London SE1 2EG
オンライン作品集: www.yourwebsitehere.co.uk
自動車運転免許

自己PR
斬新で情熱的な人物。フットウェアのデザインに対する革新的なセンスがある。ファッション・フットウェアの世界と現代の消費者に対し、関心と理解を深めている。職人の技巧への愛着とシグニチャーとも言える独自のスタイリングによって、フットウェアの構造の限界に挑戦し、領域を広げている。

職務経歴
2010年7月–2011年5月　ジョナサン・ケルシー
- インターンとしてジョナサン・ケルシーの事業の全領域をサポートするとともに、フリーランスとして、マルベリー、マシュー・ウィリアムソン、ハンター、リチャード・ニコルのデザインを手がける。
- 秋冬、春夏シーズンの製品展開のリサーチとデザイン。ジョナサンとともにイタリアのリネアペレを視察し、工場見学を行った。
- サンプル制作の依頼、メディア対応で広報部門をサポート
- 工場やクライアントとの連絡調整、顧客への請求書やカタログの送付などのオフィス管理に従事。

2009年11月–2010年8月　カート・ゲイジャー
- メンズデザインのインターンとしてデザイナーをサポートし、展開製品のデザインにあたる。
- 将来の製品展開を検討するトレンド会議に出席。
- ハイストリートでのショップサポート、競合他社の分析を行う。
- カート・ゲイジャー、フレンチ・コネクションのメンズラインの2010年秋冬、2011年春夏シーズンのデザインを手がける。

2009年8月–2009年10月　イエロードア
- スタジオのアート・ディレクターのもとで広告キャンペーン、ウィンドーディスプレイ、イベントデザインを手がける。ウェストフィールド・ショッピングセンター向けのデザインを担当。
- クラークスの本社を訪れ、同社の新規プロジェクトでマリー・ポータスをサポート。
- クラークス・オリジナルズの撮影セッションのチームに所属し、美術レイアウト、モデルやカメラマンの手配、キャンペーン撮影のロケに同行。

関連情報
組織力、リーダーシップ、モチベーション、チームワーク、慈善事業などのスキルや資質を示せるものは何でも記入してよい。たとえば、「ランニング」だけでは情報不足だが、「2011年にロンドンマラソンを完走し、乳がんの知識普及のために2,000ポンドの募金を集めた」と書けば、あなたの人物像が伝わる。

学歴
2007年–2011年　ロンドン・カレッジ・オブ・ファッション
フットウェアデザイン・製品開発学士号取得（優等卒業学位）

2006年–2007年　リーズ・カレッジ・オブ・アート
アート・ファウンデーションコース修了（優等）

1996–2006年　シックス・フォーム（中等教育第6学年）
Aレベル　4科目、ASレベル　1科目、
GCSE　10科目

特筆すべき事項
- 2009年　卒業制作の2年目にコードウェイナーズ奨学金。
- カレッジとの共同制作においてデザインが選ばれ、カンガルーに提示された。
- カレッジ委員会のコース代表を務めた。

スキル
クリエイティブ
- デザインだけでなく事業的側面にも留意した総合的スキルに優れている。
- あらゆるデザインワークにおいて、常にマーケット、顧客、ブランドを深く掘り下げ、ターゲットとする顧客に適した製品展開を目指す。
- デザインシート、製品展開計画、スペックシート、ショップレポート、経費、資材調達を網羅したデザインワーク。
- 皮革の表面加工、買いつけ、販売促進の選択科目を履修。
- 2008年から2010年までリネアペレを視察、素材調達とともに業界での人脈を築く。

テクニカル
- パターン裁断と、ステッチ、レーザー彫刻、皮革の特性を含むフットウェア構造についての幅広い知識を有する。すべてのデータはテクニカルファイルに記録されている。
- ヒール構造から、つり込み、ソールユニット、インソールにいたるフットウェア制作プロセスを適切な専門用語とともに理解している。

IT
- フォトショップ、イラストレーター、インデザイン、オフィス、ローマンズCADに熟練。

関心事項
- ファッション、アート、読書（特にファッション文化とファッションビジネス関連）
- テニス、水泳、スキー。2010年5月に「スタンド・アップ・アンド・デリバー」コメディ講座に参加。

必要に応じて推薦状を提出可能。

推薦状
必ず、「必要に応じて推薦状を提出可能」であることを記載すること。推薦状を書いてもらう相手は何人かいるだろうが、最も適切な人を選ぶこと。推薦人の名前を出す場合には、その都度、事前に承諾を得ておくと失礼にあたらない。

カバーレターの作成

目的 応募する仕事を概略し、企業に関するリサーチをもとにあなたがその企業で何ができるかを伝えるカバーレターを作成する。

カバーレター＊は、あなたが関心のある仕事を明示し、あなたがなぜその仕事に適しているのかを企業に伝える手紙だ。カバーレターは履歴書とともに、応募する企業があなたに対して抱く第一印象となる。

＊以下に示すのはイギリスの例。日本の送り状よりも自己アピールが重視される。

カバーレターの内容

カバーレターは簡潔で要点を押さえたものでなくてはならない。履歴書の送り先である企業ごとに内容を調整すべきだ。内容は非常に注意深く検討しよう。履歴書にある情報の繰り返しではいけない。あなた自身を売り込むチャンスであり、あなたの人物像の一端を示すものだ。書き始める前に、送り先の企業に関する情報をできるかぎり多く集め、企業のウエブサイトで求人情報があるかどうかを確認する。特に求人情報が出ていなくても履歴書を送る場合には、誰宛てに送るべきかをよく調べよう。

特定の仕事に応募する場合は、最初に応募するポジションの名称を書き、どこで求人情報を得たのかを示す。求人の有無を照会する手紙を書く場合には、どのような仕事やインターンを探しているのかを説明する。

次に、あなたが現在、何をしているのかを書く。職に就いているのか、学生なのかを詳しく説明しよう。求人広告で必要とされているスキルがあることを示し、アルバイト、教育機関、インターン、現在の仕事など、それぞれのスキルをどこで、どのように身につけたのかを説明する。求人情報がない企業にアプローチする場合は、仕事を探している分野に関連するスキルをすべて上げ、それらのスキルをどこで、どのように獲得したのかを明らかにしよう。

次に、企業についてあなたが知っていること、その企業のどこに関心を持ったのかを説明する。その企業について積極的にリサーチを行ったことを証明する機会でもある。

最後に、面接の場で募集している仕事や、将来の雇用機会について話したいという意志を簡潔に伝える。求人広告を出していない企業宛てであれば、面接に訪問できる日時をつけ加えてもよい。

カバーレターの形式

- カバーレターはタイプ打ちで、1ページに収める。
- 履歴書に合わせたスタイルで、統一感を出す。
- 標準的な形式は、自分の住所を右上に、宛先の名前と住所を左上に、日付を右端に書く。デザイナーとして、伝統的な形式よりもクリエイティブにすることも可能だ。だが、別の形式にする場合でも、明確さが損なわれないことが重要だ。
- ハードコピーを提出する場合は、品質の良い紙を使う。
- カバーレターを書き終えたら、誤字脱字がないかどうか、誰かに目を通してもらう。誤字や文法的ミスが結果として、不採用につながる場合もある。

現代的な慣習

現在では、カバーレターと履歴書を電子メールで送り、企業が小型のポートフォリオを添付するように求める場合が増えている。小型のポートフォリオとは、4ページから5ページにわたる作品の画像で、リサーチ、デザイン、コレクション企画におけるあなたの強みを伝えるものだ。履歴書のハードコピーとともに作品事例を郵送することにも良い点はある。ただの電子メール以上に、あなたの作品が際立つからだ。常に小型のポートフォリオを用意し、最新のものに更新しておくこと。履歴書についても同様だ。新たなスキルを得たり、コンクールで入賞したりしたら、すぐに履歴書に書き加えておくとよい。あなたが選んだ分野でのデザインの仕事が軌道に乗ったら、履歴書が情報過多にならないように注意しよう。主な成功事例を選び出して強調し、低いレベルでの実績を削除する。

カバーレターの作成 **223**

David Wilson
Any Design Group
1 Design Avenue
London
SW1 4EG

ALISON SMITH
a.smith@example.com
123 Example Lane
London
N7 IEG
2011年5月7日

デビッド・ウィルソン様

　私は現在、ロンドン・カレッジ・オブ・ファッションのコードウェイナーズ・カレッジでフットウエアの学士課程に在学し、2011年7月に卒業を予定しています。
　パリのプルミエール・クラッセでのコレクションで作品に強く惹かれ、メディアで報道された業績を拝見しました。ウォールペーパーでの御社のプロフィールは大変興味深く、御社のビジネスの個性を強く発揮したものだと存じます。
　私は学士課程を通じて、マーケティングという枠組みの中で創造性を発揮すること、すなわち目的に合わせたデザインを学びました。履歴書をご覧いただければお分かりの通り、私はCADとともに、手描きおよび3Dソフトを使ったデザインに精通しています。また、インターンとして、デザイン・チームの円滑な組織運営や、サンプル制作の納期と品質管理に関わる仕事をすることにより、時間管理とチームワークのスキルを習得しました。
　御社のウエブサイトで、若手デザイナーを対象としたプログラムを立ち上げるとの情報を得ました。ぜひとも私のポートフォリオをご覧いただき、候補者としてご検討いただきたく存じます。実業界におけるデザインのあらゆる側面について深く学べる貴重な機会になることでしょう。その一方で、私の持っているスキルと知識が御社のチームの付加価値になると確信しております。

　お返事を心よりお待ちしております。

　アリソン・スミス

▲▶ **カバーレターの例**
同じ内容だが、伝統的なフォーマットとクリエイティブなプレゼンテーション方法で書かれている。

考慮すべきポイント

スキルや経験を示す際にプロフェッショナルで力強い言葉を用いると、カバーレターの効果が高まる。
達成する、参加する、コーディネートする、創造する、デザインする、開発する、立ち上げた、交渉に成功する、組織する、企画立案する、支援する

応用できるスキルを示す際にプロフェッショナルな言葉を用いる。特に、異なる業界で得た経験を強調しようとするときには重要だ。
適応力、コミュニケーション、判断力、イニシアチブ、リーダーシップ、組織力、自発性、チームワーク、時間管理

ALISON SMITH
a.smith@example.com
020 7123 4567
123 Example Lane London N7 IEG

デビッド・ウィルソン様　　　　　　　　　2011年5月7日

　私は現在、ロンドン・カレッジ・オブ・ファッションのコードウェイナーズ・カレッジでフットウエアの学士課程に在学し、2011年7月に卒業を予定しています。
　パリのプルミエール・クラッセでのコレクションで作品に強く惹かれ、メディアで報道された業績を拝見しました。ウォールペーパーでの御社のプロフィールは大変興味深く、御社のビジネスの個性を強く発揮したものだと存じます。
　私は学士課程を通じて、マーケティングという枠組みの中で創造性を発揮すること、すなわち目的に合わせたデザインを学びました。履歴書をご覧いただければお分かりの通り、私はCADとともに、手描きおよび3Dソフトを使ったデザインに精通しています。また、インターンとして、デザイン・チームの円滑な組織運営や、サンプル制作の納期と品質管理に関わる仕事をすることにより、時間管理とチームワークのスキルを習得しました。
　御社のウエブサイトで、若手デザイナーを対象としたプログラムを立ち上げるとの情報を得ました。ぜひとも私のポートフォリオをご覧いただき、候補者としてご検討いただきたく存じます。実業界におけるデザインのあらゆる側面について深く学べる貴重な機会になることでしょう。その一方で、私の持っているスキルと知識が御社のチームの付加価値になると確信しております。

　お返事を心よりお待ちしております。

　アリソン・スミス

DAVID WILSON
Any Design Group
1 Design Avenue London SW1 4EG

面接

目的 面接前の準備と、どのように面接にのぞむべきかを概説する。

あなたの履歴書とカバーレターが応募した企業で認められ、
面接に呼ばれたとしよう。
喜んで伺うと丁寧に返答し、
面接担当者に会えることを心待ちにしていることを伝える。

事前準備

面接が行われる場所の正確な位置を確認し、経路と所要時間を事前に調べておく。何らかの理由での遅延に備えて、10分前に着くように出発時間を決める。面接の案内が記された手紙を持参し、不測の事態に連絡が取れるようにしておこう。

ポートフォリオは慎重に準備する。すべての作品がきれいな状態であることを確認し、応募した仕事で何が必要とされるのかを考える。その仕事に関連してあなたが持っているスキルは、すべてポートフォリオで示されなくてはならない。面接に持参するのに最も適切な作品を選び、強調すべきスキルが前に来るように順番を決めよう。

面接の際には緊張するかもしれないが、あなたは知識を備えたプロフェッショナルに見えなくてはならない。面接の前にポートフォリオのプレゼンテーションをする練習をしよう。ポートフォリオの内容を確認し、それについて何を話したいのかを考えておく。自分の作品について積極的に、熱意を持って話すこと。タイトルページがあると便利だ。面接官からの質問で気が散った場合でも、何の説明をしているかが思い出せる。プロジェクトの説明に入る前に、面接官にスケッチブックを見せる。面接官が2人以上いる場合にはポートフォリオ以外に着目すべき対象が増え、リサーチのスキルとアイデアの広さを示すことができる。

面接の際にすでに企業に対する知識があると思われるようにリサーチを行い、企業と関係のない質問は避ける。企業の製品展開をつかみ、実際に小売店に足を運んで、企業の製品がどのようなもので、どのようにマーケティングを行っているのかを理解しておく。募集要項があれば、よく読んで、企業が何を求めているのかを正確に分析する。あなたがその仕事を遂行する上で必要となるスキル、知識、資質を持っていることが、どうしたら証明できるのかを考える。面接は、あなたのポートフォリオとともにあなた個人の資質を示す機会でもある。実際にはできないことができる振りをしないこと。あなたの知識で欠けている点があれば、正直になることが大切だ。

どのような質問がされるかを予想してみよう。面接官は、あなたがなぜその仕事に興味を持ち、企業のどこに惹かれ、どのようなスキルを提供できるのかを知りたがっている。さらに重要なのは、あなたの人物像をつかもうとしていることだ。自分の長所と短所を話せるように準備しておくこと。これまで経験した困難な状況について尋ねられ、どのように問題を解決した

面接

会場に着いたら、受付で面接に来た旨を伝え、担当者を呼んでもらおう。身ぶりに気をつけ、姿勢を正して歩き、まっすぐに腰掛けて緊張をほぐす。握手と笑顔で挨拶し、アイコンタクトを忘れない。そうすることで、自信に満ちた雰囲気を醸し出せる。足を組んだり、髪を触ったり、下を向いたりしないこと。よどみない会話で沈黙を埋めなければと思う必要はなく、あなたが落ち着き、状況を把握しているように見えることが重要だ。その仕事に必要な資質があることはすでに履歴書で示されている。面接は、既存のチームにあなたがふさわしいかどうかを判断する場であり、履歴書やカバーレターに書かれた内容を詳しく説明するチャンスでもある。実際の面接の前に、3回深呼吸をして、身体をリラックスさせるとよい。

面接の最後には、面接官が時間を取って、直接会う機会を設けてくれたことに対する謝意を伝えよう。

珍しい質問の例
（聞かれるのはあなたかもしれない）

- この部屋に入る手前のドアはどんな色だったか。
- どんなことで笑うか。
- 空想上のディナーパーティーに誰を招待するか。それはなぜか。
- これまでどのような仕事に応募したか。
- 最近、腹を立てた／泣いたのはいつか。
- ジョークを1つ言ってください。

かを答えなければならないかもしれない。自分が達成したことの中で最も重要だと思うことを聞かれるかもしれない。あなたが夢見る仕事や、5年後のあなたの姿など、抱負を質問されるだろう。応募する分野での最近の動きや新しいデザイナーについての知識を持ち、説明できるようにしておく。よくあるのは、高く評価しているのは誰の作品か、どのような雑誌を読んでいるかといった質問だ。ありきたりの答えではなく、人の関心を引き、あなたが専門分野に情熱を抱いていることが伝わるように答えよう。

相手の企業と仕事に特化した質問をいくつか事前に用意しておく。面接を通じて明らかにならなかった情報について質問をすること。最初の面接で給与について質問するのは適切ではない。企業から採用の意志が示されてから、雇用契約を結ぶ前に交渉すべきことだ。あなたが一緒に仕事をするチームの規模や、上に何人の上司がいるのか、具体的に何を担当するのかを質問する方が熱意を感じさせ、プロフェッショナルな印象を与える。

何を着て行くかを前もって考え、準備しておこう。ポートフォリオと同じくらい、自分自身の見せ方にも気を配らなくてはならない。面接を受ける企業にふさわしい服装をし、どのようなスタイルの服装であろうと、髪と爪が整っているように気を配ること。服が清潔でアイロンがかかり、靴やバッグに汚れがないことを確認する。音を立てるアクセサリーを身につけるのは避けよう。ポートフォリオをめくるたびに音がするブレスレットでは、相手の気が散るかもしれない。

好印象を持ってもらうために

- 適切な服装をする。
- 10分前に到着する。
- 挨拶するときには、握手をして笑顔を見せる。
- アイコンタクトを忘れずに。
- 自信を持って明確に話す。
- 質問には正直に答える。
- 緊張せずに、熱意を見せる。
- 思慮に富んだ質問をする。

そして、忘れてはいけないのは…
ほとんどの場合、面接の結果は最初の2分間で決まり、第一印象が非常に大切だということだ。

キャリアの可能性

目的 ファッショングッズ業界でのキャリアについて学ぶ。

ファッショングッズ業界には幅広いキャリアの可能性がある。
デザインから納品まで、
あらゆる細かな仕事が確実に行われなければならない。
そのためには、プロセスのすべての段階で、
適切なスキルと知識を持った人材が雇用されることが欠かせない。
企業が異なれば、仕事の分担方法も変わる。
すべての仕事が互いに結びつき、
それぞれのプロセスでの発展が次のプロセスに受け継がれ、
柔軟に調和されている。
個々の職種には中核となる領域があり、周辺業務は企業によって異なる。
小企業ではスタッフ1人1人が幅広い仕事をカバーすることが期待されるが、
大企業ではすべてのポジションに明確な業務が定められている。
成功するためには、仕事の全体像を理解するとともに、
自分の専門分野での新たな動向に常についていくことが重要だ。

バイヤー、マーチャンダイザー

異なる職種のようだが、業務内容には多くの点で重なる部分があり、企業によって責任の範囲が異なる。小企業であれば、1人のスタッフが両方の仕事をカバーすることが期待されるかもしれない。どの企業もそれぞれの組織に合った方法で役割と責任を分けている。

バイヤーは、シーズンごとにターゲットとなる顧客に適したコレクションを選ぶという創造性の高い役割を果たす。マーチャンダイザーは、収益を最大化するために数字を管理し、財務的予測を立てるといった管理的業務に近い役割を果たす。シーズンの予算が決まると必要となる製品カテゴリーが決められ、各カテゴリーで価格帯ごとの製品の数が確立され、それらがコレクションを形成する。

バイヤーには、顧客が支払おうとする金額や求める品質レベルに対して、製品が魅力的かどうかを見極める目が必要だ。数字の判断と創造性のバランスを取るスキルが求められる。サプライヤーと良好な関係を築くことが不可欠だが、明確なコミュニケーション、交渉、取りまとめを通じて達成されるものだ。

マーチャンダイザーは、さまざまな小売店に商品をどのように配置するかを決定し、売上と利益を継続的に分析する。シーズンが終わる前に売り切れそうな人気商品があれば、再発注をかける。売上が落ち込み始めたら、マーチャンダイザーはどの製品にセール価格をつけ、どの程度の値下げ幅にするかを判断する。

これらのキャリアには、数字に強いことと、売上や予算を理解する能力とともに、関連するコンピューターのスキルが最も重要となる。コミュニケーション能力と組織力も重要だ。

コピーイスト

帽子制作のビジネスに存在する、特殊な職種だ。コピーイストは、帽子とともに、型番号、使われるリボンや装飾品のサイズを示した文書を渡される。渡された帽子を採寸して、正確なレプリカを作る。その作業が終わると、もとの帽子とともにレプリカがデザイナーに戻され、確認される。帽子制作のビジネスについて学び、品質水準を理解し、帽子制作の経験を積むことができる貴重な方法だ。

デザイナー

デザイナーの仕事は、世界各地のどのマーケットレベルにおいても存在する。デザイナーの役割は企業の規模と種類によって大きく変わる。大企業であれば、責任の範囲が明確に示され、特定の分野の仕事に限定されるだろう。その仕事が他の人の役割につながって、組織だったプロセスが進む。規模の小さな企業であれば、デザイナーには幅広い役割が期待され、組織の日々の運営にも関わることとなり、柔軟な姿勢が求められる。すべての組織にそれぞれ異なる点があるが、デザイナーとして成功するためには、必要となる可能性のあるスキル全体を向上させることが必要だ。

さらに、ファッショングッズ業界にはフリーランスのデザイナーとして仕事をする機会も数多くある。自分の仕事を自分で管理し、変化に富んだ仕事をしたいと思うデザイナーや、パートタイムで仕事したい人には向いている働き方だ。その場合は、手でイラストを描くスキルやCADのスキルが特に重要となる。トレンド、市場、消費者、インスピレーションのきっかけをリサーチすることが必要となるが、企業によっては、それは他の部署のスタッフの仕事かもしれない。製品の技術的な側面に関する知識と理解は、スペックシートを作成するときや、生産現場を訪れてサンプルが希望通りのルックになるように正確に生産されているかを確認するときに、その価値を発揮する。

どんなデザイナーであれ、コミュニケーション能力と時間管理のスキルも欠かせない。

デザインと制作を手がけるクリエーター

　デザインから制作までを手がけるクリエーターになるには、高いレベルの技術的なスキルと、デザインスキル、サプライヤーに関する知識が必要とされる。自分の工房を設立するためのコストが、最初の懸念材料となる。最も基本的な装備であっても、靴制作に必要なコストは他のファッショングッズより高くつく。共同出資や、他人の工房の一部を借りる方法を取ると、設立コストを下げられる。何もかも自分で作ろうとするのであれば、生産できる数が限られる。また、すべての作業にどのくらいの時間がかかるのかに留意したうえでの価格設定が必要となる。生計を立てるためには、単発の注文でコストのかかる製品を購入する余裕のある顧客層にターゲットをしぼるべきだ。それには、適切な場所に適切なタイミングでPRすることが求められ、そのために人を雇わなくてはならないかもしれない。さらに、会計とマーケティングのスキルも必要になる。何を自分で行い、何を有償で他人にやらせるかのバランスをうまく取ることが、この種のビジネスの成功の鍵となる。高い評価を確立するには時間がかかるが、成功を導くものでもある。

イラストレーター

　イラストレーターは一般に、メディア、出版社、広告代理店に対してフリーランスで仕事をする。どの仕事も特異なもので、何を描くべきかがそれぞれのブリーフで細かく規定される。記事や出版物に雰囲気を添えるために、イラストレーターは独自のスタイルを選ぶことになる。デザイナーにイラストレーターとしての才能もあると、フリーランスとしてこの分野での仕事を広げることができる。イラストレーターとして成功するためには、優れたスケッチ力、表現力、CADのスキルとともに、コミュニケーション力、交渉力、時間管理のスキルも求められる。

PR（広報担当）

　ファッションの世界で人と接することが好きな人には理想的なキャリアだ。小規模な企業は、特定の分野の企業を顧客とする広告代理店、特にファッションを専門とする広告代理店を使うが、大規模な企業は社内に広告担当部署を抱えている。広告代理店のスタッフとしてクライアントであるデザイナーや企業の販売促進にあたるには、マーケティングと調整のスキルが不可欠だ。

　仕事の内容は多岐にわたり、ある日にランチパーティーを企画し、次の日にはプレスに向けてサンプルを発送し、その翌日には販売促進用の印刷物をとりまとめているかもしれない。こうした業務を遂行するには、非常に数多くの人や企業との連絡調整が必要で、データベースを管理し、ネットワークを継続的に広げていくことが重要となる。広報分野で成功するには、堅実だがフレンドリーな人柄と冷静沈着な仕事ぶりが欠かせない。

製品デベロッパー

　製品デベロッパーは、デザイナーと生産部門の橋渡し役となる。シーズン初めの時期には、展開する製品を選択するため、デザイナーのスペックシートに沿ったサンプルをスケジュール通りに用意することが主な仕事となる。デザインが承認されたら、品質と耐久性のテストを行う必要がある。最終製品がブランドの求める基準と顧客の要求にかない、オリジナルのデザインの良さを失うことなく生産プロセスを経るように、修正が加えられる。この仕事を遂行するには、高いレベルの技術的知識と、詳細まで行き届く目が必要だ。開発過程のあらゆる詳細事項を記録し、製品の最終バージョンが承認され、正確な仕様書が作成されるように調整することも製品デベロッパーの仕事であるため、高いコンピュータースキルとコミュニケーションスキルも欠かせない。

生産マネジャー

　生産マネジャーは生産に関わるあらゆる側面を最初から最後まで監督する。素材の量を見積もることや、すべての装飾素材や付属品とともに素材を注文する仕事も含まれ、製品が日程通りに、必要な基準を満たして生産され、正確に納品されるように調整しなくてはならない。

　生産プロセスはファッションのデザインと同じ年間カレンダーで進む。生産部門の仕事の時間枠は、生産品の種類と対象となる消費者層によって大きく異なるが、平均的に見て、プロセスが始まるのは1年前だ。クライアントがデザインブリーフの作成に着手し、シーズンでどのようなものを求め、どのようなトレンドを予想しているかが明らかになる。生産マネジャーはチームを作って、クライアントに提案する戦略を取りまとめる。生産チームはクライアントからのブリーフに対応するが、ブリーフを基本としてさらなる提案を行う。独自に市場調査を行い、視察や他のクライアントからの情報を集め、戦略の中でクライアントが検討可能な幅広い選択肢を提供する。

　クライアントがその提案を気に入れば工場はすぐにサンプル制作に着手するが、クライアントが他の生産企業からの戦略を取り入れる可能性もあるため、生産マネジャーは競争性の高い交渉をしなければならない場合もある。クライアントが複数の工場を競わせて、最も有利な価格で最善のアイデアを得ようとするようなケースだ。クライアントからの着手指示を受けたら、生産マネジャーは製品のブリーフを工場に送り、ブリーフに従った製品サンプルを作らせる。

　また、生産マネジャーは梱包材のデザイン・チームと協力して、どのよ

うな梱包を使うかや、ラベルに記載する文言を決定する（この仕事は梱包材企業に外注されることもある）。

工場からサンプルが届いたら、生産マネジャーはクライアントにサンプルを提示し、クライアントが修正を入れて、生産に着手するかどうかの最終判断を下す。発注がなされれば、生産マネジャーは工場に、たとえば10個程度のバッグの生産を依頼し、試験業者に送る。試験業者は、製品を実際に使ってみて、馴染みの良さや使用感についてフィードバックを行う。そして、計画通りに進めば、生産マネジャーと技術担当ディレクターがクライアントと契約締結のための会合を持ち、大量生産が始まる。

自社の製品をデザインするメーカーや小売業者の多くは、独自の生産チームを抱えている。その場合も生産マネジャーは工場の生産マネジャーと同様の機能を果たし、市場を分析して価格設定を行うが、工場のマネジャーらと交渉のうえ、個々のバッグや靴をどこで生産するのが最適かを検討する。さらに、デザイナーやマーチャンダイザー、バイヤーと協力してディテールや装飾素材を検討し、工場の生産マネジャーにスペックシート通りに生産が行われていることを確認する。

サンプル制作室マネジャー

サンプル制作室マネジャーは、サンプル制作室の運営、サンプル生産の計画、スタッフの管理、クライアントの要求への対応、品質管理に責任を負う。組織をまとめ、管理するスキルが求められるとともに、高いレベルの技術的知識と人を監督する能力が必要だ。さらに、素材、構成部品、サプライヤーと良好な関係を維持し、価格交渉をして、サンプル制作に必要なものが適切なタイミングと価格で入手できるように調整しなくてはならない。サンプル制作室が時代の要請に応じた設備を備え、競争力を維持できるように、技術面での動きも理解しておくことが重要となる。

サラ・キーリングへのインタビュー
製品開発アシスタント
フレッド・ペリー

1. フレッド・ペリーはどんな企業ですか？

フレッド・ペリーは大きな遺産を受け継いだ企業です。1952年にスポーツウエアのブランドとしてスタートし、若い世代のカルチャーとスポーツウエアの関係を最も良く理解したブランドに発展しました。主に男性用衣料品が知られていますが、フットウエア、ファッション小物、女性用の衣料品、最近では子供服にも拡大し、成功しています。フレッド・ペリーは広く知られたグローバルなブランドですが、着る人の個性を取り入れられるニッチなブランドとしてのステータスを維持しようと努力しています。

2. 製品開発部門ではどのような仕事をしていますか？

私の主な仕事は、すべてのマーケットに展開する製品を作るために、各シーズンのデザイン・チームのアイデアを工場に伝えることです。その中には、生地、サンプル、構成部品の開発を確認するための日々のコミュニケーションが含まれます。シーズンごとに、デザイン・チームが考案する新しいアイデアを取り入れた一連のサンプルを開発します。そのサンプルの中から、280種類の製品がデザインされ、詳細なスペックシートと技術的なスケッチを通じて、デザインが工場へと伝えられます。その2週間が最も忙しい時期にあたります。数多くの仕事があり、スケジュールのあらゆる日程に影響するため、締め切りに遅れるわけにはいきません。

スペックシートをすべて送り終えたら、工場を訪れてサンプルを確認し、必要な修正を行います。完成したサンプルを初めて見るのは、楽しいことです。そして、工場の担当者たちと直接話し合って、詳細を詰めていきます。各シーズンの製品を開発するのに加え、競合ブランドの展開製品と価格を比較するレポートの作成も担当しています。チームの他のメンバーと協力して、工場と価格の交渉を行い、各シーズンの価格設定を構築していきます。

3. サプライヤーとのコミュニケーションはどんな手段で行っていますか？

あらゆる連絡事項の記録が残せるので、電子メールでのコミュニケーションが便利だと考えています。すぐに返答が欲しい場合には電話をかけることもありますが、工場との連絡には言語の壁があるので難しいこともあります。

4. 出張はありますか？

はい。製品開発のためのサンプルの確認に、年に2回、ポルトガルにある工場を訪れます。出張中は、多くの時間を割いてサプライヤーと会うようにしています。サプライヤーとの関係を築き、工場がどのような取引をして

販売員

販売員という仕事は、あまり魅力がないものと見なされ、特に給与も高いわけでもなく、ファッションの世界で大志を抱く多くの人にとっては最終的な目標にはなり得ないはずだ。だが、この仕事こそがファッション業界を支える基盤となっている。

販売員は在庫を管理し、あらゆるものが適切な場所に配置され、魅力的な商品が店舗に整然と並んでいるように気を配らなくてはならない。顧客が欲しいものを正確に理解し、要望に合った商品を勧めるためには、在庫に関する深い知識が非常に役に立つ。販売員に一緒に選んで欲しい顧客もいる。顧客が必要とする手助けをしつつ、顧客にプレッシャーに感じさせたり、監視されているような印象を与えたりしないよう、うまくバランスを取る必要がある。初対面の人と話をすることが好きな人に向いている仕事だ。

販売員という仕事に多彩な側面と刺激を感じ、長く続けられると感じる人もいるだろう。そうでない人にとっては、ファッション業界の別の目標に向かうための非常に有用な第一歩になり得る。また、学生であれば、アルバイトとして経験してみるとよいだろう。バイヤー、マーチャンダイザー、デザイナーの仕事に関心がある人にとっては、販売の経験は有益であり、店舗経営に関心がある人にとっては、必要不可欠な経験となる。

店舗マネジャー

店舗、百貨店、または百貨店の売り場のマネジャーの仕事は、利益を最大にしてコストを最小にするために、在庫、スタッフ、仕事のプロセスを管理することだ。

店舗マネジャーになると、驚くほど多くの時間を人の管理に費やすこととなり、それがこの仕事の刺激でもあり、チャレンジでもある。管理するスタッフはさまざまな種類の人で構成されている。そうしたスタッフ

いるのかを理解するうえで重要だからです。また、新しいサプライヤーや、デザイン・チームのインスピレーションとなるような素材を探すために、さまざまな見本市にも出かけます。

5. 大学の学部コースで仕事に必要なスキルを得られましたか？

大学で学んだことは、私が興味を持っていたフットウエア産業であらゆる仕事に就くための重要な基盤となりました。デザイナーとしてよりは、サンプル制作に近い仕事をしていますが、大学の実習でさまざまな技術者から学ぶ機会があり、個々のスキルを伸ばすうえで役立ちました。さらに、自分がデザインしたものが最終的なサンプルになるまでの開発プロセスに関わったことで、各段階での工場とのコミュニケーションにどのような情報が必要かを理解できました。

大学の卒業プロジェクトでは、自分のサンプルを作るために製品開発の各プロセスを管理する必要があり、今の仕事でサプライヤーとのコミュニケーションを取り、時間を管理す るうえで実用的な訓練になりました。

6. 仕事に最もやりがいを感じるのはどんなときですか？

一番楽しいのは、開発の初期段階です。工場や生地のサプライヤーと協力して、何か新しいものを作り出します。このときに、ただのCADではなく、実際に作られたものを最初に目にできます。工場に出張すると、数多くのサンプルを一度に見られ、展開する製品の全体像が浮かぶので、いつも楽しみにしています。

7. 仕事で一番大変なのはどんなことですか？

時差がある場所とやり取りすることが大きなストレスになる場合があります。東アジアの工場とは7-8時間の時差があるので、私たちが朝9時に出社したときには、工場でのそ

> **「工場に出張すると、数多くのサンプルを一度に見られ、展開する製品の全体像が浮かぶので、いつも楽しみにしています。」**

の日の仕事がほとんど終わっています。出社してからの数時間で、工場のスタッフが帰る前に問題をすべて解決しなくてはなりません。返答を待つために1日を無駄にすることもあります。それは毎朝、必要な回答がすべて得られたかどうかに注意しなくてはならないというだけの話ですが。残念ながら、時差があるという現実は受け入れなくてはならず、それによって問題が生じないよう、仕事のやり方を調整しています。

サラ・キーリング
製品開発アシスタント
フレッド・ペリー

に接し、彼らが仕事を理解して、必要なスキルと知識を持ち、仕事への意欲を維持するように管理することが毎日の課題だ。日程表を作成し、スタッフのトレーニングや監督にあたり（小売業界では人の入れ替わりが激しいため、新しいスタッフのトレーニングが店舗マネジャーの仕事の大きな部分を占める）、常に誰かレジにいて、誰かが在庫を棚に入れる作業にあたり、誰かが接客しているように管理しつつ、スタッフ全員が必要な助けを得られるように気を配ることになるだろう。

在庫管理は店舗マネジャーの責任となる。配送を管理し、必要なアイテムが店舗に並んでいることを確認し、定期的に棚卸をして紛失や盗難がないかを監視する。店舗のレイアウトを調整して、在庫を置くスペースを確保しつつ、特定の商品が目立つように配置する。

一般的に、店舗管理で上位の立場になるほど、日々、顧客と接する機会は少なくなる。その代わりに、顧客からのクレームを処理することが増える。そのため、適切な判断力、交渉スキル、顧客サービスが重要になる。百貨店や大規模な店舗では、同僚と接する機会があり、スタッフ用のラウンジなどで話もできるが、小さな独立店舗のマネジャーであれば、さらに責任が大きくなり、店舗が自分の企業であるかのように行動することが期待され、幅広い面での判断が要求される。

トレンド予測

リサーチを通じて将来のとらえ方を広く伝え、新しい動向を発見することが、トレンド予測の主な目的だ。手作りの本を通じてであれ、ウエブサ

キャサリン・ローズへのインタビュー
デザイナー
ヴィヴィアン・ウエストウッド

1. バッグなどに興味を持ったのはいつですか？

正確にいつだったかは分かりません。私はファッショングッズのデザインを学ぶ前にテイラーで見習いをしていました。デザインの学位を取ってから、パターン裁断と衣料品業界のエンジニアリングを1年間、学びました。見習いをしている間に、空いている時間を使って数多くのバッグを作りました。当時のボーイフレンドが彫刻家で、彼から多くのインスピレーションを受けました。私にとってバッグはファッションアイテムですが、衣類のように身体の形に直接関係しないという点では、彫刻に似ています。バッグの方が自由にデザインできて、どのような体形でも合わせられます。

2. ヴィヴィアン・ウエストウッドで働き始めて、何年になりますか？

10年前にインターンと働き始め、コレクションや注文服の仕立てとパターン裁断の仕事をしました。学期中はフリーランスとして、ヴィヴィアン・ウエストウッドのゴールド・レーベルのコレクションやバッグの仕事をしました。2006年に卒業して間もなく、今の仕事へのオファーを受けました。チームには、デザインマネジャー、製品マネジャー、2人のデザインアシスタント、それに私（シニアアシスタント）がいます。

3. デザイナーの仕事で、技術的な知識はどのくらい重要ですか？

技術的な知識は非常に重要です。技術的な側面を理解していれば、与えられた範囲内で仕事をすることが容易になります。

4. シーズンはどのように始まりますか？

各シーズンは、コレクションの規模や製品の価格帯などの製品展開を企画するところから始まります。その後、リサーチをして、どのアイデアを採用するかが決まったら、アイデアのスケッチや3次元での実験に着手します。

5. リサーチはどのように行いますか？ 探求すべきコンセプトは与えられますか？

私たちはテーマを決めて、そのテーマについて、図書館や、ビンテージものの衣類を扱うショップ、展覧会などでリサーチを行います。もちろん、日々目にするものからインスピレーションを得ることがあります。忘れてはならないのが、ヴィヴィアン・ウエストウッドのアーカイブも常にリサーチをする価値のある場所だということです。

6. 消費者について知ることはどのくらい重要ですか？

消費者に対する知識は、この仕事をするうえで不可欠なものです。成功するコレクションを開発するためには、消費者のニーズ、嗜好、嫌いなものを理解していなくてはなりません。私たちの消費者は全世界にいますから、コレクションではさまざまな製品を展開する必要があります。

イトを通じてであれ、将来予測のコミュニケーションとプレゼンテーションが何よりも重要であり、すべてにおいて完璧さが求められる。グローバルな業界において、トレンド予測は世界的に起きているあらゆることを考慮に入れなくてはならないが、マーケットや文化に応じて、情報の収集、分類、コミュニケーションの方法を対応させる必要がある。

トレンド予測をする際には、ファッションショーやショッピング街を訪れて主流となるエリアの動きに通じている必要があるが、新たな動きを見つけることもさらに重要だ。世界の主要都市のショップ、ギャラリー、バー、レストラン、音楽シーンなど、新たな動きが生じるエリアを発見することが必要になる。学生の作品を発表する展示会や、時期のずれたファッションショーが、刺激的な新たしい方向性を見出す場になることも少なくない。文化、社会、政治、経済などの分野も人々のニーズ、チャンス、志向に大きな影響をもたらすため、これらの分野の動向にも注意を払わなくてはならない。どこに行っても、人と話すことでムードをつかみ、動きを理解する助けになる。新しいもの見つけたいという強い願望と、何が影響力を持つかを知る洞察力が欠かせない仕事だ。

7. 毎年のデザインはどのようなサイクルですか？

4月下旬に新しいコレクションのリサーチを始め、7月から9月末までにデザインを提出します。開発プロセスは10月末に終わり、コレクションのサンプル制作が始まります。

8. 素材や生地の見本市には行きますか？ どの見本市が好きですか？

ミラノのアンティプリマや、ボローニャのリネアペレには毎年2回行きます。それに加えて、イタリアのサンタ・クローチェに行き、製革工場を直接訪問します。リネアペレは多くのものが得られ、とても有用です。残念ながらシーズンの終わりに近い時期なので、次のシーズンのアイデアを得るためや、シーズン初頭に取引を始めたサプライヤーとの仕事の締めくくる場として活用しています。

9. 仕事で気に入っている点と気に入らない点を教えて下さい。

最初のリサーチから、最終製品のプレゼンテーションにいたるまで、自分の仕事に関わる非常に多くのことにとても満足しています。そして、素晴らしい同僚に恵まれています。与えられた限界を考慮してコレクションを作り上げるのは難しい仕事ですが、最初のアイデアから最終製品になるまで製品作りに関われるのは嬉しいことです。最終結果を自分でコントロールできるのですから。もし気に入らない点があるとしたら、プライベートな時間の多くを犠牲にしなくてはならない時期があることと、個人の生活であきらめなくてはならない部分があることでしょう。

10. 今までに経験した最も厳しい教訓は何ですか？

私の経験では、問題が起きたら、できるだけ早く話し合うことが非常に重要だと思います。

11. 次の大きな動きは何でしょうか？

それはもう始まっています。人々は製品について多くのことを知りたがる傾向にあります。そのため、ファッションにおいて、倫理や持続性に対する考慮がこれまで以上に重要になっていくでしょう。消費者は使い捨てのファッションではなく、品質の良いアイテムを求め、多少価格が高くても購入したいと考えています。

12. 若いデザイナーへのアドバイスは？

自分の仕事が心から好きであること。そして、懸命に仕事をする覚悟が必要です。

キャサリン・ローズ
デザイナー
ヴィヴィアン・ウエストウッド

> 消費者は使い捨てのファッションではなく、品質の良いアイテムを求め、多少価格が高くても購入したいと考えています。

コンクール、インターン、卒業生のための研修制度

目的 競争で勝ち抜くための方法を知る。

デザインのコンクールに参加し、インターンとして働き、
大学卒業生向けの訓練制度を受けるなどの
アプローチはすべて、
あなたの履歴書を際立たせるのに役立つ。

▶ **彫刻か、靴か？**
修士課程の学生が修了コレクションに準備した作品。木とスチールと透明アクリル樹脂を彫刻のような形で組合せ、実際に履ける靴に仕上げた。重要な要素は、それぞれの素材の仕上げに注意が行き届いている点だ。

コンクール

ファッションを学ぶ学生から新しい才能を育てるためのコンクールは、デザイングループ、小売企業、教育プログラムなどによって開催されている。参加できるのは、ファッションデザイン、ファッションマーチャンダイジング、ファッション経営など、特定のコースで学んでいる学生に限られる。

デビュー・アクセサリー
www.fashionexposed.com

ファッション・エクスポーズドは、ファッション、フットウエア、バッグ、その他のファッション小物を扱うオーストラリアの見本市の一部で、このコンクールは、ファッション業界で働こうとしているオーストラリアやニュージーランドの大学卒業生や新人デザイナーが対象。参加者には、完成したコレクション、ルックブック、ウェブサイト、製品が求められる。受賞者は、ファッション・エクスポーズドの見本市でブースを出展できる。

ドレイパーズ・学生フットウエアデザイナー・オブ・ザ・イヤー
www.drapersonline.com

すべてのイギリスの学生に向けて開かれるコンクール。参加者は『ドレイパーズ』誌が発表するブリーフに対して、サンプルを含めた完全なプロジェクトを提出する。最終選考に残ると、豪華なドレイパーズ・アワードの授賞式に招待され、そこで受賞者が発表され、賞の授与が行われる。最優秀賞と優秀賞の受賞者がインタビューされ、次の『ドレイパーズ』誌に記事として掲載される。

デザイン・ア・バッグ・オンライン
www.designaccess-fa.com

デザイナーと学生を対象に2006年に始まったコンクールで、2010年までに世界20カ国以上からの参加者が集まる。デザインはオンラインで提出され、審判員がデザインのオリジナリティ、ファッショントレンドへの意識、着用可能性の観点で評価する。3つの部門があり、いずれも賞金が授与される。最優秀者は賞金とともに、ミラノのアルス・ストリアで開講される4週間のパターン制作コースで、自分がデザインしたバッグのサンプルを制作できる。そこで制作されたバッグは、香港で開かれる見本市、ファッション・アクセスに出品される。

インディペンデント・ハンドバッグ デザイナー・アワード
www.hbd101.com

全世界で将来有望なデザイナーを発掘する目的で毎年開催されるコンクールで、バッグの完成品を提出する。現在、この種の唯一の国際的デザインコンクールだ。受賞者はニューヨークで開かれるパーティーで発表される。いくつかの部門があり、そのうちの1つが学生を対象とした、ベスト・スチューデント・メイド・ハンドバッグ賞だ。ほかに、バッグ全体のスタイルとデザインを評価する、ベスト・イノバティブ・ハンドバッグとベスト・ハンドバッグ、環境に配慮したベスト・グリーン・ハンドバッ

グ、ベスト・ハンドメイド・ハンドバッグ、スワロフスキーのクリスタルを使ったベスト・ユース・バッグなどの賞がある。

ITS インターナショナル・タレント・サポート
www.itsweb.org

　学校と産業をつなぐ目的で創設されたコンクールで、若いデザイナーが産業界に才能を示し、仕事を得る機会となる。毎年１度開催され、世界各地の最終学年の学生や大学を卒業したばかりの学生が応募できる。参加者はコレクションの電子画像を提出し、最終選考の対象者が選ばれる。アクセサリー部門では、フットウエア、帽子、ヘッドピース、ボディスーツ、アクセサリー、バッグ、その他のファッション小物が含まれる。最終選考の対象者はイタリアのトリエステで週末に開かれるアワードに招待され、そこでデザインを学ぶ学生がコレクションを披露する。夜にはファッションショーが開催され、最終選考に残った作品とすべての部門の受賞者が発表される。アクセサリー部門では、装飾品コレクション・オブ・ザ・イヤー、YKK アワード、モダモント・アワードの３つの賞がある。受賞者には賞金が授与される。

サルヴァトーレ・フェラガモ
www.museoferragamo.it

　サルヴァトーレ・フェラガモは不定期に、在学中の大学生を対象にしたフットウエアのデザインコンクールを開催する。定期開催ではないので、ウエブサイトで情報を得ることが重要だ。

ファッション・フリンジ・アクセサリーズ
www.fashionfringe.co.uk

　ブランドの立ち上げを準備しているか、高級ブランドのデザイナーを目指す大学卒業生や若いデザイナーを対象としたコンクール。参加者は２次元による小型のポートフォリオとプロフィールを提出し、すでに商品化されている作品があることが望ましいとされる。最終選考には４人が選ばれ、審査員による面接を受ける。優勝者がその日のうちに決定され、高級靴ブランドで６週間、有給のインターンとして働くことができる。

フットウエア・ニュース／FIT
www.fnshoestar.com

　『フットウエア・ニュース』が主催し、産業界が後援する「シュー・スター」と呼ばれるコンクールで、ニューヨークにあるファッション工科大学（FIT）の学生が参加できる。参加者は秋学期中に制作した作品を提出し、その中から最終選考に残る候補者が選ばれる。候補者は春学期中に５回にわたって開かれるデザイン課題に挑戦し、その作品の評価によって受賞者が選ばれる。

インターン

　インターンとは、企業での１日の就業体験から年間を通してチームの一員として働くことまで、幅広い意味がある。大学の学部コースには、１年間のインターンを行って実務経験を積むことが可能なコースや、１学期間のインターンによって学位取得のための単位が加算されるコースもある。ヨーロッパの大半では、学生が学部コースを卒業した後で、６カ月から９カ月のインターンを行うのが一般的だ。

　有給のインターンでは大学生の平均的なアルバイト時給が支払われることもあるが、最低賃金や交通費だけの場合もあり、まったく金銭的報酬がない場合もある。ファッション業界では、有名なブランドであるほど給与が支払われる可能性は低い。限られたインターンとして受け入れられる幸運が、それだけで十分な報奨だと考えられるからだ。マーケットレベルが低い企業であれば、有給のインターンができる可能性が高まる。報酬に対する方針は、企業によって異なる。

　確実に言えることは、マーケットレベルにかかわらず、商業的なファッションの世界で働く経験は計り知れないほど貴重だということだ。シーズンを通したサイクル全体に触れ、各仕事にかかるプレッシャーを学べるだけでなく、時間管理、コミュニケーション、チームワークのスキルを高めることができる。いずれも、選んだキャリアで成功するために誰もが必要なスキルだ。

卒業生向けのトレーニングコース

　大企業の多くは、大学卒業生向けの訓練制度を設けている。デザインを専攻した卒業生にとっては、商業的な制約が課されない「理想的な実験室」となるかもしれない。ほかにも、スキルを最も効果的に生かせる職場を見つけるために、さまざまな部署を回る制度や、関心のある分野のアシスタントとして卒業生を雇用する制度を取る企業もある。アディダス、カンペール、ナイキ、ペントランド・インダストリーズをはじめ、さまざまな大手ブランドが卒業生のための訓練制度を実施している。

知識を得る

目的 ファッション業界に関する情報を集める方法を学ぶ。

見本市に出向き、
美術館や博物館を見学し、
インターネットを開いて知識を深めよう。

見本市

見本市はシーズンごとに開かれ、特定の業界に関わる人に有用だ。数多くのサプライヤーが一堂に会するため、どのようなスタイル、種類、価格、品質のものが作られているのかを比較しやすい。新しいサプライヤーを探す人にとっては、適切な見本市を訪れることで多くのものを得られる。見本市は特定の業界に特化して開催されるため、参加するすべての人にとって独自のネットワークを築く機会になる。

見本市の日程は年によって変わり、会場が変更になることもある。見本市に出向く予定を立てる場合は、必ずウエブサイトを確認するべきだ。ファッショングッズ産業に関する見本市には2種類ある。デザインや制作に必要なものを扱う見本市と、完成品を扱う見本市だ。

デザインや制作に必要なものを扱う見本市

デザイナー、技術者、メーカーが、最新のトレンドや素材、装置やプロセスの技術的進歩に触れられる場だ。あなたがどの分野を目指していても、実際に見本市に行ってみるまでは、いかに多くの製品やサプライヤーが存在しているかが想像できないだろう。

ヨーロッパ
フランス
プルミエル・ビジョン(パリ)
www.premierevision.com

ヨーロッパで最大規模のファッション産業の見本市で、部門に分かれて開催される。年に2度、世界中から製品が出展される。あらゆる種類の生地、皮革、装飾素材、付属品、織地の仕上げ方法が見つかる。テキスタイルデザイナーの作品も展示され、個別の部門ごとにトレンドを示すセクションも設けられる。

皮革は「ル・キュイール」で展示され、ファッショングッズ産業に関わる人には特に重要だ。キャンバス地、リネン、綿、合成繊維などの制作に適した革以外の素材は、他の部門に展示される。プルミエル・ビジョンでは学生のグループが見学できる日が特定の1日に限られているが、見学してみれば、業界内でどのようなものが入手可能であり、素材がどのように調達されるのかを知るための貴重な経験となるはずだ。

グローバルなファッション産業からのニーズに応えて、プルミエル・ビジョンはニューヨーク、サンパウロ、日本、上海、北京、モスクワでもプレビューを開いている。

イタリア
リネアペレ(ボローニャ)
www.lineapelle-fair.it

装備、ツール、CAD/CAM用ソフトウエア、革、なめし、あらゆる種類のテキスタイル、構成部品、装飾素材、付属品などの制作に必要なあらゆるものを扱う見本市。トレンドや色彩を扱うセクションが充実し、業界内でも高く評価されている。リネアペレに先立って、年に2度、ミラノ、ロンドン、ニューヨークでアンティプリマが開かれる。それらもリネアペレのチームによって開催され、トレンド予測や素材制作に関わる人や、シーズン前のアイデアを模索しているデザイナーに向けて、シーズン前のトレンドを展示する。最近、リネアペレのアジア版が、中国広東省の広州で開かれる中国輸出入商品交易会の一部として開催されるようになった。

北米
アメリカ
NEマテリアルズ・ショー
(マサチューセッツ州ダンバーズ)
(オレゴン州ポートランド)
www.americanevents.com

年に2度、同じ見本市が2カ所で開催される。皮革、合成素材、テキスタイル、構成部品、装飾素材が展示され、トレンドや色彩に関する情報も得られる。

アジア
日本
JFW-IFF (JFWINTER NATIONAL FASHION FAIR)
http://www.senken-iff.com/iff

ファッション業界における国内最大のトレードショー。

中国
中国国際皮革展(上海)

www.acle.aplf.com

中国国際シューズ展と同時開催されるが、この見本市はメーカーのニーズに特化しており、装備、ツール、皮革素材、構成部品、装飾素材が展示される。さらに、香港やニューデリーでも開催され現地産業のニーズに応えている。

中国東莞国際シューズ・バッグ製造機械・技術・材料展(東莞)

www.chinashoesexpo.com

ミドルエンドからハイエンドの靴メーカーが出展する見本市で、大半が現地メーカー。この地域での靴製造は世界最大規模を誇る。

ベトナム
国際シューズ・革製品展示会(ホーチミンシティ)

www.shoeleather-vietnam.com

ファッション小物と室内装飾品に使われる装備、ツール、構成部品、装飾素材、皮革などを扱う見本市。現地のメーカーが大半を占める。スポーツシューズやキャンバスシューズが展示されることもある。

完成品を扱う見本市

完成品を展示する見本市では、各シーズンで展開される製品の中からバイヤーが自社のラインナップを選ぶ。見本市でのバイヤーの仕事として、既存のサプライヤーや新規のサプライヤーの中から新しく刺激的なデザインを探し出し、新たな取引先を開拓することが挙げられる。また、比較的ベーシックなスタイルの製品を展開しているサプライヤーの価格と品質を比較することで、その時点でのサプライヤーの競争状況を確認できる。向上心のあるデザイナーは、そうした見本市に足を運び、それぞれのマーケットレベルで提供されている膨大な数の製品を見ておくべきだ。

ヨーロッパ
イギリス
ピュア・ロンドン(ロンドン)

www.purelondon.com

ロンドン・ファッションウィーク

www.londonfashionweek.co.uk

ピュア・ロンドンとロンドン・ファッションウィークは、衣料品、フットウエアなどを取り交ぜ、有名なファッションレーベルとともに新しいデザイナーたちも紹介される。

Modaフットウエア(バーミンガム)

www.moda-uk.co.uk

Modaアクセサリーズ(バーミンガム)

www.moda-uk.co.uk

毎年2度、同時に開催され、主にミッドレベルのマーケットを対象とした、幅広い種類の製品が取り上げられる。

フランス
プルミエール・クラッセ、フーズ・ネクスト(パリ)

www.premiere-classe.com

毎年2度開催される。メイン会場のほかに市内各地に小さな展示会場が設けられ、同じマーケットレベルの製品が展示される(それぞれの会場に別の名前がついている)。あらゆる種類のファッショングッズが対象となる。出展者の審査があり、有名な見本市であるため、展示会場を得るため激しい競争が繰り広げられる。

ドイツ
ブレッド・アンド・バター(ベルリン)

www.breadandbutter.com

カジュアル、ストリート、スポーツ用フットウエアに特化した見本市。年に2回開催される。

GDS(デュッセルドルフ)

www.gds-online.com

毎年2度開催され、フットウエアだけを対象としているが、すべてのマーケットレベルと世界中のメーカーが網羅され、非常に幅広い製品が展示される。

イタリア
Micam（ミラノ）
www.micamonline.com
Mipel（ミラノ）
www.mipel.it
　年に2回、同時に開催され、Micamはフットウエアに特化し、Mipelはそれ以外の革を主体としたファッショングッズを扱う。

スペイン
モダカルサード（マドリード）
www.ifema.es
　年に1回開催される見本市で、600以上の革を使った靴とバッグのブランドが参加する。いずれも、マーケットの各セグメントをリードするブランドだ。

イベルピエル（マドリード）
www.ifema.es
　毎年2度開催され、衣料品、手袋、バッグ、ベルト、フットウエアなどの皮革関連製品を専門としている。珍しいことに、装備、ツール、皮革、テキスタイルも扱われる。

北米
アメリカ
シカゴ・シューズ・エキスポ（イリノイ州シカゴ）
www.chicagoshoeexpo.com
フットウエア・イベント（イリノイ州シカゴ）
www.thefootwearevent.com
　シカゴ・シューズ・エキスポでは幅広いフットウエアとファッショングッズが展示され、フットウエア・イベントはどちらかと言うとスポーツ用やカジュアルな製品に特化している。

WSAワールド・シューズ・アンド・アクセサリーズ（ネバダ州ラスベガス）
www.wsashow.com
マジック（ネバダ州ラスベガス）
www.fnplatform.magiconline.com
　毎年2度開催され、あらゆるカテゴリーと価格帯のフットウエアとファッショングッズが展示される。マジックは比較的新興のブランドに特化している。

トランジット（カリフォルニア州ロサンゼルス）
www.californiamarketcenter.com
フォーカス（カリフォルニア州ロサンゼルス）
www.californiamarketcenter.com
　トランジットはフットウエアに、フォーカスは衣料品、ファッショングッズ、ライフスタイル製品に特化している。いずれも、確立されたブランドと新興ブランドが参加する。

FFANY（ニューヨーク）
ffany.org
　アメリカ衣類・フットウエア協会のために、ニューヨークのファッション・フットウエア協会が毎年4回開催する見本市。

中米
SAPICA（メキシコ、レオン）
www.sapica.com
　フットウエアと革製品の見本市で、毎年2度開催される。

アジア
中国国際靴類展（中国、上海）
www.ciff.aplf.com
　主に東アジアで生産されたフットウエアと革製品を展示する見本市。中国国際皮革展と同時に開催される。

オセアニア
オーストラリアン・シュー・フェア
www.australiashoefair.com
バッグズ・アンド・アクセサリーズ
www.bagsandaccessories.com.au
　毎年1度はメルボルンで、1度はシドニーで同時開催される見本市。

博物館

バーチャル靴博物館
www.virtualshoemuseum.com

ヨーロッパ
ノーザンプトン靴博物館（イギリス、ノーザンプトン）

V&Aコスチューム・コート
ビクトリア・アンド・アルバート博物館（イギリス、ロンドン）
www.vam.ac.uk

ファッション博物館（イギリス、バース）
www.museumofcostume.co.uk

デンツ・ファクトリー博物館（イギリス、ウォーミンスター）
www.dents.co.uk

ウォルソル・レザー博物館（イギリス、ウォルソル）
www.walsall.gov.uk/leathermuseum

国際靴博物館（フランス、ロマン）
www.ville-romans.com

オッフェンバッハ・レザー博物館（ドイツ、フランクフルト）
www.ledermuseum.de

フェラガモ博物館（イタリア、フィレンツェ）
www.ferragamo.com

知識を得る　237

靴博物館(イタリア、サンテルピーディオ・ア・マーレ)
www.santelpidioamare.it

ベルトリーニ国際靴博物館(イタリア、ヴィジェヴァノ)

カルカット博物館(スペイン、バルセロナ)

国立靴博物館(ベルギー、イゼゲム)

オランダ革・靴博物館(オランダ、ワールウェイク)
www.schoenenmuseum.nl

バッグと財布の博物館(オランダ、アムステルダム)
www.tassenmuseum.nl

バリー靴博物館(スイス、ショネンヴェルド)

北米
カナダ
バータ靴博物館(トロント)
www.batashoemuseum.ca

アメリカ
コスチューム・インスティテュート　メトロポリタン博物館(ニューヨーク)
www.metmuseum.org

ファッション・インスティテュート・オブ・デザイン・アンド・マーチャンダイジング(FIDM)ミュージアム・アンド・ギャラリーズ(カリフォルニア州ロサンゼルス)
www.fidmmuseum.org

ファッション工科大学博物館(ニューヨーク)
www.fitnyc.edu

アジア
マリキネ靴博物館(フィリピン、マニラ)

インターネット情報源

ウエブサイトによるリサーチは効率的にさまざまな情報を得ることができ、印刷物や博物館などのリサーチ手法に進む前の確固とした基礎になる。デザイナーのファッションショーや、歴史的な衣装、世界的なトレンド、博物館の展示品をリサーチするうえで、さまざまなサイトから膨大な役立つ資料を引き出せる。

www.firstview.com
　無限の量があるように思えるデザイナーのファッションショーを閲覧するには最適なサイトの1つ。無料コンテンツと有料コンテンツがある。さらに、ファッションショーの動画、書籍、写真が販売され、翌年のファッションイベントのカレンダーが掲載されている。

www.style.com
　ネット上の『ヴォーグ』とも言われるサイトで、デザイナーコレクションの写真や動画が無料で閲覧できる。ブログ、トレンド&ショッピングのコーナーもあり、メンズアイテムなどもカバーしている。

www.vintagefashionguild.org
　ビンテージファッションに関心のある人にとっては情報の宝庫と言える。ファッションの歴史やブックレビューを読み、ビンテージアイテムの年代の特定方法を学び、他のファンとブログで交流することができる。

www.hintmag.com
　コレクションの見どころ、ファッションショーのレビュー、最新のファッションニュースやイベントが掲載され、ファッション業界全体とのつながりが保てる。

www.wgsn.com
　世界中のファッションの世界と、それを形作るトレンドについて、無限とも思える膨大な量の情報が掲載されている。

www.wwd.com
　会員制サイト。ウィメンズ・ウエア・デイリー(WWD)は世界中のファッション業界をカバーするニュースを日々発信している。最新情報をつかむのに最適なサイトの1つ。

www.fashion-era.com
　時代ごとのファッションをリサーチできるサイト。豊富な画像と文章でそれぞれの時代が説明されている。

www.fashion.about.com
　スタイルの基礎を学ぶことから、ファッション・ウィーク中のブログを読み、ハリウッドの「ベストドレッサー」リストを閲覧し、ファッションアイテムを購入し、歴史的なリサーチのためのリンクを探すことまで可能なサイト。

▲ ファッションはアートだ
成形による見事な靴がビクトリア・アンド・アルバート博物館に展示されている。

就職エージェント

※本項はイギリスの事情で、日本ではあてはまらないが、参考までに原書のまま掲載しておく。

就職エージェントは企業と従業員を結びつけるための貴重なサービスを提供してくれる。
エージェンシーには才能ある人材が登録されるため、企業が求めている人材の概要をエージェントに伝えれば、エージェントはすぐに適切な人材を企業に紹介することが可能だ。
また、エージェントは面接の調整を行い、クライアントに代わって交渉する。
エージェントのほとんどは、拠点国にとどまらず世界中をカバーしている。
一般的に、人材を求める企業はエージェントに一定の手数料を払うが、仕事を探している人の側は手数料を払う必要がない。

ファッション分野の主要なエージェントは非常に率先した行動を取り、多くは民間企業であるため、企業としての評判を維持することを最優先している。ファッション業界において、そうしたエージェントの広範なネットワークは常に発展している。また、ファッション関連の教育機関の卒業コレクションにできるだけ多く足を運び、新しい才能を発掘して、注目すべき人材に目をつけている。経験者やハイレベルの管理職にあたる人材しか扱わないエージェントもあるが、エージェントに連絡し、ポートフォリオを用意して自己PRする価値はある。もし、エージェントがあなたの作品を気に入れば、あなたのことを覚えていて、あなたが必要な経験を得た頃に再度会いたいと言ってくる可能性もある。あなたが卒業したばかりであれば、当然ながら、経験を得るために仕事を必要としているわけで、非常に困難に感じるかもしれない。

しかし、最近は卒業したばかりの人の就職機会を探している就職エージェントも増えている。学校を卒業しようとしている学生にとっては好ましい状況だ。アーツ・スレッドという新しいエージェントは、デザイン専攻の卒業生を対象とした就職機会を提供し、大きな成功を収めつつある。

さらに、新しいタイプのネットワークが開かれ、求職者が履歴書やポートフォリオを掲載し、企業が求人情報を掲載する機会が生まれている。これらは、情報を掲載し、それを閲覧する利用者全員が少額の料金を払うウェブサイトで、伝統的にエージェントが行ってきたような、紹介や面談の調整、人材発掘などの機能はない。

著名な就職エージェント

24 SEVEN TALENT ／ 24セブン・タレント
24seventalent.com
全米に9カ所、ロンドンに1カ所のオフィスがある。

ANNETTE COVE ASSOCIATES ／アネット・コーヴ・アソシエイツ
annette@annettecove.com
フットウエアとファッショングッズが専門。

DENZA ／デンザ
denza.co.uk
Vanessa Denza.
3rd floor, 33 Glasshouse Street, Westminster
London W1 5DG

ELITE ASSOCIATES ／エリート・アソシエイツ
eliteassociates.co.uk
Elite Associates Europe Ltd.
3rd Floor, 102-108 Clerkenwell Road
London EC1M 5SA

FASHION THERAPY ／ファッション・セラピー
fashiontherapy.com
ロンドンとニューヨークが拠点。
Contact Fiona Abrahams.
1 Lyric Square, Hammersmith, London W6 0NB
New York contact: stateside@fashiontherapy.com

FLORIANE DE SAINT PIERRE & ASSOCIES ／フロリアンヌ・デ・サン・ピエール＆アソシエイツ
fspsa.com
パリとミラノが拠点。
52 Boulevard Malesherbes, 75008 Paris, France
Via San Pietro All' Orto 17, 20100 Milan, Italy

FOUR SEASONS RECRUITMENT ／フォー・シーズンズ・リクルートメント
frsl.co.uk
Landmark House, Hammersmith Bridge Road
London W6 9EJ

▶ 仕事中の帽子デザイナー
「ロイヤル・アスコット」用の作品を調整する、帽子デザイナーのエドウィナ・イボットソン。

FOURTH FLOOR／フォース・フロアー
fourthfloorfashion.com
ニューヨークとロサンゼルスが拠点。
1212 Avenue of the Americas, 17th Floor
New York, NY 10036
10100 Santa Monica Boulevard, Suite 900
Los Angeles, CA 90067

INDESIGN／インデザイン
indesignrecruitment.co.uk
Joanna Neicho and Julius Schofield.
1 Ashland Place, London W1U 4AQ

SMITH AND PYE／スミス・アンド・パイ
smithandpye.com
Alice Smith and Cressida Pye.
17 Willow Street, London EC2A 4BH

SOLOMON PAGE GROUP／ソロモン・ペイジ・グループ
solomonpage.com
260 Madison Avenue, New York, NY 10016

TAYLOR HODSON／テイラー・ホドソン
taylorhodsonfashion.com
133 West 19th Street, 2nd Floor, New York, NY10011

卒業生用ウエブサイト

ARTS THREAD／アーツ・スレッド
artsthread.com
アレックス・ブラウニングとケイティ・ドミニーが設立した、卒業生が作品を掲載できるクリエイティブ向けのグローバルなウエブサイト。

その他の関連ウエブサイト

stylecareers.com
thefashionspot.com

❛ 私たちが2009年にアーツ・スレッドを設立したとき、何か非常に特別なものを作っていることに気づいていました。世界中のデザイン専攻の卒業生たちのためだけに、ウエブサイトや雑誌や就職コンサルタントをグローバルに展開する企業はどこにもなかったからです。成長のスピードには、正直、私たちも驚きました。アーツ・スレッドが教育とクリエイティブな産業の橋渡しをしていることは、誰の目にも明らかです ❜ アーツ・スレッド共同所有者、アレックス・ブラウニング

どこで学ぶか

ファッショングッズのデザインや構造を
学べる学校をまとめた。
すべてを網羅しているわけではないが、
国際的に名の知られた学校は含まれている。
また、少ない人数を対象に、
プロのデザイナーやメーカーが
短期コースを開設している小規模な学校も入っている。
短期コースやサマースクールは、
大規模な学校でも開かれている。
各校のウエブサイトをチェックして、
現在どのようなコースが開かれているかを確認しよう。
ここに挙げられている学校のほとんどは
英語で授業を行う。

ウエブサイトshoemakingbook.comには、靴制作を学べる世界各地の小さな学校が掲載されている。大半は各国の言語で授業が行われている。

イギリス

コベントリー
Coventry School of Art and Design ／コベントリー・スクール・オブ・アート・アンド・デザイン
coventry.ac.uk
Department of Design and Visual Arts, Coventry University, Priory Street, Coventry CV1 5FB
- BA Hons Fashion Accessories

レスター
De Montfort University ／デ・モントフォート大学
dmu.ac.uk
Faculty of Art and Design, De Montfort University, The Gateway, Leicester LE1 9BH
- FdA Footwear (2年コース)
- BA Hons Footwear Design (3年コース)

ロンドン
Central Saint Martins ／セントラル・セント・マーチンズ
csm.arts.ac.uk
University of the Arts London
Central Saint Martins, Granary Building, 1 Granary Square, London N1C 4AA
- MA Fashion Accessories (1年と2学期間のコース).

London College of Fashion ／ロンドン・カレッジ・オブ・ファッション
fashion.arts.ac.uk
University of the Arts London
20 John Princes Street, London W1G 0BJ
- FdA Cordwainers Footwear Design (2年コース)
- FdA Cordwainers Fashion Accessory Design (2年コース)
- BA Hons Cordwainers Footwear Design and Product Development (3年または4年を選択可)
- BA Hons Fashion Jewelry and Accessories (3年コース)
- MA Fashion Artefact and MA Fashion Footwear (15カ月コース)

Kensington and Chelsea College ／ケンジントン・アンド・チェルシー・カレッジ
kcc.ac.uk
Hortensia Centre, Hortensia Road, London SW10 0QS
- BTEC Millinery (12週間コースと24週間コース)
- HNC Millinery (1年コース)

Royal College of Art ／ロイヤル・カレッジ・オブ・アート
rca.ac.uk
School of Material, Royal College of Arts, Kensington Gore, London SW7 2EU
- MA Fashion Womenswear or Menswear Footwear (2年コース)
- MA Fashion Womenswear or Menswear Accessories (2年コース)
- MA Fashion Millinery (2年コース)

ノーザンプトン
University of Northampton ／ノーザンプトン大学
northampton.ac.uk
Avenue Campus, St. Georges Avenue, Northampton, Northamptonshire NN2 6JD
- BA Hons Fashion-Footwear and Accessories (3年コース)

ノッティンガム
Nottingham Trent University ／ノッティンガム・トレント大学
nottingham.ac.uk
School of Art and Design, Nottingham Trent University, Burton Street, Nottingham NG1 4BU
- BA Hons Fashion Accessory Design (3年コース)

〈短期コース〉
ロンドン
Carreducker ／カレダッカー
carreducker.com
Deborah Carre and James Ducker, Cockpit Arts Studio E2G, Cockpit Arts, Cockpit Yard, Northington Street, London WC1N 2NP
- Intensive hand shoemaking courses.

Paul Thomas Shoes ／ポール・トーマス・シューズ
paulthomasshoes.com
Paul Thomas Shoes, Bethnal Green, London
- Intensive hand shoemaking courses, taught in small groups.

Prescott and Mackay ／プレスコット・アンド・マッケイ
prescottandmackay.co.uk
The Teaching Studio, Prescott and Mackay
School of Fashion and Accessory Design, c/o Black Truffle, 52 Warren Street, London W1T 5NJ
- Footwear, bags, belts and millinery – design and production.

Leatherwork courses ／レザーワーク・コース
leathercourses.co.uk
Valerie Michael and Neil McGregor, 37 Silver Street, Tetbury, Gloucestershire GL8 8DL
- Bags and small leather goods production and leather carving.

Anthony Vrahimis – Accessories Leather Goods ／アンソニー・ブラヒミス
anthonyvr.com
13 Tollington Way, London N7 6RG
- Pattern-cutting and construction for bags and SLGs.

アメリカ

ロサンゼルス
FIDM ／ファッション・インスティチュート・オブ・デザイン・アンド・マーチャンダイジング

どこで学ぶか **241**

fidm.edu
Fashion Institute of Design and Merchandising
Los Angeles Campus, 919 South Grand Avenue, Los Angeles, CA 90015-1421
- Associate of Arts Advanced study course: Footwear Design (9カ月コース)

ニューヨーク
FIT ／ファッション工科大学
fitnyc.edu
Fashion Institute of Technology
Seventh Avenue at 27th Street, New York NY 10001-5992
- BFA in Accessories Design and Fabrication.
- AFA in Applied Sciences.

PARSONS ／パーソンズ
newschool.edu
Parsons The New School for Design
66 Fifth Avenue, New York, NY 10011
- BFA in Fashion Design.

サバンナ
SCAD ／サバンナ・カレッジ・オブ・アート・アンド・デザイン
scad.edu
Savannah College of Art and Design
School of Fashion Accessory Design
Admission Welcome Center, 342 Bull Street, Savannah, GA 31401
- BFA in Accessory Design.
- MFA and MA courses in Accessory Design.

〈短期コース〉
ニューヨーク
Carreducker ／カレダッカー
carreducker.com
Deborah Carre and James Ducker
- Intensive hand shoemaking courses by Carreducker of London who travel to New York every year to teach.

サンフランシスコ
Prescott and Mackay ／プレスコット・アンド・マッケイ
prescottandmackay.co.uk
Fourth Street Studios, 1717D 4th Street Berkeley, CA 94710
- Shoemaking and footwear design courses. Tutors from the Prescott and Mackay School travel to San Francisco to teach short courses.

フランス
ショーレ
Institut Colbert ／インスティテュート・コルベール
cnam-paysdelaloire.fr
Institut Colbert, Cholet, France
- Diploma courses in Footwear Design and Construction.

ドイツ
ピルマゼンス
German College of Footwear Design and Technology ／ジャーマン・カレッジ・オブ・フットウェア・デザイン・アンド・テクノロジー
isc-pirmasens.de
Marie-Curie Strasse 20, 66953 Pirmasens, Germany
- Seminars and short courses for professionals.

イタリア
ミラノ
Ars Sutoria ／アルス・ストリア
arsarpel@arsarpel.it
International Technical Institute of Art of Footwear and Leather Goods
Via I Nievo 33, 20145 Milan, Italy
- Short intensive technical courses.

Domus ／ドムス
domusacademy.com
Via G Watt 27, 20143 Milan, Italy
- Masters course in Accessory Design in partnership with Ars Sutoria(1年コース)

Istituto Marangoni ／イスティトゥート・マランゴーニ
istitutomarngoni.com
Via Pietro Verri 4, 20121 Milan, Italy
- Masters course in Fashion Accessories (1年コース)

フィレンツェ
Accademia Riaci ／アカデミア・リアチ
accademiariaci.info
Via De' Conti 4, 50123 Florence, Italy
- Leather Design and Construction. (1年／学期コース)
- Masters course in Leather Art. (1年コース)

Polimoda ／ポリモーダ
polimoda.com
Via Pisana 77, 50143 Florence, Italy
- BA Footwear and Accessory Design . (3年コース)
- MA Advanced Fashion Footwear and Bags Design. (1年コース)

日本
東京
文化服装学院
bunka-fc.ac.jp
ファッション工芸専門課程
〒151-8522　東京都渋谷区代々木 3-22-1
- Advanced diploma = BA (3年コース)

東京モード学園
http://www.mode.ac.jp/tokyo/
ファッションデザイン学科
〒160-0023　東京都新宿区西新宿 1-7-3

バンタンデザイン研究所・キャリアカレッジ
http://www.vantan-career.co.jp/
デザイン&パターンコース
〒150-022　東京都渋谷区恵比寿南 1-9-14

大阪
上田安子服飾専門学校
http://www.ucf.jp/
ファッショングラディエイト学科　工芸コース
〒530-001　大阪府大阪市北区柴田 2-5-8

オーストラリア
アデレード
TAFE South Australia International ／TAFE サウス・オーストラリア・インターナショナル
tafesa.edu.au/international
Level 2, Currie Street, Adelaide 5000
- Certificate 3 in Footwear Production and Certificate 4 in Custom-Made Footwear.

〈短期コース〉
アデレード
TAFE South Australia International ／TAFE サウス・オーストラリア・インターナショナル
同 上

メルボルン
Prescott and Mackay ／プレスコット・アンド・マッケイ
prescottandmackay.co.uk
Workshop of Bespoke Shoemaker Brendan Dwyer, Room 7, 3rd Floor Nicholas Building, cnr Swanston Street and Finders Lane, Melbourne, Australia
- Shoemaking courses. Tutors from the Prescott and Mackay School teach short courses in Melbourne.

参考文献

ファッショングッズ

● 技術関連

Aldrich, W. (2007) *Fabric, Form and Flat Pattern Cutting.* London: Blackwell Science.

Double, W. C. (1960) *Design and Construction of Handbags.* London: OUP.

Goldstein-Lynch, E. et al. (2004) *Making Leather Handbags.* Hove: Apple Press.

Henriksen, K. (2009) *Fashion Hats (Design and Make)* London: A&C Black.

Hobson, S. (1975) *Belts for All Occasions.* London: Mills and Boon.

Lingwood, R. (1980) *Leather in Three Dimensions.* New York, London: Van Nostrand Reinhold.

Michael, V. (1994) *The Leatherworking Handbook.* London: Cassell.

Salaman R. A. (1996) *Dictionary of Leather-Working Tools c. 1700–1950 and the Tools of Allied Trades.* USA: Astragal Press.

● デザイン

Anlezark, M. (1990) *Hats on Heads.* Australia: Kangaroo Press.

Cummings, V. (1982) *Gloves.* London: Batsford Press.

Gerval, O. (2009) *Fashion Accessories.* London: A&C Black.

Huey, S. and Draffan, S. (2009) *Bag.* London: Laurence King.

Jones, S. et al. (2009) *Hats: An Anthology.* London: V&A Publishing.

Leurquin, A. (2004) *A World of Belts: Africa, Asia, Oceania, America from the Ghysels Collection.* Milano: Skira.

Smith, D. (2005) *Handbag Chic: 200 Years of Designer Fashion.* Atglen, PA: Schiffer Publishing.

Steele, V. & Borrelli, L. (2005) *Bags: A Lexicon of Style.* London: Scriptum.

Wilcox, C. (1998) *A Century of Bags: Icons of Style in the 20th Century.* London: Apple.

Wilcox, C. (1999) *Bags.* London: V&A Publishing.

Worthington, C. (1996) *Accessories.* London: Thames and Hudson.

フットウエア

● 技術関連

Garley, A. M. (2006) *Concise Shoe Making Dictionary. 2nd ed.* Rutland: Garley.

Jones, F. G. (2008) *Pattern Cutting: Step-by-Step Patterns for Footwear: A Handbook on Producing Patterns for Making Boots or Shoes.* Rawtenstall: Noble Footwear.

Sharp, Michael H. (1994) *The Pattern Cutter's Handbook: A Step-by-Step Guide to Producing Patterns for Footwear Production. 2nd ed.* Lancashire: Footwear Open Tech Unit.

Spryke, Tim (2006) *Bespoke Shoemaking: Learn to Make Shoes by Hand.* Australia: Artzend Publications.

Thornton, J. H. (1970) *Textbook of Footwear Manufacture. 3rd ed.* Heywood Books: Butterworth and Co.

Vass, Lasz et al. (2006) *Handmade Shoes for Men.* Germany: Konemann Verlagsgesellschaft Mbh

● デザイン

Blanchard, Tamsin (2000) *The Shoe: Best Foot Forward.* London: Carlton.
Choklat, A. and Jones, R. (2009) *Shoe Design.* Cologne: Daab Publishing.
Cox, Caroline (2004) *Stiletto.* London: Carlton.
Huey, S. and Proctor, R. (2007) *New Shoes.* London: Laurence King.
Peacock, J. (2005) *Shoes: The Complete Sourcebook.* London: Thames and Hudson.
Riello, G. and McNeil, P. (2006) *Shoes: A History from Sandals to Sneakers.* Oxford: Berg.

リサーチ、ブランディング、デザイン、素材、マーケティング

Bell, Judith (2005) *Doing Your Research Project. 4th ed.* Maidenhead: Open University Press.
Borrelli, L. (2000) *Fashion Illustration Now.* London: Thames and Hudson.
Burke, S. (2006) *Fashion Computing: Design Techniques and CAD.* Burke Publishing.
Colussy, K. (2005) *Rendering Fashion, Fabric, and Prints with Adobe Photoshop.* Upper Saddle River, [N.J]: Pearson Prentice Hall.
Eissen, K. and Steur, R. (2007) *Sketching: Drawing Techniques for Product Designers.* Amsterdam: BIS Publishers.
Frings, G. S. (2005) *Fashion From Concept to Consumer. 8th ed.* London: Prentice Hall.
Hines, T. and Bruce, M. (2001) *Fashion Marketing: Contemporary Issues.* Oxford: Butterworth-Heinemann.
Jackson, T. and Shaw, D. (2006) *The Fashion Handbook.* London: Routledge.
Manlow, V. (2009) *Designing Clothes: Culture and Organization of the Fashion Industry.* New Brunswick, [N.J.]: Transaction Pub.
Morris, R. (2009) *The Fundamentals of Product Design. Lausanne,* Switzerland: AVA.
Nicholas, D. (1994) *Fashion Illustration Today.* London: Batsford.
O' Mahoney, M. (2002) *Sportstech: Revolutionary Fabrics, Fashion, and Design.* London: Thames and Hudson.
Randall, G (1997) *Branding. 1st ed.* London: Kogan Page.
Seivewright, S. (2007) *Research and Design. Lausanne,* Switzerland: AVA.
Shibukawa, I. and Takahashi, Y. (1990) *Designer's Guide to Color.* San Francisco, California: Angus and Robertson.
Webb in Jackson T & Shaw D (Ed) *The UK Fashion Handbook* – Ch. 6. Routledge.

雑誌

●技術関連、産業
The Hat Magazine
Footwear Today
Out On A Limb
Drapers
Footwear News (アメリカ)
Satra Bulletin International

●デザイン、ファッション
Accessori Collezioni
Impuls
Obiettivo Moda
Moda Pelle Styling
Vogue Pelle
Ars Sutoria

ウエブサイト、ブログ
biomechanica.com
bryanboy.com
catwalking.com
caci.co.uk
centuryinshoes.com
designaddict.com
facehunter.blogspot.com
ganttchart.com
nymag.com/fashion
satra.co.uk
selvedge.org
shoeinfonet.com
showstudio.com
streetpeeper.com
stylebubble.typepad.com
stylelikeu.com
surveymonkey.com
thecuriouseye.blogspot.com
thesartorialist.com
trendtablet.com
trendwatching.com

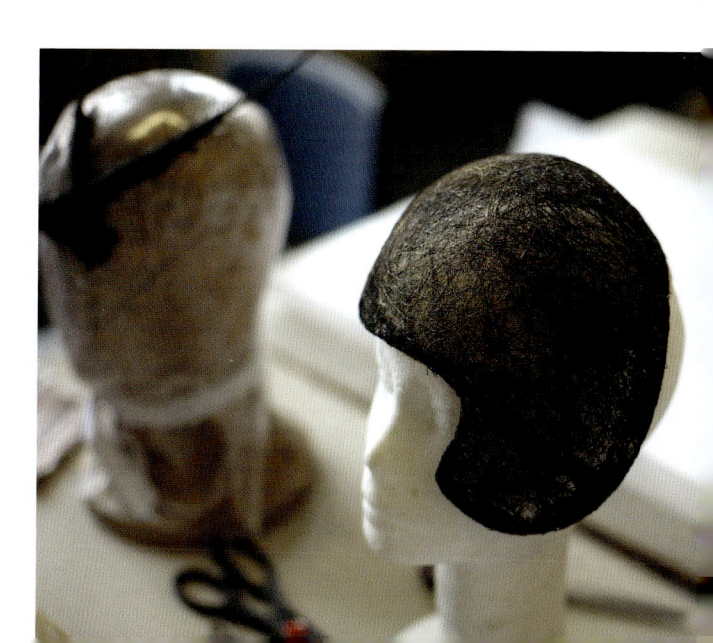

用語集（ハンドバッグ）

合印：バッグを構成するときに構成部品の位置を正確に合わせるため、またパターン裁断のときの目印として使われるマーク。通常は千枚通しで刻み目や穴を開けて作る。

上げ底：ボディの前と後ろのパーツの底にあたる部分に長方形の突き出した部分があり、中央部よりも長くなっている2枚の側面のマチのパーツ、底部分のパーツによって、底面がバッグの本体より高く持ち上げられる構造。

ウエストポーチ：本質的には、ベルトにバッグを縫いつけたもの。バッグの部分は立体的で、ヒップ回りにゆるく下げるか、腰回りにフィットさせる。

内縫いによる構造：表面を内側に合わせて縫いつけた後で裏返す構造。

折り込み処理：素材が縁で折り返される構造。折り返した後で接着するか、縫い合わせる前に接着しておくことが可能。

折り代：組み立てる前に素材を裏返すために型紙につけ加える余剰部分。

回転式ホールパンチャー：革に丸い穴を開けるためのさまざまな大きさの回転するカッターがついたパンチャー。

型紙：製品を制作するときの指示を書きこんだ紙やボール紙のパーツ。

カラー：補強のため、バッグ本体の上端部分の内側に縫いつけられる革製や布製の帯。

カラースキーム：いくつかの異なる色の組合せ。

曲線の長さ測定：型紙の曲線の長さを測定するプロセス。

切れ目：全部ではなく部分的にカットして、素材を正確に折りやすくする。

金属製定規：革や型紙を切るときに直線を維持できる定規。

銀つき革：天然の銀面がついた皮革。

銀面の修正：表面を均一にするためや、傷を取り除くために、一部分を砥石車や紙やすりなどでわずかに削った銀面。

クラッチ・バッグ：小型のバッグで持ち手がなく、手で持つか、脇にかかえるようにデザインされている。

グラッドストーン・バッグ：イギリスの首相、ウィリアム・グラッドストーンから名前が取られたバッグ。真ん中で2つに分かれる小型スーツケースの形で、開口部には硬い留め金かバックルがつき、ほとんどは革製。「ドクターズ・バッグ」とも呼ばれる。

クリッキングナイフ：直線刃や曲線刃を取りつけられる木製のナイフの柄。

クルーホール用パンチ：革に特定の大きさで穴を開ける道具。

ケリー・バッグ：グレース・ケリーの名を取ったエルメスのアイコン的バッグ。彼女が妊娠しているのを隠すために使われた。

原型：最初に作られる、縫い代のない型紙。

構成部品：バッグに取りつけるすべてのパーツ。外側のポケットなど。

構造：バッグなどの製品を組み立てるときに用いるさまざまな方法。

ゴム液：縫い合わせる前に素材を留めておくために使われる、接着力の弱い天然ゴムの接着剤。

サイド：ハイドを中央で半分に切ったもので、ベリーを含む。

裁断用型紙：素材を裁断するために、原型にすべての縫い代や折り代を加えたもの。

裁断用マット：パターン裁断に使うマット。合成素材で繰り返し使える。

サッチェル：伝統的なスクールバッグから作られたバッグ。

サムブラウン：バックルの代わりに使われる、キノコのような形をした金具。素材に打ちつけられ、穴に差し込んで留め具となる。

磁石式ホック：開口部に磁石のホック（凹凸の2種類）を取りつけて、バッグを閉める方式。

下書き：紙やボール紙にパーツの型紙を写し取ること

十字型の構造：1枚の素材を十字型に裁断する構造。

触圧接着剤：貼りつける両面に塗る必要のある接着剤。

ショッピングバッグ：伝統的な買い物袋から作られたバッグ。上側の開口部に蓋がなく、普通は手で持つが、肩にもかけられるように長めの持ち手がついている。

ショルダー：ハイドの中でも柔らかい部分で、バッグによく用いられる。

ショルダー・バッグ：ストラップで肩から腕の下に垂らす、小型から中型のサイズのバッグ。

スカルペル：パターン裁断に使われるナイフで刃を交換できる。

スタッズ：2つのパーツからなる金具で、ステッチの代わりとして使う場合や、ステッチと重ねて使って補強する場合がある。バッグのストラップなどに使われる。

ストラップカッター：革を細長く裁断するのに用いる専門的な道具。幅の広さは調整可能。

成形による構造：革が型の上で伸ばされて貼りつけられる。最も簡単な例は革で覆われた箱や写真フレーム。

接着剤用刷毛：接着剤をつけるのに用いる刷毛。

接着剤用へら：接着をつけるのに用いるスパチュラのようなへら。特に折り返し部分に使う

背胴：バッグや製品本体の後ろ側の部分。

千枚通し：取手に尖った先端がついた道具で、型紙、革、素材の上に点で位置を示すのに用いる。

削ぐ：革を薄くするために外側の縁を薄く切ること。

裁ち縁：革や素材を断った状態の縁で、染料やワックスで仕上げられるのが一般的。

裁ち縁による構造：素材の表側から縫い合わせ、革を裁ったままにしておく構造。

ダッフル・バッグ：両端が丸くチューブ状になっていて、引きひもで閉めるタイプのバッグ。ショルダーストラップがついている。

W字型の構造：1枚の素材をW字型に裁断して、両サイドのマチを作る構造。

チェイプ：ブガッティ・ハンドルの持ち手の端の形。バッグの本体に取りつけられる。

突合せ縫いによる構造：素材が縁で折り返される構造。折り返した後で接着するか、縫い合わせる前に接着しておくことが可能。

T字型の構造：1枚の素材を逆さにしたT字型に裁断して、両サイドのマチを作る構造。

Dカン：バッグの本体やマチにストラップや持ち手を取りつける際に用いる、D字型をした付属品

砥石：刃を研ぐための石で、油砥石と普通の砥石がある。

ドクターズ・バッグ：「グラッドストーン・バッグ」を参照。

トースター：トースターの形に似た、手で持つ小型のバッグ。両サイドと上側のマチの3面にファスナーがつき、内縫いによる構造でパイピングされているタイプが多い。

トート：ショッピングバッグに似ているバッグだが、開口部を閉めることができ、外側にポケットなどがついていることが多い。

留め具：バッグを閉めたままにしておくのに使う方法。

ドロップイン・ライニング：バッグの本体が構成された後で縫いつけるタイプの裏張り。

ナスカン：取り外しができるストラップに用いる引き金のような金具。

斜め掛けバッグ：長い調節可能なス

トラップがついた小さなバッグで、ストラップを片方の肩から斜めにかけて使う。

縫い代：縫い合わせるときに必要となる素材の余剰部分。必要な縫い代の幅は、縫い方によって異なる。

ネオプレン接着剤：非常に強力で、主として成形品に使われる接着剤。

ノッチ：型紙や裁断したパーツに特定の点を示すためにつけるV字型の印。たとえば、本体前面のストラップ用金具を取りつける位置などに用いる。

パイピング：芯を覆った細長い素材で、装飾用と構造上の理由から縫い目の間にはさみ込む。

バケット：バケツのような形から名づけられたバッグ。手で持つか、肩にかけるタイプのバッグで、底が丸く、開口部には引きひも、バックル、スナップがつく。

バック：革の部分の名称で、バットとショルダー部分を含むが、ベリーは含まない。最高級の革はバットの末端の背骨に近い部分から取れる。

バット（尻部）：ハイドの中で最も厚く丈夫な部分で、ベルトなどの硬いアイテムに最良の革とされている。

馬蹄形の構造：同一のパーツが4枚裁断され、2枚は本体内部、2枚は本体外部に用いる。2枚のボディ内部用パーツが縫い合わされて、平らなマチを構成する。

ハトメ：パンチ穴を保護するための金属製の付属品で、装飾としても機能上の目的のためにも使われる。

バーレル・バッグ：小型のショルダー・バッグかハンドバッグで円形のマチがつき、円柱に似た形をしている。

ひな型：形、プロポーション、サイズを明確にするための、最初の立体的デザイン。

フィクスト・ライニング：バッグの構成の途中で、バッグの内側に縫いつけられ、固定された裏張り。

フォールディング・ハンマー：端が丸くなっている手持ち式の小型ハンマー。革の縫い目や縁を折り曲げるのに用いる。丸い端の反対側は平らになっている。

ブガッティ・ハンドル：丸めたひも、紙、プラスチックなどの芯が入ったバッグの持ち手。革ひもの両端がチェイプと呼ばれる盾のような形をしている。芯の上に革が巻かれ、裁ち端縫いのステッチが入っている。両端はバッグの前胴と背胴に取りつけられる。

付属品：バックル、Dカン、底鋲、留め具、鍵など、バッグに使われるあらゆる部品を指す。

縁取り：裁ちっぱなしの素材の縁を覆うために、裁ち端による構造で用いられる細長い素材。

フラップ：バッグ、財布、小銭入れの開口部を閉じるために、片側が取りつけられる素材パーツ。

フレーム・バッグ：硬いフレームの留め具のついたバッグ。フレームはプラスチック、繊維板、厚紙、木などで作られたものもあるが、金属製が最も一般的。

フレンチバインディング：裁ち縁に使われる装飾的ディテール。片側が裁ち端でもう片側が折り返されている点が、通常の縁取りと異なる。

ペアリング・ナイフ：革を剥ぐ際や削る（革の厚さを薄くする）際に使われるナイフ。

ベース：バッグや製品の底。

ベリー（腹部）：この部分からは伸縮性があり、厚さの異なる柔らかい革が取れる。

ベルト用皮革：堅い手ざわりで、表面がなめらかな銀つきの牛革。植物タンニンなめしで処理される。

ボウリング・バッグ：本体が楕円を半分にしたような形で、裏縫いで取りつけられたマチが周囲を囲み、パイピングされていることが多い。前後の本体に持ち手がつき、開口部にファスナーが取りつけられている。もとは、ボウリングのボールを運ぶためのスポーツ用バッグだったため、「ボウリング・バッグ」の名がついた。

補強材：外側の素材に張りを持たせる場合や、補強する場合に用いられる素材で、さまざまな厚さや硬さのものがある。

補強材の型紙：補強する必要がある部分の型紙。使用する素材、付属品、バッグのスタイルによって異なる。

ボストン・バッグ：内縫い構造でパイピングが施された、大型の柔らかいバッグ。

ホーボー・バッグ：中央部が凹んで垂れ下がった肩掛け用のバッグで、底が曲線をしているものが多い。

ポリ酢酸ビニル（PVA）接着剤：永久に接着するときに使う水溶性の接着剤。

ホールパンチ：さまざまな大きさの丸いパンチがついた道具で、素材に穴を開けるのに用いる。

ボーンフォルダー：もとは骨で作られていたが、今はプラスチック製のものが一般的。端に丸いカーブと、平らで尖ったカーブがあり、革を折り曲げる際や、折り曲げる部分に筋をつける際に用いられるが、裏返した革を押し出す際にも使われる。

前胴：バッグや製品本体の前側の部分。

マスキングテープ：ひな型を作るときに、型紙のパーツを貼りつけるのに使うテープ。

マスターの型紙：最終製品に関するすべての重要な情報が取り込まれた型紙。

マチ：バッグの構成部品で、バッグの前胴と背胴をつなぎ、奥行きやボリュームを出すために用いる。

用語集（フットウエア）

メッセンジャー・バッグ：もとは、大都市で自転車に乗るメッセンジャーが使っていたバッグ。前面に大きなフラップがついた長方形のバッグで、内縫いの構造が多い。肩から斜め掛けするバッグで、男性の仕事用バッグとして人気がある、

模型：「ひな型」を参照。

持ち手：バッグを持ち運ぶのに手でつかむ部分。ラップの付属品がつく位置を点で示すなど。

リュックサック：伝統的なナップサックから作られたバッグ。

両面テープ：縫製の前にパーツを貼りつけるのによく使われるテープ。

割りコンパス：両端に針がついたコンパスのような道具で、パターン裁断に用いる。縫い代の幅を正確に測る場合や、同じ幅を正確に繰り返す場合に使われ。裏返す位置やステッチの位置に印をつけるときにも使われる。

合印：パーツを正確な位置で接合するためにパーツを置く位置を示す印。

アッパー：靴の上側と側面をカバーするパーツ。

インソール（中底）：靴内部の中心的なパーツで、アッパーとソールが取りつけられる。

裏張り：足に接触するアッパーの内側の層。

エチレン酢酸ビニール（EVA）：ソールに使われる合成素材。

折り込み処理：縁を折り返して接着する処理方法。

カウンターの裏張り：靴のかかと部分の裏張り。

カギホック：靴ひもを固定するための金具。もとはスキー用ブーツで使われたもの。

重ね縫い：革のパーツの上に別の革のパーツを重ねた状態で、上側のパーツの縁を縫う方法。

型：靴型の内側と外側を平面で表したもの。

型紙：縫い合わされて靴のアッパーとなるアッパーのパーツを裁断するための平面の型。

型紙用紙：非常に薄く、丈夫な紙。

紙やすり：丈夫な紙に金剛砂をコーティングしたもので、素材の表面をなめらかにし、厚みを減らすために用いている。爪の手入れに使うやすりに似ている。

革裁断用ボード：表面がなめらかなボードで、アッパーを手作業で裁断するときに用いる。

革砥：紙やすりが貼られた長方形の木製の棒。クリッキングナイフの刃を研ぐ際に用いる。

基礎型：特定のデザインのマスターとなる型紙で、つり込みのための降り代を加えたもの。靴のアッパーを裁断するのに使う。

銀色のサインペン：アッパーに印をつけるために使う銀色のインクのペン。

クォーター（腰革）：靴の両サイドの後ろ側を構成するパーツ。

靴型：素材を乗せて、靴の形を作るための型。

クリッキング：アッパーに使われる革や他の素材を裁断すること。

クリッキングナイフ：革の裁断用に設計された、曲線の刃がついたナイフ。

クリーニング・ブラシ：汚れや埃を取り除くためのブラシ。

クロージング：アッパーを準備して、縫いつけること。

構成部品：製品を構成する部品。

構造：靴のパーツの組み立て方式。

鋼鉄製定規：鋼鉄でできた定規で、鋭いスカルペルで革を裁断するときでも完全な直線を維持できる。

小釘：つり込みの初期段階でアッパーをインソール（中底）に固定させるのに使う小さな釘。大きなものは、一時的にインソールを靴型に固定するのに用いる。

裁断用マット：パターン裁断に使う合成素材のマット。

シャンク（土踏まず芯）：靴の内部のパーツで、インソールに固定され、ヒールとジョイントの橋渡しとなる。靴を強化し、体重を支える。

芯と補強材：靴の形を維持して、破れないようにするために、靴の内側で素材を強化するもの。

スカルペル：パターン裁断に使われる非常に鋭い刃のついたナイフ。

接着剤：2つの素材を貼りつけるために使う化合物。

セメント製法：靴型を使ってつり込んだアッパーをインソールに接着剤で接合する製法。さらに、靴底がインソールに接着剤で接合される。この製法の名称である「セメント」は使用される接着剤を指す。

繊維板：繊維（普通はセルロース）製の素材を接着剤で貼り合わせ、板の形にしたもの。

千枚通し：先の尖った工具。素材に穴を開け、模様を作る際や裁断や縫製の印をつける際に用いる。

装飾素材：靴を装飾するパーツで機能はない。

削ぎ：革を薄くするために外側の縁を薄く切ること。主に、縁の処理や縫製の準備のためにアッパーに使われる。

ソック（中敷き）：靴の内側でインソールを覆うために取りつけるパーツ。

裁ち縁：革を裁ったままの縁。

タックナイフ：靴型に留めた小釘（タック）を取り除くための道具。

地縫い返し：2枚のアッパーの素材の表側を合わせて縁を縫い、両方の縫い代を片側に寄せてアッパーを開き、縫い目が見えないようにする縫製方法。

爪先の形：上からと側面から見たときの靴の爪先の形。

つり込み：靴型にアッパーを乗せて伸ばし、インソールに取りつける作業。

トー・キャップ：靴の爪先部分を覆うパーツ。

トースプリング：ヒールの高さを考慮して靴型を正確な位置に置いた際の、靴型の爪先から地面までの距離。

トップライン：足に密接する靴の上端部分。

トーパフ（先芯）：つま先部分の形を保つために靴の内部に入れる成形された補強材。

縫い割り：2枚のアッパーの素材を表合わせで、縁から1.5mmの位置で縫い合わせること。

熱可塑性樹脂（TPR）：温めると柔らかくなり、冷ますと硬くなる合成樹脂。

パイピング処理：断ち縁の裏側にパイピングを縫い合わせるタイプの縁の処理方法。

バインディング：縁の処理方法で、素材の帯が表合わせで縁の外側に縫いつけられ、折り返される。

バックシーム：靴の後ろ側で2枚のクォーター(腰革)をつなげる縫い目。

バックストラップ：補強のためにバックシームを覆って縫いつけられる素材の帯。

バックパート：靴型や靴の後ろからジョイントまでの部分。

バックル：ストラップを固定するのに使われる調節可能な留め具。

発泡ポリウレタン：成形過程で空気とともに型に注入されたポリウレタンで、軽量で柔軟性のある素材。

ハトメ：靴ひもの穴を補強するための金具。

バンプ（爪先革）：アッパーの前側を構成するパーツ。

ビニール製定規：柔らかい定規で、靴型のカーブに沿わせることが可能。

ヒール：靴の底につき、かかとの下にあたる部分。

ヒール高：靴のアッパーの底面から地面までの垂直な距離。

フォアパート：靴型や靴の先端からジョイントまでの部分。

フォールディング・ハンマー：端が丸くなっている手持ち式の小型ハンマーで、折りたたんだ縁を平らにするのに用いる。

付属品：靴を留めるために使われる機能的なパーツ。

縁の処理：アッパーのパーツの縁を処理する方法。

フレンチハンマー：丸い端のハンマーで、つり込みの際に出てくるしわを平らにするのに用いる。端が丸くなっているのは、革の表面を傷つけないようにするため。

平均型：靴の内側と外側の平均を取った型。

補強材：靴の内部に入れる成形されたパーツで、靴のかかとを硬くする。

ポリウレタン（PU）：靴底に用いられる合成素材で、アッパーの合成素材のコーティングにも使われる。

ホールパンチ：さまざまな大きさの丸いパンチがついた道具で、素材に穴を開けるのに用いる。

ボーンフォルダー：骨かプラスチックで作られた道具で、革を折り曲げる際や、折り曲げる部分に筋(すじ)をつける際に用いられる。

巻き尺：センチメートル単位のメジャー。伸縮性のない素材で作られているので、長さを正確に測れる。

マスキングテープ：わずかに伸縮性がある接着テープ。

ミッドソール：靴のアッパーとソールの間に入る中側のソール。スポーツシューズでは、ソールとともに成形されるのが一般的。

模型：デザインのアイデアやパーツを立体的に作成したもの。

ラスティングピンサー：つり込みの際に、アッパーをつまんでインソールの上に引き上げるのに用いるやっとこ。

ロンドンハンマー：丸い端のハンマーで、つり込みの際に出てくるしわを平らにするのに用いる。端が丸くなっているのは、革の表面を傷つけないようにするため。

割りコンパス：任意の幅に広げて長さを測る道具。縁からの長さを一定に保って平行な線を描き、裁断の印をつけるのに使われる。

用語集（帽子）

インターライニング用織地：帽子の帽体を覆うのに用いられる織地で、帽子の形を支え、やわらかい詰め物が薄く入っているような外見が生まれる。帽体の質感を隠すとともに、帽子の表面に使われる薄い生地を粗い帽体の表面から保護するとともに、ワイヤーから突起が出た場合も生地を守る。例として、ドメットやターラタン。

ウールフェルト：羊毛で作られたものが一般的だが、メリノウールのものが品質は最も良い。安価なフェルトでは合成繊維が混合されることもある。

エスパーテリ：サイズ（生地に硬さを出すための糊）を塗った織地で、ハネガヤと綿モスリンで出来ている。シート状で売られ、帽子の構造を強化するのに使われる。伝統的には、型取り用の帽子の型を作るのに使われた素材だった。

カウボーイハット：高いクラウンに幅の広いクラウンがついた帽子で、もとは牧場労働者がかぶっていた。フェルト製や革製が多い。

カクテルハット：女性用の小さな帽子で、前側に傾けて頭に乗せる場合が多い。

型取り：帽子を成形するプロセス。素材に蒸気を当てるか、素材を湿らせて柔軟性を出した後、型の上で伸ばして固定し、素材のゆとりを等間隔にならして、ひだを取り除く。

型取り用チューブ、ひも、ゴム：織ったストローやフェルトを型に固定するのに用いるツール。

型用スタンド：型取りの間に帽子の型を乗せ、高さを出して作業をしやすくするためのスタンド。

カットホイールハット：ブリムが非常に大きく、クラウンが頭にぴったりした形の帽子。

可融性インターライニング：熱で活性化される接着剤が裏に塗られた織地。アイロン接着タイプの芯材としても知られる。

キャップ：小さなバイザーが前についたタイプの帽子。

キャプリーヌ型：フェルトやストローで型取りされた帽体で、クラウンと平らなブリムからなる帽子に使われる。

クイル：鳥の翼や尾から取れる大きな羽根。羽毛を取り除いたり、焼いたりして使われることもある。

クラウン：帽子の一部で頭の上側を覆う部分。

グログランのリボン：帽子の縁取りに使われる、うね織りのリボン。アイロンをかけると曲がり、さまざまな幅のものが作られているため、サイズリボン（クラウンの内側につける）や、ストローやフェルト製の帽子のブリムの縁取りによく使われる。

クロシュ：1920年代に流行した女性用の帽子。ブリム（つば）がないか、または非常に小さく、クラウンが頭にぴったりフィットする。

毛足：布地、織地、フェルトなどの表面から伸びた短い繊維で、ベルベットなどで柔らかい、羽毛のような質感を生み出す。

原型：最初に作られる型紙で、縫い代は含まれていない。

硬化剤：もとはシェラックやゼラチンが使われていたが、現在はセルロースやPVAを基にした化合物が使われている。フェルトやストローを硬くするために塗るか、浸して使う。

コーン：小さな帽子やクラウンの型取りに使われる、フェルト製やストロー製の円錐形の帽体。

サイザル：マニラ麻の繊維から作られ、コーン、キャプリーヌ、織地を作るのに使われる。

サイズ：生地に硬さを出すためにしみ込ませる糊。

サイズ元：帽子が頭に固定される位置。フィット感やかぶり心地を高めるために、サイズテープがつけられることが多い。

裁断用の型紙：パーツを裁断するために、制作用の型紙にすべての縫い代と折り代を加えたもの（p.109-115を参照）。

サイドクラウン：クラウンの側面でトップクラウンに取りつけられる。

三角帽子：もとは18世紀の男性用帽子で、広いブリムが折られて3つの頂点を作る。1980年代に女性の間で流行したスタイル。

シアン：東洋産のストローで作ったキャプリーヌ。

しつけ：仮に布地を押さえておくためや、仮の印をつけるためにつける仮のステッチ。

シーナマイ：バナナの木の繊維から作られた素材で、メートル単位で売られる。さまざまな色のものが作られている。

ジュリエット・キャップ：頭の形にぴったりした丸いキャップ。ルネサンス時代に登場した。

シルクハット：高い円柱形のクラウンに、幅の狭いブリムがついたシルクプラッシュ製の帽子。もとはビーバーのフェルトで作られていた。

伸縮性キャンバス：目が粗く、サイズ（生地に硬さを出すための糊）を塗った綿製の布地で、成型帽子の帽体に使われる。蒸気や湿らせた布で型取りができ、乾くとその形を維持する。

シンナー：フェルトやストローの硬化剤を薄める際や、ブラシを洗うのに使う溶剤。

スエードフェルト：毛足の短いファーフェルトで、表面の質感がスエードに似ている。「ピーチブルーム」とも呼ばれる。

スカル・キャップ：布地で作られ、頭の形にぴったりした小さな帽子。

ステットソン：カウボーイ帽を指し、高いクラウンに幅の広いブリムがつき、防水効果のあるビーバーのファーフェ

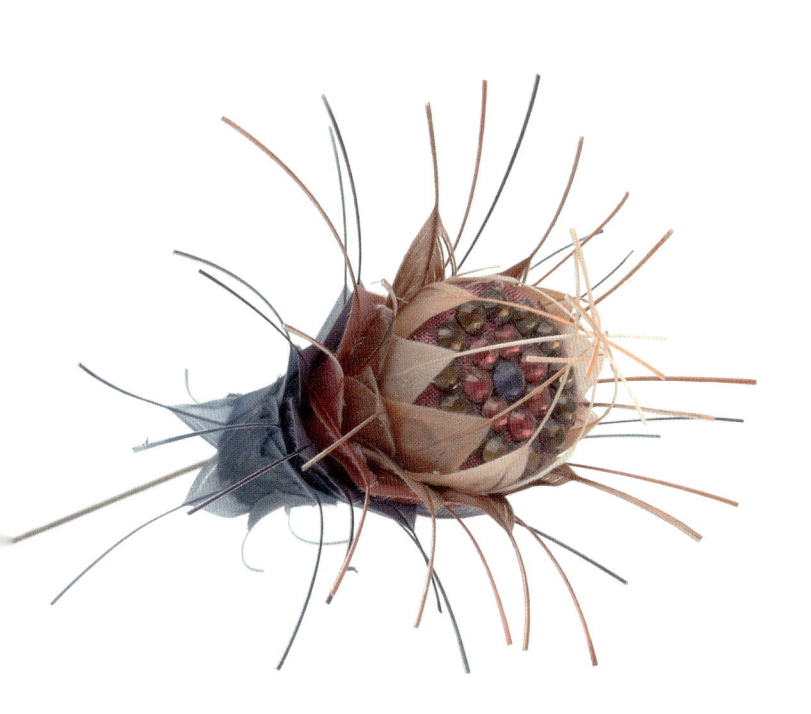

用語集(帽子) 249

ルトで作られる。クラウンとブリムは好みに合わせて形を変えられ、ブリムがわずかに巻き上げ、クラウンの前方をつまんで凹ませることが多く。

ストーブパイプ・ハット：19世紀のシルクハットで、アメリカのリンカーン大統領が流行させた。

ストローのひも：平らなストローのブレードで、かせ（綿糸は840ヤード，毛糸は560ヤード）単位で売られる。

スヌード：髪に巻く帯で、後ろ側の髪をまとめるためのヘアネットがついている。

スモーキング・キャップ：ピルボックスのような形をした男性用の帽子で、煙草のにおいから髪を守るために19世紀にかぶられた。

スラウチハット：クラウンが高く、だらりと垂れた柔軟なブリムのついた柔らかい帽子。女優のグレタ・ガルボが多くの映画でかぶったことから、「ガルボ・ハット」とも呼ばれる。

聖カタリナ：フランスで帽子職人の守護聖人とされ、毎年11月25日に祝われる。

装飾素材：仕上げの装飾に使うパーツ。リボン、花、羽根などがよく使われる。

ソンブレロ：高い円錐形のクラウンに、非常に幅の広いブリムがついたメキシコの用紙。一般に、ストローかフェルトで作られる。

ターバン：もとはムスリムやシーク教徒の男性がかぶったもので、女性用のターバンは、構造化されているものと、されていないものがある。

タモシャンター：スコットランドに端を発するベレー等で、ヘッドバンドが頭にフィットし、ポンポンがついている。

トーク：頭の形にぴったり合った形で、ブリムがまったくないか、ほとんどない小型の女性用帽子。

ドメット：フランネルに似た外見のインターライニング用織地。織り目が

緩く、表面がふわふわしている。

ドリー：ピンを差しやすいように、リネンや厚紙で頭をかたどったもの。

トリルビー：柔らかいフェルトの帽子で、うさぎのファーフェルト製が一般的。クラウンが凹み、ブリムに柔軟性がある。小さな羽根飾りがついていることが多い。

トルコ帽：ブリムがなく、円錐形で、上が平らになっている帽子。伝統的には、一部のイスラム文化圏で男性がかぶった。赤いフェルトで作られ、頂点にタッセルがついている。

二角帽：18世紀後半から19世紀前半に使われた帽子で、幅広いブリムを折って2つの先端を形作ったもの。

ニュースボーイ：小さなブリムのついた柔らかい帽子で、袋状のクラウンが8ピースで作られる。

布目の方向：織地の繊維の方向。縦糸に対して横糸が90°で交わる。

バイアス：織地の布目に対して45度の斜めのライン。

バイザー：一部分につけられたブリムで、普通は帽子の前部分につく。

バクラム：綿を負った硬い生地で、成型帽子や縫製帽子の制作に使われる。帽子デザイナーが限られた用途において使う型を作るのに用いる場合もある。

パゴダ・ハット：浅い円錐形のストロー製の帽子で、陽射しを防ぐための幅の広いブリムがついている。

パーツからなるクラウン：複数のピースから作られるクラウン。ピースの数は3枚から10枚までの何枚でも可能。

パナマ：エクアドル、ペルー、コロンビアで編まれたストローの総称。

パナマ帽：パナマ・ストローで作られた帽子。

パリサイザル：コーンやキャプリーヌを作るためにサイザルの繊維を編んだもの。素材の太さに応じて、さまざまなゲージのものが作られている。

ピーク：帽子の一部に伸びているブリム。帽子の前側につくのが一般的で、バイザーとも呼ばれる。

ピクチャーハット：非常に幅の広いブリムのついた帽子で、豪華に装飾される。

ピークの縫い代：ピークの一部で、クラウンの内側に取りつけられる部分。

ピルボックス：クラウンだけでブリムがなく、後頭部にかぶる帽子、デザイナーのハルストンが考案し、ジャクリーン・ケネディが流行させた。大半の織地で作ることができる。

ファシネーター：奇抜な装飾や派手な装飾を施した帽子で、頭か髪に固定するタイプの帽子。ドラマチックなデザインも多い。

ファーフェルト：動物の毛皮の繊維を使って作ったキャプリーヌ。うさぎが最も一般的に使われる。

フェドーラ：小さなブリムのついた、柔らかいフェルトの帽子で、先細りのクラウンに縦の折り目が入る。

フェルト：ウール、毛皮、髪などで作られた布地で、熱と蒸気とともにローラーやプレッサーをかけて圧縮して作る。

ブリム：帽子から突き出たつば。普通はクラウンに取りつけられている。上方向や下方向に曲げることもあり、左右対称のものや非対称のものがある。

ブリムの縫い代：クラウンの内側に沿って、クラウンにブリムを取りつける部分。下端がサイズ元になっていることが多い。

ブリム・リード：柔軟性があり透明なプラスチックで、主として布製の帽子でブリムの形を補強するのに使われる。0.85mmから2mmまでさまざ

用語集（革小物）

まな厚さのものがある。

ブルトン：柔らかく丸いクラウンと上向きに丸めたブリムからな女性用の帽子。

フレンチキャンバス：中程度の厚さでリネンと綿のキャンバス地。わずかにサイズ（生地に硬さを出すための糊）が塗られ、非常に柔軟性が高い。帽体用生地として使われる。

ブロッキングネット：太い綿のネットを使った、編み目の大きなネット地の帽体。軽量であるため、2枚重ねて使われることもある。

ベイカーボーイ：ブリムが短く、8ピースから作られるゆったりしたクラウンの帽子。

ヘッドバンド：ワイヤーが入ったバイアス裁ちのキャンバスの帯で、帽子や型紙を制作する間にブリムを支えるために使う。

ベール：薄い生地かネットで作られた、頭や顔を覆う被り物。

ベレー帽：フェルト、フェルトにしたジャージー、布地で作られた、丸く幅の広いソフトな帽子。

ベロア：毛足が均一で、ベルベットのような質感のフェルト。

帽子：頭にかぶるアイテム。「ハット」は「フード」を意味するサクソン系の言葉に由来している。

帽子職人：帽子をデザインし、制作する熟練工。

帽子の型：木製の型で、ブリムやクラウンの形を手で作るのに使う。

帽章：リボンや布地で作った花形の飾り。装飾として帽子に取りつける。

帽子用スチーマー：一定の蒸気を出す電気機器。

帽子用ワイヤー：綿の糸で覆われたワイヤーで、ブリムの縁を支えたり、型の制作に使われる。さまざまな太さのものが入手可能。

帽体用生地：帽子の基本的な形を作るための生地で、普通は硬化剤が塗

られている。湿らせると柔らかくなり、乾かすと形を維持する。

ボーター：平らな硬いクラウンに、幅が狭く平らなブリムがついた帽子。ストローブレードで作られている。

ポンポン：ウール製のふわふわしたボールやふさ、タッセルなどを指す。

ムフロン：パイルの長いモスリンに似ているが、小型の羊、ムフロンのウールで出来ているため、絹のような外見にはならない。きめの細かいウールで、蒸気を当てすぎると痛むため、型取りの際に注意が必要。

メリュジン：平らな絹に似た感触を持つフェルト。毛足の長さはさまざまで、短いものはサテンのような表面に、長いものはエキゾチックな毛皮のような表面にできる。複数の毛皮の繊維を混ぜて作られる。

モデル・ハット：大量生産でなく、普通は1人の職人の手で作られるハンドメイドの帽子。

山高帽：上端が丸く硬いクラウンに、カーブした幅の狭いブリムがついた帽子。19世紀のダービー伯爵が有名にしたスタイルの帽子であることから、「ダービーハット」とも呼ばれる。

指ぬき：中指にはめて、型取りや手縫いの際に指先を保護する。

ラフィア：マダガスカルで取れる天然のストロー。ラフィアの葉を織って、コーン、キャプリーヌ、ブレードなどが作られる。

ロイヤル・アスコット：世界的に有名なイギリスの伝統ある競馬の祭典。女性が華麗な帽子やヘッドピースをつける独特な機会でもある。

〈手袋〉

アウトシーム：指の外側に見える縫い目。

イングリッシュ・サム：手袋本体とともに親指部分を裁断する方法。親指が動かしやすくなる（「ボルトン・サム」とも呼ばれる）。

インシーム：内側を外に出して手袋を縫い、裏返した縫い目。手袋の内側に縫い目が隠れて、外からはステッチが見えない。

ウェルト：縫い目に縫いつけて補強するための細い革。指の付け根の縫い目に使われることもある。

裏張り：温かさ、はめ心地、着脱のしやすさを高めるために取りつける生地で、指先まで取りつける。

親指：手袋の親指パーツは本体パーツと別に裁断される。

カフ：手のひらの部分から伸びている手袋の部分。長手袋ではフレアになっている場合とタイトにフィットする場合がある。

カブレータ：羊毛用の羊から取る革。

クルート裁断パターン：手のひらの部分と指の部分を1つのパーツとして裁断する手袋の裁断パターン

グレイスキッド：クロムなめしをした山羊や子山羊（キッド）の革で、光沢のあるグレージング仕上げをした黒や色のついた革。

クワーク：ダブル・フォシェットとともに使われる小さなひし形のマチ。手袋の内側の隣り合った指の付け根にフィットし、手袋のはめ心地と柔軟性を高める。

クワーク・サム：親指とクワークのパーツが別々に裁断され、手袋本体の親指の穴に縫いつけられる（「フレンチ・リム」とも呼ばれる）。

ゴア：カフにフレア効果を出すために取りつける、三角形のはめこみ布。

シングル・フォシェット：廉価な手袋に用いられるマチで、片側で6本用いられる。指が動かしにくく、厚みが出る場合がある。

ステイズ：手袋の手のひら部分を補強するパーツで、スポーツ用のグローブによく見られる。

セットイン・サム：手袋本体とは別のパーツとして裁断され、本体の親指の穴に縫いつけられる親指のパーツ。

ダブル・フォシェット：隣り合った指の内側に取りつけるマチで、片側で3本用いる。クワークとともに使われる。

テイビー・ティップ：アウトシームの上に内縫いで取りつけるウェルトで、縫い目を強化して保護する。

バインディング：手首回りの縁取りで装飾性と機能性がある。

ハーフプリック・シーム：手袋の裏側を縫う時に使う方法。あまり高価でない手袋では表側を縫う時にも使われる。

フォシェット：手袋の各指の間に取りつけるマチで、指の形を作り、動きやすくする。

プリック・シーム：素材の表側を外に向け、端を縫い合わせる縫い方。縫い目と裁ち縁が外から見える。厚手の革を縫い合わせるときに使われる。

ポイント：人差し指、中指、薬指の甲側の付け根から下に伸びる1本か3本の装飾ライン。3本の場合、中央のラインは常に他の2本よりやや長くなる。伝統的にステッチの平均的な長さは6-7cm。

ボタン・レングス：手袋の長さを測る単位で、親指の手首側の付け根からカフの縁までの長さを指す。単位は「ボタン」と呼ばれ、1ボタンは約2.5cmに相当する。例えば、3ボタンの手袋は親指の付け根から縁までが7.5cm。

本体：グローブの本体パーツで手のひら、甲、親指以外の指からなる。

ムクステール：ロンググローブの手

首内側についた開口部。腕部分をはめたまま手を出すことができる。

〈ベルト〉

アイアン：底皮の厚さを測るのに使う単位。1アイアンは0.5mm。

アニリン仕上げ：顔料をまったく使わないか、ごくわずかしか使わない革の仕上げ用法のため、透明感のある塗膜で仕上がる。

エッジベベラー：植物タンニンなめしの厚い革の縁を切るのに用いる。ベベラーの刃の形に応じて異なるタイプの縁に仕上げる。

オビ：ソフトで柔軟な幅の広い革のベルトで、腰回りに巻いて、端をベルトの下に通し、前か後ろで結ぶ。日本の着物の帯にヒントを得てデザインされたベルト。

カートリッジ：革の周囲に円柱状の装飾がついたベルト。弾薬に使われていたベルトにヒントを得てデザインされた。

カマーバンド：ズボンのウエストバンドの上に巻くプリーツの入ったベルト。もとはメンズウエアでタキシードを着るときに使われた。後ろの留め金で留め、サテン地で作られていることが多い。

銀つき革：天然の銀面がついた皮革。

クルーホール：バックルの留め金を通すために革に開けた穴。

コルセット：コルセットを模したベルト。縁取りやきつく締めたバックルでウエストを強調し、砂時計のようなシルエットを生む。

サッシュ：布や非常に柔らかいナパ革（子羊の革）で作られたベルト。結ぶためのひもや編んだ革がつき、ゆるく結ぶことや、リボン結びができる。

サムブラウンベルト：細いストラップを肩にかけて使う幅の広いベルト（帯剣用帯革）。片腕を失ったため、このベルトを使って剣を抜いたイギリス陸軍の将官の名前を取ってその名がついた。

植物タンニンなめし：樹皮、木材、葉、寝、実などの水抽出物を使用したなめしの工法。

シンチ：ウエストにきつく巻く、幅広いベルトで、細いウエストを強調する。「ワスピー」とも呼ばれる。

スキニー：幅が1.5cm未満の非常に幅の狭いベルト。

スタッズベルト：金属のスタッズを表面全体に装飾した革製のベルト。

ストラップカッター：革を細長く裁断するのに用いるカッター。

スラウチ：腰の低い位置でゆるく巻くベルト。臀部から大きな曲線を描く。

多脂革：植物タンニンなめしの革に多量の油脂を含浸させた革で、馬具にも使われる。

ダブルリング：両端のリングを通したベルトを引いて、長さが調整可能なタイプのベルト。革で作られているものが多いが、革ひもを編んだ素材でも作れる。

弾薬帯：片方の肩からかけるベルト。

チェーンベルト：チェーンで作られたベルトで、大きな金属の輪や革製のループでつながれていることが多い。1重、2重、3重、またはそれ以上のチェーンからなる。

トップグレイン：毛と表皮以外は何も取り除かれていないハイドから取った銀面。

フィギャー・オブ・エイト：非常に長いベルトで、身体を2回りしてからバックルで留める。

ブライドルレザー：多量の油脂を含浸させた革の帯。

フラットブレイド：植物タンニンなめしの革を断ち縁で平らに編んで作ったベルト。

ベルト用バット：バット（尻部）のラインでテイルを切り落とした部分。

ベルト用バットのベンド皮：バット（尻部）のラインでテイルを切り落としたベンド皮。

ベント皮：ハイドの後ろ側を差し、ベリーの上で背骨と垂直な線でショルダーを切り落とした部分。

リバーシブル：ベルトの両端が別の色で彩色され、バックルをひねることで、どちらを表にしても使えるベルト。

索引

ACRON分類システム 41
IAO変数 41
WGSN (ワース・グローバル・スタイル・ネットワーク) 38

あ

アイデアを伝える 60-61, 68-71
上げ底の構造 104-105
アザグリー, ジョセフ 126
アザラシ 65
アディダス 124
アドビ・イラストレーター 18, 22-25, 118
アドビ・インデザイン 22
アリゲーター／クロコダイル 64, 206, 207, 208
アルディ, ピエール 129
アルミ製の金型 172, 173
アンダーウッド, パトリシア 166
アンテロープ 65
アンバーグ, ビル 78, 96
イラストレーター 227
色 13, 26-27, 29, 58
インスピレーション 28-31, 51
インターネット情報源 237
インターライニング 170
インターン 233
Eリテーラー 13, 36-37
ウエストウッド, ヴィヴィアン 230-231
内縫いによる構造 102-103, 116-117, 138, 210
打ち抜き穴の装飾 132, 137
ウナギ 65-66
馬革 63
裏張り 27, 98-99, 207, 209
　カウンター 134
　クォーター 134
　ドロップイン・ライニング 108
　バンプ 134
　フィクスト・ライニング 108
ヴィヴィエ, ロジェ 129
ヴィトン, ルイ 82, 128
ヴェネタ, ボッテガ 78-79
ウール 96-97, 140, 199
エイ 66, 209
エスパーテリ 178-179
エッグアイロン 162
エッジベベラー 76

エミュー 65
エルメス 34, 80
円, 裁断 112
エントリーレベル 68
オオカミウオ 62, 65
オクスフォード 96, 99
折り込み処理 137-138
折り目用アイロン 76

か

開発シート 17, 93, 95
カエルの皮 62, 64
価格帯 37
カガミ, ケイ 126
カギホック 145
重ね縫い 116-117, 138
カシン, ボニー 79
型紙用紙 76, 122
　縫い代 109, 114-115
型取り, 帽子 162, 173, 178, 194-199
型取り用チューブ 199
カダブラ, ティア 131
ガッシュ 20
カブレータ 206
カペリーノ, アリー 96
ガマの皮 64
カメオ 72
カメリーノ, ロベルタ・ディ 83
カラースキーム 23, 91
カラーボード 26-27, 55
　シーズンのパレット 38-39, 137
　トレンド情報 29, 38-39
　パントーン 39, 60, 71
ガリアーノ, ジョン 80
革 39, 62-67, 96, 140
　穴飾り 137
　色 67
　エンボス加工 67
　革小物 205-213
　銀色のサインペン 76, 122
　クラッシュド 67
　グレージング仕上げ 67
　サイド 67
　ショルダー 207
　人造皮革 96, 99, 206
　成形による構造 105
　ツール 76-77, 122-123
　手袋 206

　等級 67
　バット 207
　付属品 100-101
　ベント皮 207
　倫理的な考慮 64-65, 99
　レーザーエッチング 72-73
　レーザー裁断 72-73
革裁断用ボード 76, 122
革砥 122
カンガルー 64
カーフ 62, 140
ガントチャート 15
カークウッド, ニコラス 128
ぎざぎざの縁取り 137-138
刻み目 115
技術的スケッチ 23, 71
技術的説明 60, 95
キップスキン 62
絹 97, 140-141
ギネス, ルル 83
機能 13
キャド (CAD) 22-25, 73
キャプリーヌ 178-179, 194-199
キャンバス地 96, 98
曲線の裁断 111-112, 115
グッチ 80
靴 「フットウエア」を参照
靴型 38-39, 134, 136, 139, 146-147
クリッキングナイフ 76, 122
クリン 203
クルーホール用パンチ 76
クワーク 211
ゲスキエール, ニコラ 78, 128
言語のスキル 216
コアレベル 68
広告 32-33, 37
合成素材 96, 140-141
広報担当 (PR) 227
顧客の特定 40
　アンケート 42-43
　個人可処分所得 (DPI) 41
　ショップレポート 37
　人口学 40-41
　トレンド予測 38-39
　フォーカスグループ 47
顧客のリサーチと分析 40-47
顧客ボード 45-47, 55
個人可処分所得 (DPI) 41

コスト管理 15
小銭入れ 209
子羊の革 207
コピーイスト 226
子山羊革 63, 140, 206
コンクール 232-233
コンセプト開発とプレゼンテーション 24, 29
コンセプトボード 54-55
コンセプトマップ 14-15, 30-31
コーチ 79
コーデュラ・ナイロン 96
コーン 147

さ

サイコグラフィックス 40-41
彩色 23
サイズテープ 170, 185, 197, 200, 202
裁断用おもり 76
財布 209
魚の皮 65-66, 140, 209
雑誌記事 30-31
サテン 97
サムネイル 52-53, 56-57, 176
3次元, 開発 58-59, 72-73, 106-109
サンダーソン, ルパート 129
サンプル 24-25, 53, 58-59, 70-71, 94-95
サンプル制作室マネジャー 228
ジェイコブス, マーク 33, 82, 128
鹿革 206
シガーソン・モリソン 131
色調 27
下書き 108
質感 13, 29, 137, 141, 174
地縫い返し 138
シャネル 79
シャンク 134, 142, 149
就職エージェント 238-239
シューマスター 22
情報技術 (IT) 23
職人の技巧 35
ショップレポート 36-37
ジョルダン, シャルル 125
ショーウィンドー 32-33, 36, 37
ジョーンズ, スティーブン 167

索引 253

シルエット　29
しつけ　183
人口学　40-41
伸縮性キャンバス　178
伸縮性素材　144
シーズンのトレンド　38-39, 91
シーナマイ　176, 178-179, 201, 203
スカイビング　116-117
スカルペル　76, 122
スキャパレリ, エルザ　164
スキュー　69
スクエアオフ　110-111
スケッチブック　21, 30, 48-51, 93
スケッチブック・プロ　22, 24
スタイル番号／名　119
スチュアート, ノエル　165
ステータス　35
ストラップカッター　76
ストロー　185
スペックシート　70-71, 118-119, 156-159
スペード, ケイト　81-82
スミス, グラハム　164
スワンズダウン　98
成型による構造　105, 210
生産マネジャー　227-228
製品開発　13
製品開発アシスタント　228-229
製品デベロッパー　227
製品展開計画　37, 68-71, 94-95
製品展開ボード　69
セグメンテーション　41
繊維板　98
先端技術　72-73
千枚通し　76, 108, 115, 122
早産で生まれた動物　206
装飾用巻きリボン　181
底鋲　119
素材
　調査と入手　31
素材ボード　55
素材見本　31, 57, 60-61, 95, 173
卒業生向け訓練制度　233

た

裁ち端の構造　102-103, 116-117, 138, 209
ダチョウ　63, 65, 206, 209
ダッシェ, リリー　164-165
縦糸　181
タフタ　97
ターラタン　179
チュウ, ジミー　126
彫刻の輪郭線　29
ツイード　96-97
継ぎ合わせ　185
突合せ縫い　102-103, 116-117, 138, 210
つまみ式留め具　101
ディオール　80
ディテールボード　55
Dカン　86-87, 100-101, 119, 145
ティーバッグ　98
デザイナー主体　68-69
デザインプロセス　16-25, 56-59, 92-95, 175
デザインを手がける制作者　227
デジタルプリント　73
デッサン　12, 23, 56-57, 176-177
サムネイル　52-53, 56-57, 176
デ・ハヴィランド, テリー　131
手袋　205, 211-213
　裏張り　206-207
　クワーク　211, 213
　構造　211-213
　サイズ　211
　素材　206-207, 211
　フォシェット　211, 213
　付属品　207
　ポイント　213
　本体　213
デルボー　80
伝統　35
店頭材料　32-33, 37
店舗マネジャー　229-230
テープ　150
テープ押さえ　116-117
トカゲ　64
トッズ　131
ドリル　96
トレンド
　情報　26, 30-31, 38-39
　シーズン　38-39

特定　38-39
　予測　38-39, 231
トレンド・ユニオン　38-39
トレーシー, フィリップ　166-167
トーク　169, 191

な

ナイキ　128
ナイロン　96
ナスカン　100
なめし　66-67
二酸化炭素排出量　13
2次元, デザイン　59, 92-94
ニュールズ, トレーシー　130-131
ニワトリ　65
人間工学　13, 73
縫い目　59
縫い割り　138
布目　187

は

バイアス　115, 180-181
配色決定会議　25
ハイストリート　32-35
パイソン　66
ハイド　62-63, 207, 210
パイピング　86, 98, 103, 117, 137, 138
バイヤー　226
ハイレベル　68
ハインドマーチ, アニヤ　34, 78
博物館　236-237
バクラム　179
パターン裁断
　布目のライン　189
　ノッチ　109, 115
パターンナイフ　76, 122
バックル　100-101, 138, 145, 207, 211
バッファロー　63
馬蹄形　104-105
ハトメ　100-101, 145
パナマ　179
羽根　200-201
ばね式留め具　101
はめ込み　91
バランス　29, 173-174
バリュー　32-35
バレンシアガ　78, 129

パワーポイント　23, 24-25
ハンドバッグ　74-119
　裏張り　98-99, 108
　カラー　104
　構造と組み立て　86-91, 102-105, 108
　サイズ　94, 106
　スペックシート　118-119
　成型による構造　105
　底　104
　素材　88-89, 94, 96-99
　ツール　76-77
　留め具　94, 100-101
　縫い目　86, 109, 116-117
　パターン裁断　109-115
　付属品　91, 94, 100-101
　縁の仕上げ　94
　フレーム　89, 101
　補強材　86, 97-98
　マチで周囲を囲む　104
　模型　106-108
　持ち手とストラップ　88, 94, 98, 100-101
パントーン　39, 60, 71
パントーン・ビュー・カラー・プランナー　39
販売員　229
引きひも　101
羊革　67, 206
ビューポイント　39
ヒル, エマ　83
品質管理　13
ピーチブルーム　199
ファシネーター　173
ファッション・ウィーク　35
ファッションの学校　240-241
ファッションブログ　13
ファーフェルト　178
封印サンプル　71
フェザーライン　147
フェラガモ, サルヴァトーレ　129-130
フェレ, ジャンフランコ　80
フェンディ　80
フォシェット　211, 213
フォトショップ　22-25, 26, 45-46
フォーカスグループ　47
フォールディング・ハンマー　76, 122

袋(織り下げ)処理　138
豚革　63, 140
縁の処理　59
フットウエア　121-159
　インソール　134, 142, 148-149
　裏張り　134
　CAD 3D プログラム　22-23
　クォーター　134
　靴型　38-39, 134, 136, 139, 146-147, 150-151
　構造と組み立て　134-139, 148-155
　サイズ　136-137, 147
　シャンク　134, 142, 149
　伸縮性素材　144
　ステッチ　143
　スペックシート　156-159
　生産工程　148
　接着剤　122
　装飾素材と付属品　138-139, 144-145
　素材　137, 140-144
　ソック　134
　ソール　142-143, 149
　ソールユニット　143-144, 149
　ツール 122-123
　デザインの基礎型　150-155
　留め具　138-139
　トーパフ　134, 141-142
　縫い方　138
　バンプ　134
　ヒール　136, 141-142, 143, 148
　ヒール高の採寸 147
　ヒールの模型　149
　縁の処理　137-138
　補強材　141
筆　19
ブライドルレザー　207
プラダ　32, 83, 129
ブラニク, マロノ　126-128
ブランドアイデンティティ　15, 33, 36-37
ブリムの縫い代　199
ブリムリード　179
ブリーフ　12, 14-15
フルーボグ, ジョン　126
ブレインストーミング　14-15

プレゼンテーション　23-24, 37, 68-71, 218
　コンセプトボード　54-55
　スケッチブック　49
　トレンド　24
　ポートフォリオ　218-219
　面接　224
　履歴書とカバーレター　220-223
フレンチキャンバス　179
フレンチバインディング　117
フレンチハンマー　122
フレームの溝　101
プロ・エンジニア　24-25
プロジェクト管理　14, 15
ブロッキングネット　178, 179
プロフィール　44-45, 47
プロポーション　13, 29, 59, 94, 106, 136-137, 173, 176-177
ブローグズ　132
文化的影響　12-13
ペッカリー　65, 206
ヘビ皮　64, 66, 140, 206, 209
ペリー, フレッド　228-229
ベルト　205, 207, 210-211
ベルト用皮革　207
ベルベット　178
ペルージア, アンドレ　124
ベレー帽　191
ベロア　199
ヘンリクセン, カレン　164
ベール　202-203
帽子　161-203
　アルミ製の金型　172, 173
　インターライニング　170
　折り返した縁　196
　織地　180-181
　型　162, 172, 175
　型取り　194-199
　構造と組み立て　170-171, 174-175
　質感　174
　ステッチ　182-185
　ストロー　179, 199, 203
　装飾素材　174, 200-203
　素材　174, 178-181
　ツール　162-163
　パターン裁断　186-193
　パーツからなるクラウン　186-189

　縁取り　196, 200
　ブリムの縫い代　199
　プロポーションとサイズ　173, 176-177
　ヘッドバンド　181
　縫製によるソフト帽　173
　帽体用素材　178-179
　ワイヤー　182-183, 185, 196
ボディスキャニング　73
ポリウレタン・コーティング　96, 141
ホワイトタック　21
ポートフォリオのプレゼンテーション　218-219
ボーンフォルダー　76, 122

ま

マイヤー, トーマス　79
マジックテープ　139, 144
マチ　89, 91, 103, 104, 115
　周囲を囲む構造　104-105
　はめ込み　103, 104-105
　フォシェット　211, 213
マッカートニー, ステラ　96
マックイーン, アレキサンダー　124
マルベリー　83
マーケット　32
　マーケットレベル　32-33
　リサーチ　32-35, 40-47
　セグメント 41
マーケティング主体　68-69
マーチャンダイザー　226
マーフィー, マット　83
見本市　234-236
ミュウミュウ　83, 129
ミルマン, シモーヌ　167
ムフロン　199
メッシュ　140
メリュジン　194
面接　224
模型　59, 106-108, 115
モロッコ革　67

や

山羊革　63, 206, 207
ユニットソール　143-144, 149
横糸　181

ら

ライン　203
ラインナップ　71
ラガーフェルド, カール　79, 80
ラグジュアリー　32-35
ラスティングピンサー　122
ラピッドプロトタイピング　72, 73
リサーチ　14-15, 28-31
　画像分析　53
　コンセプト開発　24
　ショップレポート　36-37
　スケッチブック　48-51
　評価　52-53, 55
　プレゼンテーション　37
　ボード　55
　マーケット／消費者　40-47
リジェンツァ, ガブリエラ　164
リノ　179
流行への敏感さ　35
履歴書とカバーレター　220-223
倫理的配慮　13, 35, 64-65, 99
リードタイム　31, 173
リーバー, ジュディス　80-81
ルックブック　32, 37
ルブタン, クリスチャン　125
レイアウト　21
レヴィン, ベス　124-125
レーザーエッチング　72, 73
レーザー裁断　72-73, 138
ロッシ, セルジオ　130-131
ロンシャン　82
ロンドンハンマー　122
ローマンCAD　22, 24-25
ワシントン条約　64

わ

割り押さえ縫い　116-117
割りコンパス　76, 108, 115, 122

Credit

Quarto would like to thank the following designers, agencies and students for supplying images for inclusion in this book:

Accessorize 213
Adelaide Tam 54bl, 218bl
Alex Dowson 159
Ally Capellino 9bmr, 74, 89l/r, 118b, 204
Andreia Chaves 246
Andrew Meredith 40
Annemaj Modalal 46, 94bl
Anya Hindmarch 34ml, 78
Areti Phinkaridou 12
Barbara Aranguiz 4
Betty Bondo 23tr, 118t
Bora Kim 29
Borba Margo 9bml, 207, 209, 245
Caroline Morgan 208t/m
Catherine Vernon-Smith 59
Chau Har Lee 8bmr, 73tl, 232, 247
David Dooley 73
Diego Oliveira Reis 143
Emma Hancock 149
Eting Liu 69, 105tr,119tr
Felicity Thompson 26tl
Forever 21 34r
French Connection 34mr
Georgina Wray 23
Getty Images 32b, 34l, 79, 83, 124, 224, 239
Graham Thompson 212m
Harvey Santos 30bl
Holly Gaman 4br
Hugo Boss 94b
James Nisbet 19
Janice Rosenberg 58
Jee Hyun Jun 56, 157
Jeffrey Campbell 2, 9bl, 120
Jessica Hearnshaw 59tr, 90
Judy Bentinck 202
Julia Crew 27br, 28ml, 29tr, 48bl
Karen Henriksen Millinery 173, 188, 190bl, 192, 193
Keely Hunter 49, 172
Laura Amstein 8bml
Laura Apsit Livens 249
Laura Kirsikka Simberg 219

Leana Munroe 72, 251
Lucy Burke 102tl
Lucy Rowland 60
Lydia Tung 5tl, 51tr, 54tl, 88
Manolo Blahnik 33tl, 127
Marc Jacobs 33r, 128
Maria Del Mar Anotoli 28bl, 31, 55, 92tl, 93, 94bl
Min Kyung Song 149
Molly Pryke 10, 16, 27, 44, 52, 148, 157
Natalie Smith 43, 45tr/tl, 73, 75, 94tm, 95br
Noel Stewart 165, 176, 187, 199
Pantone 39t
Rachel Drener 175tr
Rex Features 82, 166
Rizvi Millinery 8br, 160, 248
Rob Goodwin 9br
Samira Shan 205br, 218tl
Samuel Shepherd 57t, 221
Sandra McClean 22, 156
Sarah Bailey for Aquascutum 4tr, p.94t, 205tr, 210tl, 211br, 212tl
Sonia Fullerton 61, 121.
Sophia Webster 139
Sophie Beale 11, 53, 56, 161, 173, 175tl, 180
Stella Arsenis 136, 143, 158
Stephen Jones 167
Tanya Chancellor 15, 48tl, 50, 92bl, 95tr, 211tr
Tariq Mahmoud 139, 148
Tracey Neuls Design 1, 130, 139 (white pair)
Photo courtesy of UAL 242
Vatinika Patmasingh 106, 107, 108tl
Victoria Spruce 72
Photo courtesy of WSA 235
Yegie Kim pages 12, 21, 70
Zara Gorman Ltd 174

All step-by-step and other images are the copyright of Quarto Publishing plc. While every effort has been made to credit contributors, Quarto would like to apologise should there have been any omissions or errors – and would be pleased to make the appropriate correction for future editions of the book.

We would also like to say a special thanks to Noel Palomo-Lovinski for contributing the style selector, and designers and brands sections; and to Christina Brodie for the deconstructed glove on page 213.

With thanks to Julia Crew, Sarah Day, Ian Goff, Tracey Kench, Pui Tsoi and Tony Vrahimis at the London College of Fashion; Kirsten Scott and the millinery students at the Kensington and Chelsea College; and Sarah Keeling, Kathrin Lodes and Shoko Yamaguchi for their contributions. Our thanks also to the designers who have offered us their support: Ally Capellino, Zara Gorman, Caroline Morgan, Yasmin Rizvi and Noel Stewart.

Jane's thanks go to her husband Dave for his love and support.

ガイアブックスは
地球の自然環境を守ると同時に
心と身体の自然を保つべく
"ナチュラルライフ"を提唱していきます。

著者：
ジェーン・シェイファー (Jane Schaffer)
ロンドン・カレッジ・オブ・ファッションのコードウェイナーズで16年間、装飾品のサブジェクトリーダーを務め、現在はノーザンプトン大学、デモントフォート大学、ロイヤル・カレッジ・オブ・アートの客員講師。

著者：
スー・サンダース (Sue Saunders)
ロイヤル・カレッジ・オブ・アートのコードウェイナーズで靴のサブジェクトリーダーと学士号コースディレクターを務める。

翻訳者：
山崎恵理子 (やまざき えりこ)
早稲田大学第一文学部卒業後、英国レディング大学国際学修士課程修了。訳書に『ファッションの意図を読む』『VOGUE ON アレキサンダー・マックイーン』（いずれもガイアブックス）などがある。

Fashion Design Course: Accessories
ファッショングッズ プロフェッショナル事典

発　　　行	2013年6月20日
発 行 者	平野　陽三
発 行 所	株式会社 ガイアブックス

〒169-0074 東京都新宿区北新宿 3-14-8
TEL.03(3366)1411　FAX.03(3366)3503
http://www.gaiajapan.co.jp

Copyright GAIABOOKS INC. JAPAN2013
ISBN978-4-88282-874-7 C2077

落丁本・乱丁本はお取り替えいたします。
本書を許可なく複製することは、かたくお断わりします。
Printed in China